禳灾与救劫

宝卷叙述的人类学研究

李永平　著

创于1897　商务印书馆　The Commercial Press

图书在版编目（CIP）数据

禳灾与救劫：宝卷叙述的人类学研究 / 李永平著. —
北京：商务印书馆，2023
ISBN 978-7-100-21996-9

I.①禳… Ⅱ.①李… Ⅲ.①人类学－研究 Ⅳ.①Q98

中国国家版本馆CIP数据核字（2023）第120963号

禳灾与救劫：宝卷叙述的人类学研究
李永平　著

商　务　印　书　馆　出　版
（北京王府井大街36号　邮政编码 100710）
商　务　印　书　馆　发　行
北京富诚彩色印刷有限公司印刷
ISBN 978－7－100－21996－9

2023 年 11 月第 1 版　　　开本 680×960　1/16
2023 年 11 月第 1 次印刷　　印张 22

定价：128.00 元

国家社科基金重大项目"海外藏中国宝卷整理与研究"（批准号：17ZDA266）阶段成果之一

国家社科基金项目"宝卷禳灾叙述的人类学研究"（批准号15BZJ037）成果

陕西师范大学中国语言文学世界一流学科建设成果

陕西师范大学优秀学术著作出版基金资助成果

序

濮文起

　　20 世纪 80 年代以来，宝卷作为一种独具特色的中国传统文化文本，吸引了越来越多海内外人文学者的关注，他们分别从文学、民俗学、宗教学、信仰学、文献学、音乐学、语言学、版本学等视角，在深耕文本、考镜源流、辩证义理、探究本真，以及剖析历史作用与深远影响等方面，做了大量书案与田野工作，从而激活了这个历史传承下来的民间文化，以令人信服的学术成果向世人昭示：中国宝卷优秀的部分是一座综合了语言、文学、音乐、信仰的文化宝库，是中华民族优秀文化遗产之一，具有特殊的开发与研究价值。

　　在目前面世的海内外众多中国宝卷研究论著中，中外学者或探寻中国宝卷的源流，或叙述中国宝卷的传承，或剖析中国宝卷的方俗词语，或开显中国宝卷的音韵资源，或展示中国宝卷的教化功能，或阐释中国宝卷的生存智慧，或彰显中国宝卷的当代价值，等等，都为彰显中国宝卷的历史作用与深远影响，做出了可贵的学术探索与学术贡献。但是，从文学人类学视角，对中国宝卷蕴藏的禳灾祈福功能进行学术解读，李永平教授承担的 2015 年度国家社科基金项目"宝卷禳灾叙述的人类学研究"尚属首例。值此研究课题顺利结项，即将以"禳灾与救劫：宝卷叙述的人类学研究"为题出版之际，李永平教授嘱我写篇序言，我便借此机会，谈谈自己的一点感想，权作引玉之砖。

　　人类出现在地球以后的各种天灾人祸，诸如水灾、旱灾、虫灾、蝗灾、风灾、雹灾、地震，各种仇杀、械斗，以及为掠夺社会财富和社会地位而引起的各种勾心斗角、尔虞我诈乃至荼毒人类的血腥战争，都给人类生理上、心理上造成了巨大伤痛。于是，如何摆脱、战胜天灾人祸，达致国泰民安的诸种解决途径，也就应运而生。其中，借助神灵禳灾祈福，便是途径之一。基于这种世界历史文化背景，李永平教授通过阅读、研究中国宝卷，发现中国宝卷的抄写、收藏、宣卷仪式蕴藏着丰富的禳灾智慧。那么，如何解读与阐释中国宝卷中的禳灾智慧？李永平教授以文学人类学研究的理论与方法，通过认真思索，反复分析，提出了一个新的学术观点——禳灾祈福是中国宝卷的主要功能。为此，李永平教授将中国宝卷具有的禳灾祈福社会功能，放在世界历史与中国历史背景下，进行了理论与实际相结合、历史与现实相结合的学术阐述。

　　李永平教授在该部著作中，从"人世罪孽神话与禳灾救赎信仰"到"宝卷做会禳灾的神话观念"，从"'天时'、循环时间与禳灾仪式"到"记忆共同体、宝卷的功德信仰与集体禳灾仪式"等方面，对中国宝卷的禳灾祈福功能进行了层层递进的学理解析，可谓丝丝入扣，环环相连，发人深省，给人启迪。由此，我感悟到，在加快构建中国特色哲学社会科学学科体系、学术体系、话语体系的过程中，我们应以习近平新时代中国特色社会主义思想为指导，进一步解放思想，积极进取，勇于探索，大胆实践，对中国宝卷"重点做好创造性转化和创新性发展"工作，让这种流传了八百多年的古老文化在当代中国焕发出新的生机，使其也能成为涵泳社会主义核心价值观的重要源泉。

　　是为序。

2021 年初冬于陕西师范大学人文社会高等研究院

目　录

加拿大批评理论家弗莱认为，面对文学类型，要像观看绘画那样"向后站"观看，向后站，就是拉长距离审视对象的意思。在拉开距离审视的大视野中，我们发现人类文明是在同各种瘟疫、灾异斗争中发展起来的。与瘟疫、灾异斗争中，不同文明发展起来各种各样的禳灾"伏魔"的"手段"，包括护身符、法器、祛病咒、朱砂厌胜术、逐疫方等禳灾工具，涌现出罗刹女神、观音、大梵天、猴神、包公、关公等保护神，建构起祭天、祭祖等禳解仪式，在仪式中形成颂赞、拜章、疏表、经卷等文类。如果能从更广阔的大历史的角度审视宝卷这一文类的历史传统，追溯禳灾的文化文本，才能还原人类把握自己命运的思想逻辑，在世界视野中把握中国性。

　　"天人合一"的道德宗教，宝卷、善书"修

行""劝善"说教背后，都有一个基于"天人合一"道德宗教的"天谴"预设。要听天命安排人事，以免除各种灾祸、瘟疫和疾病等命运之神的拨弄，这是一个超验的文化大传统、隐蔽秩序。把文字产生之前的口头传统与文字产生之后的次生口头传统联系起来，从长时段、大历史的角度，人类言说传统摆脱不了这一秩序的困扰。

前　言

一、宝卷：文学人类学观念中的中国口头传统

（一）宝卷是什么？

宝卷是中古以后受佛教俗讲影响，历经宋代谈经、说参请、说诨、讲史等文类形式，融汇了话本小说、诸宫调、道教科仪、戏曲等成果的文化文本，是中国本土的文化传统。明清以来，宝卷流行于甘肃河西、洮岷地区，青海河湟谷地，陕西北部，山西介休，江苏常熟、靖江等吴方言区。部分地区的宝卷先后被确定为中国非物质文化遗产，分别归入"民间文学"和"曲艺"之中。[①]

早期收藏研究宝卷的学者，以文学史家居多。早在 20 世纪 20 年代，顾颉刚、郑振铎二位先生在歌谣运动的背景中，从民间文学的角度，对他们收藏的宝卷进行了整理研究，并将其成果公诸于世。[②] 郑振铎先生认为宝卷是"讲唱文学"。在《研究中国文学的新途径》第 7 章"巨著的发现"中，他首次把变文、宝卷、弹词、鼓词、民间戏曲等列为"中国文学史研究的新领域"。在第 8 章"中国文学的整理"中，他称佛曲、弹词、鼓词"不类小说，亦不类剧本，乃有似于印度的《拉马耶那》、希腊的《伊里亚特》《奥特

[①] 2006 年 5 月 20 日国务院批准文化部确定并公布的"第一批国家级非物质文化遗产名录"中，甘肃河西宝卷被列入"民间文学"项目下；2008 年 6 月 14 日公布的"第二批国家级非物质文化遗产名录"中，浙江绍兴宣卷被列入"曲艺"项目下。此后在扩展名目项下，吴地宝卷（苏州及其周围地区的宝卷）归入民间文学类，上海青浦宣卷归入曲艺类。

[②] 顾颉刚在《歌谣周刊》发起和主持孟姜女故事的讨论，全文刊载于民国乙卯（1915）岭南永裕谦刊本《孟姜仙女宝卷》。

赛》诸大史诗"[①]。仔细揣摩宝卷及宣卷做会仪式，宝卷不是一般意义上的文学，它涉及民间故事、民间信仰、宗教教派、民间曲艺、绘画等不同学科的内容。笔者认为，宝卷是以祈福禳灾为主要功能的文化文本。民间故事虽然体现了宝卷的文学性，但是大多数宝卷叙述的核心在于社会功能，而社会功能的实现，是通过叙述达成信仰生活中的请神、降神、超度亡灵，并仪式性地禳灾。

在中国文化传统中，这类叙述涉及的文类是古老中国本土文体的核心，对今天的学人来说，这些文类既熟悉又陌生。

宝卷研究内容的首要问题是回答什么是宝卷。我们以往局限于西方的"本体论文艺观"，尤其是局限于西方文艺观，基本聚焦于书写文本，对中国文学主体性认识不到位，对本土文学的功能思考并不充分。以帕里和洛德为代表的"口头诗学"理论，对口传文本诗学的内在把握，可以说中国早期文学从《诗经》的大部分，《楚辞·九歌》[②]《论语》[③]《左传》[④]，宋元话本和明清章回说书体小说，都离不开口头传统。中国文学的言文分离问题，背后同样是口头传统的影响。正因此，限于宝卷文学故事本身，对宝卷的口头传统的声音诗学禳灾特性的把握是有局限的。

展开这一思考前，我们先看看本土文学《水浒传》的开篇。《水浒传》开篇，引首诗这样写道：

> 纷纷五代乱离间，一旦云开复见天。草木百年新雨露，车书万里旧江山。
>
> 寻常巷陌陈罗绮，几处楼台奏管弦。人乐太平无事日，莺花无限日高眠。[⑤]

从后面娓娓道来的叙述中，我们逐渐明朗清晰起来：亘古流年中，天命

---

① 郑振铎主编：《中国文学研究》，商务印书馆，1927 年。
② 江林昌：《远古部族文化融合创新与〈九歌〉的形成》，《中国社会科学》2018 年第 5 期。
③ 叶舒宪：《孔子〈论语〉与口传文化传统》，《兰州大学学报》2006 年第 2 期。
④ 罗军凤：《〈左传〉与口头文学研究》，《文学遗产》2013 年第 2 期。
⑤ （明）施耐庵：《水浒传》，人民文学出版社，1997 年，第 1 页。

恒久远，天人相感应，赵宋王朝第一位"明君"横空出世。这一切背后都是天道循环、天命使然，这就引出了中国民间叙述传统："生下太祖武德皇帝来。这朝圣人出世，红光满天，异香经宿不散，乃是上界霹雳大仙下降。英雄勇猛，智量宽洪，自古帝王都不及这朝天子。"

如果说上面的叙述有些老套，《儒林外史》第一回，"天上纷纷有百十个小星，都坠向东南角上去了"，书写一代文人遭科举厄运，则有点趣味：

> 此时正是初夏，天时乍热，秦老在打麦场上放下一张桌子，两人小饮。须臾，东方月上，照耀得如同万顷玻璃一般。那些眠鸥宿鹭，阒然无声。王冕左手持杯，右手指着天上的星，向秦老道："你看贯索犯文昌，一代文人有厄！"话犹未了，忽然起一阵怪风，刮的树木都飕飕的响，水面上的禽鸟格格惊起了许多，王冕同秦老吓的将衣袖蒙了脸。少顷，风声略定，睁眼看时，只见<u>天上纷纷有百十个小星，都坠向东南角上去了</u>。王冕道："天可怜见，降下这一伙星君去维持文运。我们是不及见了！"①

仔细分析，我们发现《儒林外史》的开篇和《水浒传》背后共同的口头传统：人事运行背后有"大道运行"的"天机"。先知们能"参天地"，占得先机，顺天命者昌，逆天机者亡。

再回到《水浒传》引首，"那天子扫清寰宇，荡静中原，国号大宋，建都汴梁。九朝八帝班头，四百年开基帝主"，小说借道高有德之人西岳华山陈抟处士之口，说出"天下从此定矣"的话，正应和了口头传统中高人不经意间泄露"天机"的民族心理。至仁宗朝瘟疫盛行，文武百官商议如何禳解瘟疫，都向待漏院中聚会，趁早朝奏闻天子。本是遣洪太尉"赍捧御书丹诏，亲奉龙香，来请天师，要做三千六百分罗天大醮，以禳天灾，救济万民"，却引出洪太尉鬼使神差，打开了"伏魔殿"，放走了"三十六员天罡星，七十二座地煞星"。金圣叹评论《水浒传》谈到楔子时议论道：

---

① （清）吴敬梓：《儒林外史》，齐鲁书社，1993 年，第 7 页。

> 楔子者，以物出物之谓也。以瘟疫为楔，楔出祈禳；以祈禳为楔，楔出天师；以天师为楔，楔出洪信；以洪信为楔，楔出游山；以游山为楔，楔出开碣，以开碣为楔，楔出三十六天罡、七十二地煞，此所谓正楔也。中间又以康节、希夷二先生，楔出劫运定数；以武德皇帝、包拯、狄青，楔出星辰名字；以山中一虎一蛇，楔出陈达、杨春；以洪信骄情傲色，楔出高俅、蔡京；以道童猥獕难认，直楔出第七十回皇甫相马作结尾，此所谓奇楔也。①

如果从另一个角度看，这些不过是贯穿全书的神话结构。换句话说，小说把冥冥之中注定的"天命"神话通过巧妙的叙述变成了小说结构本身，进一步在宇宙观上强化了"气数已尽""天命难违""天罡地煞出世"的社会观念。

西方学者反省文学的普遍性与地方性，强调在社会情境中把握文学存在。"我们正在把某种'文学'作为一个普遍定义，但事实上它却具有历史的特定性。""文学"和"杂草"都不是本体论（ontological）意义上的词，而是功能（functional）意义上的词：它们告诉我们的是我们的所作所为，而不是事物的确定存在。谁都知道价值判断（value judgements）是极为可变的，因为根本就没有本身即有价值的文学作品或传统。②正像格雷戈里·纳吉研究荷马，认为荷马是复数③，不单指一个人那样，被建构的"中国文学"也是复数的文学，各民族文学彼此不同。经历了"本体论文学观""多民族文学观"，文学的"人类学转向"中出现的"文学人类学"的文学观，在反思批判西方中心论、中原中心论、汉族中心论、文本中心论的基础上，中国文学建立了整合活态／固态文学、口传／书写文学、多民族文学／单一民族文学之间关系的大文学观念。以"民俗学—人类学—文学"作为认知框架，彰显出现象学意义上的文学的"多元一体"精神指向的整合性文学观。

---

① （清）金圣叹：《贯华堂第五才子书水浒传》，载《金圣叹全集》（一），曹方人、周锡山标点，江苏古籍出版社，1985 年，第 28 页。
② 〔英〕特雷·伊格尔顿：《二十世纪西方文学理论》，伍晓明译，北京大学出版社，2007 年，第 9—11 页。
③ 〔匈〕格雷戈里·纳吉：《荷马诸问题》，巴莫曲布嫫译，广西师范大学出版社，2008 年，第 52—55 页。

再来反观中国本土口头传统宝卷。它是高度依赖情境的表达，和书写文化注重表达语法不同，它上承民族文化大传统，认为从远古的宗教祭祀仪式、神话、民俗、民间故事到民间艺人的编写链条中，存在一个文化N级编码（参见图0-1"文化文本的N级编码及动力理论"示意图），书写是N级编码中的一个环节。

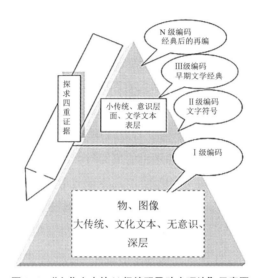

图0-1　"文化文本的N级编码及动力理论"示意图

离开田野调查，便不能从文化大传统的民间土壤 —— 民俗学、人类学的角度解释中国宝卷、戏剧的形成及历史。如果消除学科思维定势和认识偏见，淡化了学科壁垒，把广泛参与社会生活的文化文本 —— 宝卷，还原到生产、流通、消费的每一个环节，再来审视被视为"民间文学""曲艺"的宝卷，我们就会有一些疑问：

（1）宝卷这种文类文化传统从何而来？

（2）让底层百姓深度迷恋，编写、传抄如此卷帙浩繁的文类，它的文化大传统源于何处？

（3）仅仅从文本角度观察的宝卷，是佛教变文或者俗讲等文化小传统的余脉，这个认识可靠吗？

综合李世瑜、车锡伦、濮文起各家有关宝卷发展趋势的说法，大致都认为宝卷有一个由宗教向世俗发展的过程，只不过诸家对这个转折的时间点认识不同。这种看起来顺理成章的趋势却蕴含着一个难以回答的问题，即：如果宝卷在清代已经成为民众而非信徒的活动，甚至完全"发展为民间说唱技艺之一"，为何清末还会出现宗教神秘色彩极其浓厚的、通过扶鸾降神而得的"鸾书宝卷"（坛训）？

笔者认为，宝卷等各类经卷背后隐藏着更为重要的文化传统。禳灾的观念源于信仰时代，人类通过祭祀活动，不定期地进入神圣空间／阈限状态，完成祈福禳灾的愿景。为禳解瘟疫等灾异，原始宗教、古代民俗以及民间杂剧、宝卷说唱演述都存在一个禳灾结构，禳灾仪式（替身替罪、红色、说唱、抄写、图像／版画、角色扮演）有转移、祓除、禳解"天谴"的作用，它的文化机制，是人类学的净化仪式。

从田野调查和刻本、抄本阅读考察，笔者发现：一方面，现有宝卷百分之十五是宗教教派的经卷，这些经卷宣卷时"必须焚香请佛，带有浓厚的宗教色彩"[1]；一部分是民间故事卷，"这一类故事，有的还带些'劝化'色彩"[2]；还有一部分是仪式卷。完整的、典型形态的宝卷有图像、有音乐、有程式、有宣卷活动，与民俗仪式相关联。因为如此，研究俗文学的学者、研究宗教教派的学者和研究社会结构变迁的学者，对宝卷的归属容易各执一端，把宝卷割裂开来，刻意强调某一方面。

此外，宝卷分布广泛，宣卷使用各地方言，地域特色明显。所以近年来，宝卷研究以地域特色划分，强调地域特点而忽视了社会功能等整体特性。基于以上原因，笔者认为，宝卷是中国口头传统在中古以后，受佛教俗讲影响，融汇了话本小说、诸宫调、道教科仪、戏曲、曲艺等体裁，以儒、佛、道三教合一思想为背景，用通俗的韵白、诗、偈子、曲牌、十字佛（亦称攒十字）等凑集成文，并仿照佛经设置品，划分篇章，劝人向善，以期实现禳灾祈福或阐明某种神话观念的一种文化文本。

（二）宝卷中的文化大传统

宝卷及其相关民俗仪式活动背后有更为久远的支配性传统，它表现为一

---

[1] 郑振铎：《中国俗文学史》下册，商务印书馆，1938 年，第 307 页。
[2] 郑振铎：《中国俗文学史》下册，商务印书馆，1938 年，第 344 页。

种禳灾祭祀的口头叙述传统及其禳灾仪式，因为远早于书写传统，因之称为大传统。底层民众对天灾、疾病、战争等灾异的恐惧，对人丁兴旺、风调雨顺的渴望，成就了他们对待他人、社会的以"善"相劝，并自我修炼的道德宗教。这些道德宗教以各式各样的叙述传统表现出来，它们对中华帝国晚期的社会秩序建构至关重要。

宝卷中有"超度"叙述和"审判"叙述。剖析超度宝卷的深层结构，其中的度脱禳灾仪式和"过渡礼仪"一样，都有一个经历区隔、禁忌、阈限阶段，涤除污染禳解灾异的象征仪式。禳灾仪式有转移、祓除、禳解"天谴"的作用，其文化机制与人类学的净化仪式相类似。为禳解瘟疫和灾异，原始宗教、古代民俗，以及民间杂剧、说唱文学都存在一个禳灾叙述。最早以"宝卷"命名的《目连救母出离地狱生天宝卷》就凸显了禳灾、救赎的母题。《香山宝卷》就是一个关于观世音菩萨化身为妙善公主，以身献祭，化度王室与国民皈依佛法，以禳解灾异，解民倒悬的典型故事。

涂尔干在论述纪念或者悲悼的"宗教生活"时，专门谈到了禳解灾异的问题。笔者认为，也可以把宝卷中的传抄、印制、宣卷活动称之为禳解仪式，把宝卷的口头传统可以看作禳灾叙述。涂尔干对禳解仪式这样论述：

> 禳解（piaculum）这个词自有其优点，它不仅包含有赎罪的观念，而且涵义更广泛。所有不幸，所有凶兆，所有能够带来悲伤和恐惧感的事物，都使禳解成为必要，因此才称之为禳解。所以，用这个词来指称那些在不安或悲伤的状态下所举行的仪式是非常贴切的。[①]

如果要追溯禳解仪式的文化大传统，修褉失范、失序、失祀等混乱引起的"污染"，禳解天谴导致的灾异是宝卷禳灾的宗教生活与做会仪式发生的神话观念基础。

对污染和罪恶的感知可以分为两个阶段。第一阶段可以称为污染意识阶段，第二阶段称为负罪感阶段。相应地，罪恶感是个人道德，而污染的概

---

① 〔法〕爱弥尔·涂尔干：《宗教生活的基本形式》，渠东、汲喆译，上海人民出版社，2006年，第371页。

念可以追溯到个人自我意识不成熟的史前时期。通过确认文明社会中的罪恶来诊断疾病和灾难的原因，是人类灾难行为发生的神话概念的基础，也是各种灾难文学问世的思想史背景。从早期人类学家弗雷泽（Frazer）的不断探索到韦尔南（Vernant）、勒内·基拉尔（René Girard）和瓦尔特·伯克特（Walter Burkert）等当代学者的判断，禳灾文学的核心是普遍存在的，即人类社会许多族群中存在的"替罪羊"机制。

"替罪羊"机制构成了仪式行为，以及文学和艺术创作的无穷来源。通过使用超自然的神力诊断来动员宇宙的无形的力量，宗教仪式行为在重复性的力量表演中也增强了其自身的神圣感和社会凝聚力。最终目标是克服并超越社会危机爆发，恢复到和谐生存秩序的原始状态。①

宝卷宣卷仪式中的"拜寿""度关""安宅""破血湖""禳顺星""醮殿""解结"等禳灾除祟、祈福延寿仪式，都是范热内普所谓的过渡礼仪。民众通过不定期举办的"度关"过渡礼仪，象征性地进入神圣场域，模仿旧我的死亡，过错的勾销，修禊"污秽"，表演新我的再生，使罪恶得以涤除，活着的修行者获得"度脱"，生前修行者得以超度。其固定的模式是禳灾——洁净模式。该模式通过"前阈限——阈限——后阈限"仪式场域，象征性地"赎罪"，预防"天谴"。

宝卷语言、音乐、图像、做会程式同样具有禳灾解结的功能。宝卷韵文以七言、十言（七言发展而来）为主。不同于文人的七言诗，七言的渊源可追溯至商周时期神祇祭祷仪式中的祝语或祝嘏辞（神回答的语言）。它的内容和仪式包含禳灾和祈福两个方面。另外，配合"水陆画"的宣卷，目的在于为超度亡灵、被救幽冥、普济水陆一切鬼魂而举行的一种法事活动，其主要内容为设斋诵经，礼忏施食，成为明清"三教合一"大背景下形成的民俗现象。

宣卷和抄卷活动，让民众有了道德礼仪、美德标准、节日农事、摆灯还愿、草药功效、命理知识、写信格式、民间禁忌等方面的共同知识，形成"记忆共同体"。宝卷的内容成为中国民间日常生活的内容和表征，具有明显的民族志性质。宝卷更能贴近乡民的心灵图景，其表达也是即时的、熟悉的，

---

① 叶舒宪：《文学人类学教程》，中国社会科学出版社，2010年，第311—312页。

人际互动和参与式的。作为民族过去的精神表征和集体记忆，宝卷建构了我们的生活状态和我们道德的出发点，让我们的生活有了自己一部分道德特性。根据德国学者阿斯曼的观点，社会集团记忆形成的关键环节在于文本与仪式的经典化。文化记忆的媒体有口头宣卷、文字抄写、印刷、祝祷、祓襖仪式等，宝卷就是拥有这些记忆类型的民族志，建构的是"想象的共同体"。

二、人世罪孽神话与禳灾救赎信仰

生存问题几乎是所有叙事的出发点和归宿。面临极度干旱、地震、瘟疫等令人恐惧的灾害，身处远离家乡的陌生地域，处于婚丧嫁娶等重大人生转折阶段，陷入疾病、贫困、意外创伤的困境，经历恐怖、暴力等意外伤害；深陷阴谋、诈骗、诅咒、构陷等境地。这些从陌生阈域发出的现实的或想象的威胁和焦虑，使人类从远古以来就形成受迫害的集体想象和深层焦虑，它孕育了象征性过渡礼仪、禁忌、禳灾、献祭等一系列民俗活动，而这同样是文学想象和叙述的策源地之一。

今天的学科细分掩盖了自古以来科学和叙事背后的信念和知识。古代巫医不分，巫师还兼任占卜者、先知、法官（判官）等许多身份。识别不祥的征兆，预测疾病或瘟疫以及判断罪恶、冒犯或亵渎神灵的活动都是恢复秩序的行为。为了恢复污染前的秩序，我们必须首先查明并宣布构成污染源的犯罪或失范。这需要一个能够与上帝沟通的先知，希腊人称其为"净化者"。各个国家的文献中到处都有各种各样的净化仪式，因此不胜枚举。

（一）世界范围内的赎罪禳解信仰

西方宗教认为，人类的始祖起初背叛了上帝，所以有"原罪"（original sin），因此净化仪式贯穿于人们的社会生活。

古代犹太人把每年的七月十日（即犹太新年过后第十天）定为"赎罪日"，并在这一天举行赎罪祭。赎罪日是犹太人每年最神圣的日子，当天会全日禁食并祈祷。古老的替罪羊传统今天已经不再继续，但是，每年这一天人们到教堂去做虔诚的祷告，忏悔以往所犯的罪过。这一天也是一年一度的斋戒日。这种受苦行为，象征着对往事的一种忏悔。可以看出，西方的罪孽观念是对人性的内在省视。《旧约》明确记载赎罪节的仪式：

> 赎罪日
>
> 亚伦入圣所之礼如下：预备赎罪祭公牛犊一头，全燔祭公绵羊一匹。清水濯身已毕，着白圣衣，即用归圣细麻缝制的一套长袍、贴身内裤及腰带礼冕。再取以色列子民会众的两匹公山羊作赎罪祭，一匹公绵羊作全燔祭。
>
> 亚伦应先奉献赎罪祭公牛犊，为自己和家人行洁净之礼。然后把两匹公山羊牵到会幕门口，耶和华面前。为它们各拈一阄：一阄归耶和华，另一阄归恶魔阿匝（Azazel，笔者注）。拈归耶和华的那匹，要献作赎罪祭。另一匹拈归阿匝的，不宰，留在耶和华面前作洁礼之用：即放入荒野，送给恶魔。[1]

从文学人类学的角度看，"原罪"观念只是历代基督教神学家建构起来的文化小传统，它的大传统，则是长期以来人类面对灾害瘟疫所采取的宗教神话方式的应对措施。中国人的"原罪"观念并不明显，但同样有救赎观念。早期道经救世传统中，教主通常要下界临凡，托生为人王。后世精英书写的末世话语中，颁布"启示"（扶乩）或者圣谕启迪世人成为主要方式。杨庆堃认为："许多学者只看到中国宗教生活的巫术方面，错误地认为中国没有发展出救赎，特别是全体救赎的观念。实际上，不光是佛教和道教，也包括所有的近代教派，都有通过皈依得到个人救赎，并通过普世性救赎获得全体救赎的观念。"[2]

弗雷泽在《金枝》第六卷"替罪羊"中，对世界范围内不同民族面对污染，禳灾的民俗仪式，给出了大量的民族志案例：

希腊文明曾经也处于献祭人性的时代。在希腊统治期间的马赛，瘟疫

---

① 冯象译注：《摩西五经：希伯来法文化经典之一》，生活·读书·新知三联书店，2013年，第218—219页。

② 〔美〕杨庆堃：《中国社会中的宗教：宗教的现代社会功能与其历史因素之研究》，范丽珠译，四川人民出版社，2016年，第181页。

盛行后，卑微的人自愿成为替罪羊。人们以公共费用将他抚养了一年。到期后，他被要求穿上一件圣袍，并用神枝装饰，带领他环游城市，同时大声祈祷所有灾难都落到他的头上。然后把他扔出城里，或者人们在城墙外把他打死。①

在尼日尔河上的奥尼沙市，为了消除当地的罪过，以往每年总是有两个人被牺牲。这两个人的牺牲被大家买了。在过去一年中犯下纵火、盗窃、通奸和巫术等严重罪行的任何人，都必须捐赠28恩古卡，略高于2英镑。收集到的钱被带到大陆来购买两个病人，以作牺牲："承担所有这些可怕的罪行。一个承担在陆地上的罪行，另一个承担在水上的罪行。"一名附近城镇的人被雇用将他们处死。集体迫害的这种模式可以以最低的成本实现团队的最大融合。在"公共替罪羊"一章中，弗雷泽提到东高加索地区的阿尔巴尼亚人，他们在月神殿里养了一群圣奴隶，其中许多是神明预言的。如果其中一个人表现出异常的依恋或疯狂的迹象，并且独自在树林里跑来跑去，大祭司会用圣绳索将他绑起来，并养一年。一年结束时，他被药膏涂抹并牺牲了。②

后世，动物常常被用作带走或转移灾祸的替罪羊。和犹太民族转嫁罪责的做法相似，南非的卡福人当别的治疗无效时，当地人把山羊带给病人，并把房子里所有的罪恶都嫁祸给山羊。有时，放几滴病人的血液在山羊的头上，将山羊驱赶到在草原上没人生活的地方。替罪羊是山羊，因为山羊代表差异、外来、奇怪和危险的形象。

　　　　阿拉伯人遇到瘟疫流行。人们象征性地让骆驼把瘟疫驮在自己身上。然后，他们在一个圣地把它勒死，认为此举也去掉了瘟疫。印度的巴尔人、马兰人以及克米人中流行霍乱，他们用一只山羊或水牛，羊或牛都必须是母的，尽可能选用黑色的，并拿黄布包一些谷子、丁香、铅丹，放在它背上，把它赶出村去。当把这牛或羊赶出村外之后，就再也不许它回村里来。有时候用红颜色在水牛身上做一个记号，赶到邻村，

① 〔英〕J. G. 弗雷泽：《金枝：巫术与宗教之研究》，汪培基等译，商务印书馆，2012年，第902页。
② 〔英〕J. G. 弗雷泽：《金枝：巫术与宗教之研究》，汪培基等译，商务印书馆，2012年，第883—885页。

由它把瘟疫随身带去。[1]

从 14 世纪中叶到 16 世纪前 25 年，黑死病在中欧和南欧屡屡发生。自从十字军东征以来，驱逐、火刑和集体拘留犹太人的运动成为对犹太人最大的迫害浪潮。伴随迫害犹太人的是"鞭打运动"，这种"鞭打运动"是个人和集体赎罪的一种形式。从 15 世纪，"鞭打运动"一直持续到 1980 年代末。

在远古时代，由于王权神授的观念，国王首先成为禳解灾异的替罪羊。弗雷泽在《金枝》中列举了大量的民族志材料来描述这一现象：

> 从前，每十二年任期结束的时候，萨莫林必须当众割断自己的喉咙。但是在 17 世纪将近终结的时候，这条规矩更改如下：在从前，这个国家要遵循许多奇怪风俗，有一些非常古怪的风俗还继续流行。萨莫林只统治十二年，不能多于十二年，这是个古老的风俗。如果期满前他就死了，他倒省去了一个麻烦的仪式：在专门搭起来的架子上当众割断自己的喉咙。他先宴请他所有的贵族们，人数非常之多。宴会后，他辞别他的客人，走上架子，在众目睽睽之下，从容地割断自己的喉咙，过一会儿，他的躯体就在极隆重的仪式中烧掉，贵族们再选一位新的萨莫林。[2]

亚洲西部的闪米特人，国王在国家危难的时候，有时让自己的儿子为全体人民献祭而死去。比布勒斯的菲罗在他关于犹太人的著作中说道："有一个古老的习俗，在大难临头时，一座城池或一个国家的统治者得把他心爱的儿子交出来献祭给报仇的魔鬼，为全民赎身。这个献出的孩子在神秘的仪式中被杀死。国王或他孩子献祭一事，与大饥荒联系起来的传说，显然表明了一种信仰，这种信仰在早期宗教中是很普遍的，就是国王要对气候或年成负责，他理所当然地要为天气调和庄稼歉收而付出他的生命。"[3]

当代研究古希腊文学的德国人类学家瓦尔特·伯克特专门讨论过"替罪

---

[1]〔英〕J. G. 弗雷泽：《金枝：巫术与宗教之研究》，汪培基等译，商务印书馆，2012 年，第 876 页。
[2]〔英〕J. G. 弗雷泽：《金枝：巫术与宗教之研究》，汪培基等译，商务印书馆，2012 年，第 447 页。
[3]〔英〕J. G. 弗雷泽：《金枝：巫术与宗教之研究》，汪培基等译，商务印书馆，2012 年，第 472 页。

羊的转移"。[①] 他以公元 161 年的罗马战争为例，说明大瘟疫后的劫后余生，会催生出大量文学作品。希腊人把这种净化称为"katharsis"（宣泄），而替罪羊则意味着医疗。忒拜之王俄狄浦斯就经历了这样一场瘟疫关口的转移：为拯救城邦而当作罪犯被驱逐出去。伯克特据此断定，古希腊的治疗仪式是一位王者成为"替罪羊"的悲剧。替罪羊以"部分代替整体"，主张为保全整体而损失少部分。为了整体而牺牲个体，为了保全所有人的性命损失一小部分人，这是贯穿奇异故事与特殊宗教仪式的常见主题。这种模式超越了表面上的理性与功能性，留下的是纯粹的象征意义。[②]

（二）中国人的罪孽观与禳解传统

何为禳灾？《周礼·天官·女祝》中提到："掌以时招、梗、襘、禳之事，以除疾殃。"[③]《春官·鸡人》中也有疏："禳，谓禳去恶祥也。"禳，通攘，原是古代祭祀名，意为祈祷鬼神，以达到消解灾祸的目的。禳灾，便是指借助文化、仪式达到凝聚共识、守望相助、解除灾殃、渡过困厄的文化活动。禳灾制度历史悠久，形式多种多样，并且影响极为深远。

在社会群体整体关照的立场上，中国人的罪孽观念一方面来自早期的天人感应观念，中国人认为人的过失触犯天神，危害群体生存环境，会受到天神的惩罚，这和《圣经》中的"本罪"观念较为接近。另一方面，在万物有灵的观念的制约下，中国古人常将导致疾病灾异的原因归之于鬼神精怪等想象中的神秘力量的作祟。正如弗雷泽所说，"在早期先民的想象中，这个世界还是充满了那些被清醒的哲学早已抛弃的奇装异服的神物，无论他是醒着还是在睡梦中，仙人和精怪、鬼魂和妖魔总在他周围翔舞。他们打扰了他的感官，进入了他的身体，并使用了数千种异想天开的方法来困扰他、欺骗他并折磨他。一般而言，他所经历的灾难、损失和痛苦不被视为敌人在施展魔法，也不被视为精灵释放仇恨，愤怒或制造麻烦"[④]。

---

① Walter Burkert, *Structure and History in Greek Mythology and Ritual*, Berkeley：University of California Press，1979，pp. 59-77.

② 〔德〕瓦尔特·伯克特：《神圣的创造：神话的生物学踪迹》，赵周宽、田园译，纪盛校译，陕西师范大学出版总社，2019 年，第 59 页。

③ 十三经注疏整理委员会：《周礼注疏》，北京大学出版社，2000 年，第 232 页。

④ 〔英〕J. G. 弗雷泽：《金枝：巫术与宗教之研究》，汪培基等译，商务印书馆，2012 年，第 852 页。

人类学家玛丽·道格拉斯在《自然的象征：宇宙观探索》第七章"罪恶与社会"中，探讨了初民社会的"过失"观念，过失作为一种恶，会给社会带来危险。中国的祓除不祥，涤除罪恶的礼仪活动就是建立在这样的观念基础上的。

新发现的先秦楚国的作品《鲁邦大旱》，当时鲁国遭遇了严重的旱灾，最高统治者束手无策，向孔子请教："子不为我图之？"孔子回答鲁哀公的问题："邦大旱，毋乃失诸刑与德乎？""庶民知说之事鬼（鬼）也，不知刑与德，如毋爱圭璧币帛于山川，政刑与……"[①]《诗经》"二雅"等先秦诗歌中多把"昊天""旻天"的降丧和政治得失相联系。《小雅·雨无正》怨刺幽王在宗周既灭时，大夫离居、莫肯夙夜的政治乱象，致使昊天"降丧饥馑，斩伐四国"。《小雅·十月之交》把"十月之交，朔日辛卯，日有食之"的自然天象的起因，解释为"日月告凶，不用其行。四国无政，不用其良"，显然认为天象是对人事的回应。"烨烨震电，不宁不令。百川沸腾，山冢崒崩。高岸为谷，深谷为陵。哀今之人，胡憯莫惩。"幽王二年（公元前780年），三川流域发生地震，十月雷电，山崩水溢，灾异频现，这是上天谴告幽王催告其自省。《大雅·云汉》首章曰："王曰：於乎！何辜今之人？天降丧乱，饥馑荐臻。靡神不举，靡爱斯牲，圭璧既卒，宁莫我听。"即因国遇凶荒，出牺牲、圭璧以祭祀鬼神。《大雅·云汉》堪比一篇罪己诏。天神之所以降罪，首要的罪魁不在别处，就在于国家社会的最高统治者。其中透露出春秋时期关于灾害与禳灾的宗教观念，揭示出文学发生的现实情境。这一神话观念对中国传统文化影响极为深远，经过董仲舒的集中发挥，在汉代完善为一套成熟的天人感应谶纬思想体系。

另一方面，春秋时期，天人感应的神话观念甚嚣尘上。孔子也认为，旱灾是天神降罪的结果。天神之所以降罪，罪魁祸首在于国君。国君为什么要对灾害担责呢？

弗雷泽《金枝》或许会给我们启示：王是天神在人间的代理人，独自享有神性，也要独自承担起整个社会福祉和安危的责任。因此，在国王衰老，

---

① 马承源主编：《上海博物馆藏战国楚竹书》（二），上海古籍出版社，2002年，第204—206页。李学勤：《上博楚简〈鲁邦大旱〉解义》，载朱渊清主编：《上博馆藏战国楚竹书研究续编》，上海古籍出版社，2004年，第97—101页。

影响部族或者城邦命运，导致灾异可能降临的时候，处死老王的集体无意识就演化为一种习俗仪式。由于古老的"祭祀王"观念，王的身体状况与活力和酋邦的命运紧密相连，内米湖畔摘得槲寄生枝叶"金枝"，与老王决斗产生新王的习俗，就是人类集体无意识形成的拣选新王的民俗仪式。在弗雷泽的十二卷本《金枝》第六卷"替罪羊"中，对污染转移给出了大量民族志实例，可以当作理解古今中外的被除仪式的百科全书。

中国人认为，人亵渎神灵、违背天意、残害无辜、作恶多端会造孽，从而引发天谴。于是，祭神禳灾就是一种清除污染的赎罪活动。从殷商时代开始，这类献祭赎罪占卜记录就屡见不鲜。美国学者艾兰统计分析发现，现有的殷墟卜辞总共可以分为三大类：第一类是关于祭献的卜辞；第二类是关于未来的卜辞；第三类是关于已经降临了的灾祸的卜辞。[①] 概括地说，对灾祸未卜先知，或者应对已经降临的灾害，占据整个甲骨文字记录内容的1/3以上。这表明，从汉字发展的历史进程看，越是早期，汉字越是和官方的神权政治需要联系密切。早期的书面文学，古希伯来人的《旧约》，古印度人的《吠陀》，基本上属于宗教和神话文本，而且在很大程度上同当时的占卜、祭祀、祈祷、咒祝一类的仪式行为结合在一起。

在《春秋繁露·五行五事》中，董仲舒承袭并发展了周朝的人格化天神观念，天有天心、感知，以及仁爱意志和欲望，天以灾异来传达他的意向，告诫人君：

> 王者与臣无礼，貌不肃敬，则木不曲直，而夏季多暴风；……王者言不可从，则金不从革，秋季多霹雳；……王者视不明，则火不炎上，而秋多电；……王者听不聪，则水不润下，而春夏多暴雨；……王者心不能容，则稼穑不成，而秋多雷。[②]

王的行为失范会引致秩序混乱是董仲舒的天人感应理论的基础。《春秋繁露·五行顺逆》：

① 〔美〕艾兰：《龟之谜：商代神话、祭祀、艺术和宇宙观研究》（增订版），汪涛译，商务印书馆，2010 年，第 144 页。
② 〔清〕苏舆：《春秋繁露义证》，中华书局，1992 年，第 388—389 页。

如人君惑于谗邪，内离骨肉，外疏忠臣，至杀世子，诛杀不辜，逐忠臣，以妾为妻，弃法令，妇妾为政，赐予不当，则民病，血壅肿，目不明。咎及于火，则大旱，必有火灾，摘巢探觳，咎及羽虫，则蜚鸟不为，冬应不来，枭鸱群鸣，凤凰高翔。[1]

《白虎通》论"灾变谴告之义"云："天之所以有灾变何？所以谴告人君，觉悟其行，欲令悔过修德，深思虑也。"[2] "桓帝元嘉中，京都妇女作愁眉、啼妆、堕马髻、折要步、龋齿笑。……天诫若曰：兵马将往收捕，妇女忧愁，跋眉啼泣，吏卒掣顿，折其要脊，令髻倾邪，虽强语笑，无复气味也。到延熹二年，举宗诛夷。"[3] 此外，帝王的行为还因异常星象、风雨不调、水旱虫灾、疫病流行甚至火灾等受到质疑。

至今在中国民间还有"天谴"观念，认为，被雷暴击中而死的人是罪有应得，斥之为"活该"！民间认为是他们违抗了天意或大逆不道，属罪有应得。所以明代传奇《琵琶记》中蔡伯喈不仅不认上京寻夫的发妻赵五娘，还放马踩踏，被暴雷劈死，是天理对"五伦"的护法行为。

"天谴""替罪"观念有着深远的人类学渊源。弗雷泽在《金枝》中列举古代世界范围内的共有现象解释认为，国王品行不端或失职是灾异发生的原因：祭司王（国王）被看作是宇宙的中心，他的一举一动都关乎自然的有序或灾异，他是世界平衡的支点，他身上任何极微小的不合常规的地方，都会打破这种微妙的平衡。如果天气不好，作物歉收或其他类似的灾难，他将负责。因此，如果发生干旱、饥荒、疾病和暴风雨，人民将指责国王的过失，并相应地鞭打和惩罚他。如果他不后悔，将被废除王位甚至处决他。[4]

文献殷墟卜辞中已有暴巫（王）、焚巫（王）记述，谓之"烄"。陈梦家曾列举有关"烄"的卜辞指出："烄与雨显然有直接的关系，所以卜辞之烄所以求雨是没有问题的。由于它是以人立于火上以求雨，与文献所记'暴

---

① （清）苏舆：《春秋繁露义证》，中华书局，1992 年，第 373—374 页。
② （清）陈立：《白虎通疏证》，中华书局，1994 年，第 267 页。
③ （西晋）司马彪：《后汉书·五行志》，中华书局，1965 年，第 3270—3271 页。
④ 〔英〕J. G. 弗雷泽：《金枝：巫术与宗教之研究》，汪培基等译，商务印书馆，2012 年，第 282 页。

巫''焚巫'之事相同。"① 暴巫或焚巫以求雨，古籍记载很多。《左传·僖公二十一年》："夏，大旱，公欲焚巫尪。"《文选·思玄赋》注引《淮南子》："乃使人积薪，翦发及爪，自洁，居柴上，将自焚以祭天，火将燃，即降大雨。"②《礼记·檀弓下》："岁旱，穆公召县子而问然，曰：'天久不雨，吾欲暴尪而奚若？'曰：'天则不雨，而暴人之疾子，虐，毋乃不可与？''然则吾欲暴巫而奚若？'曰：'天则不雨，而望之愚妇人，于以求之，毋乃已疏乎？'"③

从人类学角度看，污染是疾病、灾异的源头，道格拉斯考查污染及其与人类经验相关联的其他问题时写道，对污染的看法，包含着对有序与无序、存在与非存在、形式与非形式、生命与死亡的反思。"在污秽的观念被高度构建起来的任何地方，对它们的分析都会涉及上述意义深远的问题。"④ 这反映了人类趋利避害，维护社会秩序和自我认同的道德需要。所以肮脏不是独立事件，肮脏是颠覆社会秩序，与一整套观念的结构相对抗的一系列社会事象，区分肮脏与"治理污染"是社会秩序结构的组成部分，也是重新确认秩序仪式的一部分。

表 0-1　两种不同文化中的洁净观念

范畴	场域	卫生学	病理学	空间	自然秩序	规范	时间
原始文化	圣神	洁净（精神地）	健康	禁忌（限制）	有序	守制	连续循环
过渡仪式							
现代文化	世俗	肮脏（物质地）	疾病	兼容（非限制）	无序	出轨	线性断裂

原始天文学产生的直接动机是获取食物和维系种族的繁衍，古人在获取食物的过程中逐渐形成了对季节周期的时间意识。哈里森指出："人类先民之所以对季节特别关切，仅仅是因为季节和他们的食物供应休戚相关，这一

① 陈梦家：《殷墟卜辞综述》，中华书局，1988 年，第 602 页。
② 此事《墨子·兼爱下》《吕氏春秋·顺民》《淮南子·修务》篇均有记载，引文据《文选·思玄赋》注引《淮南子》。
③ 《礼记正义》卷 10，《十三经注疏》整理委员会：《十三经注疏》，《礼记·檀弓下》，北京大学出版社，2000 年，第 383—384 页。
④ 〔英〕玛丽·道格拉斯：《洁净与危险》，黄剑波、柳博赟、卢忱译，商务印书馆，2018 年，第 17 页。

点是他们不难发现的。……季节现象中首先引起他们注意的是，那些作为他们食物来源的动物和植物，在特定的时候出现，又在特定的时候消失，正是这些特定的时候引起他们的密切关注，成为他们时间意识的焦点，也成为他们举行宗教节日的日子。"①哈里森在这里点出了物候历来源于人们对食物供应的密切关注，而且也暗示了物候历为何是一种"地方性知识"的原因。②中国古代天文历法体系的特点，实际上反映了中国各民族对"天—地—人"变化规律及其关系的复杂认识。民族思维模式就扎根其中、孕育其中，民族文化特性也由此而生。

中国早期的"文学"与宗教信仰、礼仪、民俗活动和社会政治制度有复杂的内在联系。神话天文学是孕育中国文学的母胎，这是中国原初"文学"具有"通天""通神"或"通灵"功能的首要原因。如《文心雕龙·宗经》就说："象天地、效鬼神、参物序、制人纪，洞性灵之奥区，极文章之骨髓者也。"《毛诗序》云："正得失、动天地、感鬼神，莫近于诗。先王是以经夫妇、成孝敬、厚人伦、美教化、移风俗。"钟嵘《诗品》也说："动天地，感鬼神，莫近于诗。"宝卷的传抄、印刷等作为民间信仰的一部分，与人们对天时运行的脉动节律相榫卯，并互为表里。

面对天神降灾，请神、求神、告神、通神等祷祝、祓除、转移、禳解等全套礼仪实践活动和心理过程，孕育了早期与神灵沟通，对世界秩序言说的祷祝文学和宗教仪式。部分宝卷有早期文字的观念背景。1927 年武威大地震之后，《救劫宝卷》通过祷祝性神圣叙述的法术力量，调动神灵，消除导致天谴的"不敬天地神灵，不孝父母，不尊师长，抛洒五谷，人心奸诈，丧尽天良"的"十恶不赦"：

> 盖闻此一段因果，出在民国十六年至十八年间。那时候我凉州大地，天灾人祸……大地震之后，又兵荒马乱，战火横飞，民不聊生。那时候，世风日下，人心不古，不敬天地神灵，不孝父母，不尊师长，抛洒五谷，人心奸诈，丧尽天良，实属十恶不赦。这一切都惊动了天庭。于

---

① 〔英〕简·艾伦·哈里森：《古代艺术与仪式》，刘宗迪译，生活·读书·新知三联书店，2008 年，第 28—30 页。
② 刘宗迪：《失落的天书：〈山海经〉与古代华夏世界观》，商务印书馆，2006 年，第 50 页。

是，玉帝驾临南天门外，用慧眼往下一看，不觉惨然泪下，遂钦命仙人传下一道令来："凶神下界，尽收恶人。"①

为什么"上年荒，再加兵，瘟疫蔓延，要差粮，又抓丁，百姓涂炭。十八年，再干旱，禾苗不长，数百年，未经过，如此灾荒。一斗麦，暴涨到，五块银洋。一斗米，八元钱，到处难找。天不雨，苦苦菜，已被挖尽，榆树皮，和谷糠，也没剩余。肚中饥，身上寒，腿儿发酸，回到家，泪汪汪，口中苦干"②，都是因为"世风日下，人心不古，不敬天地神灵，不孝父母，不尊师长，抛洒五谷，人心奸诈，丧尽天良"，超自然凭借神力找出灾异的原因，消除了导致天灾的罪魁祸首，混乱的宇宙秩序得以重新建立起来。故事以"受灾—赎罪—回归"的因果模型，达成"那些恶人被收尽，玉帝降旨，恤爱黎民百姓。于是天开云散，风调雨顺，粮食丰收，逃难人喜归故乡"的叙事效果：

> 却说大靖人遭灾逃难后，又回到家乡，悲喜交集，痛定思痛，实是劫后余生，又高兴，又悲伤。
> 遭荒年，苦难事，人人亲见，血和泪，教化人，代代相传。
> 把有时，当无时，常记心间，万不可，今朝饱，不管明天。
> 劝世人，早行善，不受大难，富与贵，贫与贱，轮流变换。
> 有的人，听此卷，心中作难，有的人，听此卷，心中打颤。
> 此一本，民国的，救劫宝卷，劝世人，记心间，功德无边。
> 善恶到头终有报，只争来迟或来早。听完此卷心向善，全家大小无灾难。③

宝卷的结尾是因灾害和禳灾经历所带来的深刻道德教训，并且明确道出讲唱本宝卷所具有的驱邪免灾功能（如图 0-2 张天师驱邪符咒）。这种叙述的道德建构与人类早期神话、宗教的建构功能一脉相承。

---

① 方步和编著：《河西宝卷真本校注研究》，兰州大学出版社，1992 年，第 207 页。
② 方步和编著：《河西宝卷真本校注研究》，兰州大学出版社，1992 年，第 211 页。
③ 方步和编著：《河西宝卷真本校注研究》，兰州大学出版社，1992 年，第 229—230 页。

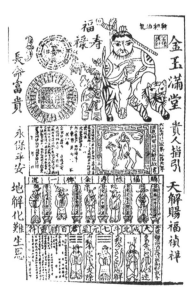

图 0-2 张天师驱邪符咒

按照神话宇宙观，宇宙秩序的根本在于天人和谐，而天人和谐的条件则是人必须服从神意，即按照神的意志来约束自己的行为，按时祭祀祈祷礼拜、修行向善才能避免陷入罪恶与失误。人类各文化中潜在的"洁净与危途""秩序与失序""灾难和疾病"等观念，暗中制约着各种年节行为习俗及文学生产。凡是天人和谐的神圣秩序被打破，原因总要在人间的过失、罪孽方面寻找原因，献祭和替罪也就是赎罪和禳解的过程。历史上，道教一度流行"涂炭斋"，通过"黄土泥额""拍打使熟"这种苦行仪式，叩头忏谢，认为用象征性的仪式或礼俗行为，完成此一必要的程序，宇宙秩序就会重新恢复起来，灾祸随之而解除。①

（三）"末世论"与度劫神话

前文所述，人类"罪愆"污染所致的灾异和世界动荡，会导致灾难惩罚，甚至让末日劫难到来。末日灾难即在一场预定的浩劫当中，上天派遣恶魔给人间降下灾难（烈火、洪水、战争、瘟疫），而大多数人将注定毁

---

① 叶舒宪：《文学人类学教程》，中国社会科学出版社，2010 年，第 332 页。

灭。古代宗教对此有各种不同的解释。[①]文学作为与人类生存息息相关的叙述话语，其参与禳灾仪式的叙述一直隐藏在各种书写之中。古印度婆罗门教认为，世界经历若干万年后会毁灭一次，然后重新开始。这一生一灭被称为"一劫"。而在佛教教义中，劫数包括"成、住、坏、空"四劫，坏劫时会有水灾、风灾和火灾出现，甚至导致世界毁灭。中国民间宗教白莲教则歪曲称之为"末劫"。古代官方通过祈雨、步祷、修省、禁屠宰、救护等仪式参与禳灾活动。

末世论与"再临说"是世界范围内的人类集体无意识呈现出来的重要神话观念。在西方基督教国家，末世论表现为"千年王国"（millenarianism）信仰。可以说，末世论是一切神学之母。《圣经》中，离开伊甸园，人类走向失乐园，从此焦虑和动荡不安伴随着人类。基督教末世论信仰认为，基督耶稣在死后一千年将再次降临尘世，在此之前，要进行"哈米吉多顿大战"，即善与恶之间的大较量。届时，基督和义人战胜魔鬼撒旦，撒旦被打进燃烧着硫磺的深渊，基督将同义人共同统治世界一千年，也就是在所谓"千年王国"里享受太平盛世。与"千年王国"[②]信仰相对的是中国的"白阳世界"神话。

所谓"白阳世界"是中国历史上秘密宗教创造出来的一种类似西方"千年王国"的神话信仰。它流行于古代佛教异端教派之中，与明代中叶出现的无生老母崇拜相融合形成其内容：宇宙和人类都是由无生老母所造出来的，她看到东土（尘世）的人们，被酒色财气所迷惑，变得道德沦丧，阴险狡诈，于是便派遣她的96亿"皇胎儿女"降凡尘世，度化这些芸芸众生。可是，这些"皇胎儿女"们来到尘世以后，被人间的酒色财气和浮华美景迷失了灵性，无法再返回到无生老母居住的天宫——"真空家乡"，变成了"失乡儿女"。他们只好沦落尘世，经受磨难，所以民间宝卷非常重要的象征性

---

① "劫"源自早期佛教翻译的梵语"kalpa"。"末劫"即末日灾难，被看作是一"劫"之终（The end of a kalpa），接下来，是新劫期之始。1. 劫（或劫数、劫运），指称某一场灾难（甚至疾病），通常是作为某种罪孽的惩罚。主要见于清代鸾书（与中古道经上"劫"的意思迥然不同），"劫"的这一概念，将其与某种道德世界的运转紧密关联，一旦作孽，报应总是如影随行。2. 劫指世人通过磨难考验的特定条件。最显著者，是人类集体面临的苦难或灾难。3. 劫（或末劫，大劫），指世界末日（此后，将开启新的劫期）。参见高万桑（Vincent Goossaert）：《扶乱与清代士人的救劫观》，曹新宇译，《新史学》第十卷。

② 秦宝琦、王大为、白素珊：《"千年王国"与"白阳世界"：中外"末世论"载体的演化历程》，福建人民出版社，2002年，前言。

隐喻是"回乡"。无生老母日夜思念自己的儿女，便于青阳劫和红阳劫先后派遣燃灯佛和释迦佛，降凡尘世，各自度回2亿"失乡儿女"，但仍有92亿"失乡儿女"在尘世受苦。这些"失乡儿女"将在红阳劫之末，被弥勒佛全部度回天宫，称为"末后一着"或"总收圆"。

按照民间信仰的说法，人类当今正处红阳劫之末，面临人类历史上最大和最后一次劫难，只有加入教门的人才能够得到无生老母的拯救，其余的人将随同现存世界一道毁灭。又说在旧世界毁灭之后，弥勒佛将降生尘世，在人间创造一个无比美好的新世界，也就是所谓"白阳世界"。而降生尘世的弥勒佛（也就是他们的教主），将是未来"白阳世界"的主宰，而入教的信徒将是"白阳世界"的臣民，并在"白阳世界"里得到永生。中国"末世论"信仰，国外学者也称之为中国的"千年王国"信仰，其历史渊源可以追溯到中国佛教的弥勒信仰。弥勒信仰在南北朝时期与弥陀信仰一并流行，其势力还一度超过弥陀信仰。隋唐以后，弥勒信仰逐渐衰落，但在民间仍然十分流行。宋元以后，逐渐在民间演变为"弥勒救世"的信仰，并且被民间教派所利用，宗教教派宝卷多数以"末世论"相号召，完成教民征召和社会动员。

在中国，末世论与"白阳世界"神话信仰，有久远的文化传统和现实土壤，尤其是古代王朝统治后期，社会结构僵化内卷，动荡不安，灾异频仍、谣言四起、民心惶惶。"宝卷"以编造故事参与社会，与末世谣言"天命"学说一道，成为形塑社会心理的力量。至于民间宗教活动设坛、造经、画符、扶乩、禁咒，以期禳解王朝后期的各种不安和困厄，社会参与更为直接。

人类早期的经典都有从整体知识出发，调整天人关系、人人关系，调动群体内部守望相助的精神能量的功能。延续到后世的明清民间经卷《度劫经》，与其他民间教派宝卷一道，以观音菩萨的名义，劝导世人改恶从善，"而今大劫将临，尔等急须猛省。今有天降劫经，各抄传送，地贴在香火上面，每日虔诚敬诵三遍"。其经文摘录部分如下：

> 吾神不是别一个，乃是南海观世音。只因凡人不好善，不敬天地与神明。开斋犯戒欺神像，抛散五谷坏良心。不孝父母侮长上，砍头杀生乱胡行。不信祖宗神明语，虚空过往纠察神。纠察神明察善恶，查明逐

一奏天庭。玉帝见奏龙颜怒，即差雷部众天兵。四海龙王接御旨，要绝凡间这恶人。制就雷转五百桶，要打奸民一样平。要把人民饥饿死，放下五瘟收众生。吾在南海慌忙了，西天去求如来尊。跪在天宫七日整，弥勒佛旨救凡民。吾在金阙玉皇殿，哀哀上告大天尊。上帝不肯发赦旨，吾苦跪了七日晨。当时发下洪誓愿，普度众生起善行。善恶二字说不尽，分断明白与凡民。若还不信佛旨语，明年只管看假真。此文出在北京地，宛平所属一地名。郑家庄前李参政，所生一女李秀英。年龄只有廿二岁，观音洞内谢天恩。若有一人不向善，瘟疫收尽不留存。天降灾厄将人收，天降水火收恶人。吾在空中施甘露，尔等务各施婆心。有行善者送一部，一家大小免灾星。一人传十十传百，永世不堕地狱门。但愿人民转头早，时刻朗诵观音文。此经乃是末劫刻，敬天敬地敬双亲。敬惜字纸免灾劫，尔能向善天赐贞。十愁十劫俱消尽，同享清吉乐升平。佛示大众曰："而今大劫将临，尔等急须猛省。今有天降劫经，各抄传送，地贴在香火上面，每日虔诚敬诵三遍，不识字者，每日望三遍，可消灾免劫，以后诸恶莫作，众善奉行。敬谨广传，天必降祥矣。"[①]

　　清代文人汇辑刊刻的扶乩（亦称"飞鸾""降笔"）鸾书，其中所宣扬的"末劫观"通常以"灾劫"为重。《道藏辑要》中有大量的末世灾劫方面的经卷。除了类似《元始天尊说梓潼帝君本愿经》《文帝救劫经》等18世纪已经流通颇广的经文之外，蒋予蒲周围的扶乩老手们，在"觉源坛"也扶出不少他们自己的经卷。此仅举一例，斗姥降笔之《九皇斗姥戒杀延生真经》，即为我们生动描绘出，由于杀生害命，罪业山积，人类即将在劫难中灭尽。斗姥传训，只有痛改前非，惜命护生，才能挽劫于末世。

　　民间宗教在精神上、心理上"救人"时，常用的一个手段，就是劝导下层民众念经诵咒"行善"以挽劫于末世。所谓念经，就是念诵各自教派编写的宝卷。在大部分教派编写的宝卷中，其"开经偈"都有念诵宝卷可以祈福禳灾的偈语。如《佛说皇极结果宝卷》开经偈："收圆宝卷初展开，诸佛菩萨降临来；大众志心齐声和，现在增福又消灾。"这就是说，下层民众只有经

---

①　濮文起主编：《新编中国民间宗教辞典》，福建人民出版社，2015年，第105页。

常念诵宝卷，做到心灵与神灵相通，才能"诸佛菩萨降临来"，收到"增福又消灾"之功效。①

清代五公菩萨在天台山传授的救劫经符——《五公经》，是指志公、朗公、唐公、宝公、化公五位菩萨，在天台山造经符解救世人，避免劫难的经卷。②王见川把《五公经》归入"预言书"。如果追溯民间教派宝卷，我们会发现，这些预言书和民间经卷的题材、体裁，与远古以来人类集体无意识的精神世界中的各种诉求及其言说传统密切相关。甚至可以说，世界主要宗教，都存在一个漫长的民间宗教形态阶段，从历史、律法、先知、史诗、圣训等这些分类名称可以看出，虽然这个阶段处于宗教的早期"毛坯形态"，但是它的表述背后依然闪耀着人类世袭罔替的精神困顿。

三、宝卷的整理与重新分类

宋元以降，中国宝卷经历了兴起、繁盛、衰落的历史过程。其鼎盛期曾布遍大江南北、大河上下的广大地区，而今主要集中在江浙沪沿运河、环太湖地区和甘肃的河西走廊。此外，在甘肃南部的洮岷地区和青海东部的河湟地区，以及山西介休和永济、河北南宫、陕西榆林、江西于都等地亦有零星分布，呈现"一片"（江浙沪吴方言区）、"一线"（甘肃河西走廊）、若干点的格局。

---

① 《佛说皇极结果宝卷》，濮文起主编：《民间宝卷》第 1 册，黄山书社，2005 年，第 7 页。
② 1. 咸丰辛酉年本，名称为《大圣五公海元救劫转天图经》。2.《大圣五公演说天图形旨妙经》（上、中、下三卷），经中说宝公是观音化身，化公是四洲化身，朗公是广音化身，唐公是弥勒化身，志公是妙音化身，共集天台山西岩洞说法，其中包含佛告普明及礼敬十四水精、十五曾祖、双华二祖、现在掌教。末尾附《五公新说救劫宝忏》。3.《大圣五公菩萨救度众生末劫经卷》，又称《五公菩萨天阁妙经》。内容讲到，本朝海州海宁县天台山百余岁僧人，哭述五公菩萨叙说二元甲子的下元时刻，空中出现字星，大唐国土出现大劫，民众应遵从五公告诫，贴经符、树罗平旗，才能求得平安，渡过危难。经中夹叙十愁、十哭情况，及出现大清国字样的疏文。4.《天台山五公菩萨灵经》，又称《佛说转天图经》。内容主要记述五公菩萨共集天台山，观看下元甲子中华之地众生惨况，造下经符，告诫民众贴经符、树罗平旗，方能平安。其中每公石十六道符，另有一五公总符，二罗平旗，及一南无大慈大悲救苦救难诸佛菩萨莲式法座，中署每月朔望日、六庚日及二六九月十九日等为斋戒、念经日期。另附《观音大士铜碑记》永清县老僧说十愁歌，州和尚作十忧十哭歌及刘伯温义乌县石碑。王见川：《汉人宗教、民间信仰与预言书的探索》，台北博扬文化事业有限公司，2008 年，第 319 页。

从 20 世纪 20 年代开始，宝卷总目的编撰就开始了。① 从 1994 年至今，大陆和台湾地区已陆续出版 8 部大型宝卷文献集成。进入 21 世纪以后，宝卷文献的搜辑整理和出版工作成绩斐然，而且相关工作还在进行中。以下为截至 2021 年 11 月公开出版的大型宝卷文献集成。

1. 张希舜、高可、濮文起、宋军主编：《宝卷初集》40 册，山西人民出版社，1994 年。

2. 濮文起主编：《中国宗教历史文献集成·民间宝卷》共 20 册，黄山书社，2005 年。②

3. 王见川、林万传主编：《明清民间宗教经卷文献》12 册，台北新文丰出版公司，1999 年。

4. 王见川、车锡伦、宋军、李世伟、范纯武等主编：《明清民间宗教经卷文献（续编）》12 册，台北新文丰出版公司，2006 年。

5. "中央研究院"历史语言研究所俗文学丛刊编辑小组编辑：《俗文学丛刊》，台北新文丰出版公司，2004 年。第 351—361 册收"中央研究院"史语所藏宝卷。

6. 马西沙主编：《中华珍本宝卷》，社会科学文献出版社，2012 年。计划共出五辑，每辑十册，目前已出第一、二、三辑，三十册。

7. 曹新宇主编：《明清秘密社会史料撷真·黄天道卷》7 册，台北博扬文化事业有限公司，2013 年。

8. 车锡伦总主编：《中国民间宝卷文献集成·江苏无锡卷》，《江苏无锡卷》主编钱铁民，15 册，商务印书馆，2014 年。

另有两种大型影印民间信仰经卷、刊物等资料汇编：

1. 王见川等主编：《民间私藏中国民间信仰·民间文化资料汇编》，台北

---

① 主要成果有：1928 年郑振铎的《佛曲叙录》，记录 37 种宝卷；1934 年向达在《文学》二卷六号编目 70 余种；1946 年至 1947 年恽楚材在《宝卷续录》等文章中编目一百数十种；1951 年傅惜华《宝卷总录》编目 349 种；1957 年胡士莹编《弹词宝卷书目》，收录 200 余种；1961 年李世瑜编《宝卷综录》，著录 577 种宝卷；2000 年，车锡伦在傅惜华、胡士莹、李世瑜等宝卷目录的基础上结合新时期宝卷调查情况编写的《中国宝卷总目》，总计收录 1585 种。

② 这部宝卷总集是由中国社会科学院和天津社会科学院相关学者联合编纂的，汇集各主要宗教历史文献的大型影印古籍丛书《中国宗教历史文献集成》的一部分。《中国宗教历史文献集成》全书共 180 册，分为《藏外佛经》《三洞拾遗》《清真大典》《东传福音》和《民间宝卷》五编。收入《宝卷初集》的全部宝卷，另加 100 多种。

博扬文化事业有限公司，2011 年。

2. 王见川等主编：《民间私藏台湾宗教资料汇编·民间信仰·民间文化》，台北博扬文化事业有限公司，2011 年。

甘肃搜集记录整理排印了河西地区宝卷集。笔者见到的有：

1. 郭义等选编整理：《酒泉宝卷》上编，甘肃人民出版社，1991 年。

2. 酒泉市文化馆编印：《酒泉宝卷》中编，2001 年。

3. 酒泉市文化馆编印：《酒泉宝卷》下编，2001 年。

4. 酒泉市肃州区文化馆编印：《酒泉宝卷》第三辑，甘肃文化出版社，2012 年。

5. 酒泉市文化馆编印：《酒泉宝卷》第四辑，甘肃文化出版社，2011 年。

6. 何国宁：《酒泉宝卷》第五辑，甘肃文化出版社，2011 年。

7. 方步和编著：《河西宝卷真本校注研究》，兰州大学出版社，1992 年。

8. 段平编选：《河西宝卷选》，台北新文丰出版公司，1995 年。

9. 段平编选：《河西宝卷续选》，台北新文丰出版公司，1995 年。

10. 何登焕编辑：《永昌宝卷》上下册，永昌文化局印，2003 年。

11. 程耀禄、韩起祥：《临泽宝卷》（上下），甘肃准印 059 号，2006 年。

12. 张旭主编：《山丹宝卷》上下册，甘肃文化出版社，2007 年。

13. 王奎、赵旭峰整理：《凉州宝卷》，武威天梯石窟管理处编印，2007 年。

14. 徐永成主编：《金张掖民间宝卷》一、二、三册，甘肃文化出版社，2007 年。

15. 王学斌编著：《河西宝卷精粹》二册，中国人民大学出版社，2010 年。

16. 民乐文史资料：《民乐宝卷》第 15 辑三卷，第 8 辑上下两册，2016 年内部印制。

17. 王吉孝：《宝卷精品》（1—9）册，2013 年印制。

吴方言区搜集整理出版的民间宝卷有：

1. 尤红编：《中国靖江宝卷》，江苏文艺出版社，2007 年。

2. 俞前主编：《中国·同里宣卷集》，江苏凤凰出版社，2011 年。

3. 中共张家港市委宣传部、张家港市文学艺术界联合会、张家港市文化广播电视管理局编：《中国·河阳宝卷集》，上海文化出版社，2007 年。

4. 中共张家港市委宣传部、张家港市文学艺术界联合会编：《中国沙上宝卷》，上海文艺出版社，2011 年。

5. 常熟文化广电新闻出版局编：《中国常熟宝卷》，古吴轩出版社，2015 年。[①]

从文学人类学角度，重新定义宝卷后，接着要解决的就是宝卷如何分类。从禳灾叙述角度，笔者认为，包含民间信仰的宝卷才是宝卷的典型形态，其中包括佛教、民间教派宝卷、道教宝卷。因为民间祈福禳灾传统是宝卷这一传统产生的内在动力。尽管由于研究队伍和学科划分的原因，国内多数学者从民间文学角度思考宝卷，但这不能否认宝卷的民间信仰文化的性质。调查河西等地的宝卷，我们发现河西的酒泉和张掖教派类宝卷念唱得比较多，而出版的大都是故事类的宝卷，而河西做会仪式用到的卷子几乎都是民间信仰的卷子，而不是文学故事卷。

按照笔者对宝卷的理解，宝卷分类如图 0-3，大致分为如下类型：

第一，道佛经义仪式卷。受《慈悲道场忏法》影响的仪式卷，如《壅根借寿》《辰星拜赞》《花名散花荷花解结卷》《净科》《血湖灯科》《九幽灯科》《指路宝卷》《请送佛》《庚申经卷》《血湖经》等为代表的祈福消灾仪式卷。[②]

这类宝卷多用"偈""科"（或"科仪"）"经"之类的名称。如请、送神佛

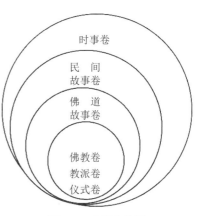

图 0-3 宝卷分类图

用的《请（送）佛偈》《起身偈》；为神佛上香、上烛、上茶（供品）礼拜时用的《十炷香偈》《十炷蜡烛偈》《十盏香茶偈》（或称《上茶偈》）；做结缘仪式时唱的《结缘偈》（或称《结缘宝卷》）；散花解结时唱的《散花解结偈》《解结科》；为人祝寿时用的《八仙上寿偈》（或称《八仙上寿宝卷》《大上寿宝卷》）；为死人"作七"时用的《七七宝卷》；为孩子"度关"用的《度关科》；用于"斋天"仪式的《斋天科仪》；等等。这些宝卷均为唱述仪礼，没有故事情节，有些是用民歌俗曲的形式，具有文学性。

① 常熟市范围内现存的印本和抄本为 480 余种，去掉同种异本，也有 430 多种。
② 中共张家港市委宣传部、张家港市文学艺术界联合会、张家港市文化广播电视管理局编：《中国·河阳宝卷集》，上海文化出版社，2007 年。

第二，以《目连救母出离地狱生天宝卷》《大乘金刚宝卷》《心经卷》《黄氏女宝卷》《佛说地狱还报经》《悉达卷》《香山宝卷》《十王卷》《地藏宝卷》《冥王宝卷》《九幽地狱卷》等为代表的佛教救赎宝卷。

《目连救母出离地狱生天宝卷》为现存最早以演说故事为主的佛教宝卷，《大乘金刚宝卷》为现存最早以宣说经义为主的佛教宝卷之一。内容上，两者分别代表了宝卷发展的两大倾向：说故事与说经义。前期佛教宝卷中，属于前一倾向的作品还有《香山卷》《目连卷》《黄氏卷》等；属于后一倾向的作品有《法华卷》《心经卷》《圆觉经》等。①

第三，以《无生老母救世血书宝卷》等为代表的民间宗教教派"末劫说""救世说"与劝善禳灾宝卷。民间宗教教义的宝卷最早作品是罗祖的"五部六册"，除此之外，各个民间教派的宝卷大都属于此类。如黄天道《佛说利生了义宝卷》、大乘天真圆顿教《古佛天真考证龙华宝经》，其情形也与佛教相似。②

第四，以《护国佑民伏魔宝卷》《关帝宝卷》《延寿宝卷》《灶君宝卷》《财神宝卷》为代表的民间信仰祈福消灾宝卷。

第五，以《张四姐大闹东京卷》《救劫宝卷》《孟姜女宝卷》《琵琶卷》为代表的劝善消灾民间故事宝卷。

由于每个类型的文类形态，都有典型形态和过渡形态（非典型形态），它们都有共同的禳灾功能，所以本研究未严格区分善书、宝卷和宗教经卷。那么如何理解宝卷发展史中形成的分层现象呢？一种文化形态的建立，通常要经过回忆文化、记忆文化、文化认同和政治想象这三个过程。

第一种形态是回忆文化。佛教传入中国以后，佛教经典对中国文化包括

---

① 根据（明）罗清撰《巍巍不动泰山深根结果宝卷》第24品、明嘉靖刊《销释金刚科仪》题记。收入王见川、林万传主编：《明清民间秘密宗教经卷文献》，第1册，台北新文丰出版公司，2001年。

② 1. 教主下凡普度众生型的。天上主神派遣某某祖师下凡普度众生，此教主就是文化大传统中的救世主，故教主的籍贯和道号多用隐语。在叙述教主布道行迹中，宣扬教义。2. 现身说法，敷衍教义型的。只突出某方面教义，如叹世类，就是宣扬苦空思想，劝人尽早修行的善恶果报类型的，有的宣称地狱或十殿阎王悟道，有的是教主苦修得道的神话和悟道说教等。3. 故事型的。这一类主要以善恶报应、伦理道德为中心思想，敷衍人、佛、仙、鬼相通的世间悲欢离合情节，与故事宝卷近似。4. 科仪型的。主要讲教徒忏悔条文和规制、修行理论等。5. 祝愿型的。此类表达皈依修行人祝愿世上人人无灾无苦、一切美好的善愿。文字较简如歌词，有附于各类型经中的，也有单独成篇的。

道教产生巨大的影响。民间对佛教经典的消化吸收有一个漫长的过程，在这个过程中，以俗讲形式在民间曾经存在的各种佛教故事，变成早期的佛教宝卷。受无生老母信仰、末世救劫观念影响着的中国流民文化传统，产生了民间宗教和民间社会，它和"天书观念"密切联系，形成了民间宗教宝卷。通过宝卷，民间完成对佛教观念、民间无生老母、道教灵宝斋法仪式和经卷传统的仪式性关联与文本性关联。

第二种形态是记忆文化。宝卷这种文化形态和中国传统的民间信仰相结合，与社会现实妥协，形成功能性的各种各样的民俗民间文化宝卷，使得民俗文化知识，化身为各种言说传统，落实为民间实践记忆。

当宝卷这种形式，吸附小说和戏曲，使戏曲和小说题材也改编为宝卷故事，就进入到文化形态上的文化认同和政治想象阶段。如果早期的卷子还是宗教的实践形态的话，这一阶段的宝卷已表现出符号化形态，符号营造的是一个意识形态的幻象，在这样的幻象之中形成了民间的政治想象和禳解文化传统。

第一章　禳灾救劫与天书传统：宝卷文类的人类学解读

一、创世神话与民间"神谕"叙述

中国历史语境下的许多"神谕"，很自然地属于末世论启示。12 世纪以降，扶乩降笔出产的经文，都是这个古老传统的继续，但也为这一传统增添了大量新的内容。受天人相通的文化传统的沾溉，中国文化保留了大量的神谕叙述。这些神谕叙述来源久远，散落在各种文献之中。早期道教的上清派，接受神谕，诫谕人们世界末日即将来临，只有上清道士与道徒方可幸免于难。5—6 世纪，一些中国的佛教徒写经劝善，劝诫世人礼忏，信佛、行善、诵念经咒，祈求天降神兵，起事避劫，扶立真主，以迎接弥勒佛降世，普渡众生。

嘉靖、万历至明末，社会形势急剧变化，朝政紊乱，大厦将倾，人心不安，异说争起，官府又无暇打击这些蜂拥而出的异端，民间教派宝卷的活动异常频繁。为了消病解灾、舒缓焦虑、互相帮助，希望死后升天，人们加入这些民间宗教组织。这一时期创教的有三一教、黄天道、东大乘教、龙天道、西大乘教、还源教、红阳教、大乘天真圆顿教等，各个教派的创立都相应伴随着宣扬其教义的宝卷的撰成与刊行。如红阳教创始人韩太湖仿罗祖五部经，作"红阳五部经"。黄天道创始人李宾有《普明如来无为了义宝卷》，其弟子郑光祖（普静）撰有《普静如来钥匙宝卷》。

在民间教派宝卷的发展过程中，罗祖"五部六册"扮演着开山祖的角色，并对后来的民间教派宝卷产生了深远的影响。可以说，"五部六册"规定了后来的民间教派宝卷在思想信仰方面的基本框架，可以视为后世民间宗教的思想之源。罗教始祖罗清被尊奉为在弥勒佛以后由无生老母家乡下凡的救星，其偶像被供奉在罗教徒家中和庵堂里。白莲教的仪式主要有烧香、念诵教派和大乘佛教的经文，继而先唱阿弥陀佛的名字，然后唱其特有的念语：真空家乡，无生父母。

归根道以无生老母（瑶池金母、无极圣母、无极天尊）为最高崇拜，其他所奉神灵，几乎囊括了儒、释、道所有的仙佛圣贤，诸如燃灯古佛、释迦古佛、弥勒古佛、观音菩萨、普贤、文殊、孔子、玉皇大帝、太上道君、三官大帝、文昌帝君、关圣帝君、吕祖纯阳，以及道内历代祖师等。该道以龙华三会为信仰核心，强调三期末劫，重视末后一着，提倡收圆普度，又主张修儒家之礼、释家之戒、道家之术。其所诵经卷有《先天礼本》（《开示经》）、《九莲经》（《皇极金丹九莲正信皈真还乡宝卷》）、《龙华救劫经》《金刚经》《心经》《玉皇经》《观音经》《大悲经》《太阳经》《司命经》《五公经》等。[①]

清人黄育楩于道光十四年（1834）撰写的《破邪详辩》，从另一个角度揭示了民间教派宝卷在万历前后甚为活跃的事实：

> 自邪教兴，而经卷既信手增添，教名亦随时更换，其为世道人心之害，不可胜言矣。再查邪经，飘高为万历时人，而居邪教之首。可知净空等众，同为明末妖人。而刊印邪经，又明末太监。太监之祸，明末最烈，又刊邪经以害后世，心毒极矣。[②]

中国民间本来潜伏着"气数已尽""天命难违"的天命伦理。封建社会后期，体制僵化、内卷化给这一伦理提供了更为广阔的社会空间。

大约在 17 世纪初，出现了许多扶乩团体源源不断地发展出重要的救劫经论。当时刊刻一种主要的文昌降笔文集——《文帝救劫宝经》，《文帝救劫宝经》汇辑了文昌"救劫"或"挽劫"的经文。到 18 世纪，《文帝救劫宝经》已经广泛流传，其中的序文，警告世人劫运将临，文昌受命于天帝（明清经卷中常指玉帝）救度众生。文昌则警戒世人，度众挽劫，世人当"回心"修

---

① 归根道，清末圆明圣道支派。清光绪五年（1879），湖北南漳县人艾元华建立，祖堂会元堂设在朝元山。
② （清）黄育楩：《破邪详辩》，《清史资料》第 3 辑，中华书局，1982 年，第 17 页。

行，每日持诵四位天尊圣号，朔望诵《救劫经》及《太上感应篇》一篇，以消罪愆。最后一章回归到末世论主题上，并且讲到整个人类的集体命运。文昌在序文中描述了自己在"劫数来时"的角色：

> 吾愍劫运之临，世人造恶，无有穷已。今遣十恶大魔三百万、飞天神王三百万、神兵神将一千六百万，以五道雷神主之，收取恶人。又大风、大雨、大水、大火、大疫并作，以收恶人，用充劫运，罪罚不远，深可哀怜。吾今为度脱众生，私露天机。①

《龙华妙经》②其宝诰中明确提示，其致敬的神仙有文王、孔子、文昌帝君、伏魔大帝关羽、北极真武玄天上帝、孚佑帝君吕祖、南海观音大士。神谕宣告三期末劫，人心大变，元始天尊降《龙华经》救人民于水火，共赴龙华。

民间宗教经卷《转天图经》宣传天干劫运思想，再三强调子丑年末劫来临时：

> 末劫子丑年，白骨压荒田。岁后排年名子丑，见人如家狗。
> 子丑之年人吃糠。如说子丑年，百姓横罗灾。
> 子丑之年，必有大难。子丑之年天无光，逢牛多杀戮。

在《转天图经》中，子丑之年就是大难之年，末劫到来，世界横遭灾

---

① 《元皇大道真君救劫宝经》，第 1b 页。
② 《龙华妙经》又名《龙华经》。封面中心竖行大字"龙华妙经"，下有小字三行"甲子春正月降与腾冲至善坛"，两边为二龙图。乌丝栏，版宽 14.5 厘米，版高 29 厘米，版心双鱼尾，鱼尾上为"龙华经"，鱼尾中为篇（叶）数，叶 4 行，行字 15，一卷计 38 叶。现存西北民族大学张天佑处。龙华会本是佛教教义，谓释迦牟尼佛灭后五十六亿七千万年，当由弥勒佛绍继佛位。届时，弥勒将在成道时的华林园龙华树下，绍继佛位，召开法会，普度人天，故称龙华会。民间宗教吸收这一教义后，引申为青阳、红阳、白阳三个时期之末，都将召开龙华会，又称龙华初会、龙华二会、龙华三会。龙华初会，燃灯佛掌教；龙华二会，释迦佛掌教；龙华三会，弥勒掌教，弥勒佛代表无生老母完成"末后一着"总收元。因此，龙华会的最高崇拜是无极圣祖，即无生老母，亦奉弥勒佛，姚文宇自称弥勒佛化身，被教内尊为"天上弥勒"。为壮大和巩固教势，从天启二年开三次龙华大会，讲经说法。龙华会念诵的经卷有罗祖"五部六册"，教内称为"五部法轮"；《天缘宝卷》《结经宝卷》，合称《天缘结经》《三祖行脚因由宝卷》和普霄协助其师写成的制度文书《大乘正教科仪》。

异，天灾"黑风东起，七天七夜大雨雷电"，"东方复三灾，西北有大难"。接着，妖魔竞起，诸恶鬼神，行其毒气，于是瘟疫四起，遍于国土，干戈相侵，百姓恓惶，以致家家绝烟火，人相食，骸骨满山岗。若要太平世，要在寅卯辰巳过后，"方得天平是世人"①。

以反映民国十六年（1927）武威大地震、古浪大灾荒的河西《救劫宝卷》为代表，细读其中篇章，基本都是瘟疫、灾害与救劫的叙述。《救劫宝卷》这样写道：

> 现如今，人的心，全不向善；老天爷，降下了，大灾大难。却说十大劫下界：
>
> 一大劫山摇地动，压死百姓成千上万；二大劫年年荒旱，晒得河干井枯，寸草不见；
>
> 三大劫各处强盗作乱，百姓叫苦连天；四大劫瘟神下凡，白喉症死去的人无法计算；
>
> 五大劫洪水淹没了大片土地；六大劫刮大风天昏地暗，恨世人尽作恶不行善；
>
> 七大劫降白雨大如鸡蛋，打坏猪羊和田禾；八大劫虎狼凶把人咬惨，大街上人稀路断；
>
> 九大劫一斗粮值半斗钱，饿死黎民百千；十大劫降祸灾，洋枪大炮打死了众百姓千千万万。②

《家谱宝卷》描绘了末劫降临，劫难临头的恐怖场景：

> 又千生，合（和）万死，不能遇着。遇不着，《家谱卷》，劳而无功。
> 千妖魔，万鬼怪，各样精灵；精灵出，妖魔怪，沿门普化。
> 叫一声，人就死，丧了残生；不向善，你不归，不得好处。
> 瘟厘（蝗）侵，妖魔广，盖世不安（宁）；只因为，伍百年，造

---

① 喻松青：《民间秘密宗教经卷研究》，台北联经出版事业股份有限公司，1994年，第82页。
② 《救劫宝卷》，载徐永成等主编：《金张掖民间宝卷》（二），甘肃文化出版社，2007年，第674页。

（遭）下苦难。

诸般佛，世上人，心中不平。这妖魔，普天下，尽都混起。

无佛宝，一各（个）个，丧了残生。有群狼，合（和）猛虎，巡门绕户。

修行人，无佛宝，九死十（一）生；准备着，妖魔怪，丧了他命。

□□□，□□□，□□□□。人死的，无其数，混乱世界。

是真假，就一（以）后，白骨尸灵；要持斋，找寻着，未来经典。

遇《家谱》，见一见，也是前生；……老母造，《家谱卷》，打救残生（零）。

癸末年，有精灵，便（遍）地出现；门头上，帖（贴）乌牛，弓箭鲜红。

在世人，不知道，来东（踪）去路；谣言歌，应《家谱》，世人难遇（逢）。

甲申年，乙酉岁，精灵大显。紫微星，领雄兵，困住北京。[1]

《天降度劫宝卷》这样记载：

> 若有欺心昧己，不忠不孝，被遭十愁者，先使米粮大贵，十愁之外，还有十劫，水劫、火劫、雷劫、风劫、虎狼劫、蚖蛇劫、刀兵劫、瘟疫劫、饥寒劫、漂流劫。释迦佛掌天下一万二千年已满，至此，乃弥勒佛接位。从庚申年起，天下人民多不向善，所以未来甲子，五谷不登，人民饥饿，不信之人，难逃此劫。[2]

1523 年的《皇极金丹九莲正信皈真还乡宝卷》记载"圣火临凡，末世灾难降临，烧了三千及大千"：

> 五湖四海虾蟹鱼龙无处潜藏，山河大地一齐炼。火里生莲，炼就金

---

① 《〈家谱宝卷〉后部七、八、九品校释》，载李世瑜：《宝卷论集》，台北兰台出版社，2007 年，第 201—202 页。

② 濮文起主编：《中国宗教历史文献集成·民间宝卷》第 8 册，黄山书社，2005 年，第 186 页。

丹。清凉宝地，永无灾难。老祖开山，一阵黑风满世间。东西无月，南北无天。凡圣交参，精邪魔鬼随风现。刮倒天关不见人缘。三极佛子，收入云城里面。水火风灾，天降临凡一齐来。大千沙界，四大神洲，顷刻而歪。三极老祖从安派，赴了香斋不三灾。超出苦海亲见当来世界。古佛收源总了诸真绪九莲，不见三灾八苦闯出南关。圣宝山前皇极老母来把金丹散，十万八千大千三千沙佛赴会同道弥勒内院。[1]

前文已经论及，西方基督教同样有末世和天国降临思想。基督教《圣经·启示录》中有"千年王国"思想，这一思想与行动，并不仅局限于犹太教、基督教国家，也存在于世界史的广泛角落。据学者们的研究，在不具一神教传统的中国，也能找到欧美所见的"千年王国"的思想与行动。[2]

神谕（英语：Oracle）一般表现为占卜的形式，经过某个中介者如祭司，宣达神明的意旨，对未来做出预言，回答询问。神谕是世界范围内的宗教文化现象。在古希腊，国家经常就各种问题咨询神谕，尤其是德尔斐神谕。到公元 100 年，德尔斐神谕在希腊化和罗马时代仍旧盛行，神谕的发布一直持续到公元 3 世纪中期乃至 4 世纪早期。这期间，人们通常认为，遇到危机如瘟疫或盗匪等问题，最好通过请求神谕、抚慰神祇来解决。例如，曾有一系列城市都向克拉罗斯的阿波罗咨询神谕，询问要如何应对公元 165 年之后肆虐罗马帝国的大瘟疫。神谕在整个古代一直是宗教权威的重要来源。[3]

在中国，道教是以中国古代萨满式的咒术信仰为基础，重叠复合地采入了儒家的神道与祭祀的思想与仪礼、老庄道家的"玄"与"真"的形而上学、佛教的业报轮回与解脱，以及济度众生的伦理与仪式等，在隋唐时代大致完成了作为宗教的教团组织、仪式方法、神学思想，与"永恒的道，合为一体为终极理想的中国民族自己的传统宗教"[4]，与巫文化相应的降神和神谕活动主要表现在道教之中。

---

① 马西沙：《中华珍本宝卷》（第三辑）第 21 册，社会科学文献出版社，2015 年，第 111—112 页。
② 1836 年，洪秀全在广州应试得到的一本基督教布道书《劝世良言》，受这本书的第一卷《真传救世文》的启示，洪秀全皈依上帝创立了"拜上帝会"。从此他就自称是天父耶和华之子、耶稣基督之弟，下降凡间，拯救世人，劝拜上帝，斩杀妖魔，建立起"天下一家""共享太平"的人间天国。
③ 〔英〕西蒙·普莱斯：《古希腊人的宗教生活》，邢颖译，北京大学出版社，2015 年，第 88—89 页。
④ 〔日〕福永光司：《道教における鏡と剣——その思想の源流》，《思想》696 号，1973 年。

降乩、扶鸾，或者掷杯、求签是中国道教传统和民间信仰中"咨询"神灵并获得神谕的方式。台湾的宗教团体慈惠堂被认为是在"瑶池金母"的直接启示下创立的。一些石刻文献还详细标示金母凭附灵媒的确切地点。童乩昏迷持续七天，醒来时一个道士却告诉他，他已经被瑶池金母附过体了，从此他成了一名童乩。童乩被认为是得到了瑶池金母的启示。[①] 这个创世和救世的神话出自《玉露金盘》，慈惠堂认为，自前两次救渡失败以后，金母不顾一切地命令所有各界神佛、菩萨，下凡人世并且亲自临乩，开始了第三期也是最后一期的普渡，其年代是在清光绪元年（1875）。其结果是产生了大量的启示，呼唤人类归根认母。

在古希腊，最著名的神谕是德尔斐神谕。神谕通过神灵现身说法，或者特定的人物处于神灵附体的状态传达神意。传达神意的媒介人多数是儿童和妇女。神谕表达的语义模糊，与日常用语出入较大时，需要解说神谕的人。解释神谕的韵文形式成了口头文艺产生的因素之一。因为神灵是没有实体的，所以人们可利用一切机会抓住所有现象来猜测神意。"不仅是我们认为比较重要的社会事务（阿赞德人）需要请教神谕，针对日常生活中的一些小事他们也请教神谕。……欧洲人对于神秘力量一无所知，因而不能理解他们在行动的时候必须要考虑的神秘力量。"[②]

有趣的是，书写时代次生口头传统的创造者深受集体无意识力量的影响，始终不知不觉地相信他们的创造是神通过祖先和领袖传给他们的。这个概念在与基督教、佛教和民间宗教有关的所有经书和民族史诗中都有表达，但其起源是口述创造时代的集体记忆和集体创造的传统。欧大年研究了在宝卷的不同文本中反复出现的情节单位，发现主题包括教主的自传性陈述，对神灵预警经卷的领悟，创世、普度、来世神话、禅定、仪式、道德说教、地

---

① 〔美〕焦大卫（David K. Jordan）、〔美〕欧大年（D. L. Overmyer）：《台湾慈惠堂的考察》，载王见川主编：《民间宗教：民国时期的教门专辑》第1辑，周育民编译，台北南天书局有限公司，1997年，第85页。慈惠堂的仪式包括集体念经、降乩会、敬神降僮等。在降僮方面最奇特的是"跳神"，受到神灵影响的某人会"炼身"，炼身是指一种迷狂的状态。通常伴有虚舞拳掌，或以极快的频率反复将两手轮流伸出，使人体促动起来，据说这特别有益于健康和治病。在迷狂时，所有信徒都会降僮和跳神，慈惠堂领导人认为这是他们宗教最显著、最重要的特色之一。同上书，第90页。

② 〔英〕E. E. 埃文思－普里查德：《阿赞德人的巫术神谕和魔法》，覃俐俐译，商务印书馆，2006年，第275—276页。

狱描绘等社会观念后，认为《混元弘阳佛如来无极飘高祖临凡经》中有宝卷神授临凡之主题，即宝卷系由普渡众生的教主从神界下凡传授而来，其中涉及"天启"、"创世"、"普渡"、"末世"说等神话主题。[①]

社会紧张情绪的表征很多，如仪式表演、战争及掠夺成性的盗贼，千禧年主义和救世主信仰式的预言、期待等。汉学家田海敏锐地发现，"叛乱经常伴随着各种谣言，比如一个救世主即将出现、世界末日性质的大灾难即将降临等"，而口头流传的"故事的爆炸式增值与蔓延是诸多表征中的一种"。[②]在天书传统中"天赐"神谕或者经卷（宝卷），发展到晚清至近代，直接由扶鸾活动产生宝卷（经卷）。社会各阶层都心领神会，只有与中国本土天降神授文字、经卷的文化大传统相勾连，宝卷（经卷）的内容才能具备"驱遣"天人的道义和"社会宪章"一样的强大影响力。[③]直到当代，德国汉学家柯若朴（Philip Clart）还考察过台中市的一个鸾堂，他们通过扶乱降下一部道书。柯若朴详细描述的扶鸾过程，带给我们很多思考：

> 道书《无极天经》的产生可谓是应运而降世，天界的周期运转从辛酉年到壬戌年引起了《无极天经》的撰著。经本完成的日子（农历六月二十四日）刚好是玉皇大天尊玄灵高上帝（关圣帝君）的生日，而这本经将是送给他的生日礼物。
>
> 首先，被派来写这本经的是元始大尊。他在当天准时到达，然后写下这本经的序言：
>
> 元始天尊　降
>
> 圣示：兹逢上天大开普度之门，《无极皇母唤醒天经》略称《无极天经》，应运降世，由吾执笔著作。
>
> 序
>
> 嗟乎，孔孟之道难行于世，崇尚文明而弃道德，视三纲五常如废履，致社会黑暗，黯然无光，造成人类浩劫，不可救拔也。

---

① 〔美〕欧大年：《宝卷：十六至十七世纪中国宗教经卷导论》，马睿译，中央编译出版社，2012年，第222—228页。

② 〔荷〕田海：《讲故事：中国历史上的巫术与替罪》，中西书局，2017年，第3、308页。

③ 李永平：《神授天书与代圣立言：香山宝卷的人类学考察》，《民俗研究》2012年第6期。

但上天有好生之德，岂有坐视不救哉！不得不乃将三会元未曾降世之无极天经，应运降世于宝岛台湾，由武庙明正堂，挥鸾著作。

此经系皇母唤醒原灵之宝典，句句一针见血，世人若能日日虔诵，谨奉遵行，则大同之世可实现也。

元始天尊降笔序于南天直辖武庙明正堂

天运壬戌年正月初七日 ①

在法会结束八天后（8 月 21 日），玉帝亲自降临，赞扬这本经书，劝告人们在每天早上和晚上读诵此经，学习里面的教导，也尽量助印这本经业。据说这本经是"鸿蒙宝典"，经过了三个宇宙纪元才泄露给人间。乩文还显示，藏在天上或者山洞中的这些经书，是宇宙的原始大气的显示，直到正确的时间才能展现给人类。

除了劫变观念的驱动，民众对现世的失望而引发的对历史社会的乌托邦想象也是一个源头。在佛教传说中，印度国王阿育王（卒于前 232 年）是理想的世界君主范型，他准备迎接弥勒的降世。前大乘教教义坚信在乔答摩（Gautama）成佛之前，他即为宇宙之王，"要成为世界的引路人，诸神和人类的导师"②。在印度，大乘弥勒是未来佛，在数千年后他降生尘世以前一直居于兜率天。在世界之王已"以法治化"后他才降生。由一位辅佐法主的婆罗门宰相的妻子生出。六万年内"他将传布真法，超度众生"。在他灭度以后，他的"真法再将持续一万年"。在北魏时期（386—534 年）中国翻译了大量的弥勒经，几位皇帝都着意效法阿育王，如梁武帝和隋文帝（581—604 年）。由于与弥勒使命密切相联的佛教的宇宙规律观念在 5 世纪时已经家喻户晓，朝廷祈祷"其权犹如宇宙之王"，救世教派领袖将这件"皇袍"套在自己身上。所以，弥勒劫变观念本身即深藏着神授天书和神圣王权的"政治因素"③。

---

① 〔德〕柯若朴（Philip Clart）：《一部新经典的产生：台湾鸾堂中的启示与功德》，林圣授译。参见王见川主编：《民间宗教：民国时期的教门专辑》第 1 辑，周育民编译，台北南天书局有限公司，1997 年，第 97—98 页。

② 〔美〕欧大年：《中国民间宗教教派研究》，刘心勇、严耀中等译，上海古籍出版社，1993 年，第 81—82 页。

③ 〔美〕欧大年：《中国民间宗教教派研究》，刘心勇、严耀中等译，上海古籍出版社，1993 年，第 82 页。

道教与民间宗教中所描述的在危急时刻神灵降世、力挽颓势、指点迷津、度脱苦海的神话，其文化传统可谓源远流长。

在无文字的族群中，具有通神本领的巫师就是政教合一的圣王的前身。巫师既是疗救身体疾病的神医，又是社会疗救的先知。前者属于民间道教及其巫术信仰疗法，后者归属于神祇历经艰险，降生为真命天子的文化传统。文字产生以后，民间信仰认为抄写、念诵、助刻各种神授经卷可以疗救和禳灾。所以，赎罪、禳解和治疗疾病既是个人的行为，同时也是社会事件。疾病疗救活动是把个人身心通过集体互动复归到社会或民族群体的一种文化整合活动。自启蒙运动以来 300 年间的现代性"祛魅"完成了"文化失忆"和"集体遗忘"，民众的精神家园置换为现代性旋律中的社会革命话语及其"叙事"。这种现代性旋律造成的无根局面，加剧了人们对传统的无知、漠视和"失语"，其无序和混乱带来的精神弊害将长久地影响着民众的精神面貌。

探赜索隐，阐幽发微。笔者认为，宝卷经卷这一文类，虽然目前发现的相关材料出现较晚，但其中借用经卷这一形式，改编道教、佛教经忏、科仪类文献，通过做会仪式，其中所阐发的思想，具有文学原初的禳灾角色和社会担当。《销释悟性还源宝卷》中，叙述者以第二人称谈到留下这些经卷的原因以及印制和刊行在神话层面的重要意义，值得深思。

> 因为你，男共女，千变万化。转凡胎，证无为，了死超生。这一遭，在东土，留下宝卷。度善男，和信女，同到家中。信授人，早还家，佛光照彻。不信授，错过了，万劫难逢……今得道，显本性，留下宝卷，留宝卷，十二部，劝化众生。[①]

尽管学者普遍都在民间教派意义上理解这一表述，下文在论述《香山宝卷》的神谕性质的时候，我将重点分析其中神授叙述背后所传达的神圣意义。

经过反复思考，笔者认为，东方早期文学都有"德福相报"劝善惩恶的社会担当，也只有这一叙述能够建构起一个社会秩序。也就是说，文学的叙

---

① 马西沙：《中华珍本宝卷》（第二辑）第 12 册，社会科学文献出版社，2014 年，第 80—86 页。

述主题也是哈耶克所说的社会演化理论的自发秩序（spontaneous order）① 的组成部分。神物、神书源于"德福相报"中的神授。人类学家认为，史前人类从事歌唱、讲故事的目的主要不是审美愉悦，而是为了召唤神秘力量，达到启动天人对话，以便领悟神意。

笔者认为，宝卷的"生产"史上，后期宝卷的生产和社会功能回到了宝卷的原初机制，即领悟神意的机制。扶乩生产宝卷就是这一典型类型。"扶乩"又称扶箕、扶鸾、飞鸾，是用架子上吊着棍，人扶架子，棍在沙盘上写出神示的字句。这个方法与西方的招魂术里所用的 planchette 类同：一位或者二位灵媒扶着一个写字用的工具（木笔或者桃笔），而这个工具被一位神灵控制在一个被沙盖覆的表面上写下讯息。不应忽视的是，其神意下达的方式是"天书"神授的晚期技术形态。

反观道教，道教早期的流派天师道和太平道存在一些共同特征：（1）诵读《老子》或崇奉老子为黄老显示其道教倾向。（2）通过政教合一的形式以实现其乌托邦。（3）视疾病为罪孽的标志，忏悔可以得免。（4）天、地、水三神（天师道）或天、地、人三神（太平道）为消病祛疾神力的源泉。（5）用符祝和符水禳灾治病。教派之所以有如此的力量和影响，一部分源于经书神授的神秘大传统。

葛兆光指出：在早期道教的创教神话中，有一种"神授天书"，"赋予书写文字以经典的权威性"的传统。② 如道教典籍陶弘景的《真诰·叙录》载：

> 伏寻《上清真经》出世之源，始于晋哀帝兴宁二年太岁甲子，紫虚元君上真司命南岳魏夫人下降，授弟子琅琊王司徒公舍人杨某，使作隶字写出，以传护军长史句容许某并（第）三息上计掾某某。二许又更起写，修行得道。凡三君手书，今见在世者，经传大小十余篇，多掾写；真授四十余卷，多杨书。（见《真诰叙录》）杨某，指杨羲。③

---

① 自发秩序可理解为"自我生成的秩序"（self-generating order）、"自我组织的秩序"（self-organizing order）或"人的合作的扩展秩序"（extended order of human cooperation）。参见 Hayek, *Studies in Philosophy, Politics and Economics*, Routledge & Kegan Paul, 1967, p. 162.

② 葛兆光：《"神授天书"与"不立文字"——佛教与道教的语言及其对中国古典诗歌的影响》，《文学遗产》1998 年第 1 期。

③ （梁）陶弘景：《真诰》，赵益点校，中华书局，2011 年，第 339—340 页。

很可能后世为完善此说，补叙了魏夫人蒙神授经一段，这符合陈国符先生所概括的共性规律："道书述道经出世之源，多谓上真降授。实则或由扶乩；或由世人撰述，依托天真。"[1] 杨羲所写隶书体《上清真经》，实际上就是《上清经》的祖本。这一祖本经书的产生，是源于道教所特有的一种造经、写经形式——扶乩降笔，杨羲假托神仙上真魏夫人下降，将传授的真经写出。李丰楙认为，按照陶弘景整理的《周氏冥通记》，则《真诰》可看成杨许诸人的冥通记，其"灵媒"（神媒）职能颇类萨满：

> 当时称为真书、真迹、真诰，都是书法能手在恍惚状态将见神经验一一笔录。当时茅山的许氏山堂即静室，为天师道设靖（静）的修道场所，也是仙真常常降临的神圣之地。而杨许也多经历一段时间的精神恍惚（trance），在迷幻中说出、写下一些神的嘱语——按照人类学家的研究，它经常表露其内在最基本的社会文化需求，常借用神诰的方式将神的意旨传达，宣示于信徒。[2]

道教保持的原始宗教仪式文化传统，包括对神权政治的模式、末世战争、经书神授神话、治病消灾和法术的强调，对于其他宗教产生了重要影响。后世所有的民间佛教教派不同程度地体现了这些特征。[3] 教派宝卷和部分故事宝卷处心积虑地模糊宝卷的来源，编造宝卷神奇的造卷过程，把某个卷子的诞生和神仙传授旨意联系起来，强化宝卷的神授性质。仙人授天书充分迎合了民众对超常知识、能力、寿命的渴求，利用了书面传统与口头传统的差距，以及这一差距所深化的对"白纸黑字"典籍的崇拜。其先是人为地把大家想听到的内容设计好，通过民众在场"展演"式地由灵媒写在纸上——"代圣立言"，再用这直观而实实在在的"天书"来号召徒众。[4]

宝卷的发展史上，民国时期产生过一种"天书"的变体叫作"坛训"。

---

① 陈国符：《道藏源流考》，中华书局，1963 年，第 8 页。
② 李丰楙：《西王母五女传说的形成及其演变》，《东方宗教研究》1987 年第 1 期。
③ 〔美〕欧大年：《中国民间宗教教派研究》，刘心勇、严耀中等译，上海古籍出版社，1993 年，第 94 页。
④ 李永平：《迷狂与书写：对"天书"母题的再反思》，《文艺理论研究》2013 年第 5 期。

"坛训"的诞生大致是：压缩宗教宝卷篇幅，仅保留民间宗教宝卷的十言韵文部分（间亦有七言韵文），把"开经偈"等改成"定坛诗"，再利用秘密宗教扶乩活动，假托神佛所作谓之"坛训"。由于秘密宗教的"佛堂"经常"开坛"，每次开坛必要产生一篇"坛训"，所以坛训的数量非常惊人。①

坛训和圣谕在清代南北方各地均有流传。江苏靖江"做会讲经"（即"做会宣卷"）时，亦发现类似情况：当地佛头（宣卷人）在"做会讲经"时，先做"请佛""报愿"等仪式，之后佛头升座，先诵"叫头"四句，敲一记"佛尺"，然后庄重地说："圣谕！"如：

> （诵）三炷香，大会场，同赴会，赐寿香。（鸣佛尺）"圣谕！"
> （唱）佛前焚起三炷香，设立延生大会场，拜请福禄寿三星同赴会，西池王母赐寿香。

康熙以后，民间教派受到清政府的严厉镇压，每般教案，都严查教派人士收藏的宝卷和经卷。虽然大部分宣卷活动与民间教派没有组织关系，也用"宣讲圣谕"作掩护。② 当然从传统来讲，这一论断是恰当的。但是把宣卷内容看作是"神授"，宣卷本身自然是"宣讲圣谕"，把宝卷作为"天书"是民间宗教教派宝卷的共同传统。

清光绪三十二年（1906）刊行的《天降度劫宝卷》开篇说道：

> 尔时，北京顺天府，忽然雷震，空中落下一碑，在郑家庄前，现出丹经一卷，有李参政，即将此经抄回，合家信心讲诵，又将此经送与马知府，知府不信，一门尽遭瘟疫，忽有弥勒佛在空中言曰：善哉！善哉！于今乃末劫之年，天下人民十收八九大则不敬天地，呵风骂雨，不

---

① 大约在清道光年间，宝卷（经卷）开始分化为两种新的体裁。一是民间宗教某些教派在所编的宝卷中，加进扶乩通神降坛垂训的内容，名为"坛训"。坛训比宝卷简单，多是十言韵文，偶有五言、七言，字数多者一二千，少者几百。坛训的编写、制作极为简单，不论印本还是抄本，数量都很大。二是在宝卷（经卷）中加进佛、道劝善惩恶故事，如《目连救母宝卷》《刘香女宝卷》等。此后，又加进一般民间故事或戏曲故事，如《孟姜女宝卷》《白蛇传宝卷》等，宗教色彩也随之减少，有些纯属民间通俗文学作品。参见李世瑜：《宝卷论集》，台北兰台出版社，2007年，第14页。
② 车锡伦：《中国宝卷文献的几个问题》，《俗宗学刊》（创刊号）1997年第1期。

孝父母，犯上凌下，不祀祖先，欺孤逼寡；小则以强压弱，大秤小斗，忘恩负义，淫污妇女，劫数昭然应至于此。今将善恶著簿，付与大罗上仙，下界查察，倘能力行善事，传送此经，劝人宣诵，可免灾厄，如或不信，但看甲戌之年，有田无人耕，有屋无人住，五六月间，恶蛇满地，八九月间，恶人尽死，若人改恶从善，不但不遭十劫，抑可并免十愁。[1]

接着，该部宝卷历数人间各种丑行与罪恶；最后，演述玉皇大帝派遣观世音临凡救劫：

> 吾今日，奉玉诏，处处流传；尔凡民，见此谕，若不听劝；
> 在眼前，有士愁，逃避不堪。一愁的，人马动，刀兵出现；
> 二愁的，遭干旱，又愁水淹；三愁的，瘟疫来，无有好汉；
> 四愁的，红光起，又遇火燃；五愁的，一家人，只出不还；
> 六愁的，父子们，保不周全；七愁的，兄和弟，互相分散；
> 八愁的，夫与妻，不得团圆；九愁的，有田土，无人耕种；
> 十愁的，普天下，减少人烟。说到此，心欲裂，肝肠俱断；
> 滴一泪，说一字，好不惨然。为凡民，凌霄殿，受尽磨难；
> 为凡民，上奏本，两次三番。为凡民，几春秋，未回海岸；
> 为凡民，要度劫，常在云端。为凡民，受苦恼，双泪涓涓；
> 为凡民，迷不惺，心如箭穿。莫奈何，把仙机，泄露人间；
> 原大众，从今后，改过迁善。毋待到，大祸来，懊悔不转；
> 到那时，瘟疫来，四处传染。任你有，灵丹药，无有效验；
> 到那时，遍著处，尸骨如山。吾不忍，赐符方，与人方便；
> 气运到，大劫来，可以救援。[2]

民间宗教对于天书的多方面持续性神化，既有远古口传时代神圣叙事的集体无意识遗存，又有建构历史和神圣叙事的嫌疑。崇高的佛陀教主、拯救

---

[1]　濮文起主编：《民间宝卷》第 8 册，黄山书社，2005 年，第 185 页。
[2]　濮文起主编：《民间宝卷》第 8 册，黄山书社，2005 年，第 195 页。

民生的事业和仪式化的环境，形成近乎宗教的狂热和顶礼膜拜。因之，民间性的宝卷，继承发挥了神授天书的传统。欧大年认为："不管他们如何使用宗教象征物，是出于祈求神佑的真诚愿望，或是仅仅为了鼓动，绝大多数的这类反叛的核心动机是政治性。"[1]

> 认为宝卷是神授的信念，与认为神圣的经文本身具有拯救灵验的信仰有关。许多佛经都自誉非常灵验，阅读、默记、吟诵、刊刻和散发这些经文，本身就是一种功德。宝卷是神灵通过其教祖或教主传授给他们的。这种观念是以佛教的和民间道教的思想为基础的。佛经在叙述经义时，其语气就好像佛陀本人在讲话那样。同时，还有这样一个悠久的民间传说，书信传自于天，或是由神仙授之于大人物的。这种对于根本信仰以及直接按照经文行事的关注通过扶乩达到了极点，这种仪式在清末非常普遍，至今仍在台湾的红卍字会（Red Swastika society）和慈惠堂中盛行不衰。这种仪式五花八门，最常见的是用一根棒在沙盘上写字，这根棒据说是根据神意移动的。二十世纪依然活跃着的一些教派的大多数经文，据说都是经过扶乩仪式显示的，虽然它们保留了许多宝卷的风格、形式和内容。[2]

值得注意的是，宝卷神授叙述是世界各国普遍的文化现象，假托、假借神灵的声音说话，或者假扮神灵下凡，能激活远古以来人类匍匐在神灵脚下的迷狂传统，达到神话般的社会整合效果。晚清谶纬传统，预言洪秀全将得天下成为"天王"，这种"神的显现"，基本上类似明清以来民间宗教界流行的"弥勒佛下凡"救生传统。由于远古以来就有"知天命""听神谕"预知未来祸福的文化传统。清代中晚期，民间宗教教派改头换面，以扶乩降神形式"生产"宗教经卷。华北救世新教、悟善社等，大都以千禧年末世观念或三期末劫教门思想相号召，以慈善或救助活动，在民众中启蒙现代意识，力

---

[1] 〔美〕欧大年：《中国民间宗教教派研究》，刘心勇、严耀中等译，上海古籍出版社，1993年，第232页。

[2] 〔美〕欧大年：《中国民间宗教教派研究》，刘心勇、严耀中等译，上海古籍出版社，1993年，第212—213页。

挽社会颓势，试图实现道德重整。现在看来，该活动完全可以理解成"被压抑的现代性"的一个侧面。

中国儒家和道家文化传统中都有重视天命、建构"天人感应"的谶纬政治学说的文化资源。我们过去简单地把民间教派的叛乱与灾害直接对应。十八世纪后期的白莲教起义，队伍中有许多有地农民、里正和吏胥。虽然农业社会面对的天灾人祸十分频繁，但其中引发社会骚乱的比率很小。而"天命"和神佑信仰体系的才是诱发种种非理性的叛乱的文化根源。[1] 也正因为有天命思想，中国民间宗教教派入教仪式，除了正式制度设计中的熟人推荐，交纳会费，首领批准以外，还有一种更重要的形式是，通过占卜、扶乩由神意决定，然后挂名焚表告天。于是沐浴净身，接受秘密指令，并且在神像前端坐十天，酒肉不沾。在入会仪式上，象征性的完成人类学上所谓的"过渡礼仪"，象征性地获得脱离和再生感。这其中的基本主题是加入者象征性"死亡"并获得再生。

善书《黄氏女对金刚》开始就像神灵降临一样宣讲："自从盘古分天地，三皇五帝立乾坤。历代兴亡说不尽，一朝天子一朝臣。多少朱门生饿莩，几多白屋出公卿。善恶两途由人作，功曹簿上记得真。世上万般行善好，折磨尽是作恶人。西天有经传中国，普度天下行善人。"[2] 倾听"神谕"，获得神的关照，几乎是所有早期宗教信仰的人性基础，也是现代宗教的重要文化渊源。被宗教社会学家看作"神秘宗教最典型范例"的密特拉教有七个入会仪式等级。每一个等级都与围绕太阳的七大行星中的一颗行星相对应，每一个等级都有只有加入该等级的会员才能知道的暗语。在通过第四级以后，会员才允许得到神的启示。当他成为"狮子"时，他的手和舌就被涂上蜂蜜，就像习俗对待新生儿一样，以象征他的新生。达到第四等级的会员还可准许参加"圣露典礼"。佛朗士·科蒙特（Franz Cumont）说，参加这种圣礼，要经受真正的磨炼，为了得到圣水和祭食，参加者必须经历长期的禁欲和频繁的

---

[1] 〔美〕欧大年：《中国民间宗教教派研究》，刘心勇、严耀中等译，上海古籍出版社，1993 年，第 20 页。

[2] 《黄氏女对金刚》，载"中研院"历史语言研究所俗文学丛刊编辑小组编：《俗文学丛刊》第六辑，第 573 册，台北新文丰出版有限公司，2016 年，第 342 页。

斋戒之后才能得到允准。[①]

在阿赞德人那里，国王的神谕来自于对一位重要的公众人物的垂询，这位公众人物以后往往会被委任去管理一个省份或者地区。格布德威国王经常让自己信任的儿子，特别是里基塔与甘古拉代表他与神谕说话。神谕判决的过程是以国王的名义执行的，因此国王被赋予了完整的司法权，这种司法权与常识意义的司法体系中获得的权威并没有什么不同。[②]

表 1-1 世界三种宗教经卷的传授方式一览

经典	作者	委托人	载体
《圣经》	不是上帝亲自编写，《圣经》是上帝的话语，是上帝借着先知的手写的，它是真理	上帝在西乃山上向摩西口授、委托摩西编写	最初书写在羊皮（绵羊、山羊或羚羊）、小牛皮上，或草纸上。有些经文则保存在瓦卡、石碑、腊板等上面。抄写的工具有芦苇、羽毛、金属笔等。墨水是由木炭、胶和水制成的
佛经	佛陀	领导僧侣为大阿罗汉 Maha Kassapa（大迦叶尊者），Ananda（阿难尊者）和 Upali（优波离尊者），从僧团中选取了五百阿罗汉来重述佛陀所说过的话	印度 Magadha 的国王 Ajatashatru 举办了集会。地点是在 Rajagaha 的 Cave of the Seven Leaves（七叶窟）
《古兰经》	安拉	610 年安拉在"盖德尔"的吉祥夜晚，命令天使吉卜利勒向穆罕默德开始陆续启降《古兰经》文，632 年穆罕默德逝世，"启示"中止	伊斯兰教认为《古兰经》是安拉"神圣的语言"，是一部"永久法典"

如果做进一步的对比还可以发现：西方中世纪史学遵循的，也正是这样一种全力凸显神圣的精英历史，同时又极大地遮蔽底层民众生活史的基本叙事模式。在这个模式中，凡俗尘世的意义只是在于要用它的黑暗可鄙衬托出天国的神圣，所以克罗齐总结"中世纪史学"时指出，其特点就是用一种渗透着神性的叙事模式来记述和解释一切凡俗的事物。

---

① 〔美〕欧大年：《中国民间宗教教派研究》，刘心勇、严耀中等译，上海古籍出版社，1993 年，第 69 页。

② 〔英〕E. E. 埃文思-普里查德：《阿赞德人的巫术神谕和魔法》，覃俐俐译，商务印书馆，2006 年，第 298、301 页。

信仰时代的口传叙事、占卜及告神问神之类的繁复礼仪活动，均可视为那个无文字时代具有权威性质的最高级证据。而殷商和西周甲骨卜辞的发现，表明通神问神的求证传统已经催生出新兴的汉字媒介，这种新媒介使得口头证明的时代向书写证明的时代演进。甲骨文的功能语境显示：中国的文字发生与苏美尔和埃及的文字发生可能主要原因不同，卜辞完全不是世俗应用的文字记载，它只记录占卜及占卜结果。就此而言，甲骨卜辞具有无例外的神圣性。苏美尔楔形文字则一开始就应用到王表谱系的历史和国家财政与税收等方面。待到巴比伦人借用苏美尔文字为自己的记录工具，再到楔形文字演变为表音文字，借道腓尼基输入欧洲，那已是数千年后的事。也就是在荷马的歌唱传承方式之后发生的表音文字字母体系——希腊文诞生，文字被神权话语所垄断的情况才不再延续。

二、"佛头"与早期文化传统中的"萨满"

在世界范围内，萨满具有祭祀和通灵的法力。张光直认为，"在古代中国，萨满处于其信仰和礼仪体系的核心，天地的贯通构成了这种论述的主要内容"①，原始的萨满经验构成了所有文明的基础的情况下，中国比西方更接近于天地相通的神圣状态。

不是所有的传统民族都用"萨满"这一通称，在古英语中就是以"巫医"（witch doctor）概括萨满的魔法知识和治疗能力。张光直认为，环太平洋是早期萨满文化带，其中不少适用于早期中国文明。商周两代祭器上面的动物形象，战国"《楚辞》萨满诗歌及其对萨满升降的描述，对走失的灵魂的召唤，这一类的证据都指向位于天地贯通的古代中国信仰和仪式体系核心的古代萨满教"②。

古代乐官大抵以巫官兼摄，早期中国的礼制典籍保存了丰富的大祝及

① K. C. Chang, Ancient China and Its Anthropological Significance, *Archaeological Thought in America*, ed. by C. C. Lamberg-Karlovsky, Cambridge, Eng. : Cambridge University Press, 1989, p. 164.

② 〔美〕张光直：《美术、神话与祭祀》，郭净译，生活·读书·新知三联书店，2013 年，第 134—135 页。

男巫、女巫等萨满式人物沟通人神的活动记录。《尚书·尧典》有："帝曰：'夔，命汝典乐，……诗言志，歌永言，声依永，律和声，八音克谐，无相夺伦，神人以和。'夔曰：'於，予击石拊石，百兽率舞。'"① 《周礼·春官·小宗伯》载："大灾，及执事祷祠于上下神示。"郑玄注："执事，大祝及男巫、女巫也。求福曰祷，得求曰祠，謂曰'祷尔于上下神示'。"② 当发生日蚀、月蚀、山陵崩等非常之变时，由"小宗伯"率领"执事"向神祇祈求免灾。巫祝在祭神仪式中，注重与神灵沟通时所使用的言辞。《周礼》将巫祝分为大祝、小祝、丧祝、甸祝、诅祝、司巫、男巫、女巫等类别，对每个官职所应该掌握的言辞有详尽的规定："小祝掌小祭祀，将事侯禳祷祠之祝号，以祈福祥，顺丰年，逆时雨，宁风旱，弥灾兵，远皋疾。大祭祀，逆齍盛，送逆尸，沃尸盥，赞隋，赞彻，赞奠。凡事，佐大祝。"③ "诅祝掌盟、诅、类、造、攻、说、禬、禜之祝号。作盟诅之载辞，以叙国之信用，以质邦国之剂信。"④

上古时，有些歌手甚至兼为巫酉，或者巫酉也能成为歌手。刘师培认为"掌乐之官，即降神之官。三代以前之乐舞，无一不源于祭神"⑤。《周礼·大师》记载："大祭祀，帅瞽登歌，令奏击拊，下管播乐器，令奏鼓棘。大飨亦如之。"⑥ 其中位列首要的即是祭礼。在现实世俗事务中，巫官也为史官所取代；而在祭祀祖先、娱乐神灵领域，巫官也为乐官所代替。巫在华夏集团内部为祝宗史所取代，整体地为正统文化所摒弃而沦落为民间形态。⑦

宋元以后的民间傩仪，除用巫师扮方相、神鬼之外，有的还请释家充当沿门逐除者。康保成先生发现，广西合浦县，在"跳岭头"（即驱傩）时，有所谓"文巫""武巫"之称。"武巫"用童子戴面具装扮，"文巫"即是身披袈裟的僧人。到"散坛"前一天，"文巫""武巫"俱到阖境民家，揭去

---

① 屈万里：《尚书集释》，中西书局，2014 年，第 27 页。
② 《周礼注疏》，十三经注疏整理委员会编：《十三经注疏》，北京大学出版社，2000 年，第 583 页。
③ 《周礼注疏》，十三经注疏整理委员会编：《十三经注疏》，北京大学出版社，2000 年，第 792—794 页。
④ 《周礼注疏》，十三经注疏整理委员会编：《十三经注疏》，北京大学出版社，2000 年，第 807 页。
⑤ 刘师培：《舞法起于祀神考》，《国粹学报》，1907 年，第 4 卷，第 29 页。又见《刘师培辛亥前文选》，生活·读书·新知三联书店，1998 年，第 9 页。
⑥ 《周礼注疏》，十三经注疏整理委员会编：《十三经注疏》，北京大学出版社，2000 年，第 719—720 页。
⑦ 张树国：《绝地天通：中国上古巫觋政治的隐喻剖析》，《深圳大学学报》2003 年第 2 期。

以茅草装扮的人形，并给以符箓，名曰"颁符"①。四川南川县（今重庆南川区），每年二月，乡人便集资延僧侣道士，诵经忏，作清醮，会扎瘟船，逐家驱疫，名曰"扫荡"，"以乞一年清吉，亦周官方相氏傩礼之意"。②

在宋、金的文献资料中，由通神的萨满式人物唱"哩啰"的文献记载有多处。洪迈《夷坚志》卷十三"九华天仙"条有：

> 绍兴九年，张渊道侍郎家居无锡南禅寺，其女请大仙。忽书曰："九华天仙降。"问为谁？曰："世人所谓巫山神女者是也。"赋《惜奴娇》大曲一篇，凡九阕。……其第九曰《归》，词云："吾归矣，仙宫久离。洞户无人管之。专俟吾归。欲要开金燧，千万频修已。言讫无忘之。哩啰哩。"③

饶宗颐先生认为"这是乩仙扶出的大曲，绍兴时，巫山神女唱哩啰，后来人们祀灌口神清源祖师亦唱啰哩，似乎宋时唱啰哩之俗，特别流行于西川"④。

与郑振铎说"宝卷是'变文'的嫡派子孙"⑤不同，车锡伦先生认为，"宝卷的渊源可以追溯到唐代的俗讲"，同时也承认，"宝卷产生，从历史文献中至今没有找到直接的证据"。⑥在这方面日本宝卷研究专家泽田瑞穗，关于古宝卷的构成及其与一般忏法书的观点非常有启发意义：

> 与其说宝卷继承数百年前业已消失了的变文，倒不如说宝卷直接继承模拟了唐宋以来经过各个时代平行地传承并制作的科仪、忏法体裁及其演出法，进而将它改造成面向大众或加进某一教门的教义，插入南北曲调，增加音乐歌曲性。其演出就是所谓的"宝卷"。⑦

---

① 见民国二十一年（1932）刻本《合浦县志》卷六，第17页。
② 光绪元年（1875）刻本《南川县志》卷二，第11页B。
③ （宋）洪迈撰：《夷坚志》第1册，何卓点校，中华书局，1981年，第291—292页。
④ 饶宗颐：《南戏戏神咒"啰哩嗹"之谜》，载饶宗颐：《梵学集》，上海古籍出版社，1993年，第214页。
⑤ 郑振铎：《中国俗文学史》第十一章"宝卷"，东方出版社，1996年，第479页。原文云："然后来的'宝卷'，实即'变文'的嫡派子孙，也当即'谈经'等的别名。"
⑥ 车锡伦：《中国宝卷研究》第一章"宝卷概论"，广西师范大学出版社，2009年，第2页。
⑦ 〔日〕泽田瑞穗：《增补宝卷研究》，国书刊行会，1975年，第33页。注：范夏苇译，下同。

忏法是佛教念经拜佛忏悔罪孽的作法。忏法的产生很早，据《释氏稽古略》称，中国最早制作忏法的是南朝梁武帝。宋元时期，尤其是元代忏法很流行。杭州妙觉智松柏庭在后至元四年（1338）的《慈悲道场忏法序》中说："近世士民，每遇障缘，多沐胜因赐灵验，以之灭罪，罪灭福生，以此消灾，灾消吉至。济度亡灵者永脱苦沦，解释冤尤者即离仇对。真救病之良药，乃破暗之明灯，及利群生，恩沙沾界，论其功德，岂可称量。"救世、救苦、劝善这也是众多民间教派以宝卷相号召的原因。① 泽田瑞穗所列举的科仪、忏法是具有特殊的结构和词章，并规定了佛教礼赞仪式的脚本。宝卷中《金刚科仪》和《古佛天真收圆结果龙华宝忏》等科仪、宝忏类宝卷起源更为古老。明末清初大量出版发行的混元弘阳教相关经典，名称多种多样，有宝卷、宝经、真经、妙经、宝忏等，但实际上宣唱诸佛菩萨之名、祈求灭罪消灾的忏法书即科仪书占绝大多数。可以说这从侧面反映了宝卷与灵宝忏法之间的联系。刘祯在《中国民间目连文化》一书中借鉴了泽田瑞穗的说法，并以元代中期的《救母经》和《慈悲道场目连报本忏法》为例，论述了其演化为北元时期的《目连救母出离地狱升天宝卷》的过程，指出其对《目连宝卷》形成的意义，认为文学性的宝卷是由宗教性的忏法演变而来的："《升天宝卷》的形成过程说明，宝卷是宗教忏法、科仪与文学（韵文）结合、俗化而直接产生的。"② 这种因缘，使宝卷具有浓厚的宗教思想和宗教意识，甚至于后来将明清时期流行的科仪、忏法直接归入宝卷类中。③ 认为宝卷来自于宗教忏法、科仪，无疑是极具创见，而且可能更符合事实。车锡伦在分析南宋释宗镜编写的《金刚科仪》的形式特征的时候，也指出："从这部'科仪'的形式上看，它是佛教'忏法'和俗讲'讲经'相结合的产物。"④

忏法"请僧忏礼"，有一套规定的仪式和相应的动作，这种仪式和动作与戏剧演出关系较密。但是随着宝卷的演变，"宣"即讲唱意识不继强化，以音声主导的"忏"法动作仪式性逐渐萎缩、消解。放下早期宝卷的忏法仪式

---

① 宝卷与宗教的因缘，使它在明清时代成为封建社会特殊道门中人宣扬教义的工具，如白莲教、弥勒教、八卦教、弘阳教、大乘教等，都把宝卷作为宗教结社和秘密结社的经典而加以创作。

② 刘祯：《中国民间目连文化》，北京时代华文书局，2015年，第214—217页。

③ 如《销释金刚科仪》《太上玄宗科仪》《三味水忏法》《佛说弘阳慈悲明心救苦宝忏》《混元弘阳血湖宝忏》等。

④ 车锡伦：《中国宝卷研究》第一章"宝卷概论"，广西师范大学出版社，2009年，第28、29页。

传统不论，单就"佛头"一词的产生看，"佛头"一词最早出现于明代天启年间《禅真逸史》第五回"大侠夜阑降盗贼，淫僧梦里害相思"①推断至迟在明代天启年间已有"佛头"之名。从文化传统看，"佛头"是流落民间的大祝，他们是宣卷仪式的执事（领唱人）。当时的佛头主要是由僧尼担当，为法会的组织、主持者。在中国文化传统中，巫师、萨满、傩、私娘（师娘）、阴阳是代理向神灵祷祝的民间神职人员。

吴方言地区的靖江、常熟是宝卷做会仪式保留较为古老的地区，西北宝卷的做会仪式仅在洮泯地区较为典型。常熟地区做会的私娘大都写成"师娘"，也叫"看香火""仙人""寄娘"。这些遗存至今的私娘要发扬自己所凭依的神灵，于是有私娘请讲经先生编写专讲该神灵的宝卷。在中国台湾中部或台湾北部地区，道士为"红头道士"，而佛教徒则将其称为"乌头师公"。台湾北部与台湾中部地区的道教徒将道家称为"双教"，因为他们不仅实行道教仪式也实行葬礼仪式。女性死亡的时候所举行"打血盆"仪式，男性死亡会举行"拜香山"的仪式。在这个仪式中，有四个佛教祭司。两个人分别坐在两张桌子的顶端，背诵着《香山宝卷》。第三张桌子放在另外两张桌子上，放在祭司中间。在这张桌子的顶部，放着一块精神牌匾。当仪式开始时，另外两名佛教僧侣假扮金童和玉娘子，表演了部分香山宝卷。②

民间执事在任何关乎人类禳解救助的仪式中是必不可少的，从世界范围，亚洲和北美以及其他地区（例如印度尼西亚）的案例可以提供参证，这些地区萨满总发挥着对环境的禳解和对病人的治愈职能，他们追寻病人逃亡的灵魂，捕获灵魂并将其带回，使身体恢复生机。③在英格兰，精通魔法、疗愈、占卜业务的人通常被当作术士（cunning folk）或智者，在研究欧洲以外的传统社会时，学者将这类人称为"药师"（medicine men/women，特别是北美地区）或"巫医"（witch-doctors，特别是非洲）。在非洲说英语的地区，最近常把他们称为"传统的疗愈师"（traditional healer），尽管治疗并非他们

---

① （明）清水道人：《禅真逸史》，华夏出版社，2015年，第50页。
② Ch'iu K'un-li, *MU-LIEN "OPERAS" IN TAIWANESE FUNERAL RITUALS*, Ritual Opera, Operatic Ritual: "Mu-lien Rescues His Mother" in Chinese Popular Culture, Edited by David Johnson, Berkeley, Calif.: Chinese Popular Culture Project, 1989, pp. 105-117.
③ 〔美〕米尔恰·伊利亚德（Mircea Eliade）：《萨满教：古老的入迷术》，段满福译，社会科学文献出版社，2018年，第182页。

的全部功能。①

法国萨满教学家 R. N. 哈玛勇从社会和文化的视角探讨萨满教仪式的医疗功能，认为集体的力量在仪式中获得重新整合。他指出："在以萨满教为中心的观点中，有一点被忽视了：即萨满教这个集体深藏着参与萨满教实践的愿望。每次治病都会成为集体活力的恢复和欢悦。"② 萨满治疗仪式提供了集体文化意识与个人独特感受相容的环境，病人利用不断被集体重复的仪式，回归集体（文化），将自己放置到真实存在的传统之中，以放弃的姿态迎接挑战。仪式创造的病人与文化资源对话环境可以使病人产生学习性的理解和开悟，病人的恐惧感、无助感由此可能得到减缓或消失。③

归根结底，萨满教作为一种原始宗教形式，与其他宗教一样，是一种虚幻的意识形态。人们借助这种宗教形式与超我的力量沟通，以便获得自我认知和自我构建。在这样的过程中，神的代言人——萨满通过各种设备与手段来构建出一种"真实感"，在想象与幻象的层面获得视、听以及心绪的满足。于是所有的人，正如镜像阶段的婴儿一样，完成了"误认"的过程，即把"幻象"当成了真实。

萨满就是通过神圣的行动，将人的这种潜力传达给所有人。在中国早期，群体跟随"侲子"或者"童子"（南通的童子戏）发出的节奏鲜明的唱和声，无论是在戏剧表演还是在说唱中呈现，无论是讲述族群过去的英雄史诗，还是叙述个人的出神、启蒙仪式或治疗的过程，"萨满的声音都满载着这种永恒符号的频率，彰显着最古老的神圣的特征"④。在同气相求中，和佛群体通过集体仪式有了群体相互依赖感，彼此扶助，心理得到了依赖和满足，即相信通过"类萨满"仪式的举行不仅可以使病人与"造成疾病"的因素建立"对话和交流"关系，参与宣卷的人，群体唱和，同气相求，守望相

---

① 〔英〕罗纳德·赫顿：《巫师：一部恐惧史》题记，赵凯、汪纯译，广西师范大学出版社，2020年，第 8 页。

② Roberte N. Hamayon, *Stakes of the Game: Life and Death in Siberian Shamanism*, 1992, Diogenes No. 158, p. 69.

③ 孟慧英、吴凤玲：《人类学视野中的萨满医疗研究》，社会科学文献出版社，2015 年，第 219—220 页。

④ 〔美〕简·哈利法克斯：《萨满之声：梦幻故事概览》，叶舒宪主译，陕西师范大学出版总社，2019 年，第 27 页。

助、彼此呼应，群体颉颃的精神能量，塑造神圣空间、超度亡魂、被禊污染的意义非同寻常。

长期受西方文学观念影响，宝卷被理解成民间说唱或曲艺，宣卷"和佛"的声音诗学机制、编创诗学、代言机制受到遮蔽，神必须戴上"面具"或者托人间的代言人——巫觋（领唱）来传达天意，所以在宝卷编创和"宣卷"的背后还有"代圣立言"的神话叙述传统。

三、禳灾度厄与《香山宝卷》："神授"与禳解传统

承接早期宗教神话，历朝历代都有相应的文化禳灾制度。秦汉政府承接上古暴巫仪式，通过帝王担责祈祷或者厌胜仪式来与自然博弈。当上天震怒，要降灾祸惩戒人民时，皇帝有责任承担灾祸，接受上天的警诫。通常，皇帝通过下诏书自责、素服、避正殿等方式禳灾。上文对此已有论述。

早期的韵文有一部分是在丰穰祭祀仪式上以祝、咒等形式所奏乐曲的组成部分。苏联学者开也夫便在专论民间口头文学的著作中为咒语开辟了章节，他写道："咒语——这是一种被认为具有魔法作用力的民间口头文学。念咒语的人确信：他的话一定能在人的生活和自然现象里唤起所希望的结果。"[1]

《尚书·汤誓》开篇以"誓"这样的文类说道："格尔众庶，悉听朕言。非台（训'我'）小子，敢行称乱！有夏多罪，天命殛之。"[2] 一般学者把"格"注疏为"告"。来自民间宗教礼仪行为可以为金文中的"各"和《诗》《书》中常见的"格于上下""格于皇天""各于大室""各于庙"等用法提供很好的旁证。充分表明这两个字在言语沟通神人方面的重要作用。按照叶舒宪的看法：

> 王所"各"的对象，没有一个是世俗意义上的空间地点，全是举行

① 〔苏联〕开也夫（A. A. Кайев）：《俄罗斯人民口头创作》，连树声译，中国民间文艺研究会研究部，1964 年，第 95—96 页。
② 屈万里：《尚书集释》，中西书局，2014 年，第 79 页。

降神仪礼所必须的神圣空间。不论叫做"庙""穆庙""大室"，还是叫做"图室"，总之均为祭祀典礼举行的场所："王各庙"不是一般意义上指来到神庙，而是特指王行使着主祭大法师的功能——净化圣所并请神灵祖灵们降临，这样的"各"才使得下面要进行的赏赐册命，带有神圣意义。①

对文学史的考察可知，文学作为一种精神现象，它发端于对远古时代的宗教仪式、神话信仰的表述。在形而下的"念诵""做会"讲故事中储藏和传播的正是形而上的"神力""灵力"！宝卷在著作权意义上的作者背后，同样隐藏着文学这种人类文化大传统背后的秘密——天人之际的神授天意（书）。在此过程中，神话观念认为，巫师（萨满）群体领悟神谕，指点迷津，教授人们禳灾救赎世人的方略。领会宝卷这样一种民间文类背后的神授秘密，使我们理解宝卷叙述的禳解传统的关键。现根据几种明代流行版本，展开论述《香山宝卷》的作者问题背后的神授传统。

（一）《香山宝卷》的作者问题

《香山宝卷》题宋天竺普明禅师编集。又名《观世音菩萨本行经》《观世音菩萨本行经简集》《三皇姑出家香山宝卷》《大乘法宝香山宝卷全集》等。演妙庄王三公主妙善立志出家修行、自割手眼救父、成道为观世音菩萨的故事。这是中国佛教观世音菩萨的出身传说。该宝卷版本很多，车锡伦《中国宝卷总目》编号 1290 著录清乾隆至民国刻印、传抄版本达 30 余种。②

该卷的广泛刻印传抄使妙善成道故事在民间文艺中广泛传播开来，对观音信仰的传播起了很大的作用。对这部宝卷的创作年代问题，海内外郑振铎、车锡伦、塚本善隆、杜德桥、白若思等诸学者都做过考证。

① 叶舒宪：《神圣言说（续篇）：从汉语文学发生看"神话历史"》，《百色学院学报》2009 年第 4 期。另参见叶舒宪：《文学人类学教程》，中国社会科学出版社，2010 年，第 186 页。
② 车锡伦编著：《中国宝卷总目》，北京燕山出版社，2000 年，第 307—309 页。妙善公主修道故事成型于北宋时期。明正德初年刊的罗清"五部六册"中《正信除疑卷》第十二品、《泰山深根结果卷》第二十四品都言及《香山卷》。靖江讲经中的《观音宝卷》应该也是源于早期的《香山宝卷》。但它在内容、情节等方面已多有变化，有着强烈的地方色彩。《靖江宝卷》圣卷选本收有此卷，题名《香山观世音宝卷》，分四册，篇幅在 8 万字左右。

郑振铎先生在《中国俗文学史》中论述《香山宝卷》创作年代问题时认为善明于宋崇宁二年作《香山宝卷》是可能的：

> 相传最早的宝卷《香山宝卷》为宋普明禅师（受神之感示）所作。普明于宋崇宁二年八月十五日，在武林上天竺受神之感示而作此卷，这当然是神话。但宝卷之已于那时出现于世，实非不可能。[1]

车锡伦曾经总论："清及近代的民间宝卷辗转传抄，其作者、改编者均无法考实。这些宝卷的作者和改编者主要是宣卷艺人或喜爱宝卷的'奉佛弟子'，编写宝卷的宣卷艺人也不署名。"[2] 车先生认为今存最早的《香山宝卷》刻本是清乾隆三十八年（1773）杭州昭庆大字经房刊本（以下称"乾隆本"），卷首题"天竺普明禅师编集、江西宝峰禅师流行、梅江智公禅师重修、太源文公法师传录"。通行刊本是经"简集"的同治七年（1868）杭州慧空经房刊本及各地的重刻、重印本，即《观世音菩萨本行经简集》（以下称"简集"本）。[3] 妙善成道的传说故事出现于北宋时期。其出现和最初流传的经过大致如此：北宋元符二年（1099）十一月初，翰林学士兼侍读蒋之奇（1031—1104）被贬官外放为汝州守。蒋到汝州后，十一月底，应宝丰县香山寺主持怀昼之请到香山，怀昼向他展示了一卷《香山大悲菩萨传》。据怀昼称，此卷乃长安终南山一比丘在南山灵感寺古屋的经堆中发现，是唐代南山道宣律师问天神，天神所传大悲菩萨应化事迹。这位终南山的无名比丘给了怀昼此卷后隐去不见。

车锡伦据此推断，怀昼所述《大悲菩萨传》出现的过程，是编造的"神话"。实际情况可能是：怀昼为了扩大香山寺的影响，编了这个"传"。所述

---

[1] 郑振铎：《中国俗文学史》，商务印书馆，1938 年，第 308 页。《香山宝卷》，卷首题" 天竺普明禅师编集、江西宝峰禅师流行、梅江智公禅师重修、太源文公法师传录"字样。

[2] 车锡伦：《中国宝卷研究》，广西师范大学出版社，2009 年，第 37—38 页。

[3] 车锡伦：《明代的佛教宝卷》，《民俗研究》2005 年第 1 期。车锡伦编著：《中国宝卷总目》，北京燕山出版社，2000 年，第 307 页。这部宝卷，在清及近现代民间广泛传抄和演唱，有众多的异名和改编本，如《大香山宝卷》《观音宝卷》《观音得道宝卷》《三皇姑出家香山宝卷》《观世音菩萨本行经》《妙善宝卷》等。

故事是否有传说的依据，难以考证。①

南宋初年朱弁《曲洧旧闻》卷六"蒋颖叔大悲传"认为该卷为唐律师弟子义常所书，蒋之奇润色：

> 蒋颖叔守汝日，用香山僧怀昼之请，取唐律师弟子义常所书天神言大悲之事，润色为传。载过去国庄王，不知是何国，王有三女，最幼者名妙善，施手眼救父疾。其论甚伟。然与《楞严》及《大悲》《观音》等经，颇相函矢。《华严》云："善度城居士鞞瑟眠罗颂大悲为勇猛丈夫，而天神言妙善化身千手千眼以示父母，旋即如故。"而今香山乃是大悲成道之地，则是生王宫以女子身显化。考古德翻经所传者，绝不相合。浮屠氏喜夸大自神，盖不足怪，而颖叔为粉饰之，欲以传信后世，岂未之思耶！②

英国学者杜德桥（Glen Dudbridge）在总结今人的研究后认为："1100 年（元符三年）应该是妙善传说在时间上的起点。"③ 这可以作为探讨《香山宝卷》产生时间的基础。

乾隆本《香山宝卷》卷首有一"序"，题为"宋太子吴府殿下海印拜贺"，按道理对推知作者尤为关键，其文曰：

> 洪惟佛氏之道，广大而难明，神妙而莫测。惟德在乎利济，惟诚足以感通。无有求而弗获，无有欲而弗遂，斯以功被历劫，而福加庶汇者也。余仰沐慈荫，生于中华，端秉虔诚，奉施《观世音菩萨本行经》于众。广能仁之善化，集正觉之妙因；祝圣寿以延龄，愿苍生而信奉。幽显含灵，咸沾福利。尚冀佛日照临，法云拥护，胜妙吉祥，种种福德，普天率土，万物长春。谨序。④

细读题为"宋太子吴府殿下海印拜贺"的序言，其中并没有关于作者的

---

① 车锡伦：《中国宝卷研究》，广西师范大学出版社，2009 年，第 37—38、549 页。

② （宋）朱弁：《唐宋史料笔记丛刊·曲洧旧闻》卷六，孔凡礼点校，中华书局，2002 年，第 169 页。

③ Glen Dudbridge, *The legend of Miao-shan*, London: Ithaca Press, for the Board of the Faculty of Oriental Studies, Oxford University, 1978; revised edition: Oxford University Press, 2004.

④ 〔日〕吉冈义丰：《吉冈义丰著作集》（第四卷），五月书局，1989 年，第 242 页。

只言片语，却告诫信众"余仰沐慈荫，生于中华，端秉虔诚，奉施《观世音菩萨本行经》于众（如图1-1清乾隆三十八年杭州昭庆大字经坊刊本《香山宝卷》卷首插图和"序"）。广能仁之善化，集正觉之妙因；祝圣寿以延龄，愿苍生而信奉"。这位宋代的"吴府殿下"无考。宝卷正文在开经的说唱之后，有一段文字：先是述一"女大士"（名妙恺）将"此段因缘"交与庐山宝峰定禅师，云为"普明所集"，嘱其流通。"宝峰禅师闻是，发愿流通"，"抄成十本，一字三拜，散施诸方，乃作一偈……"偈后，接着另起一段文字：

> 昔普明禅师于崇宁二年（1103）八月十五日在武林上天竺，独坐期堂。三月已满，忽然一老僧云："公单修无上乘正真之道，独接上乘，焉能普济？汝当代佛行化，三乘演畅，顿渐齐行，便可广度中下群情。公若如此，方报佛恩。"普明问僧曰："将何法可度于人？"僧答云："吾观此土人与观世音菩萨宿有因缘。就将菩萨行状略说本末，流行于世，供养持念者，福不唐捐。"此僧乃尽宣其由，言已，隐身而去。普明禅师一历览耳，随即编成此经。忽然，观世音菩萨亲现紫磨金相，手提净瓶绿柳，驾云而现，良久归空。人皆见之，愈加精进。以此流传天下闻，后人得道无穷数。[1]

图1-1 清乾隆三十八年杭州昭庆大字经坊刊本《香山宝卷》卷首插图和"序"

---

[1] 〔日〕吉冈义丰：《吉冈义丰著作集》（第四卷），五月书局，1989年，第243页。

从这段文字，我们确知，后人"供养持念者"的《香山宝卷》只是神秘老僧"略说"的"菩萨行状"，普明禅师只是受神的感示而书写，《大悲成道传》赞语中怀昼也只是在南山灵感寺古屋的经堆中发现了该卷。清乾隆三十八年（1773）杭州昭庆大字经房刊本卷首题的天竺普明禅师"编集"、江西宝峰禅师"流行"、梅江智公禅师"重修"、太源文公法师"传录"，都不过是在该经卷多级传播中不断加大力量的推介者，是妙善故事流传过程中的一个个环节。

认真推求，我们发现宝卷编写者似乎有意模糊"作者问题"，而要回答其编写者是谁的问题，笔者认为日本学者塚本善隆该卷产生于明代初年（1368 年后）的观点，较为稳妥。① 笔者在此讨论的不是著作权意义上的"编者"或"作者"问题。笔者认为该卷作者问题背后叠加了两大系统的叙事传统：1.天书神授（故事来源）叙事系统；2.代圣立言（编纂者）叙事系统。因之宝卷编纂者的问题是隐没的，对编纂人（作者）的考证使我们经常陷入循环论证。类似的编创还有很多，山西介休的《空王佛宝卷》② 最初为民间宗教家所编，但民众念诵、传抄这本宝卷，视之为祈福禳灾的重要仪式。过去民众向神祈福，往往许愿抄传此卷：不会写字的人，可请他人代抄。该卷卷末写道：

> 此经出在明朝，修正禅师夜梦一个僧人言道："有《空王古佛教苦经》一卷，何不传与世人？"修正和尚问道："经存何处？"僧人曰："现在舍身崖下梅花洞中。"修正和尚猛然惊醒，却是一梦。

---

① 〔日〕塚本善隆：《近世シナ大众の女神观音信仰》，载《山口博士还历纪念印度佛教学论丛》，法藏馆，1955。

② 空王佛，与燃灯古佛、瓦斯琉璃佛、阿弥陀佛等过去世诸佛一样，是佛教三世佛中的过去佛，佛经上说他具有不可思议智慧、不可思议法义。《大正藏·佛说佛名经》第十卷中说："南无西南方宝盖照空王佛"，即是空王佛的佛号。《佛说观佛三昧海经》《添品妙法莲华经》等经中记载释无量寿、迦牟尼佛、阿难等诸佛、大罗汉、大比丘曾在空王佛所处学习佛法，同时发阿耨多罗三藐三菩提心。阿弥陀佛（即四大比丘西方无量寿）和释迦牟尼佛在人们心目中的地位是很高的，但他们在做比丘、火头的时候，常拜空王佛眉间白毫相，并因此而成佛，可见空王佛法力之高。南无西南方宝盖照空王佛，法力无边，智慧无边。《空王佛宝卷》有两种版本：一是锦山云峰寺僧一悟等倡印的电脑排印本，底本据极僧（俗名王云山）保存的手抄本；一是介休市博物馆入藏1982 年新抄本，底本为民国九年（1920）邑人梁续祖、李本信抄录校正本。参见车锡伦：《中国宝卷研究》，广西师范大学出版社，2009 年，第 422 页。

宝卷后文，修正和尚焚香拜佛后，来到舍身崖（在介休绵山后山），果然见一石洞，取出真经，洞不复见。今存这本宝卷的传本中也说得很清楚：

> 有人听写《空王卷》，寿比南山福星来。劝化大众心良善，逢凶化吉永无灾……
>
> 世上人若供我空王古佛，或念经或念卷保你安宁。
>
> 求福人念宝卷福禄双美，求寿人念宝卷福寿康宁。
>
> 求男儿生贵子状元及第，求财人念宝卷财发万金。
>
> 有天官赐福禄吉星高照，有罪人念宝卷罪亦减轻……
>
> 宅中念过《空王卷》，满院光辉降吉祥。家有病人念宝卷，紫微高照保平安。
>
> 时气不正念宝卷，可保人口得安康。年月日时颇不遂，念我宝卷转吉祥。
>
> 时运不顺念宝卷。恶运转去好运还。坟茔不顺念宝卷，代代儿孙坐高官。

天书神授（故事来源）叙事与代圣立言（编纂者）叙事分开，对宗教宝卷而言，主要是强调抄写者和传承者的功业，鼓励信众在经卷传播中做出功业。

许多研究者停留在当今著作权意义上的作者考证思维之中，下很大工夫考证宝卷的作者，即使有在宝卷文本内部有一些发现，也语焉不详，很难确证。目前所见最早在西北刊行的宝卷是清康熙三十七年（1698）刊于张掖的《敕封平天仙姑宝卷》，写刻本，卷末刻有"题识"：

> 　　　　康熙三十七年五月吉旦；板桥仙姑庙住持经守卷板
>
> 太子少保振武将军孙　　　　　　　　　　　　施刊
>
> 吏部侯诠同知金城谢廛　　　　　　　　　　　编辑
>
> 将军府椽书张掖陈清　　　　　　　　　　　　书写
>
> 刻字
>
> 凉州　　　　　　　罗友义　　　　　王璋

福建　　　　　　颇顺贵

甘州　　　　　　韩文

这是目前所见时代最早的由甘肃人编写、讲述甘肃故事并在甘肃刻印的宝卷。编辑者是一位"侯诠同知"，即侯补府、州政府副职官。"题识"中也仅仅强调"编辑"之功。[①]

类似的情况还有，无为教的经卷《明宗孝义达本宝卷》《心经了义宝卷》《金刚了义宝卷》创制者皆为罗祖弟子大宁和尚。《佛说大藏显性了义宝卷》《销释童子保命宝卷》《佛说三皇初分天地叹世宝卷》《销释印空实际宝卷》是无为教第七代传人明空编。《无为正宗了义宝卷》是秦敏翁（洞山）撰。黄天教经卷《普明如来无为了义宝卷》师教派创始人李宾编。《普静直口来钥匙宝卷》是李宾传人普静编。西大乘教经卷《销释大乘宝卷》《销释收圆行觉宝卷》《销释显性宝卷》《销释圆觉宝卷》《销释圆通宝卷》为明归圆编撰。《护国佑民伏魔宝卷》《灵应泰山娘娘宝卷》《泰山东岳十王宝卷》是明悟空编撰。青莲教经卷《观音济度本愿真经》为清广野山人月魄氏（彭德源）撰。长生教《众喜宝卷》纬清陈众喜编撰。

一般的民间宝卷，无论是抄本或刻本，大都不知也不见其作者之名。只剩下代圣立言的传抄者、编写者、刻书坊的名字。

现存最早的民间宝卷《猛将宝卷》是清康熙二年（1663）黄友梅所抄。清咸丰七年（1857）刊《潘公免灾宝卷》卷首有"咸丰丁巳秋九月古越存诚居士"所作序，言此宝卷为潘功甫示梦于其友淡然生谆谆，"而其友淡然生述梦中语，笔之于书"[②]。此淡然生者，究竟为何人，已是无从推究。清光绪二十三年（1897）刊本《木兰宝卷》，题为清江汉散人一清撰，也是不知其真实身份。

对宝卷制作者问题的考证，恰恰落入了作家创作意义上的作者问题陷阱

---

① 这部宝卷的助刊者即振武将军孙思克，汉军正白旗人，《清史稿》卷二五五有传。此卷原为已故马隅卿收藏，今藏于北京大学图书馆。据车锡伦《明清民间宗教与甘肃的念卷和宝卷》，《敦煌研究》1999 年第 4 期。

② 《潘公免灾宝卷》，清咸丰七年（1857）刊本，"中央研究院"历史研究所俗文学丛刊编辑小组编：《俗文学丛刊》，台北新文丰出版公司，2004 年，第 358 册，第 212 页。

之中。有人将作者难考的原因，归结为宝卷的隐秘传教和官方查禁与打击等宗教、政治因素，却忽视了作者问题背后的大传统。

（二）宝卷神授与代圣立言的神谕与劝世传统

史密斯认为，大传统的原初隐蔽秩序通过非语言的渠道，去感受到神圣者的能力。由于书写能够明确地抓住意义，神圣典籍就趋于移到显著的地位，就算不是独一无二，也是最优越的天启渠道。这就遮蔽了其他神圣显露的方式。口述大传统就不会掉进这种陷阱中。他们口述的内容，也就是那看不得的神话，使他们的眼睛能自由地去细察其他神圣的预兆，……而现在只有受过训练的考古学家才能释意。①

如果要追踪这一传统背后的秘密，还需要从人类隐秘的精神愿景说起。人类生存面临不可知的威胁、生存有难以预测的危险，在中国文化传统中有以谣谶、扶乩预知未来的传统。谣的神秘性、预言性与谶的通俗性、流行性相结合，才能传达令人信服的神谕或神示，预言人事以及未来荣辱祸福。凶吉成败。《太平经》卷五十《神祝文诀》云书中的"神祝文"为"天上神谶语也，良师帝王所宜用也，集以为卷，因名为祝谶书也"。②《太平经》中的《师策文》，《三者为一家阳火数五诀》中又称"天策书"，其内容艰涩，却含有阴阳五行、治国修炼的"纲纪"、神仙思想等内容，被认为是从天师之口传达出的"上天之意"，是绝对灵验的隐语。宝卷脱胎于俗讲，但在流传发展中和久远的中国口头传统叙事框架及程式相结合，在口头讲经中借助"神授"，最大程度地利用给定的传统形式，向民众灌输教派思想或民间信仰。

与谶言、图谶、谶诗需要借助"天命"神话和"神授"传统传达"意旨"一样，宝卷也具有谶纬诗学的一切特点，在传达神授与天命观念上，口头传统具有先天的特点。在长期的口传演述中，宝卷的每次展演，都是一次新的编创，即便是同一个人，在其不同时期、不同地点的讲述，文本的具体细节

---

① 〔美〕休斯顿·史密斯：《人的宗教》，刘安云译，海南出版社，2013 年，第 350 页。
② 王明编：《太平经合校》，中华书局，1960 年，第 181 页。

都会有所变化。所以，口传文学从来就没有一个完整的恒常不变的定本。^①

这个我们从《香山宝卷》就知道了。该卷分别有《观世音菩萨本行经》（由《香山宝卷》改编的民间宗教宝卷）《观世音菩萨本行经简集》《三皇姑出家香山宝卷》《大乘法宝香山宝卷全集》《观音得道宝卷》《观世音菩萨香山因由》《观音济渡本愿真经》《妙善宝卷》《大香山宝卷》《南无大慈大悲救苦救难观世音菩萨证果香山宝卷》等，存世的各种刻本和抄本多达 30 种。^②

《香山宝卷》的"核心情节"是"舍身救赎"型故事。该故事类型在印度、中国普遍流行。从《香山宝卷》各种可资考证的文字我们很难明确知道其书写传统意义上的作者。这一口头传统何时进入宝卷并披上了神谕的外衣？俗世书生蒋之奇成为该故事"前世"来源的唯一见证者，这使世俗故事的渊源神秘化，进而成为一个先验的存在而具备了教化众生的神圣性。

作为口传文学，其传承人作为积极传统的携带者，不同的传承人对于同一口传文学会发展出丰盈众多的视角。个体按照自己的想象不断扩展和补充一个故事。因之，口传文学的文本与本族群社会情境关联密切。这一点帕里—洛德理论充分地阐明，是传统告诉我们"什么"，告诉我们是"何种类的"和"何种力量"。是传统一直寻求保持稳定，从而保存传统自身，最终保持了一种获取生命快意的手段。^③ 正因为这样，《香山宝卷》开篇的叙事神态和语气都宛如佛陀本人俯瞰芸芸众生，正在训诫的模样。这样的结构程式和语气，分明是一种更古老、更传统的范型。笔者见到康熙丙午本（因改本前的"观音古佛原叙"后署"时在大清康熙丙午岁冬至后三日广野山人月魄氏沐"，我们姑且称之为康熙丙午本），其篇首"观音济度本愿真经叙"云：

> 从来三教经典，垂训教人，字字隐义，句句藏玄，旁喻曲引，告诫不
> 一。无非欲人明善复初，修性了命，以全其本来耳。言虽不同，理则一也！
> 余自生以来，不昧本性，知人为万物之灵，质列三才之中，不敢

---

① 〔美〕约翰·迈尔斯·弗里：《口头诗学：帕里—洛德理论》译者前言，朝戈金译，社会科学文献出版社，2000 年。

② 车锡伦编著：《中国宝卷总目》，北京燕山出版社，2002 年，第 307 页。

③ 〔美〕阿尔伯特·贝茨·洛德：《故事歌手》，尹虎彬译，中华书局，2004 年，第 321 页。

自弃，常行济人利物事件，穷究性命根源，幸遇普定仙师，指示先天大道，授以率性复初功用。一日，往朝普陀，舟至南海，预得真武祖师之报，船将到岸，忽狂风大作，波浪汹涌，当时船坏者不少。余蒙神盖佑，紧操舵桨，得达津涯，将船泊乎海岸，散步闲游。[①]

不同版本序言接着交代有关《香山宝卷》来源的神话叙事，也就是神授宝卷的具体情景。康熙丙午本的"观音古佛原叙"道：

> 忽至一处，见石门壁立、牌坊森列，篆镌"朝元洞"。行不数里，内有一庵，名曰"灵通寺"。余进步内观，遇一道童，潇洒不俗，谓余曰："居士遇此风波，实乃上天数定，玄机报应，今适到此，此中有一济度慈航，其赖居士成就此功德，以慰我佛无量度人之心！"谈叙之间，因出《观音济度本愿真经》一册授余。余诚敬捧读，乃知为观音佛祖自叙本行，不忍众生尘苦，领旨下世，托生兴林国里皇宫之中，自幼灵慧不昧，报弃浮华，勤修大道。尔时其父妙庄王迷却善因，不信修真，诬为邪孽，致菩萨受苦花园，火焚白雀，斩绞法场，守死善道，苦难备尝，英灵不昧。蒙神引游地府，遍观阴律果报，度狱还阳，逃至香山，修养成真。其后庄王恶盈福尽，上帝降旨，冤孽寻报；菩萨慈悲广大，显灵救父，劝惺知非从善，颁旨国中，修建丛林，设立斋醮，超度冤愆。后至香山还愿，菩萨元神显化，度转父母骨肉，感化驸马宰相，同修大道，共成正果。善恶报应，始末备载。[②]

而同是康熙丙午（1666）本的另一版本则有"观音梦授经"的神授叙事，而且附了宣卷的斋期及观音古佛原本读法十六则，其中斋期分别是：
后附斋期：

① "观音古佛原叙"，西北师范大学古籍整理研究所编：《酒泉宝卷》上编，甘肃人民出版社，1991年，第5—6页。另车锡伦认为该《香山宝卷》实际上是清道光年间青莲教教祖彭德源根据《香山宝卷》故事改编的《观音济度本愿真经》。参见车锡伦：《中国宝卷研究》，广西师范大学出版社，2009年，第46页。
② 西北师范大学古籍整理研究所编：《酒泉宝卷》上编，甘肃人民出版社，1991年，第6页。

正月：初八。二月：初七、初九、十九。三月：初三、初六、十三。四月：二十。五月：初三、十七。六月：初六、初八、二十三。七月：十三。八月：十六。九月：初三。十月：初二。十一月：十九。十二月无斋期，闰月同前。①

阿兰·邓迪斯说：

神话是关于世界和人怎样产生并成为今天这个样子的神圣的叙事性解释……其中决定性的形容词"神圣的"把神话与其他叙事性形式，如民间故事这一通常是世俗的和虚构的形式区别开来……术语神话原意是词语或故事。只有在现代用法里，神话这一字眼才具有"荒诞"这一否定性含义。照通常说法，神话这个字眼被当作荒诞和谬论的同义词。你可以指责一个陈述或说法不真实而说"那只是一个神话"（名词"民间传说"和"迷信"可能产生相同效果），但是……不真实的陈述并非是神话合适的涵义。而且神话也不是非真实陈述，因为神话可以构成真实的最高形式，虽然是伪装在隐喻之中。②

从这些我们可以看出，对于《香山宝卷》的来源，不同版本《香山宝卷》都以"神话"叙述的形式表明其来源的非同寻常。这类叙述传统在民间口头传统中较为普遍。《五公末劫经》卷首云："此经在本朝海洲海宁县有一天台山，其岭上有一僧人，一千余年在山修道，口中念阿弥陀佛，知道五百年未来末劫，虚而闻听。此经救度众生于癸亥年十一月十一日在海边海北寺抄写，此经普劝世人向善，急早回头。""南无弥勒菩萨化身唐公，南无普贤菩萨化身郎公，南无四洲大圣菩萨化身宝公，南无无尽意菩萨化身化公，南无观世音菩萨化身志公。"③ 此书或为民间预言书之类。尹虎彬在论述《后土宝卷》时总结道："化愚度贤主题讲述后土老母脱化一贫婆下凡，这一伪装及

---

① 《观音宝卷》，载徐永成等主编：《金张掖民间宝卷》（三），甘肃文化出版社，2007 年，第 1063 页。

② 〔美〕阿兰·邓迪斯编：《西方神话学论文选》，朝戈金译，上海文艺出版社，1994 年，第 1 页。

③ 《五公末劫经》，光绪癸卯重刊本，载濮文起主编：《民间宝卷》第 8 册，黄山书社，2005 年，第 164 页。

其自述身世的荒诞故事，在宝卷中已成为独立的叙事成分，它反复出现，伪装和虚构故事为一特定主题，这也出现在希腊史诗之中。这些主题具有普遍性。"[1]

宝卷作为把佛经译为各种语言，在普渡众生的实践中逐渐发展起来的文类，它利用了中国叙述传统，揭示了人类宗教史上的特有现象：即在绝地通天的时代，巫师们心领神会，认为语言具有无边的魔力，像咒语一样，特别的言说能实现天人之际的沟通，获得谶语天机，所以这种沟通在世界范围内注定存在一种具有地方性、民间性和口头传统的知识，而这种知识的获得是以"天书神授"的形式呈现的。

神授天书最直接的方式是通神。常熟宝卷中有一种特殊的宝卷——私娘卷。私娘就是神汉巫婆，大都写成"师娘"，也叫"看香火""仙人""寄娘"，其自称是某神灵、某菩萨的附身。私娘要发扬自己所凭依的神灵，于是有私娘请讲经先生编写专讲该神灵的宝卷。如《贤良宝卷》就是私娘请湖甸上（在尚湖北滨）的张福男先生（已故）编写的，时在 20 世纪 30、40 年代。说的是湖甸上渔民刘大根被地痞沉死尚湖，后私娘看出刘氏冤魂有灵报复当地百姓，便将他奉为刘大神。此后，刘大神附身私娘，为人治病消灾。由于私娘的神化，这本宝卷在常熟极为流行。[2] 再如《千岁宝卷》，是讲猛将附身的莫城三家村的黄太和，讲他如何神灵，能困蜡架（躺在蜡钎架上）、宕空坐（无凳而坐），本事了得，看香看到上海。现在能看到的此种私娘卷有十多种，这是常熟"特产"。[3]

笔者认为，私娘宝卷与后期扶乩宝卷属于同一形态。关于私娘宝卷，车锡伦先生在《关于"私娘"与常熟做会讲经》中提及了田野调查中难得一见的通神遗存。他写道：

---

[1] 尹虎彬：《河北民间表演宝卷与仪式语境研究》。参见尹虎彬博士论文《河北民间后土信仰与口头叙事传统》，北京师范大学，2003 年 6 月。

[2] 常熟地区某些"师娘"有意无意介入讲经，某家有人常年病魔缠身，以为妖邪作祟，请"师娘"驱邪治病，"师娘"做作一番，建议还得请某某讲经先生举行宣卷法会禳星。久而久之，在民间，尤其在讲经先生那里形成心理定式，谁家举行不举行宣卷法会由"师娘"说了算。有人甚至愤然指责"师娘"操纵讲经市场。更有甚者，有的"师娘"干脆自己也讲经，而且有专门为其编写的宝卷，谓之"师娘宝卷"。

[3] 常熟文化广电新闻出版局编：《中国常熟宝卷》概况，古吴轩出版社，2015 年。

在江浙地区，这类巫，除了自身请神灵附体，为信众施法，也同其他民间信仰活动"结合"。如苏北地区的"香奶奶"（又称"仙姑娘""后堂"），她们为找上门来问难的香众、信士"下判"，让他们请香火童子做各种相应的"会"解厄。另外，关于"私娘"在常熟地区"做会讲经（宣卷）"中的作用，过去的调查和研究，出于种种原因，都无意（没有调查到）或有意回避了这个问题。苏北的"香火神会"中的"香火童子"，必须"卖身"，才能通神。……在常熟宝卷中划出一类"私娘宝卷"。①

神必须戴上"面具"或者托人间的代言人——巫师传达旨意，所以在民间故事里形成"代圣立言"的神话叙述。许多宝卷篇首就开宗明义阐明是代圣立言，以求改过自新，解除厄难，如《红罗宝卷》开始就写道：

> 盖闻绣象传古之今，载记红罗宝卷启开，正明菩萨降临世界，传于人间，遗古传今，人人诵念，欢喜大小，永无灾厄。诸姓人等听了此卷，要悔心向善，改过自新，能解厄难。大家静坐细听，莫可顺其耳风。②

另《护国佑民伏魔宝卷》上云：

> 敕封三界伏魔大帝，神威远镇天尊。伏魔宝卷法界来临。诸佛菩萨降来临。随处结祥云诚意方殷，诸佛现金身。
> 吕纯阳注曰：伏魔宝卷出于关大帝之手笔，其中尽是三教未发之玄微，吾帝因忠诚。感玉皇上帝命之复宣于世，到而今二百年来，又重刊印，吾常居帝佑，关大帝转奏玉帝。命吾注之，伏其魔以了其心。私欲

---

① "私娘"这类人物属"巫"。在中国古代，巫有男女，即"巫觋"。这类人物在近现代中国各地仍普遍存在，俗通称为"巫婆、神汉"。他们的特点是具有"通神"（请神）的法术（巫术），请来的各路神仙鬼怪附体，现身说法，为信众解决疑难；指示用各种"方法"，治病消灾，保佑平安，等等。参见泰安车锡伦博客 http://blog.sina.com.cn/s/blog_7f28e16f0102wgfk.html。
② 王奎、赵旭峰收集整理：《凉州宝卷》（一），甘肃人民美术出版社，2007 年，第 2 页。

净尽，天理流行。尽于虚空者，吾人之本然天理之良心也。[①]

《香山宝卷》"观音古佛原叙"中不仅写代圣立言，而且是"以身施教"，"以事论道"，并且"自度度世"，"将修道之火候功用、玄妙法则，一一流露于常言俗语中，能令阅者一目了然，由浅求深"，真可谓尽心尽力：

> 书成藏之朝元洞内石室门中，以待后之见者广为流布。不但可为上智训，亦可为中下迪，不但可为文士英俊观，亦可为愚夫愚妇劝。予以改过迁善，广行方便，访求至人，指示经中功用玄妙，亦不难彼岸同登矣！吾昔立下洪愿，济度一切，此经其吾济度之一助也钦！因以《济度本愿真经》名其书，而缀数语于笺端云。时永乐丙申岁六月望日书。[②]

许多佛经都自誉非常灵验，所谓"道成天上，书遗后世"！以使人们普遍认为，诵读神圣的经文本身具有治疗疾病和拯救灵魂的功能。所有这些当然是源于大乘佛教对于传播教义的根本关切，它规劝人们宣扬和向别人解说佛经。同时也在一个侧面说明，人类宗教大致都经历过原始宗教时代，早期的宗教领袖就是巫师或萨满，他们具有领悟神谕的特殊本领。[③]

仅仅从名称来看，许多宝卷自称为"经"，并反复强调其宝卷"至真"（文献中多称为"骨髓真经"）、"至宝""至妙"，如《佛说地狱还报经》《弘阳妙道玉华随堂真经》《古佛天真考证龙华宝经》《佛说镇宅龙虎妙经》等。靖江宝卷又有"圣卷""草卷"之分。再从卷名前所加的"佛说"二字大致可以想见，普通民众在宝卷创作中代圣人立言的痕迹。所以传抄、接受者必然惴惴不安、诚惶诚恐。譬如《香山宝卷》康熙丙午本，其篇首"观音济度本愿真经叙"中写道：

---

① 《关帝伏魔宝卷注解》，光绪二十二年（1896），吉林北山关帝庙学善堂刊印。
② "观音古佛原叙"，西北师范大学古籍整理研究所编：《酒泉宝卷》上编，甘肃人民出版社，1991年，第3页。
③ 〔美〕欧大年：《中国民间宗教教派研究》，刘心勇、严耀中等译，上海古籍出版社，1993年，第213页。

余得授此焉，敢不成就此一宗功德！无奈经系西天梵字，东土之人识此字者少。余急归家译写，书正刊刻行世，使人触目惊心，改过迁善，广积功德，潜心体会经中妙谛；以经为证，访求至人，指示经中妙义，明止于至善之所，知下手修炼之方。道全德备，极乐西天何难到哉！

噫嘻！壁闻琴声，古经不绝；书守灵威，金简长存！二酉称神仙贮书之所，琅嬛为天设载籍之地。唐李荃得阴符经于嵩岳，吕祖翁藏指玄篇于青城。古人道成天上，书遗后世，非一人矣！今何幸而机缘相遇也，因乐而为之叙云。

时在大清康熙丙午岁冬至后三日广野山人月魄氏沐手敬叙于明心山房①

现存宝卷《目连救母出离地狱生天宝卷》明初抄本中说："若人写一本，留传后世，持诵过去，九祖照依目连，一子出家，九祖尽生天。"清光绪十九年（1893）梅月直隶省大名府大名县西南乡东郭村积善堂重刻《幽冥宝传》前有序，中言：

《幽冥宝训》者，地藏古佛训世之书也。佛以至德大孝主教幽冥，因以己之德，望人之共修其德；以己之孝，望人之共敦于孝。不啻主教幽冥，并欲垂训阳世。是以不惮苦心苦口，刊为善言，传于万世。②

序中宣言此宝卷为地藏菩萨垂示，以图增加其神圣性，获得更多信服。而此卷之价值，作序者指出，"其理正，其事核，其文简明而易晓，其案确实而有据，诚救世之药石，渡人之宝筏也"。因为代圣立言，所以这种神谕性质的文本自然意义非凡。传抄这种宝卷为善行功德，并能驱妖降魔、驱邪

---

① "观音济度本愿真经叙"，西北师范大学古籍整理研究所编：《酒泉宝卷》上编，甘肃人民出版社，1991年，第7页。
② "中央研究院"历史语言研究所俗文学丛刊编辑小组编：《俗文学丛刊》，台北新文丰出版公司，2004年，第352册，第9—12页。

祛病，这一观念对后期民间宝卷的传播影响很大。

因为神圣，《香山宝卷》附观音古佛原本读法十六则：

　　一本愿真经，阐道之书也。当作道德心印金刚法华，读之俱言天道，人道，无不备哉！人世，出世，靡不缕陈，剖露玄机。所关最重，读者须当净手焚香，诚敬开诵。读毕掩卷高供，不得亵视。知此者，方可读本愿真经。

　　一本愿真经，善恶金鉴也。当作感应篇、功过格，读之善恶昭彰，因果显然。天堂地狱，只看所行。苦海无边，回头是岸。诚感发善心，惩创逸志之良济也。知此者方可读本愿真经。

　　一本愿真经，暗室灯，考金石也。言因果本福善祸淫之理。讲修炼实返本还原之道。解悟此经，一切恶孽、恶念，惕目而警心。旁门曲径，不辟而破矣。知此者，方可读本愿真经。

　　一本愿真经，不比一切演义传奇俗本，弹唱歌曲。此等书卷，徒悦人耳目，无益身心。此经所论，皆善恶因查。所言皆性命道德，不做那无益之论也。知此者，方可读本愿真经。

　　一本愿真经，其间与禅贡同者，又非野狐禅这辈，待为拍喝语，自欺欺世，使人无处捉摸者可比。其用心处，或在言中，或在言外，俗语常言中暗藏元机奉动，云为处显露心传，若经明眼，指示头头是道。询佛经中一部俗谛，乃佛经中一部真谛。知此者方可读本愿真经。

　　一本愿真经，不在口读，不在眼读，而在心读。不在心读，而在身读。何以知故，行并进也。知此者方可读本愿真经。

　　一本愿真经，言火候甚详。古人传乐不传火，从来火候少人知，经中设象寓言。火候之妙，形容得当。知此者方可读本愿真经。

　　一本愿真经，既以经名，何以每篇多以话说冠之。摒去一切梵语、奥辞，直以说话说经，令人易知易悟，了了于目，自了了于心也。知此者方可读本愿真经。

　　一本愿真经，言善功甚详，然亦尝言及者，夫善在人为耳。随心随手，皆可以积功累德也。如若经中所未载，便疏忽而不为，是自阻也。

知此者方可读本愿真经。①

这种传播教义的虔诚、执着和热忱，通过社团致力于阅读、抄写、刻印和免费散发佛经等具体工作表现出来。宋代一些虔诚的和尚和俗人刻印的经卷，不仅配有图像以说明经义，而且还加上了偈文和赞词。

正因为早期巫术时代"天人之际"的结构和神圣言说，因之，后世对文学的远古神话想象遗存很多，儒家诗教《毛诗序》说的明白：

> 诗三百篇，大抵先圣发愤之所由作，温柔敦厚，诗之教也。诗言志，歌咏言，声依永，律和声，神人以和。不学诗，无以言。味之者无极，闻之者动心，是诗之志也。故正得失，动天地，感鬼神，莫近于诗。先王以是经夫妇，成孝敬，厚人伦，美教化，移风俗。……是以一国之事，系一人之本，谓之风；言天下之事，形四方之风，谓之雅。雅者，正也，言王政之所由废兴也。政有大小，故有小雅焉，有大雅焉。颂者，美盛德之形容，以其成功告于神明者也。是谓四始，诗之至也。②

神授天书传统的缔造者，早已深刻洞悉下层民众集体无意识的神灵崇拜和权威迷信的心理沉疴，利用民众期盼"权威话语"并易受其暗示和感染的集体心理，让公众捕获这个征兆或信息，因为受"神灵"的示意更容易赋予这个征兆或信息一个深刻的含义。③宝卷的叙述中把这种圣灵降临的视角使用得淋漓尽致，唯恐不能很好地昭告天下芸芸众生：你们是有神的存在，是神灵庇佑的众生。

> 混沌之后，初分天地，伏羲神农，助力江山，传至三王五帝，分行八卦阴阳，君臣父子，夫妇男女，三纲五常忠孝节义，礼义廉耻贤能

---

① 《观音宝卷》，载徐永成等主编：《金张掖民间宝卷》（三），甘肃文化出版社，2007年，第1063—1064页。
② 十三经注疏整理委员会：《毛诗正义》，北京大学出版社，2000年，第7—22页。
③ 〔法〕卡普费雷：《谣言》，郑若麟、边芹译，上海人民出版社，1991年，第26页。

仁厚。西汉武帝时，邠州有一乡宦，姓金名宝，夫人钱氏，官封诰命金相，全忠尽孝夫人，好善心慈，所生三子……①

《水浒传》第四十二回宋江遇九天玄女给了宋江三卷天书，并嘱咐宋江道："宋星主，传汝三卷天书，汝可替天行道，为主全忠仗义，为臣辅国安民，去邪归正。吾有四句天言，汝当记取，终身佩受，勿忘勿泄。""替天行道"以九天玄女口中说出，说明了"替天行道"是体现上天的旨意。而《水浒传》的第七十一回"忠义堂石碣受天文"，写宋江欲建一罗天大醮，来报答天地神明的眷佑之恩。设放醮器齐备，宋江要求上天报应，特教公孙胜专拜青祠，奏闻天帝，每日三朝，直至第七日三更时分，突然一团火球从天而降，钻入正南地下。宋江叫人掘开，发现石碣上有蝌蚪文字，侧首一边是"替天行道"四字，一边是"忠义双全"四字。这一故事细节，正是显示了"替天行道"是"天命"的安排，"上天显应，合当聚义"，梁山英雄是遵照上天的旨意行动的。不仅如此，石碣的正面有梁山泊天罡星三十六员的姓名，背面有七十二员地煞星的姓名。这样，石碣的出现不仅强化小说的主题思想，而且它还解决了梁山一百零八将的座次排位问题。宋江道："上苍分定位数，为大小二等。天罡地煞星辰，都已分定次序，众头领各守其位，各休争执，不可逆了天言。"众人都认为："天地之意，物理数定，谁敢违拗？"天命不可违，一切遵循天意的安排。②这一种叙事，从洪荒渺远的时间上开始，由远及近，时间和空间在流动的叙述中逐渐明晰起来，从叙述学角度看是叙述者的位置和姿态，强调故事叙述话语的实践特质背后的神圣传统。

正因为天书神授，传达天意的叙述在文化传统中草蛇灰线、伏脉千里式地时隐时现，无论是"九天玄女"还是"警幻仙子"，古代小说、民间宗教传统遗留下很多相似的情节。这从《三遂平妖传》《杨家将传》《女仙外史》《薛仁贵征东》《葵花记》等古代小说的神授天书的母题可以见到。限于篇幅，兹撮要列表如下：③

① "中央研究院"历史语言研究所俗文学丛刊编辑小组编：《俗文学丛刊》，台北新文丰出版公司，1994年，第351册，第121页。
② （明）施耐庵、罗贯中：《水浒全传》，四川文艺出版社，1990年，第639、1057页。
③ 王立：《宗教民俗文献与小说母题》，吉林人民出版社，2001年，第204页。

表 1-2　古代通俗小说"神授"母题概览

序号	出处	仙师	徒弟或受宝者	收徒方式	所传范围及所获赠宝
1	《北宋志传》三十四回	擎天圣母	杨宗保	夜入圣母庙	天书
2	《杨家府演义》四卷	擎天圣母	杨宗保	打猎时入其庙	仙丹、兵书
3	《说唐演义后传》二十四回	九天玄女	薛仁贵	入地穴遇	一龙二虎九牛之力、白虎鞭、震天弓、穿云箭、水火袍、无字天书
4	《说呼全传》二十一回	万花谷王禅	呼延庆	七岁从师	武艺、天书、锦囊
5	《说呼全传》二十八回、二十九回	仙姑	赵文姬	梦示姻缘	传授兵法
6	《万花楼演义》四回、二十三回	峨嵋鬼谷子	狄青	水难中救出	兵书、子母钱，北极玄天真武赠人面金牌及七星箭
7	《金台全传》五十一回	云梦山王禅老祖	金台	猛虎驮来山上	锦囊、兵书、轩辕镜
8	《水浒传》四十三回	九天玄女娘娘	宋江	还道村	三卷天书，汝可替天行道，为主全忠仗义，为臣辅国安民
9	《玛纳斯》		居素普阿訇		梦授《玛纳斯》
10	《三国演义》		于吉	手携藜杖，得神书	阳曲泉水上得神书《太平青领道》

　　"三期末劫"观念在民间宗教的传达，也多通过"无生老母"之口。杨庆堃认为，在 19 世纪末近代黄天教的建立过程中，万全县遭遇大旱，佛教僧侣志明激发起大众热情，宣称第三个也就是最后的末劫就要到来，大灾就要降临，狂风会从天而降，横扫一切。无生老母已经预见到这些，早三百年派下弥勒佛建立黄天教，来解救生民于灭顶之灾。①

　　在特殊的地方就有特殊的讲话方式。君权神授的小传统里，文人的书写方式是为了做宰辅，致君尧舜上，是一种被规训和展示规训的文字书写。而在大传统下，从巫术时代开始，就始终有一种为"天下""苍生"的圣神叙事，他昭示的是一种更为普遍的人类学意义和原始法制精神。理性时代，故意遮蔽与话语缺位，表层看来是民间宗教教主，利用各种办法使自己书写的文字打上远古集体记忆中"神授"的印戳，编造自己的"秘史"，神化自身，

---

① 〔美〕杨庆堃：《中国社会中的宗教：宗教的现代社会功能与其历史因素之研究》，范丽珠译，四川人民出版社，2016 年，第 183 页。

其背后隐藏着深刻的远古人类口传文化的神圣大传统。[①]

（三）神授天书与代圣立言传统的来源

宗教大都是产生于天灾与人祸颠覆性动摇世俗政治秩序的紧要关头，是"无情世界的感情"，是对现实困厄的曲折反抗。体现天的意志的圣迹在这时候显现，将那些肉身仍然在世俗污浊中挣扎的信众的精神超拔出来。神谕传统的产生对人类而言同样如此。人类学家普里查德这样写道：

> 每当赞德人的生活中出现危机，都是神谕告诉他应该如何去做。神谕为他揭露谁是敌人；告诉他在何处能够脱离危险，找到安全；向他展示隐藏的神秘力量；给他说出过去和将来发生的事情。没有本吉，赞德人确实无法生活。剥夺了赞德人的本吉无疑就是剥夺了他的生活。[②]

神授天书和代圣立言的背后是庞大的神谕仪式叙事传统。在世界文明史上，神谕在早期表现为对王权机制生成的操控作用。从神话叙述学的视角看，神明以神话叙述的模式，介入早期王权的建构过程。在弗雷泽看来，国王很多时候拥有祭祀、操控神灵的权力。他能和神明对话，能控制自然。古代近东、中国与古代埃及的统治者一般是祭祀王的形象。首先，他是介于人神中间，感知神明意图唯一合法的沟通媒介。[③]其次，他有为国家和民众祈福禳灾的职责。国王除了在意识中担任沟通人神的角色以外，还要在固定的时间举行祈福仪式，在国家危难之际，担当祈福禳灾的头领，甚至还要成为解除灾异的替罪羊。[④]研究表明，在整个世界的秩序之中，这也是普遍存在的社会现象。

---

① 李永平：《迷狂与书写：对"天书"母题的再反思》，《文艺理论研究》2013年第5期。

② 〔英〕E. E. 埃文思-普里查德：《阿赞德人的巫术神谕和魔法》，覃俐俐译，商务印书馆，2006年，第274页。

③ 吉拉尔认为，国王是人类替罪羊潜意识所建构的牺牲机制中首选的替罪羊。成为替罪羊之后，国王便获得了神性。参见 Rene Girard, *Violence and the Sacred*, Translated by Patrick Gregory, Baltimore: The Jones Hopkins University Press, 1979, pp. 145-149。

④ Nanno Marinates, *Minoan Kingshinp and the Solar Goddess: A Near Eastern Koine*, Chicago: University of Illinois Press, 2010, pp. 33-49.

王权神授以降，神授器物和神授教义成为神授的第二个阶段。摩西或汉谟拉比在圣山上接受神谕，颁布法律。中古汉译佛经中，据说龙树出家后得读大乘经典，妙理有所未尽："独在静处水精房中，大龙菩萨见其如是，惜而愍之，即接之入海，于宫殿中开七宝藏，发七宝华函，以诸方等深奥经典无量妙法授之。"① 然而，佛经中的神授经典被佛教宗教化了，偏重于佛教教义的宣传。而这些也与中古时期中原的道教一拍即合，与道教以符水等消减"末劫"到来时下层民众苦难的法术法宝融会，从而演化为"天书神授"的系列传说和小说表现模式。

我们细读《金刚科仪宝卷》结束时咒语一样的"结经发愿文"也许会豁然开朗：

> 伏愿经声琅琅，上彻穹苍；梵语玲玲，下通幽府。一愿刀山落刃，二愿剑树锋摧，三愿炉炭收焰，四愿江河浪息。针喉饿鬼，永绝饥虚；麟角羽毛，莫相食啖；恶星变怪，扫出天门；异兽灵魑，潜藏地穴；囚徒禁系，愿降天恩；疾病缠身，早逢良药；盲者聋者，愿见愿闻；跛者哑者，能行能语；怀孕妇人，子母团圆；征客远行，早还家国。贫穷下贱，恶业众生，误杀故伤，一切冤尤，并皆消释。金刚威力，洗涤身心；般若威光，照临宝座。举足下足，皆是佛地。更愿七祖先亡，离苦生天；地狱罪苦，悉皆解脱。以此不尽功德，上报四恩，下资三有。法界有情，齐登正觉。川老颂曰：如饥得食，渴得浆，病得瘥，热得凉；贫人得宝，婴儿见娘；飘舟到岸，孤客还乡；旱逢甘泽，国有忠良；四夷拱手，八表来降。头头总是，物物全彰。古今凡圣，地狱天堂，东西南北，不用思量。刹尘沙界诸群品，尽入金刚大道场。②

这段结经发愿文也见于《目连救母出离地狱生天宝卷》，明代许多教派宝卷也沿用它（文字有异）。讲唱目连身世。王舍城中傅家庄傅天斗娶妻李氏，李氏乐善好施，吃斋修行。李氏生傅崇，娶妻王氏。傅崇夫妇念经

---

① 〔日〕高楠顺次郎：《大正新修大藏经》第 50 册，1992 年，《龙树菩萨传》0184a。
② 王见川、林万传主编：《明清民间宗教经卷文献》第一册，台北新文丰出版公司，1999 年，第 59—60 页。

拜佛，广行善事，生子傅象。傅象娶妻刘四娘，生子萝卜。傅象行善积德，三十二岁功果圆满归西。傅萝卜守孝三年后谨遵父亲遗嘱去杭州求道，母亲刘氏受人诱惑而开斋，造下罪恶，秦广王命恶鬼捉拿刘氏。傅萝卜在慧光寺受先天大道，长老将其改名为目连，目连参悟大道七日后回家探母。《目连三世宝卷》讲唱目连救母出离阿鼻地狱的故事。目连的母亲刘氏青提开斋，作孽如山，被打入阿鼻地狱。目连一心念经，超度母亲，灵山雷音寺佛告诉他母之所在，并赐衣钵和九环禅杖去打开地狱门救母。目连急于救母，放走了阿鼻地狱的八百万鬼魂。目连投胎为黄巢，收回八百万冤魂后坐地而亡。目连二世到长安城托生为屠户贺因，长大成人每日宰杀猪羊，为阎君收回猪牛羊之命。幽冥教主见目连已收回生灵，救其母出地狱，一家人同登天堂。《目连救母幽冥宝卷》和《目连三世宝卷》合起来就是完整的目连救母故事。

第二章 禳灾叙述的神话观念与文类传统

从文学人类学角度看，叙述是人类存在本身。人类的进化策略在于面对危机的时候抱团取暖，通过叙述唤起公共知识，作为民族身份标识的族群故事被不断传播，调动起共同记忆，依靠集体的力量实现种群的存续与繁衍。然而相互靠拢既有可能获得温暖，群体之中的个人因此需要懂得如何与他人共处。他们既要学会用各种形式的沟通来发展友谊，以此润滑因近距离接触而发生的摩擦，同时也要承担这种合作造成的后果——与一些人结盟往往意味着对另外一些人的排斥。人类学家从这类沟通与排斥中读出了某种意味深长的东西，人类叙述沟通的过程，类似于灵长类的相互梳毛（grooming），是维系群体相对稳定性生存的一部分。

梳毛从表面看只是一种肢体接触，与叙事似乎是风马牛不相及，但邓巴《梳毛、八卦及语言的进化》一书的标题设置，很明显是把梳毛当作八卦（gossip）的前身来对待。当代流行语中八卦即嚼舌（汉语中可与 gossip 对应的还有闲言、咬耳朵等），这一行为中叙事成分居多，因为议论家长里短，免不了要讲述形形色色的故事，只有那些添加了想象成分的故事才能引发眉飞色舞的讲述与聚精会神的倾听。①

想象与叙述是人们建构社会生活的手段。从文学人类学的功能角度看，不同民族的叙事文类采用神话、史诗、圣史、传奇、民间传说、寓言等体裁。每个故事的叙述都有一个共同的秩序维持和创伤疗救功能。这一点，人类学家列维-施特劳斯与宗教学家米尔恰·伊利亚德已经证实：巫师与圣人

---

① 〔英〕罗宾·邓巴：《梳毛、八卦及语言的进化》，张杰、区沛仪译，现代出版社，2017 年，第 58—59 页。

最初的一个职责就是讲神话等象征性故事，用象征符号解决无法用经验解决的矛盾。[①]

重新考察历史叙述，把"叙述"当成层层积累的"历史"，就能够发现很多过去被"叙述"遮蔽的东西，悬置"真""伪"，一切都在叙述。笔者分析认为，宝卷的诸多主题，主要从以下几个叙述结构中体现出来的。这些叙述结构，从内容到形式，都是由程式化的叙述实现的：宝卷从其文体到结构，再到典型场景以及主题意义，这些都可以在传统中找到。因此，造卷是编织，将现成的、固有的预制部件，按照固定的结构、格式排列组合起来，它的诗行充满了佛教、道教经文的遗韵，套语连篇，多为固定的表达方式。它的句式，曲牌就是一种极大程度的限定作用。

人是叙事的动物，体验和理解生活，就像经历一场持续的叙述，他有冲突、分享、角色扮演、开场、中场和结尾。和电影的令人羡慕神秘的特技，身临其境的音效，回肠荡气的音乐，扣人心弦的情节的叙述背后的精神诉求一样，远古以来，叙述就和时间、历史、社会等发生了联系，是人类普遍的精神现象。虽然有模式化的叙述形态，但是在人类的心理意识中，存在着彼此类似的叙述的动机，这些叙述动机大致包含：倾听神的召唤，消除人和神的隔膜；消除隔离和陌生，建立和环境的亲和关系；参与民俗生活，建立民俗礼仪；祈福禳灾，建立信心；等等。

世界范围内早期口头文学清除污染的禳灾叙述非常明显，后世文学虽然经历过一个"理性化"的过程，作家的创作成了文学的"主流"，但早期功能性的大传统文学叙述从来没有退场。深受中国早期历史传统影响的宝卷保留并激活了这一叙述传统，追溯这一文化传统是宝卷研究的重要一环。

一、宝卷做会禳灾的神话观念

陈寅恪注意到佛经卷首所附的感应冥报传记，他在研究后指出："（此类

---

① 〔爱尔兰〕理查德·卡尼（Richard Kearney）：《故事离真实有多远》，王广州译，广西师范大学出版社，2007年，第14—17页。

传记）本为佛教经典之附庸，渐成小说文学之大国。盖中国小说虽号称富于
长篇巨制，然一察其内容结构，往往为数种感应冥报传记杂糅而成。"[1] 他认
为中国小说须提高思想深度"以异于感应传冥报记等滥俗文学"[2]。验诸《红
楼梦》《水浒传》《西游记》和《金瓶梅》等小说，其谋篇布局与冥报感应、
因果轮回等皆有关系，陈寅恪的观点确系洞烛幽微的不刊之论。但陈寅恪
没有意识到许多中国小说中的冥报感应只是为适应广大受众而披上的外衣，
是为吸引读者注意力而扔出的"肉骨头"，不能把这类"不可靠叙述"太当
回事。

（一）人类学视野中的疾病、污染及受迫害的想象

在现代语境中，污染、肮脏、污秽等都属于医疗卫生范畴的观念。人类
早期对疾病的认识中并没有世俗性的卫生观念。所有和神圣空间及仪式"格
格不入"的空间都是被污染的、危险的。在人类学中，污染是瘟疫、疾病、
灾异、死亡产生的原因。脱离仪式和祭祀，各种瘟疫、疾病、灾异就会不期
而至。洗礼、禳丧、禳灾、禁忌等民俗宗教活动都是旨在消除污染，建立神
圣空间，恢复洁净与神圣的活动。

从人类学角度，古人对于疾病的理解包括心理、生理、社会三个层面。
甲骨文把瘟疫记为"疾年"。另外在中国最早的书籍《山海经》《左传》《尚
书》中还有一个和疾病有关的"厉"（疠）字。《山海经·东山经》中记载箴
鱼、珠蟞，"其中多箴鱼，其状如儵，其喙如箴，食之无疫疾"；"其中多珠
蟞鱼，……其味酸甘，食之无疠"。郭璞注："疠，疾疫也。"[3]《左传·哀公
元年》记载："天有灾疠。"《左传·哀公六年》："天有菑疠。"《尚书·金縢》
记载："遘厉疟疾。"这里的"厉"都是指瘟疫。瘟疫"疾"和"厉"（疠）一
旦爆发，其毁灭性的力量让人恐惧和无助。瘟疫成为令古人恐惧并形成禳灾
想象与禳灾仪式的源头。

---

① 《忏悔灭罪金光明经冥报传跋》，载陈寅恪：《金明馆丛稿二编》，生活·读书·新知三联书店，
　　2001 年，第 292 页。
② 《敦煌本维摩诘经文殊师利问疾品演义跋》，载陈寅恪：《金明馆丛稿二编》，生活·读书·新知三
　　联书店，2001 年，第 209 页。
③ 陈成译注：《山海经译注》（图文本），上海古籍出版社，2008 年，第 127、133 页。

自古以来各种自然灾害较为频繁，流行性疾病瘟疫时有发生。翻开《河州志校刊》，"灾异"部分这样写道：

> 宋神宗熙宁中，河州雨雹，大者如鸡鹅卵，小者如莲芡实，像人头，有耳目。
>
> 国朝成化三年四月，大旱，饥，人相食。
>
> 天顺五年秋七月，南山崩，大夏河水数日不流。
>
> 嘉靖乙丑，岁遭大荒，市籴每斗七钱，人相食。城池四野，积尸无数。
>
> 嘉靖乙未六月，大雨。洪水河溢十余丈。自西抵东六十里，没溺房屋田苗数千家，人口数百，畜类无算。①

瘟疫和灾异从何而来，自古以来有两套支配性的信仰：一套信仰系统认为，未受到祭祀的凶鬼会转化为"妖""怪"和"鬼"作祟（西方人称之为"魔鬼"），带来瘟疫，所以民间通过镇魂祭祀仪式，例如"禳丧"来安抚死者灵魂；另一方面，认为灾异源自于"天谴"，由于人类违背天意，天降灾异于人间。禳丧、禳灾、禁忌、洗礼等仪式和宗教活动都旨在消除污染和失序，恢复洁净与神圣。

为了解除各种灾异，直接涉及敬神、颂神的内容在人类神圣言说传统中占了很大的比例。刘勰《文心雕龙》把文章分为文、笔两类，"以为无韵者笔也，有韵者文也"。上篇二十五篇：明诗、乐府、诠赋、颂赞、祝盟、铭箴、诔碑、哀吊、杂文、谐隐十篇是"论文"，史传、诸子、论说、诏策、檄移、封禅、章菱、奏启、议对、书记十篇是"叙笔"。可以说，其中祝盟又包括祝邪、骂鬼、谴、咒、诰咎、祭文、哀策、诅、誓、契等，这些都与早期交通神灵的文化大传统相关。延续至今，在宝卷等经卷文献中，《金刚经总偈》《地藏王古佛偈》《金刚神咒》《六字真言经》《十炷香》《十炷明香》《十炷烧香经》《葫芦儿经》《佛说地母真经》《灶王真经》《南海观音古佛降》《观音菩萨六字嘛呢真经》等文类，也多与早期流传下来的人类沟通神灵活动紧密相关。如民间孝歌《十炷明香》：

---

① （明）吴祯：《河州志校刊》，马志勇校，甘肃文化艺术出版社，2004年，第24页。

一炷明香一盏灯，举手焚香念观音，早晚调诵三遍经，合家大小保安宁。

二炷明香二盏灯，举手口念嘛呢吽，千千诸佛通明行，万万菩萨救世尘。

三炷明香三盏灯，三盏明灯放桌心，一炷明香拿手中，救苦救难观世音。

…………

十炷明香十盏灯，十殿阎君善恶分，善男信女勤密念，免得灾难永无侵。

南无佛法南无僧，南无救苦观世音，口念七遍一心诚，送过金桥同路行。

阳世三间念佛名，阴司地狱无罪乘，有人认得十盏灯，句句调诵观世音。

早晚念佛把口净，净手焚香跪地平，大小事情抛世尘，消灾免罪修本身。

唵嘛呢叭咪吽！

与一般的说唱文学不同之处在于，在信仰时代，宝卷的宣卷做会、抄写、助刻等仪式活动具有深厚的社会基础和具体的功能。无论是金刚道场、盂兰道场或者西游道场，还是醮殿仪式、破血湖仪式，还是荐亡法会等做会仪式，宣讲宝卷的目的都要达成祈福禳灾的社会功能。从靖江做会的田野调查看，靖江的讲经是做会仪式的一部分。按照供奉菩萨的不同，靖江地区主要有"大圣会""三茅会""观音会""梓潼会""地藏会""土地会""雷祖会""城隍会"等。父母做寿、祭祖求子、婚丧喜庆、新房落成、祛病消灾、家宅平安、拜佛了愿等均可请佛头做会祈福禳灾。

明清宗教教派经卷，几乎都宣传劫灾降临与救劫观念。认为世界要经历大劫、末劫、三劫、九劫等劫数，铺排末日惨状，虽然这些歪理邪说被朝廷称为"以造福逃劫，引诱痴愚"，但这种劫数难逃"瘟疫流行"的想象数不胜数，这使叙述疗救与救劫仪式的展开有了广阔的社会空间。这类宝卷从名称上就可以看得出，如《救度亡灵超生宝卷》《救夫宝卷》《救济宝卷》《救劫宝卷》《救劫指迷宝卷》《救苦宝卷》《救难宝卷》等。

还有一些宝卷以"销释""解结""禳灾"为旨意。这类宝卷有《销释安养实际宝卷》《销释安心了意般若宝卷》《销释般若心经宝卷》《销释白衣观音菩萨送婴儿下生宝卷》《销释大乘宝卷》《销释归家报恩宝卷》《销释归依弘阳觉愿中华妙道玄懊真经》《销释混元弘阳大法祖明经》《销释混元弘阳随堂经咒》《销释混元无上大道玄妙真经》《销释混元无上普化慈悲真经》《销释混元无上拔罪救苦真经》《销释混元弘阳拔罪地狱宝忏》《销释混元弘阳救苦生天宝忏》《销释了空金蟾宝卷》《销释金刚科仪》《销释金光明宝卷》《销释接续莲宗宝卷》《销释开心结果宝卷》《销释科意正宗宝卷》《销释孟姜忠烈贞节贤良宝卷》《销释明净天华宝卷》《销释明证地狱宝卷》《销释普贤菩萨度华亭宝卷》《销释三教总观通书实卷》《销释收圆行觉宝卷》《销释授记无相宝卷》《销释悟性还源宝卷》《销释先天心地观宝卷》《销释显性宝卷》《销释心空科仪宝卷》《销释印空实际宝卷》《销释圆觉宝卷》《销释圆通宝卷》《销释真空宝卷》《销释真空扫心宝卷》《销释准提菩萨度生宝卷》《解辰宝卷》《解结回香宝卷》《解结散花》《解神星宝卷》《解顺星宝卷》《解脱诸天宝忏》《解脱水厄宝忏》《禳星科仪》《禳顺诸星宝忏》等。[1]

那么人们逐疫驱邪，消除污染，恢复洁净遵循着什么样的信仰结构？其中涉及的文类有什么特点？笔者主要研读《中国靖江宝卷》《中国常熟宝卷》《河阳宝卷集》等南方宝卷，并作了一些田野调查，试图做出一些解读。

（二）做会仪式：重回"神圣空间"

首先，宝卷做会、传抄等仪式需要回到"神圣空间"，目的是"祷告神祇显圣灵"[2]，恢复洁净，消除危险。不同于病毒细菌等现代卫生意义上的污染观，被褉污染的观念源于信仰时代，人类通过祭祀，定期回到"神圣空间"，恢复洁净，以祛除失祀带来的污染。念卷、降神，祈请各路神明需要香烛做接引，香烛上达天庭，向神灵诉说，渴望他们普照众生。神灵降临，回复"神圣空间"是宝卷做会仪式最基本、最重要的组成部分。

---

[1]　车锡伦编著：《中国宝卷总目》，北京燕山出版社，2000年。

[2]　涵芬楼藏版《庆丰年五鬼闹钟馗》，王季烈：《孤本元明杂剧》卷30，中国戏剧出版社，1958年，第2页。

和上古献神灵以获取护佑不同，斋主通过宣卷、抄写和收藏宝卷等朝圣与修炼（修行）行为，献祭的是身心与时间。宣卷、抄写、收藏过程中，修炼中的个体自身身心一体，个体之间守望相助，与"天神"潜意识对话，通过皈依得到救赎，强化认同和护佑感。最早以"宝卷"命名的《目连救母出离地狱生天宝卷》就凸显了禳灾、治疗的文化心理。其中观世音菩萨化身为妙善公主，以身体献祭，化度王室与国民皈依佛法，以禳解灾异、解民倒悬。

笔者考察的靖江做会仪式[①]，仪式开始前，佛头和斋主、会众一起做请神的准备工作。做会的场所称为经堂，需要张挂"圣轴"，并在菩萨台上供"马纸"（即纸马，菩萨像）。佛头扎"纸库"（用芦苇作骨架，扎成宫殿状，糊上色纸）、写"疏表"，会众则折锡箔等。点燃香烛灯火（做会过程中经堂内香火不断），佛头升座，做"早功课"，念《大悲咒》《十小咒》等，这些是"神圣空间"所必须的。

在民众的信仰生活中，菩萨真身以纸马为"替身"。菩萨台上要设斋主三代宗亲牌位和星斗排位。据说靖江做会的纸马共有 108 位，笔者调查的斋主家，请到明堂上的纸马分别有：释迦文佛、阿弥陀佛、观音、文殊、普贤、地藏、泗州大圣、韦驮、三茅、三官、关圣、丰都十王、城隍、东岳、梓潼、天地三界、东厨（灶神）、家堂（总圣）、太岁、雷祖、门神、财神等，外加土地、寿星各两个。除明堂中请到的各路神灵，斋主家房间南门外东墙上还贴有"团马"，以密密麻麻的圆点指代神灵，意味奉请各路神仙驾临。佛头坐南朝北，面朝"圣轴"。从角色功能上讲，佛头是斋主和菩萨之间的代理人，他代理斋主"对圣宣言"，参与并协助斋主，与各路神灵沟通，达成斋主美好愿景。

图2-1 斋主三代宗亲牌位和星斗排位

其次，做会中的禳解仪式有转移、祓除、禳解"天谴"的作用，其文化机制，与人类学的净化仪式相类

[①] 2018 年 4 月 4 日至 6 日（清明节），笔者与靖江市文联主席黄靖一行 5 人，前往斋主朱祖宏（67 岁）、刘兰珍（68 岁）家做田野调查，较为详细地考察了靖江破血湖仪式的整个过程。

似。为禳解瘟疫和灾异，原始宗教、古代民俗以及民间杂剧、说唱文学都存在一个禳灾叙述。

进一步讨论宝卷文类传统和禳灾的关系，笔者将从宝卷最常见的七言句式，销释、发愿文、绘图叙述等文类传统出发，分析这些文类传统与禳灾的关系。

二、神圣言说与宝卷的禳灾文类

对于中国学者来说，多把"文类"等同于"文体"概念，主要是指体裁、体例、体式，属于文学形式范畴。在古代，大祝负责六辞，由其执笔拟撰赞词以取得福祉。而所有祭祀活动的记录，一言以蔽之，无非占卜文字。六祝之辞包括祠、命、诰、会、祷、诔六种文体，都与祭事有关。此外，占亦是文体之一，刘勰已经说过。这是中国文化史上文学与宗教特殊关系最深的一例。六种文体，孙诒让《周礼正义》已作详细考证。命：铜器铭文有"出厥命"一类字句，如"永盂（西周恭王器）叠见之"。祷：铜器铭文之末，多系祝嘏祈求永命之语。如《獣簋》。占卜文字从卜辞到甲骨文，当时都是巫觋通天的工具，是文书档案，也是一种文学文本。大祝的六辞可说是祭祀文学。[1]

《尚书》根据文章的用途和特点，形成了诸如典、谟、誓、诰、训等不同类型。著名的有"六辞""六诗"之说。《周礼·春官·大祝》说："作六辞，以通上下亲疏远近，一曰祠，二曰命，三曰诰，四曰会，五曰祷，六曰诔。"[2]《周礼·春官·大师》："（大师）教六诗：曰风，曰赋，曰比，曰兴，曰雅，曰颂，以六德为之本，以六律为之音。"[3]

曹丕《典论·论文》将广义的"文学"分为奏议、书论、铭诔、诗赋等

---

① 施议对编纂：《文学与神明：饶宗颐访谈录》，生活·读书·新知三联书店，2011 年，第 138 页。

② （清）孙诒让撰：《周礼正义》（第八册）卷四九，王文锦、陈玉霞点校，中华书局，1987 年，第1992 页。

③ （清）孙诒让撰：《周礼正义》（第七册）卷四五，王文锦、陈玉霞点校，中华书局，1987 年，第1842、1846 页。

四科八体。陆机《文赋》进一步分为诗、赋、碑、诔、铭、箴、颂、论、奏、说等十体，而刘勰《文心雕龙》则将"文之体制"分作 33 种，萧统《文选》更将"文之体"别为 38 种，而且赋又分子类凡 15 种，诗又分子类凡 23 种。

学术界对中国文体研究局限于文学文体，道士所唱诵的经韵部分，道内有自己传统的一些分类，称之为"赞""颂""偈""诰""咒""步虚"等，本来皆属于一些文体格式和名称。"天功"科仪有被称作"赞"的经文，用于"供天"。①

宝卷在表述某一些类型的主题时，它所采用一些典型段落，就是以特定文体所表达的特定主题。最为典型的是地名详表、集会详表、诸神详表、经卷详表、地狱十殿详表，后土祝赞以及"十报""十忏"等类特殊文体。宝卷的文类都具有久远的文化传统，这些传统与远古交通人神的祭祀仪式密切相关。

关于"文类"（genre）概念，最初是法文词，是指文学作品的类型、种类或形式。该词在英语中出现较晚，到 20 世纪初才在英语文学批评中得到确立。韦勒克、沃伦将文类概括为"外在形式"与"内在形式"两个方面，前者是指"特殊的格律或结构等"，后者是指"态度、情调、目的等以及较为粗糙的题材和读者观众范围等"。② 卡勒后来在《文学理论》一书中沿用了"文类"概念来界定"理论"的各种类型。他说："这种意义上的理论已经不是一套为文学研究而设的方法，而是一系列没有界限的、评说天下万物的各种著作，从哲学殿堂里学术性最强的问题到人们以不断变化的方法评说和思考的身体问题，无所不容。'理论'的文类（the genre of theory）包括人类学、艺术史、电影研究、性研究、语言学、哲学、政治理论、心理分析、科学研

---

① 唱《香赞》之时，高功拈香跪拜。然后念文：伏以，元始开图，玉宸御运。上极无上，仰云层之峨峨。玄之又玄，拱大罗之渺渺。地土作浮黎之土，天人登黍米之珠。凤辇浮空，龙章炉彩。神功赫奕，束六鬼于罗丰。我道兴隆，观诸天之梵行。伏愿，净泓水茎，扫千妖万怪以渐形，金阙云开，啸九凤八鸾而降格。盼天无浮翳，地绝妖尘，荡秽玉章，护当持诵。念毕，开始净坛。高功持杯水于左手之中，右手掌宝剑，并以杨柳枝洒水于坛场厢边，唱《洒净》。灵宝符命，普告九天。乾罗答那，洞罡太玄。斩妖伏邪，杀鬼万千。中山神咒，元始玉文，持诵一遍，却鬼延年。按行五岳，八海知闻。魔王束首，侍卫吾斩。凶秽消散，道气常存。

② 〔美〕雷·韦勒克、奥·沃伦：《文学理论》，刘象愚等译，生活·读书·新知三联书店，1984 年，第 263 页。

究、社会和思想史，以及社会学等各方面的著作。"①

卡勒将理论称为"新文类"并揭扬了它的种种内涵，从而将"文类"概念大大扩充了。"文类"概念从文学形式到文学内容再到"理论"的发展，从形式走向了内容，从文学走向了文化，从文本走向了社会、历史、政治、实践。"理论"作为新文类，显示了思想学术的后现代旨趣。它往往另辟蹊径、剑走偏锋，将从局部领域、边缘地带获得的经验和观点推向一般，以解决更为普遍、更为根本甚至是划时代的重大问题。由于从文学人类学理论出发，重新思考文学问题，提倡"大文学"观念，为了不掉入"文体"的概念纠缠，故将宝卷涉及的文学风格、表述类型统称为"文类"，其中包括宣卷的"挂图"和宝卷的"绘图"传统和宣卷仪式。

（一）作为神圣言说的文类

前文已经述及，人类早期的言说活动，其背景是与人沟通的巫教传统，流传至今的文类，诸如论说辞序、诏策章奏、赋颂歌赞、铭诔箴祝、纪传铭檄，发愿文等都还隐含着这样的神话观念。"故象天地，效鬼神，参物序，制人纪；洞性灵之奥区，极文章之骨髓者也。"② 世界早期的文学活动，和人神交通密切相关。"言之文也，天地之心哉！若乃河图孕乎八卦，洛书韫乎九畴，玉版金镂之实，丹文绿牒之华，谁其尸之？亦神理而已。"《文心雕龙》开篇这样写道：

> 人文之元，肇自太极，幽赞神明，《易》象惟先。庖牺画其始，仲尼翼其终，而《乾》《坤》两位，独制《文言》。言之文也，天地之心哉！若乃河图孕乎八卦，洛书韫乎九畴，玉版金镂之实，丹文绿牒之华，谁其尸之？亦神理而已。自鸟迹代绳，文字始炳，炎皞遗事，纪在《三坟》，而年世渺邈，声采靡追。唐、虞文章，则焕乎始盛。元首载歌，既发吟咏之志；益、稷陈谟，亦垂敷奏之风。夏后氏兴，业峻鸿绩，九序惟歌，勋德弥缛。逮及商、周，文胜其质，《雅》《颂》所被，

---

① 〔美〕乔纳森·卡勒：《当代学术入门：文学理论》，李平译，辽宁教育出版社，1998 年，第 4 页。
② （南朝梁）刘勰：《增订文心雕龙校注·宗经第三》，黄叔琳注，李详补注，杨明照校注拾遗，中华书局，2012 年，第 28 页。

英华日新。文王患忧，繇辞炳曜，符采复隐，精义坚深。重以公旦多材，振其徽烈，剬《诗》缉《颂》，斧藻群言。

…………

赞曰：道心惟微，神理设教。光采玄圣，炳耀仁孝。龙图献体，龟书呈貌。天文斯观，民胥以效。[①]

宝卷保存了人类早期与神灵沟通的文学文类的重要组成部分，这些组成部分中，有一部分是口头表演的文本，有一部分是书写文本。所以宣卷不单纯是像弹词话本这样的古代通俗文学说唱，它更是一门集文学、音乐、表演三位一体的说唱仪式。不同于一般的说唱文学，其仪式的程序甚为规严；说唱文学是给现人所听，宣卷则能让亡灵"感知"；说唱观众仅为现场被动娱乐者，而宣卷法会的信众，其本身就是一个和佛的参与者；说唱只要用眼看用耳听，宣卷的信众要看、要唱、要听还要折锭做纸工；说唱环境只要有场子，室内外均可，宣卷法会要设佛坛，焚香点烛、摆设供品、跪拜叩头；说唱者在表演之前早把本子熟记脑中，宣卷佛头则是"照本宣唱"；对于说唱者，观众可以品头论足、说长道短，宣卷中信众对佛头则不会有多少批评。为此，宣卷是一种与宗教结合，按照一定仪轨，用说唱形式来表现的民间信仰活动。所以研究宣卷文类，要将其与仪式、信仰体系三者联系起来作为一个整体进行考查。

1. 作为文类的"颂"和"赞"

吴承学、刘湘兰在《颂赞类文体》一文中，对颂、赞的区别进行总结称：

首先，颂之正体为告神之辞，是对先帝圣王的功绩和美德进行歌颂。相对而言，起初，赞的行文对象就显得平民化。虽然后世有一些名臣赞，如三国时期蜀地杨戏的《季汉辅臣赞》。但是极少见到为先帝圣王撰写的赞文。其次，相对颂而言，赞的篇幅较为短小。刘勰认为赞文的体制特点在于"促而不广。必结言于四字之句，盘桓乎数韵之辞，约举以尽情，昭灼以送文"。最后，颂之正体，是用于郊庙祭祀时诵唱的颂歌。若是在郊庙祭祀大典上，

---

① （南朝梁）刘勰：《增订文心雕龙校注·原道第一》，黄叔琳注，李详补注，杨明照校注拾遗，中华书局，2012 年，第 1—2 页。

颂文是祭祀时的主体，而赞文只是引导这一仪式进行的工具。显而易见，颂文的地位重于赞文。①

颂最初用于祭祀或告神，后又用于歌颂帝王之功德。② 在口头传统中，与神灵沟通，首先要颂神、请神。佛教音乐"梵呗"，亦称颂赞、偈赞，指从古印度传入的一种具有吟诵性质的佛教音乐，包括咏经与歌赞。赞通常用来翻译梵文 stotra，是一种包含有神祇赞歌的韵文形式。在中国，"赞"这个字包括了若干种文学样式。饶宗颐解释道，"赞"这个字严格地说意为"介绍、庆祝、颂歌"。在中国文学中它被用于不同的文类：用散文写成的对于历史人物的评价（称赞），由作者写于历史著作中；人物画中用韵文写成的赞诗；宗教文学中用来歌唱的诗篇，有或没有音乐伴奏，盛行于佛教、道教之中。

慧皎的《高僧传》中包括了经师与唱导的传记。他评论道："然天竺方俗，凡是歌咏法言，皆称为'呗'。至于此土，咏经则称为'转读'，歌赞则号为'梵呗'。昔诸天赞呗，皆以韵入弦管。五众既与俗违，故宜以声曲为妙。"③ 在汉语佛教传统中，陈思王曹植制七声，使梵呗更符合中国的习俗，近于歌曲，而且无论是四言、五言、七言一般均作四句，有着多变的押韵方法。如《十王经》中，配合经文的插图，这是宋代"图赞"文体的传统做法。《十王经》的赞都由四行诗组成。它们的押韵方法是始终如一的 AABA，附以不同的韵律模式。通常一行内四字后有一个停顿。在很多有关十王殿的诗段中，前两行复述亡灵所受之苦，后两行描述生者可以采纳以减轻痛苦的措施。④ 梵呗虽然限句，但含意甚深，音调抑扬顿挫，当僧徒集体唱诵时，别具深沉之力，令人荡气回肠，油然而生肃穆之感，沉浸于佛门宁静致远的气氛之中。

宝卷中的颂作为一种文类，远非纯文学类型，其精神气质具有人类早期性灵状态所特有的宗教性、原型性特征。在汉民族文化形态生成的早期，颂

① 吴承学、刘湘兰：《颂赞类文体》，《古典文学知识》2010 年第 1 期。
② （晋）挚虞《文章流别论》云："《周礼》太师掌教六诗：曰风，曰赋，曰比，曰兴，曰雅，曰颂……其功德者谓之颂，其余则总谓之诗。颂，诗之美者也。古者圣帝明王，功成治定，而颂声兴，于是史录其篇，工歌其章，以奏于宗庙，告于鬼神；故颂之所美者，圣王之德也。"
③ （梁）慧皎：《高僧传》，汤用彤校，中华书局，1992 年，第 508 页。
④ 〔美〕太史文：《〈十王经〉与中国中世纪佛教冥界的形成》，张煜译，张总校，上海古籍出版社，2016 年，第 163 页。

是华夏祖先沟通人神、省视自身的最高依据，其表达总是与终极意义和终极价值相关。颂的含义有歌颂、颂扬、仪容、收容、宽容之意。赞与颂配搭联称，叫作"赞颂"。赞颂为道书分类法十二类之第十一类，称"赞颂类"。

宝卷延续了上述音乐传统，但是为了与官府周旋，在一些宝卷中，颂圣替代了颂神。宝卷中，赞颂的神灵有玉皇大帝、二郎神、十殿阎君等。还有敬仙内容的如《八仙谱》《金花仙姑经》《韩湘子哭五更》《金花仙子哭五更》《三仙里》《仙家采花词》等。靖江《大圣宝卷》卷首写道：

> 三炷香，设会场。同赴会，赐寿延。
>
> 佛前焚起三炷香，设立延生大会场。拜请福禄寿三星同赴会，西池王母赐寿延。
>
> 说者，诚心斋主（或合同会友），本意到通州狼山进香，朝拜大圣神明，无奈路途遥远，跋涉维艰。古人之言：有心敬神，何必远求圣境；诚心拜佛，此处即是灵山。佛在灵山莫远求，灵山则在汝心头。人人有座灵山塔，好到灵山塔前修。
>
> 诚心斋主，前日打扫净房，今日设立经堂，上供圣像茶果，呼唤弟子前来对圣宣讲。讲开一部《大圣卷》，胜到狼山了愿心。弟子宣讲《大圣宝卷》，总得先讲朝代帝主，后讲贤人轶事。昔年元朝成宗皇登位，一统江山尽太平。成宗皇帝端坐金殿，江山稳固。文有忠臣，武有良将；八大朝臣，九卿四相。文官执笔安天下，武将拖刀治乾坤。君正臣贤，干戈歇息，乃致夜不闭户，路不拾遗。疆无强寇国无魃，裁兵减将转家门。圣天子就想了：现在刀枪不动，要它何用？刀枪改作农用物，兵书改作劝世文。老兵回家种田地，少兵抄写"上大人"。成宗皇帝即位英明，五更鼓打端坐龙廷。家家户户安乐康宁，父慈子孝兄爱弟敬。万民齐喝彩，称赞圣明君。众位呀，君王有道我表不尽，山清水秀出贤人。[1]

《香山观世音宝卷》中的卷首：

---

① 《大圣卷》，载尤红主编：《中国靖江宝卷》，江苏文艺出版社，2007年，第135页。

三炷香，设经堂。同赴会，赐寿延。

佛前焚起三炷香，设立延生圣会堂。拜请诸佛同赴会，西池王母赐寿延。天留甘露佛留经，人留儿女草留根。天留甘露生万物，佛留经典劝善人。人留儿女防身老，草留枯根等逢春。孔圣人留下仁义礼智信，孝悌忠信劝善人。

说者，诚心斋主合同会友意欲到南海普陀进香，无奈山遥路远，跋涉艰难，故而虔诚打扫净房，设立古佛经堂，上供佛祖金容圣相，呼唤弟子前来对圣宣讲。

讲开一部《观音卷》，胜到灵山了愿心。宝卷初卷开，拜请佛如来。树从根上起，花从叶里开。宝卷初卷开，诸佛降临来。大众齐和佛，降福又消灾。宝卷初卷开，劝人要行善。积德前程远，存仁后步宽。众位呀，宝卷是部劝世文，忠孝二字劝善人。今日开讲《观音卷》，字字行行说分明。[①]

香赞有多种文本，《观音菩萨宝卷》的香赞是佛教中常见的"举香赞"："举香赞炉香乍热，法界蒙熏，诸佛菩萨悉遥闻，随处结祥云，诚荐方殷，诸佛现金身。南无大慈大悲救苦救难广大灵感观世音菩萨，摩诃萨。"

《灵应泰山娘娘宝卷》中的香赞较长：

法界来临，诸佛菩萨悉遥闻。随处结祥云，诚荐方殷，诸佛现全身，南无泰山娘娘摩诃萨、南无眼光娘娘摩诃萨、南无子孙娘娘摩诃萨、南无送生娘娘摩诃萨、南无注生娘娘摩诃萨、南无催生娘娘摩诃萨、南无瘢疹娘娘摩诃萨、南无王母娘娘摩诃、南无救苦救难灵感观世音菩萨、南无尽虚空遍法界过现未来佛法僧三宝。[②]

民间宗教宝卷的香赞与其他宝卷不同，如《法船普度天华结果尊经》：

讽心经毕，举香赞：真香举起，遍满天宫，诸佛普萨驾祥云，万圣

---

① 《香山观世音宝卷》，载尤红主编：《中国靖江宝卷》，江苏文艺出版社，2007 年，第 203 页。
② 马西沙：《中华珍本宝卷》（第一辑），第 3 册，社会科学文献出版社，2012 年，第 585—586 页。

千真，齐至宝坛中。南无香云盖普萨摩诃萨（众和三声）合堂诸大众，近前侧耳听。志沿齐举念，普诵法船普度天华经。

民间宗教宝卷中的香赞也比较长，如《销释木人开山宝卷》：

宝鼎焚香，灌满十方，周流普赴到灵山。奉请法中王，法界无边，诸佛降道场。南无香云盖菩萨摩诃萨，南无燃灯古佛，南无释迦文佛，南无弥勒尊佛，南无法中王佛，南无无量寿佛，南无天真古佛，南无药师尊佛，南无无生老母，南无观音菩萨，南无地藏菩萨，南无文殊菩萨，南无普贤菩萨，南无药王老母，南无吉祥老母，南无如意轮菩萨摩诃萨佛祖，好个真三昧，世间万物难比对，从今闪开万法门，有缘闯入龙华会。①

另外，道经以颂赞之文为偈。所以，很多颂赞的内容以“偈”的形式出现。其偈多为四言、五言，或七言，必成四句一首。多为行法事时，所颂赞文、愿文等。宝卷的开经偈是开经前唱诵的经文，一般为七言四句或七言多句。如《观音宝卷》中的开经偈：“顶上娘娘显神通，护国佑民保太平。大众宣看娘娘卷，增福延寿灭灾星。”开经偈有长有短，例如《灵应泰山娘娘宝卷》（如图2-2明万历刊折本《灵应泰山娘娘宝卷》开经偈，天津图书馆藏）中的开经偈，篇幅相当长：

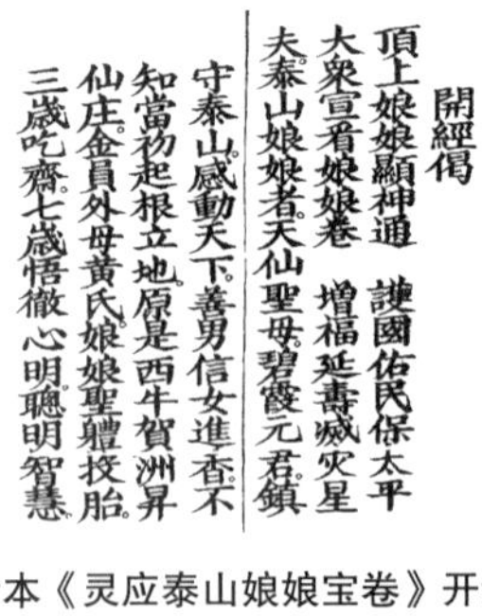
開經偈
頂上娘娘顯神通　護國佑民保太平
大衆宣看娘娘卷　增福延壽滅灾星
夫泰山娘娘者天仙聖母碧霞元君鎮
守泰山感動天下善男信女進香不
知當初起根立地原是西牛賀洲昇
仙庄金員外母黃氏娘娘聖軆投胎
三歲吃齋七歲悟徹心明聰明智慧

图2-2　明万历刊折本《灵应泰山娘娘宝卷》开经偈，天津图书馆藏

① 马西沙：《中华珍本宝卷》（第二辑）第14册，社会科学文献出版社，2014年，第588—591页。

顶上娘娘显神通，护国佑民保太平。大众宣看娘娘卷，增福延寿灭灾星。夫泰山娘娘者，天仙圣母碧霞元君镇守泰山，感动天下，善信男女，进香不知当初起根立地，原是西牛贺洲升仙庄金员外母黄氏娘娘圣体投胎，三岁吃斋，七岁悟彻，心明聪明智慧，智广才高万法皆通，感天子取坐昭阳，娘娘原不恋皇宫，被父母赶出升仙庄，信步游行来到东土泰山，隐姓埋名，苦修三十二载，亦得明公见性，神通广大，指山山崩，指水水灭，呼风风至，唤雨雨来，降妖灭怪，无所不通。慈愍故，慈悲故，大慈愍故，信礼常住三宝，皈命十方一切佛法僧，法轮常转度众生。

泰山宝卷才展开，诸佛菩萨降临来。八部龙天来拥护，保佑大众永无灾。顶上娘娘有神通，大众宣卷休当轻。信授顶礼增福寿，拔济大众得升腾。顶上娘娘奥无边，眼观十万零八千。大众虔诚齐声和，增福延寿保平安。顶上娘娘放金光，普照天下众贤良。虔诚信受超三界，逢凶化吉降祯祥。顶上娘娘利益深，镇守泰山护明君。风调雨顺民安乐，圣朝一国万万春。顶上娘娘变化多，赏的善来罚的恶。善者交与诸佛祖，恶者送与十阎罗。娘娘心地本无偏，不图珠宝不图钱。不论贫者不论富，娘娘都是一样看。①

靖江宝卷把赞、偈、颂等仪式卷都归入"科仪卷"，其中收录了"请佛偈"：

请佛偈

天地日月照，国皇水土恩。生身劬劳苦，为报四重恩。

奉劝诸善众，莫忘祖师恩。在堂添阳寿，亡过早超升。

天地日月五行分，国皇水土治乾坤。生身父母劬劳苦，为人当报四重恩。

奉劝在会众善人，莫望当年祖师恩。在堂父母添阳寿，亡过宗亲早超升。

一统山河祝明主，身居华夏万年春。君正臣贤民安乐，八方清静了愿心。

---

① 马西沙：《中华珍本宝卷》（第一辑），第3册，社会科学文献出版社，2012年，第587—591页。

真香出在阳门关，佛祖根基在灵山。真香发到虚空里，拜请诸佛下灵山。

一炷真香入炉焚，焚在炉内请世尊。南斗六星添阳寿，北斗七星注长生。

二炷真香入炉心，南海拜请观世音。善才龙女同赴会，杨枝净水免灾星。

三炷真香满炉装，灵山上拜法中王。真香透开三天界，三茅大圣进经堂。

再将真香炉内焚，香云腾腾四路分。上方透开天堂路，下方熏开地狱门。[1]

送佛偈

昨日烧香请世尊，功课圆满送动身，香也完来烛不长，难留佛祖在尘凡。

佛祖留下福禄寿，大众送他上灵山。一送燃灯诸佛祖，二送弥陀释迦尊。

三送如来三世佛，龙车凤辇送动身。拜送玉皇张大帝，马赵温岳转天门。

拜送天地及三界，四府万灵送动身。东方拜送阿众佛，南方拜送保生尊。

西方拜送弥陀佛，北方拜送成就尊。中央方拜送毗卢佛，五方佛祖送动身。[2]

靖江宝卷中有延生赞："佛光注照，本命元辰，灾星退度福星临。九曜保长生，运限和平，福寿永康宁。（重句）欲以此功德，普及舌一切。功课上佛前，消灾增福寿。"[3] 念疏赞："清静道德真香，无形佛界；太虚燎化之际，右于皆通。供起真香，虔诚供养，今有回向疏文，圣听宣言。"送圣赞：

---

① 尤红主编：《中国靖江宝卷》，江苏文艺出版社，2007年，第 1595 页。
② 尤红主编：《中国靖江宝卷》，江苏文艺出版社，2007年，第 1601 页。
③ 尤红主编：《中国靖江宝卷》，江苏文艺出版社，2007年，第 1592 页。

"佛事光大，感应无殊，熠光三貌摩诃萨。无不胜伽迦。降福消灾，金涌莲花！南无回銮驾菩萨摩诃萨！南无降吉祥菩萨摩诃萨！南无登云路菩萨摩诃萨！南无登坛海会菩萨摩诃萨！摩诃般若波罗蜜。欲以此功德，普及舌一切。送佛驾祥云，消灾增福寿。南无阿弥陀佛，圆满功德。"[1] 常熟博物馆藏《开卷偈》一本，收录了宝卷开讲，首先要唱的诗偈：

> 天覆祥云起，地方生鹤秀。王母蟠桃献，八仙庆寿多。今日天覆祥云起，此间地方生鹤秀。西池王母蟠桃献，八洞神仙庆寿多。
>
> 宝卷再开宣，香风满大千。如来多宝藏，佛力广无边。大乘妙仪再开宣，香风拂拂满大千。释迦如来多宝藏，自然佛力广无边。
>
> 三宝光无边，功圆满大千。千江流水协，无云万里天。巍巍三宝光无边，荡荡功圆满大千。叠叠千江流水协，清清无云万里天。
>
> 木鱼敲起来，鸣尺碰在台。取出宝卷宣，大众念如来。一记木鱼敲起来，就金鸣尺碰在台。今且取出宝卷宣，奏请大众念如来。[2]

2. 作为文类的"销释"与"解结"

早期宝卷的名称前冠以"销释"二字。"销释"本是佛教术语。宋宗镜述，明代觉连重集的《销释金刚经科仪会要注解》卷九对"销释"做如此解释："销释金刚者，以喻释喻名题也。金刚乃经题之喻，销释乃科题之喻。金刚，喻般若之坚利，能破烦恼。销释，喻科文之解判。能分事理。销者煎销也，释者解释也。如金在矿，须假红炉钳锤锻炼，矿去金存，方为真宝。使用自在，一切众生，本有佛性，亦复如是。"作为宝卷特有的用语，其含义是解脱、消灾的意思。[3]

前文述及，销释、禳解瘟疫、灾异是宝卷做会活动的重要目的，相当一部分宝卷直接以"销释""消灾"命名。如《佛说销释三宝超度亡灵施食

---

[1]　尤红主编：《中国靖江宝卷》，江苏文艺出版社，2007 年，第 1599 页。

[2]　《开卷偈》，民国抄本，常熟博物馆收藏。参见常熟市文化广电新闻出版局编：《中国常熟宝卷》，古吴轩出版社，2015 年，第 2322 页。

[3]　许多学者把宗教宝卷和文学宝卷分类研究。笔者认为，宝卷的核心部分是宗教宝卷。虽然有一部分是民间宗教教派的教义，但背后所反映的思想和故事宝卷是统一的。

经》《佛说消灾解法华神咒》《古佛传流受戒经》《古佛传留忏罪消衍解真经》《消灾宝卷》《消灾灯科》《消灾延寿阎王经》《销释安养实际宝卷》《销释般若心经宝卷》《销释大乘宝卷》《销释归家报恩宝卷》《销释混元弘阳随堂经咒》《销释混元无上大道玄妙真经》《销释混元无上拔罪救苦真经》《销释混元弘阳拔罢地狱宝忏》《销释混元弘阳救苦生天宝忏》《销释了空金蟾宝卷》《销释金刚科仪》《销释金刚科仪会要》《销释金刚科仪会要注解》《销释开心结果宝卷》《销释开宗宝卷》《销释科意正宗宝卷》《销释明净天华宝卷》《销释明证地狱宝卷》《销释木人开山宝卷》《销释普贤菩萨度华亭宝卷》《销释童子保命宝卷》《销释悟性还源宝卷》《销释先天心地观宝卷》《销释皈家报恩宝卷》《销释金刚般若经科仪川老夹颂四卷》《销释下生叹世宝卷》等。

宝卷讲唱活动都有禳灾功能，讲唱宝卷是消灾的一部分。一些民间宗教经卷更是给信徒描绘了一幅诱人的功德图画：念卷、抄卷可以"消灾降福、却病延年、免除罪愆、超升宗亲"。宝卷中常用的消灾祈福的宝卷有《血湖宝卷》《十王卷》《鼠瘟宝卷》《韩湘子三度叔父升仙宝卷》《目连救母宝卷》《香山宝卷》《黄氏女宝卷》《百花台宝卷》《何文秀宝卷》《红罗宝卷》《黄糠宝卷》《洛阳桥宝卷》《刘香女宝卷》《天仙宝卷》《西瓜宝卷》《延寿宝卷》等。教派宝卷中消灾祈福的宝卷有《佛说消灾定劫经》等。《销释混元无上大道玄妙真经》称："若有信男信女顶礼持授，三毒消灭，八难不侵。……看念三遍，三祖生天。"[①] 河阳宝卷中把北斗星君看作可以化解灾异的尊神：

> 北斗九君，乃天地根。扶危解难，有方便门。十二时属，三元气存。斡旋造化，成就天人。罡神指处，鬼宿停轮。吽钵苛吒，光偏乾坤。渐乐和吒，扫荡妖氛。今夕凝结，拘魄束魂。内外清净，表里更新。三尸安位，九灵守真。以合大圣，混沌自分，凡有祈请，一一遂闻。
>
> …………
>
> 消灾解厄，洗罪延生，大悲大愿，大圣大慈！中天北斗七元星君，中天北斗中列圣高真！延生保命、度厄消灾、扶衰散祸益算七员

---

① 谭松林主编：《中国秘密社会》第三卷《清代教门》，福建人民出版社，2002年，第130页。

官君！启经教主、前圣汉明帝君！天京本命元辰！伏望洪慈。俯垂鉴诵。①

　　"解冤""散结"是晚清时部分地区道教活动中出现的一种仪式（如图2-3《解冤结法忏》②）。常熟地区的"散花解结仪"是记述解结的科仪。解结，意思是斋主眷属身上有今生前世的怨结，请佛菩萨相帮解开，从此怨仇冰释，诸事顺利。解结后，向佛菩萨供养仙花，以示酬恩。③

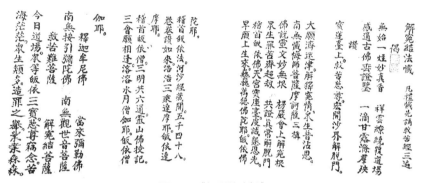

图2-3　《解冤结法忏》

　　"解结"仪式中，佛头手拿红绒线，打活结垂在下面，念《解结科》。斋主交解结钱，礼拜菩萨，抽红绒线解开结，解结目的是消除宿怨业障。佛头同时说或唱一些歌谣，风趣地向解结人祝福。仪式为坐唱形式，间亦有焚化解冤符的。所解冤怼包括十种，俗称"十伤"，即杀伤、自缢、溺水、药死、产死、伏连、冢讼、狱死、邪妖和积生。其中，除邪妖外，均系人生冤怼的内容，积生是人际冤怼的延续。④

①　《朝真斗》，港口小山村虞关保抄本。《河阳宝卷集》，上海文化出版社，2007年，第1348、1350页。
②　胡彬彬、龙敏：《长江中游写经宝卷》，湖南大学出版社，2011年，第78页。
③　此卷流行于常熟冶塘地区，无封面，原为抄本，余鼎君复印并收藏。参见《中国常熟宝卷》，第2243页。
④　刘红：《苏州道教科仪音乐研究：以"天功"科仪为例展开的讨论》，文化艺术出版社，2010年，第47页。

散花赞

散花奉献，海棠丹柱，牡丹芍药共蓬仙，秋菊与春梅，荷花池艳，朵朵结金莲。南无花奉献菩萨。

散花偈

明王如来，（鸣尺）明王如来，（鸣尺）散花解结，明王如来。（鸣尺）

伏以扶花者，具性自洁，具质本真，迎时送序，结果成瑜，今日献花有偈，法众宣扬散仙花，散明花遍十方，法界散仙花，请众散，（仙）明散散仙花。

春散仙花夏散莲，秋散笑蓉共水仙，莫道冬天无花散，腊梅花开放世尊。

轻轻托出一盘来，盘里鲜花两样开，左边开出红芍药，右边开出牡丹来。

金炉里面烟腾腾，五路财神踱进来，左手托棵摇钱树，右手送只聚宝盆。

常熟城里种西瓜，藤到苏州城脚下，密度桥上花开放，杭州城里采西瓜。

本命星官红堂堂，珍珠白米斗中藏，登科发禄中间挂，称心如意保安康。

吾散仙花铁拐李，一脚高来一脚低，走路犹如白鹤飞，上天不用上天梯。

东方甲乙木香花，南方丙丁火山茶，西方庚辛金丝花，北方壬癸水仙花。

吾散仙花吕洞宾，头戴飘飘一方巾，身背雌雄两把剑，终南山上斩妖精。

香炉圆圆供佛前，蜡钎方方摆两边，夫妻双双同到老，子孙兴旺接香烟。①

---

① 常熟文化广电新闻出版局编：《中国常熟宝卷》，古吴轩出版社，2015 年，第 2243—2244 页。

靖江有"解结科"：

解冤结、解冤结，解冤释结天尊！

斋主从今结善缘，广结良缘解前冤。

八洞神仙来庆贺，福禄寿喜总团圆。一善能解百恶愆，真香缭绕透九天。

释迦牟尼洒甘露，万事如意庆吉祥。

解冤结、解冤释结天尊！

一解君臣山河冤，忠诚社稷幅员宽。君臣从此千年好，天下太平结善缘。

二解父子家事冤，百孝当以善为端。父子从此多和顺，光华青史美名传。

三解兄弟分金冤，同心协力无争端。兄弟从此如手足，舍去私念讲团圆。

四解姊妹同榻冤，桃李花开竞春寒。姊妹从此亲无间，庆为相互有真缘。

五解妯娌处家冤，同舟共济合家欢。妯娌从此多和睦，同登极乐上度船。

六解叔侄内外冤，一门同堂世代传。叔侄从此无争执，永保家兴万事欢。

七解亲邻结义冤，万事相帮若渡船。亲邻从此常来往，互赐恩惠永不沾。

八解天官众神灵，烧香点烛了愿心。佛祖从此添福寿，满门吉庆注长生。

九解三光日月星，风调雨顺五谷生。百谷从此无灾害，年年丰收进仓门。

十解幽冥众阎罗，烧化纸箔念弥陀。阎君从此添阳寿，消灾灭罪福寿多。

解冤结、解冤释结天尊！

祈祷上界神灵，增福延寿，解除一切冤结。君臣父子，夫妇兄弟，长幼叔侄，亲朋邻友，一门吉庆，永保家兴，一切灾厄永化灰尘！①

《中国常熟宝卷》记述余庆堂专用解结散花的科仪：

> 一根红线直苗苗，挽个结来像仙桥。观音菩萨佛台坐，斋主夫妻双双上仙桥。
>
> 正月梅花雪里开，梅花开放在香山。雪里梅花暗香来，怨怨结结要解开。
>
> 二月春花雨里开，杏花开放在香山。带雨春花多娇嫩，怨怨结结要解开。
>
> 三月桃花风里开，桃花开放在香山。风吹桃花结蟠桃，怨怨结结要解开。
>
> 四月蔷薇朝阳开，蔷薇开放在香山，月月蔷薇开不败，怨怨结结要解开。
>
> 五月石榴满树开，石榴开放在香山。结出石榴千颗子，怨怨结结要解开。
>
> 六月荷花水里开，荷花开放在香山。泥里出来多清白，怨怨结结要解开。
>
> ············
>
> 解结解冤结，今朝要解。
>
> 今生灾难结，前世等业结，今生前世冤家结，晦气结，倒霉结，飞来横祸意外结，麻烦结，口舌结，日常细计疙瘩结，误会结，猜忌结，困气结，朋友结，同事结，眷结，疾病结，关煞结，凶神煞为害结，读书懒噗结，白相心思忒重结，恭对观音前（或释迦前弥陀前药师前文昌前），端身求忏悔，若有罪，思消灭，求解结，今朝解开一切结，从此是天通地通路路通，顺天顺地样样顺。②

---

① 尤红主编：《中国靖江宝卷》，江苏文艺出版社，2007年，第1604页。
② 常熟文化广电新闻出版局编：《中国常熟宝卷》，古吴轩出版社，2015年，第2246页。

河阳科仪卷《朝真斗》本卷原为香火之卷。为拜香时的香皓，拜香一年只有一次。平时作为讲经先生祈求四季平安，解冤释结之念唱：

> 消灾解厄，洗罪延生，大悲大愿，大圣大慈！中天北斗七元星君！中天北斗中列圣高真！延生保命、度厄消灾、扶衰散祸益算七员官君！启经教主、前圣汉明帝君！天京本命元辰！伏望洪慈，俯垂鉴诵。[1]

前文已有论述，科仪类宝卷通常不讲述故事，其主要内容是做会过程中逢相关仪式时之用。或为请佛，或送佛，或解结，或散花，多为礼赞神佛，或祈福祷祥之词。

广西魔公教[2]的主要法事活动与宝卷做会极为相似，有做道场、打醮、还愿、开路、送菩萨、送火星、安龙扫寨、谢坟、打解结、打十保福、禳关、回喜神、架桥、春锣、应七、送星宿等。其中打解结是魔公先生常做的法事之一，主要是为久病不愈的老年人做。老年人岁逢起一或单数，如51岁、61岁、71岁、81岁或53岁、65岁、77岁、89岁等，如果身体不好，就迎请先生打解结。魔公教认为，"老人久病，犹恐他前生今世不孝父母，毁僧驾道，咒天恨地，触犯三光，喝风骂雨，发誓许愿，瞒心昧亡，大秤小斗，轻出重入，明瞒暗骗，戏心罔两，横言曲语，冤家诅咒"，致使疫病连绵，所以必须营办斋馐，打造楮材三十六分解洗冤孽。打解结是瑜珈正教行法事之一，一般是用《三十六解结》。魔公每念一解，就说："解结解结，解了信士冤和孽，试问解得解不得？"配合的人高声答"解得"，并烧纸钱一张，魔公又继续唱念下去，如是反复36次，然后用36个铜钱卜阴阳（正面在上为阳，在下为阴），每卜一次都有答案，如"一阳三十五阴"的说法是"病者前生杀人取命，破财可免"，带有点神秘色彩（如图2-4"太上灵宝解

---

① 中共张家港市委宣传部、张家港市文学艺术界联合会、张家港市文化广播电视管理局编：《中国·河阳宝卷集》，上海文化出版社，2007年，第1350页。

② 魔公属于佛教，其中的仪式文本属于佛教斋供仪式文本。所谓魔公，多唱"南无菩萨摩诃萨"，属于佛教信众。从魔公赴应民间之请才举行法事的行为方式来看，则称为应赴僧。用斋供仪式文本中的话来说，是瑜伽（正）教。

冤释结真符"，王熙远 397）。①

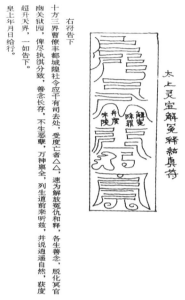

右符告下

太上灵宝解冤释结真符

十方三界曹僚丰都城隍社令应干有司去处，受度亡者△△，速为解放冤仇和释，各生善念，脱化冥官幽关狱园，俾尽执淇分致，善念长存，不生恶孽，万神禀全，列生道前来听兹，并说逍遥自然，获度超升天界，一如告下。

皇上年月日给行。

图 2-4 "太上灵宝解冤释结真符"，王熙远 397

3. 作为文类的"愿文"与"发愿文"

祈祷祝愿是一种直接作用于神圣事物的口头宗教仪式②，愿文就是这种佛教仪式中的礼仪文书。佛教对亡灵转生的良好祝愿形成荐亡仪式七七斋、十王斋、水陆法会、盂兰盆供等。与这些仪式相关，也留下了一些可称为当时"应用文"的仪式用文本"愿文"与"发愿文"。这些仪式和文本呼应着佛教生死之间具有过渡阶段的观念。

敦煌愿文数量繁多，据统计在业已公布的敦煌文献中约有六百个卷号中包含有愿文的内容。皈依三宝愿文曾被佛教徒广泛地使用，在中亚出土的梵文、吐火罗文、于阗文、粟特文、回鹘文（如图 2-5 出自敦煌藏经洞，现保存在法国国立图书馆东方写本部的伯希和藏品中的回鹘文皈依三宝愿文残

① 王熙远：《桂西民间秘密宗教》，广西师范大学出版社，1994 年，第 200—204 页。
② 〔法〕马塞尔·莫斯（Marcel Mauss）：《论祈祷》，蒙养山人译，夏希原校，北京大学出版社，2013 年，第 66 页。

片）①、藏戈、蒙古文等各种文字写本中均有发现，这种愿文形式似乎已经成为佛教徒不可缺少的表白定式。愿文分为佛教礼仪愿文、佛教修持愿文、佛教丧葬愿文、佛教祈福禳灾愿文、综合类愿文等。佛教教义认为，人的生命的本质是"神识"。处在六道轮回中的生命应追求永恒的"福报"——摆脱轮回，达到"无上正等正觉"的境界，因为"诸法空相，不生不灭，不垢不净，不增不减"。在佛教看来，今世的一切福分，都是无常的、暂时的。这种认识为"真谛"。因而，一个虔诚的佛教徒所追求的最大福报就是"往生佛国净土"或"即身成佛"。又，佛教认为"众生即父母"，因此经常为众生发愿消灾免难，祈愿风调雨顺、国泰民安。古人遇事请祷，祈求禳灾获福，出土类祷辞不仅保存有上层贵族的祷请之辞，也记载有中下层民众的祷请活动。如法国伯希和藏品中出自敦煌的回鹘文文献，编号为"Pelliot divers 11 fragments"（伯希和 11 件小残片）第 3 件残片皈依三宝愿文：

> 南无佛，南无法，南无僧！……我本人，凯渡……（首先）为增添梵天、帝释天和玛哈喇齐天王至高无上的法力，为荣获善行和无上佛果，我皈依佛，皈依法，皈依僧。再一次，……由宋大师率领，为寻找东西方国王、可汗长寿之宝，为荣获善行和无上佛果。（我皈依）佛。

观音妙智力	能救世间苦	具足神通力
广修智方便	十方诸国土	无刹不现身
种种诸恶趣	地狱鬼畜生	生老病死苦
以渐患今灭	真观清净观	广大智慧观
悲观及慈观	常愿常瞻仰	无垢清净光
慧日破诸暗	能伏灾风火	普明照世间②

---

① 牛汝极：《伯希和藏品中一件回鹘文皈依佛教三宝愿文研究》，《敦煌研究》1999 年第 4 期。
② 牛汝极：《伯希和藏品中一件回鹘文皈依佛教三宝愿文研究》，《敦煌研究》1999 年第 4 期。

Pelliot divers II ftagments，组第三件背面回鹘文皈依三宝愿文研究

图2-5　回鹘文皈依三宝愿文残片

正像黄征认为的那样，形式与内容两方面看，"用于祈福禳灾及兼表颂赞的各种文章都是愿文"[①]，敦煌的"燃灯文""临圹文""行城文""布萨文""追福文""驱傩文"也是广义上的愿文。敦煌2058《燃灯文》如下：

厥今青阳瑞朔，庆贺乾坤；设香撰与灵龛，燃金灯与宝室。官寮跪灯而攻愿、僧徒启念与尊者前，为谁施作？时则有我河西节度使令公先奉为天龙八部，拥护敦煌；梵释四王，恒除灾孽。次为令公己躬延寿，兴彭祖而齐年；公主、夫人宠荣禄而不竭，郎君、小娘子受训闺章，合宅宗枝常承大业。四方开泰，风雨顺时；五稼丰登，万人乐寿之嘉会也。伏帷我令公天资睿哲，神假奇才；雄雄定山岳之威，荡荡抱浮云之气……又持胜福，次用庄严天公主贵位：伏愿闺娥保朗，常乐松柏之

贞；夫人幽颜，永贵琴瑟之善；郎君固寿，负忠孝以照人；娘子延祥，茂芳容而皎洁。①

宗教类宝卷的结尾多唱诵"发愿文"。这也是明清以来宝卷共同的特征。叙事类宝卷部分仍保留这一形式。发愿文多为"十报恩"或"十二愿""十二报恩"并唱诵佛号，用来表达信众受持佛法，一心向善或立下愿心，虔心三宝。下面是《南无地藏王菩萨救苦经》结尾的"十报恩"：

> 一报天地盖载恩，二报日月照临恩，
> 三报皇王水土恩，四报父母养育恩，
> 五报佛祖传法恩，六报一切归佛门，
> 七报善人多供敬，八报八方护持恩，
> 九报九祖超三界，十报亡者早超生。
> 十方三界一切佛，文殊菩萨观世音。
> 诸众菩萨摩诃萨，摩诃般若波罗蜜。

"十报恩"或"十二报恩"或多为七言，或经变异成为十言十字句形式，如青海"十二报恩"：

> 一报上，上天恩，日月照临。二报上，下地恩，万物齐生。
> 三报上，菩萨恩，慈悲之心。四报上，皇王恩，水土之恩。
> 五保上，地母恩，五谷养人。六报上，祖师恩，大道传明。
> 七报上，护法恩，护定吾身。八报上，三教恩，万法归宗。
> 九报上，圣人恩，礼义传明。十报上，山王恩，虎狼不侵。
> 十一报，灶君恩，善恶分明。十二报，过往恩，上奏天庭。

初刊于明崇祯五年（1630）前后的话本小说《型世言》第 10 回"烈妇忍死殉夫，贤媪割爱成女"，讲述万历十八年（1590）苏州昆山县陈鼎彝与

---

① 陈晓红：《试论敦煌佛教愿文的类型》，《敦煌学辑刊》2004 年第 1 期。

妻子周氏去杭州上天竺还香愿，"夫妇计议已定，便预先约定一只香船，离了家中，望杭州进发"。中途周氏遇到亲戚，两家香船联在一起，"一路说说笑笑，打鼓筛锣，宣卷念佛，早已过了北新关……"①

香山完愿，顾名思义，就是建设香山斋坛，宣讲《香山宝卷》，完成心愿。信众认为：人在世上，无不受这四重庇佑，恩德浩荡，要常念报答。释什么愆？无知业障。人在生活中，难免犯有过错，种下罪业，祈请菩萨开释宽宥。总体来说，就是感谢菩萨护佑之恩德，忏悔以前无知之愆咎，祈求菩萨将来之扶持。因所设斋坛主供观音，又主讲《香山宝卷》，故叫香山斋坛。设香山斋完愿，叫"香山完愿"。一般信众统称"讲经""宣卷"或"说卷"，有的更直白，叫"谢菩萨"。②

"十报恩""十大愿""十二大愿"等发愿文，也包括七言诗文等形式，成为固定的民间小调名称，专门演唱宝卷结尾的愿文。《天仙圣母源流宝卷》卷末的回向文为七言四句诗文这种形式："真经朗朗照彻十方，宣扬宝卷用意祥。善男信女锁心猿，信心听受赫罪消殃。同在古佛大道场。"而《南无地藏王菩萨救苦经》结尾为宝卷回向中常见的"十报恩"，包括对天地日月、各种神灵、养育父母、各位施主等的恩德的赞扬。

《灵应泰山娘娘宝卷》中的"十报恩"，与其他宝卷不同的是，《灵应泰山娘娘宝卷》中的回向文在"十报恩"后，还有一段白文，在白文后则为五言四句诗文：

> 一报大地覆载恩，二报日月照临恩。三报皇王水土恩，四报爷娘养育恩。
>
> 五报明师传法恩，六报六方无士马。七报合堂贴骨亲，八报八方民安乐。
>
> 九报九祖超三界，十报十类众孤魂。诸尊菩萨摩诃萨，摩诃般若波罗密。
>
> 宝卷圆满，利意无边，皇帝万万年。太子千秋国泰民安，娘娘神

---

① （明）陆人龙：《型世言》，覃君点校，中华书局，2002 年，第 108 页。
② 余鼎君：《江苏常熟的讲经宝卷》，载常熟文化广电新闻出版局编：《中国常熟宝卷》，古吴轩出版社，2015 年，第 2554 页。

通，拖众赴灵山。①

刘永红在论及洮岷宝卷、河湟宝卷的宗教性仪式时指出：

> 洮岷宝卷、河湟宝卷的宝卷念卷与当地的追荐亡灵、还愿、祈福禳灾等民俗宗教活动紧密相关，所以在念卷中，非常重视宗教性仪式的作用，以此来构成宝卷念卷仪式中威严的宗教性语境，满足民众对信仰的满足，所以在流传的过程中，民众就把宗教性的念卷仪式结构传承了下来。在念卷中，开讲七言请神、回向、念卷结束时，要念诵"发愿文"——十报恩、十大愿、十二愿等，来表达念卷、听卷人的种种愿望，并以此来"送神"，结束宝卷念卷。②

4. 作为文类的"忏"

按照《佛学大辞典》的词条：

> "忏"，梵语忏摩 Kṣamayati 之略。悔过之义。《茶香室丛钞》十三曰：宋钱易《南部新书》云：忏之始，本自南齐竟陵王，因夜梦往东方普光王如来所，听彼如来说法。后因述忏悔之言。觉后，即宾席梁武、王融、谢朓、沈约共言其事，王因兹乃述成竟陵集二十篇，忏悔一篇。后梁武得位，思忏六根罪业，即将忏悔一篇。召真观法师慧式，广演其文，非是为郗后所作。按今竟陵王集有净住子三十一篇，内第三篇，为涤除三业门。其文云："灭苦之要，莫过忏悔。忏悔之法，先当洁其心，净其意，端其形，整其貌，恭其身，肃其容云云。岂即所谓忏悔篇乎？"③

简单地讲，忏即忏悔在阳世间的诸多恶业。在天师道和太平道中，忏悔罪过都是极为重要的。天师道信徒会在集会中组织集体性质的忏悔赎罪仪式。另外，天师道还规定，害病之人必须向天官、地官、水官（三官）写下

---

① 马西沙：《中华珍本宝卷》（第一辑），第 3 册，社会科学文献出版社，2012 年，第 775—776 页。
② 刘永红：《西北宝卷研究》，民族出版社，2013 年，第 112 页。
③ 丁福保编：《佛学大辞典》，上海书店，2015 年，第 2904 页。

忏悔文，以使自身罪愆得到赦免。天师道道士是天庭派往尘世的使节，普通
信众可以向他们忏悔，从而使自身罪孽获得赦免。张角主张的治愈之道由悔
悟、赦罪、驱邪三个环节构成。一旦病人表现出了悔意并保证不再犯下罪
孽，道士就会准备一张符箓，以此召唤力士协助治病。然后他们烧掉符咒并
用符灰冲水，再命病人喝下符水。最后，道士会通过咒语和傩舞引导力士们
各就各位，从而帮助病人驱逐疾病、恢复健康。①

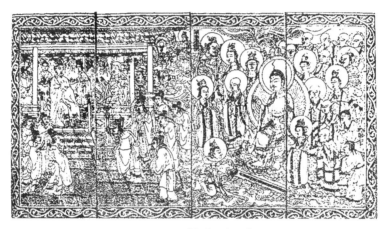

图 2-6　《梁皇宝忏图》
（见西夏文《慈悲道场忏悔法》卷首）

魔公教红坛文教做道场用忏总计有 14 种，包括《千佛洪名大宝法忏》
《三元赐福灭罪宝忏》《慈悲观音洪名宝忏》《弥陀度人上品妙忏》《十王拔
苦生天宝忏》《地藏本愿功德宝忏》《药师琉璃解冤法忏》《血湖洪名大宝法
忏》《回慈悲七佛洪名宝忏》《慈悲六根清凉宝忏》《慈悲报恩赦罪法忏》《慈
悲阎王灭罪宝忏》《慈悲三昧洗罪水忏》《慈悲观音救苦宝忏等经忏》等，旨
在求祖先超生天界，护佑后人，用忏是孝家表示忏悔。忏表示消除已往的

---

① 〔美〕万志英（Richard von Glahn）：《左道——中国宗教文化中的神与魔》，廖涵缤译，社会科
学文献出版社，2018 年，第 124 页。道士与天神则通过书面形式的文疏（就像写给亡者的救令
一样，道教文疏以模仿汉朝官府公函的正式语言写成）进行沟通。在赎罪悔过性质的仪式中，有
罪之人应用泥土和木炭涂抹自己的身体，将双手绑在身后，同时口中诵念自己的罪行，以此表
示自己的悔改之意。参见 Taoism Robinet, *Growth of a Religion*, Stanford, Calif.:Stanford University
Press, 1997, p. 60。

宿业，悔意不犯新的过错。同时通过念经拜忏，为活着的人予以心理上的宽慰，所以与其说道场是超度祖先亡灵，倒不如说是为活着的人寻找精神寄托。①

中国民俗中，每个人在人间所做恶业都要在阴间审判，这事由阴间十殿阎王负责，"十忏"即子孙为先祖做法事来消除罪业的忏悔。在这个仪式环节主要运用《佛说八十一劫法华宝忏》，其中第一卷中说此部宝忏"能解三世冤孽，燃灯佛劫，释迦佛一十八劫，弥勒佛八十一劫，共解一百劫"。"宝忏"的作用即为消解现世的罪孽。在供奉地藏王和十殿阎君的棚子前要贴上事先准备好的忏条，上面书写不同的内容。十张忏条象征着亡人在阳间所犯十种大罪孽，这种大罪孽分别由十殿阎君负责，实际上"十忏"是和十殿阎君对应的。对十种罪孽的消解是由宝卷《佛说八十一劫法华宝忏》十忏的念卷来完成。

忏法即忏悔之法，其内容就是祈祷减罪生善、后生菩提、息灾延命等，被称为梁皇忏的慈悲道场忏法（如图2-6《梁皇宝忏图》）、慈悲水忏法（三卷）以及观音、圆通、往生净土（阿弥陀）、法华等忏法。五部六册所引用的忏法中，有慈悲水忏法。忏法与水陆会、斋醮结合，作为佛教、道教的法事、仪式，与民众信仰之间存在着深厚的关系。这些都是宋代以后特别显著的现象。②

"十忏"一般是民间宗教信众忏悔内容：

> 一忏自身眼之罪，多观色欲动其心，今日佛前求忏悔，常将佛眼看良心。二忏自身耳之罪，爱听邪声后动心，今日佛前求忏悔，声色不碍本来人。三忏自身鼻之罪，闻香闻臭动其心，今日佛前求忏悔，各人自把戒香薰。四忏自身舌之罪，贪吃五味损精神，今日佛前求忏悔，淡饭随缘过此生。五忏自身身之罪，多贪淫欲损精神，今日佛前求忏悔，断欲休淫保其身。六忏自身意之罪，多想多思搅乱心，今日佛前求忏悔，

---

① 王熙远：《桂西民间秘密宗教》，广西师范大学出版社，1994年，第129页。
② 关于水陆会、施饿鬼等，可以参照牧田谛亮氏的《水陆会小考》（《中国近世佛教史研究》收录），以及〔日〕吉冈义丰《道教与佛教》第一章"中国的密教信仰"等。参见〔日〕酒井忠夫：《中国善书研究》（增补版），刘岳兵、何英莺译，江苏人民出版社，2010年，第450页。

随佛如来转法轮。七忏一身三世罪，宿世今生恶孽根，今日佛前求忏悔，背尘合觉悟无生。八忏生前三毒罪，只因不听祖师经，今日佛前求忏悔，改过前非换初心。九忏所欲诸缘罪，六欲牵缠觉乱心，今日佛前求忏悔，法轮常转度众生。十忏前非一切罪，从今跳出是非门，今日佛前求忏悔，一心念佛办前程。①

先天道的"十忏"：

> 一忏忏了千年罪，二忏忏了万年愆，三忏孽山如粉碎，四忏阎王地狱空，五忏杀生超升去，六忏罪孽早离身，七忏七宝池中罪，八忏金刚不坏身，九忏九玄并七祖，十忏淫杀即亥归肖。②

天地门教的"十忏"：

> 一忏从前诸恶孽，二忏亡人苦孽欠，三忏诸罪罪消灭，四忏解毒能解冤，五忏生死解冤结，六忏地狱化白莲，七忏消灾增福寿，八忏赦罪保平安，九忏真香送灵偈，十忏家并受团圆，
> 头头落在南阳地，极乐富里受清闲。相伴老师真常道，无侵无虑乐常年。③

《古佛传留忏罪消衍解真经》的内容有"十忏""十消"和"二十解"。该部宝卷会内有两部，一部为旧本，不分品，没有录入抄写人及抄写日期。《十佛申文表奏涅槃经》内容为多种申文的样本。因四季会"做七"等仪式中要做"十忏"，每一忏的仪式中要念诵《古佛传留忏罪消衍解真经》。

在常熟宝卷中的《星真法忏》④是记述祈求消灾解厄的仪式。衍用正一派道士的课本。星真就是众星真仙。拜星真忏，是请凶星宽宥原谅，告退回

① 《清净宝卷》，参见濮文起：《民间宝卷》第 13 册，黄山书社，2005 年。
② 林万传：《先天道研究》，台北巨书局，1986 年，第 101—102 页。
③ 濮文起主编：《新编中国民间宗教辞典》，福建人民出版社，2015 年，第 471 页。
④ 常熟文化广电新闻出版局编：《中国常熟宝卷》，古吴轩出版社，2015 年，第 2259 页。

驾吉星垂慈，降临家门。斋主家有点小毛小病，可在退星前拜《星真法忏》。有时也用《星真忏》代替退星，封面署《星真法忏》。① 还有《血湖忏》，全称《太上元皇预修玉箓血湖宝忏》。记述《血湖忏》的科仪。从正一派道士处移来。民间认为，妇女例假，如不注意，要污秽三光。因此亡过以后，要入血湖受苦，故在生要做"血湖佛会"，预修功德祈死后不入血湖。血湖佛会上就要拜这个《血湖忏》，封面由右至左分行署"癸未年四月印　王记　血湖忏　辛卯年八月印"。

尔时，救苦天尊，在长乐境内，八赛林中，以威神力，大放光明。遍照十方，普集群仙，来临法会，宣扬妙法，开度众生。时有妙行真人，普济真人，出班长跪，秉简当心，上朝瑞相。臣今下观，北方癸地，东北鬼户，其有大山，名曰酆都山，上下皆有鬼神宫室。上有十二宫领鬼，下有十二宫统神。

上宫左右各有六宫，下宫左右，亦各有六宫。

上六宫第一宫，纠绝阴天宫；第二宫，泰杀谅事宗天宫；第三宫，明晨耐犯武天宫；第四宫，恬照罪气天宫；第六宫，敢司连宛屡天宫。

……

峰嶂千寻，荆棘万里，黑云暝晦，永隔阳光。中有罪魂，被诸惨毒。又有九幽地狱；十八地狱；三十六狱；三宫二十四狱；岱岳锋刃，五岳地狱；三河四海，九江四渎，十二河源，泉曲水狱；孟津黄波，流沙地狱。考罚罪人，或则镕铜灌口，或则利锯解形，身卧铁床，手饱铜柱，遍体刀割，百节火燃，铁杖金炊，纵横拷掠，一日一夜，力死万生。又见酆都大铁围山，大石峡中，有无间溟冷地狱，血湖地狱，四方复有地狱。血湖、血海、血井、血盆，出自然秽血，灌注罪人。浊浪漂流，程膛蓊郁。冥官拷掠，狱吏鞫询。涉岁辛酸，历劫受苦，无有出期。未审此辈罪魂，生前有何罪业，致此报身。伏愿

---

① "常熟尚湖余庆堂藏"，卷末署"常熟尚湖余庆堂余鼎君印。辛卯八月"。抄录者、抄录时间无考。余鼎君复印并收藏。此卷在血湖佛会上用，别的地方不用。参见常熟文化广电新闻出版局编：《中国常熟宝卷》，古吴轩出版社，2015年，第2259页。

大慈，乞垂开悟。[1]

另外，常熟地区还有《土忏》，全称《正一首愆慰土忏法》。此卷是谢土的一种忏文，从正一派道教移来。卷末由右至左分行署"余鼎君缮 癸未年（二〇〇三）正月 壬辰年九月重抄"。在讲过《土皇宝卷》后，要拜《土忏》。

总元帅赞

雷霆将帅，灵宝官君，戈矛闪闪震乾坤，杀伐鬼神惊，闪烁咸灵，共与鉴凡情。

大圣龙神安镇天尊（三声）

正一首愆慰土忏法

昔祖元始，于安汉元年六月初六日，在庵堂治与太岁将军、太阴夫人，折石为盟，不得禁固天下人民移徙起造，故为灾害。爰自科条，垂世今古，遵承伏见。世人自从元始以来，至于今日，或富或贵，或贫或贱，或老或少，或男或女，处世立身，安居乐业。问报载成之德，莫酬原载之恩。或于处世之间，房屋之下，东南西北，远近高卑，穿凿挑锄，修葺起造，不知禁忌，莫晓方偶。但言动土兴工，未解避凶趋吉。或卜年月，或择时日，问明三白之有犯诸神之位，致使龙神遣咎，土府兴灾，人口遭迍，命途多舛，财物虚耗，营运乖违，晨夕兢惶，求安无路。是用饬严庭宇，罗列香灯，露悃通诚，祈恩请福。重念某依楼座陋，长养樊笼，改旧从新之时，宁无干冒，故犯误会之衅，未及首陈，不遇忏扬，曷蒙原宥。是以清心静虑，伏地朝天，一请一祈，八卦九宫而安镇；再瞻再拜，千祥百福以骈臻。泽被无银，恩沾有识。臣等各运虔诚。[2]

另有"拜十王忏"，此本《拜十王忏》，内容有《地藏》《东岳》《太乙》

---

① 常熟文化广电新闻出版局编：《中国常熟宝卷》，古吴轩出版社，2015 年，第 2277 页。

② 余鼎君于 2012 年抄藏。参见常熟文化广电新闻出版局编：《中国常熟宝卷》，古吴轩出版社，2015 年，第 2270 页。

三篇诰和《拜十王》。封面由右至左分行署"岁在乙亥（应为1935年）年季冬月抄　颍川鹤亭藏　拜十王忏"。中押"三宝证盟"印。

地藏志心皈礼

稽首慈悲大教主，地言坚厚广舍藏；南方世界涌香云，香雨花云及花雨。宝雨宝云无数种，为祥为瑞遍庄严；天人问佛是何因，佛言地藏菩萨至。三世如来同赞扬，十方菩萨共皈依；我今宿植善因缘，赞扬地藏真功德。慈因积善，誓救众生。手执金赐，振开地狱之门；掌上明珠，光弼大千之界。阎王殿上，孽镜台前，为南阎浮提众生，作大证盟，功德主。大悲大愿，大圣大慈摩诃萨。

本尊地藏王菩萨

…………

诚拜十王忏

志心朝礼

第一殿秦广大王，伏愿十王赦罪天尊，南无定光古佛，愿度亡魂得超升。

第二殿楚江大王，伏愿十王赦罪天尊，南无药师文佛，愿度亡魂得超升。

第三殿宋帝大王，伏愿十王赦罪天尊，南无贤劫千佛，愿度亡魂得超升。

第四殿仵官大王，伏愿十王赦罪天尊，南无阿弥陀佛，愿度亡魂得超升。

第五殿阎罗大王，伏愿十王赦罪天尊，南无地藏王菩萨，愿度亡魂得超生。

第六殿卞成大王，伏愿十王赦罪天尊，南无大势至菩萨，伏愿亡魂早超生。

第七殿泰山大王，伏愿十王赦罪天尊，南无观世音菩萨，愿度亡魂得超生。

第八殿平等大王，伏愿十王赦罪天尊，南无卢舍那佛，愿度亡魂得超生。

第九殿都市大王，伏愿十王赦罪天尊，南无药王药上菩萨，愿度亡魂得超生。

第十殿转轮大王，伏愿十王赦罪天尊，南无释迦牟尼佛，愿度亡魂上西方。 [①]

在《佛说地藏王菩萨血河经》中，《血河忏》作为独立章节出现，而在《中国靖江宝卷·血湖宝卷》中，《忏悔文》没有独立成篇，而是为青提堕入地狱起解释说明的作用。具体如下：

> 狱主又乃将言说，目连尊者听原因。
> 不关男子身上事，尽是阎浮女妇人。
> 生产血水流满地，触犯天神与地神。
> 未曾满月堂前去，触犯家堂罪不轻。
> 未曾满月厨房去，触犯东厨灶王神。
> 未曾满月门外去，触犯三光日月星。
> 未曾满月河边去，触犯水府众龙神。
> 又将不净衣裳晒，触犯虚空过往神。
> …………
> 一忏阎君消罪簿，二忏孽障尽消除。三忏冤家都消散，四忏罪孽化灰尘。
> 五忏五星来送福，六忏清净六根深。七忏玲珑并七窍，八忏八难免三灾。
> 九忏身心常不乱，十忏灵光坐宝台。忏悔忏到中心处，仰求诸佛作证盟。
> 十殿阎君忙迎接，尊者到此为何因。目连即便回言答，为报母亲养育恩。
> 阎君当时来指路，阿鼻地狱寻母亲。目连一听朝前走，找到孤凄一

---

① 此卷为拜十王的忏文。常熟民间做"五七"里讲《地狱卷》，在所有卷本讲完后，领亡者子息在十王台前朝拜十王，唱诵此偈，以祈祷十王赦宥亡魂，早出地狱。常熟文化广电新闻出版局编：《中国常熟宝卷》，古吴轩出版社，2015年，第2273—2275页。

座城。

> 手执锡杖振一振，振开铁围一座城。一众罪鬼来逃走，九洲四海去
> 投生。①

两篇《忏悔文》在句式上差距较大，但内容近乎完全相同。不仅是例文中的《血湖宝卷》，大多数文本中都有《忏悔文》《怀胎经》的影子。

劳格文调查发现，在施行"开通冥路"往生科仪中，道士入坛之后，还要加上较为简易的请神和召魂节次。开通冥路本身是在主坛进行。先是，把熄灭的魂灯放在三界案台下面，死者的纸扎像则放在案台上。一名身着红色道袍的道官开始唱开场曲，召请救苦天尊"身骑狮子、出天门、来拔度、拔度亡灵"。接着，净坛之后，道士准备给纸扎像开光，并召请灯光天尊。接着，道士代表亡灵念诵忏悔文。这一仪式，通过深入冥府拯救，让亡灵拜托苦难，通过念忏解经，扫除污秽，最后颁发"逃离黑暗"牒文。②

黄天道目前存世的有《太阳开天立极亿化诸佛归一宝卷》《普静如来钥匙真经宝忏》《普静如来钥匙宝卷》《普明如来无为了义宝卷》《太阴生光普照了义宝卷》，综观其内容，大都是以"忏悔从前罪""消灾免祸"为说词而耸动忏悔者。在做道场之前，要先念"净口""净心""净意""护身""护法""诸天""诸星""诸土""诸地"诸种神咒。其意图有二：一是使主持者和参加者"耳净、眼净、鼻净、口净、心净、意净，六根清净，讽诵妙道真经无上意"，从而达到"净而无思，思而无想，想而无念，念而无行，行而无转，转而无动"的意境，即黄天道崇尚的清净无为的最高境界；二是为了请神，造成一种神秘的气氛，使人们心怀畏悚，不由不堕其彀中。

念完诸种请神咒之后，开始进入正式道场经忏。根据请忏人具体情况，分别念诵不同"宝忏"，共分九种，即《作善功宝忏》《造恶地狱宝忏》《二十四难宝忏》《解脱诸天宝忏》《解脱四生宝忏》《禳顺诸星宝忏》《解脱水厄宝忏》《触犯土王宝忏》《超拔亡灵宝忏》。这些经忏内容芜杂，说法不尽相同，但宗旨一致，即妄造天堂地狱之说，震慑信仰者，使人们匍伏在鬼

---

① 《血湖宝卷》，载尤红主编：《中国靖江宝卷》，江苏文艺出版社，2007年，第422、427页。
② 〔法〕劳格文：《中国社会和历史中的道教仪式》，蔡林波译，白照杰校译，齐鲁书社，2017年，第250页。

神面前，听其摆布，任其驱使。①

5. 作为文类的"疏"

疏是古代之呈文、奏章、奏折，是臣民向皇帝有事陈请的一种上行文体。南北朝时文学理论家刘勰《文心雕龙》有详载，商周时对帝王的疏文谓上书，秦代改书为奏，汉代对帝王上书为章、奏、表、议。古代最著名的疏有《谏唐太宗十思疏》《陈政事疏》《论贵粟疏》《论积贮疏》，还有海瑞冒死上的《治安疏》等。

疏文后来被道教用在宗教活动中，将信众祈求平安上书天地、帝圣，沟通阴阳的文体称为疏文。道教正一派祖师张道陵就祭拜天地水的礼仪写成《三官手书》以传承疏文、青词等。道教所有的文体和诰赞都严格按骈文方式撰写。②佛教在汉代从天竺国传进中国，经六朝隋唐发展到鼎盛。佛教在中国很巧妙地结合了道教和原始崇拜、儒教思想等本土宗教及文化，也将上奏佛祖的文本称为疏文。佛教疏文从敦煌出土的文献来看，佛教在六朝隋唐时用祝文、愿文等形式上呈诉求，后来融合了道教的疏文形式。

佛经中有《法华经疏》，刘宋竺道生撰。又称《法华经略疏》、《法华义疏》、《妙法华经略疏》、《妙法莲华经疏》、《妙法莲华经略疏》。该疏收于卍续藏第一五〇册，刘宋元嘉九年（432）编纂于庐山东林精舍。乃竺道生整理其师鸠摩罗什之讲义，复加一己之见解，以阐明法华一乘之真义。书中将《法华经》之经文分为因、果、人三段，以《法华经》解明一乘之因果。

吴方言区，宣卷先生每次做会，还要写"疏"（亦称"牒"），盖上大印，向祈求的神道祭告。各地"疏"文的形式不一，共同的内容是要在"疏"中写明"做会"人家（俗称"斋主"）的家庭所在地、做会宣卷的缘由、斋主及其家人姓名（公会要有所有办会的人的姓名）等，演唱的宝卷名目也要写上。如：2019 年 4 月笔者与靖江文联的黄靖先生在靖江考察一次佛头为某老年女性做的"观音会"，"延生了愿功德文疏"上写的是"奉佛修善观音、十王、血湖盛会"（因"斋主"是女性，同时做"醮殿"和"破血湖"仪式），"于是月是日延善在家，设立古佛经堂，上供圣像作证，宣白佛祖妙典《观

---

① 马西沙、韩秉方：《中国民间宗教史》，上海人民出版社，1992 年，第 461—464 页。

② 〔瑞典〕施舟人（Kristofer M. Schipper）：《道教仪式中的疏文》，载〔美〕武雅士：《中国社会中的宗教与仪式》，彭泽安、邵铁峰译，江苏人民出版社，2014 年，第 313—329 页。

音》《李清》《十王》《血湖》宝卷"。其中的"疏"是用印版印制的（如图2-7
献王文疏）。

图2-7　献王文疏

常熟地区横扫妖魔鬼祟的"退星""禳星"仪式上，专门呈上疏文，疏
通人神。原文誊录如下：

> 具知情悃，具载疏文，愿得太上，十方真正生气下降流入臣等身
> 中，今臣适才所启所奏之诚，速达径御至尊，无极大道，三天三宝上
> 帝，金阙至尊，四御四皇上帝，万星教主，无极元皇，中天紫微，北极
> 长生大帝，今辰斋主合属当生本命星官陛下。①

桂西民间秘密宗教仪式也有"伏惟，照格谨疏"："万圣昭明，收瘟风以
扫荡，架龙舟而返洛阳，万福降于门庭，集千祥如意。""天府上圣行化瘟火
二部神王、天符天令大帝值年太岁尊神、阴阳龙舟辞禳会上一切真宰。"② 另

---

① 常熟文化广电新闻出版局编：《中国常熟宝卷》，古吴轩出版社，2015年，第2236页。
② 王熙远：《桂西民间秘密宗教》，广西师范大学出版社，1994年，第543页。

有"禳关疏"，"外函三桥王母宫位前呈进"。

> 臣今疏为：今据△△国△△县△△土地，奉佛禳关煞保安信士△△
> 右暨合家眷等，即日上干。圣造主盟意者伏为，言念信士△△禳关煞，
> 孩童△△自呈本命生于△年△月△日建生，上叩王母宫下掌判祯祥，恐
> 生下之时，胎带关煞神，时逢恶。今不负禳过之功，难保清吉之福，由
> 是卜取今△月△日，仗善于家，启白△圣慈，喏念解厄神咒，虔备凡
> 仪，一披架度关仙桥，打过金线光钱，伏圣△圣慈，专伸祈童关煞消
> 散，易养成人，长命富贵，凡有未言，全叩庇佑。右具文疏，上奉△天
> 轮分野，四祇关神，三桥王母三仙大帝，六桥七桥，父母斗孙公公抱送
> 娘娘奈河桥头，赵禳七娘禳关有请，无边列神位前一合呈进，伏乞
> 圣慈洞回，照格谨疏
> 天运△年△月△日叩臣△△其疏上奉 [1]

此外，魔公教红坛文教道场所用科仪文书中有《办伴杂集》，它是文教
瑜伽正教道场的疏文汇编。由监断榜式、伴进贡疏、伴血湖疏、伴天京疏、
伴地府疏、伴亡批引式、伴通行疏、伴界符式等组成。《伴通行疏》，该疏内
称孝家在瑜伽正教十王拔苦道场中，为超度亡父母冥魂，使其脱生净界，特
许念《无上度人诸品尊经》，并将经卷连同凡信之仪上奉圣慈，以期亡魂得
知孝家念了哪些经卷，放心地早往升天之路。[2] 魔公教红坛文教做道场，给
孝家信士亡母烧化用疏文《伴血湖疏》：该疏内称信士痛念亡母生居浮世，
"忝列裙钗，生男育女，难免污垢之罪，洗衣濯裳，岂无瑕垢之愆？但恐亡
母阴咎难逃，故而就坛中，打造楮材，装封洗产红笺几抬，内授《血盆经》，
外具文疏一道，呈进血河清澄院狱主天大将军，祈望洪慈采纳，从而使罪山
崩倒，血海干枯，使亡母转生极乐世界"。

《伴天京疏》称孝家虑及亡魂未生阳道之初，曾在天京元辰院许过金钱
几万贯文，求赎人身。亡人生前未能填还，殁后子当代纳，"故命匠持封珍

---

① 王熙远：《桂西民间秘密宗教》，广西师范大学出版社，1994年，第292页。
② 王熙远：《桂西民间秘密宗教》，广西师范大学出版社，1994年，第232页。

财筐箱，内酬幡牌锭，外录文疏一道，仰付天界云鹤功曹捧呈天京元辰院第几位△△司君门下，祈望圣慈采纳，并准亡魂求身脱化，于天曹籍上勾销所许之文，在玉历簿中注上代酬之字，使亡魂早超天国，孝门百世昌隆"①。

《伴地府疏》内称孝家就坛中打造珍财，"装封受生宝赍几十扛，内案受生经，外具文疏一道，所送地府受生院第几库×曹官，因为孝家虑及故父母冥魂未行阳道之初，曾在地府借过受生银钱几万贯文支给诸司，方产阳道。生前未修填还，故殁后由子代纳。"惟翼×曹官采纳，并祈判超亡魂，求身脱化，在地京薄中钩销昔许之文。②

常熟地区的"度亡设荐文疏"全文如下：

　　　来临法会来临法会天尊 志心皈命礼

　　　青华长乐界 东极妙严宫 七宝芳川林 九色莲花座 万真会宫内

　　　百亿瑞光中 玉清灵宝尊 影化玄元始 浩劫垂慈济 大千甘露门

　　　妙道正身 紫金遂相 随机赴厄 誓愿无边 大悲大愿

　　　大圣大慈 十方化号 设朝亡魂 寻声敷恩

　　　太乙救苦天尊 青杨九阳上帝大圣 来临法会来临法会天尊（通疏）

　　　一炷信香通信去，五方童子引魂来，孝子孝孙拈香拜，超度亡魂往西方。

　　　香烟袅袅引魂来，灯烛煌煌迎魄至，双手划开生死路，将身跳出鬼门关。

　　　志心奉为奉

　　　佛口呈供五七讽经荐先往生阳上献主（献主本台姓名）

　　　是日焚香 拜投

　　　冥鉴 今坛设荐 救拔□□□亡魂之灵 惟愿来临 受此今时设荐功德

　　　二炷信香通信去，十殿慈王敕令来，敕令亡灵升天界，亡魂得度早超身。

① 王熙远：《桂西民间秘密宗教》，广西师范大学出版社，1994年，第230页。
② 王熙远：《桂西民间秘密宗教》，广西师范大学出版社，1994年，第230—231页。

金童对对引魂来，玉女双双迎魄至，双手划开生死路，将身跳出鬼门关。

志心奉为　奉

佛　呈供五七讽经荐先往生阳上献主（献主本台姓名）

是日焚香　拜投

冥鉴　今坛设荐救拔□□□亡魂之灵　惟愿来临　受此今时设荐功德

三柱信香通信去，□□□亡灵出苦轮，金童玉女来接引，引得亡魂上西方。

青山荫荫引魂来，绿水滔滔迎魄至，双手推开生死路，将身跳出鬼门关。

志心奉为　奉

佛　呈供五七讽经荐先往生阳上献主（献主本台姓名）

是日焚香　拜投

冥鉴　今坛设荐　救拔□□□亡魂之灵　惟愿来临　受此今时设荐功德

…………

设荐功德　永之亡魂　脱化仙乡　仗此荐功　证无上道　一切信礼伏愿

亡灵受度　同登快乐之乡　愿在人间受用　享五福受康之际

为上因缘　志心称念

度人无量天尊　设荐功德①

6. 作为文类的"诰"

告来源于一种口头的宗教性言语方式，源远流长，多用于宗教仪礼场合，所谓祷告、祝告、上告、祭告、告神。"告"还表示以特殊的言语发声的祭祀活动，引申指以祝告、祷告活动为原型的一种文类。

"诰"与"告"二者的细微差别是："告"源于人祷告神灵，本带有下告上的意味。"诰"则从下告上的言说模式中引申和反转过来，带有上告下的

---

① 常熟市文化广电新闻出版局编：《中国常熟宝卷》，古吴轩出版社，2015 年，第 2254 页。

意思。《尚书》中所看到的作为文体的"诰"，其实原来是一种语体，又可称"命诰""诰命"。常熟香山斋卷本全部讲结束之后有退星仪式，讲《禳星科》。

《南斗诰》：

志心皈命礼

三气流辉，南辰丙耀，天符地相，主照大地之山河，保命保生，总握人命之益算，司禄位于无差，度灾难而有序，炼魄于朱凌火府，回生于青简丹书，解厄呈祥，灭罪锡福，大悲大愿，大圣大慈，南斗六司，尊帝延寿度人延寿度人天尊（拜）伏以

天地之道，发育群生，星辰之大，回度无常（拜）

今宵坛下，退星消灾，保安延生信人□□□领同合家眷属，各命中若犯阴阳交运，甲子分元，或逢六害七伤，或值孤辰孤宿，或流年冲照，或本命衰微，或劫煞亡神，或天罗地网，或土木方偶之有犯，或水火狱讼之危灾，或运限九曜之加凌，或命数五行之作咎，或大运小运之间，千样竞凑。（拜）

……或禄马空亡而作耗，或白虎星君之危害，或伏尸五鬼之兴灾，或气字罗计而并照，或年庚命限而相征，或月煞将军以危害，或毛头独火之生灾，或土毒龙神之谴责，或方偶风火以相冲，或吊客飞廉而相照，或剑锋劫煞以相冲，或宅宇动土，惊喧冒干星煞，或外方飞游，伏土冢讼，征呼咒诅，侵凌冤仇执对，灾厄网测，厄滞多端，先亡伏连，祖远求度，是用精严圭窦，罗列香馐，葵藿虽微，念轻心而有感则通，频繁不睠，赦过咎以驾恩，今则告退凶星，让除逆曜，消灾解厄，清福延生，顺正宫廷，蠲除横邪，法众虔恭，酒行亚献。

《北斗诰》：

志心皈命礼

尊居北极，位正中天，朝金阙而复昆仑，运璇玑而行造化，群生元

命，悉归陶镕之德，九洲分野，总属照临之恩，何罪不灭，何福不增，大悲大愿，大圣大慈，中天大圣，北斗九皇上道，七元解厄星君。延生保命延生保命天尊（拜）伏以 [1]

在魔公教的红坛文教道场所用的科仪文书中有《佛说受生经》《响荐、灵头、开坛、安位科》《办伴杂集》《送圣、清圣科、附诸天疏》。其中《送圣、请圣科、附诸天疏》书分三个部分：即请圣、送圣、诸天疏是红坛文教道场、开路、还愿、应七等法事时常用的科书。其中的《请圣科》是由三宝诰、释迦诰、弥陀诰、药师诰、观音诰、地藏诰、目莲诰、十王诰、普祖诰、宗师诰等诸品组成。其中《三宝诰文》由经、纂、符、赞、牒、真言、咒、诰、品、图、序等20余种组成，主要用于道场完毕后烧化给亡人。[2]

《药师诰》：

志心皈命礼
争居天上，星宿官中，化九曜七星，度三灾八难，延龄延寿，降吉降祥。日月星宫主，森罗万象尊，消灾积盛光，梭罗树王佛。

《观音诰》：

志心皈命礼
观音妙相南海岸，法身常住普陀山，足踏红莲千叶朵，手执杨柳一枝春。三十二相遍庄严，千百亿身常救苦。大悲大愿大圣大慈，南无救亡离苦，灵感利生，观世音菩萨摩诃萨。

---

[1] 禳星科禳星，即退星，就是禳退凶星。香山斋卷本全部讲结束之后，做退星仪式，即讲这本《禳星科》。《禳星科》是从正一派道士的本子中节选过来，加进了一些佛号、佛语。封面由右至左分行署"甲申（2004）年九月，二〇〇四年十一月　禳星科"。余鼎君2004年抄藏。参见常熟文化广电新闻出版局编：《中国常熟宝卷》，古吴轩出版社，2015年，第2213—2214页。

[2] 王熙远：《桂西民间秘密宗教》，广西师范大学出版社，1994年，第124页。

《目莲诰》：

志心皈命礼

灵山会上拜迦尊，报答爷娘养育恩，十月怀胎娘辛苦，三年乳哺母辛勤。养子一生无报答，发心斋戒礼慈尊。在堂父母增延寿，过去宗祖早超升。我今礼奉如来，愿我母亲离苦难，大悲大愿大圣大慈南无大孝报恩目莲尊者菩萨摩诃萨。

《十王诰》：

志心皈命礼

坤府界内丰都之中，臻广秦楚江之王，称宋帝仵官之职，阎罗天子及变成泰山平等，注福注禄而注寿，都市转轮分判六道以生天，大悲大愿大圣大慈，本行十官十圣，十大朝王真宰。[①]

在中国的口头程式传统和讲唱传统中，前现代的所有人，无论文人雅士还是平头百姓，实际上都会参与宝卷这种表演文化。宝卷基本上是为社群重要的功能运作提供结构性框架的仪式文化。《哥伦比亚中国文学史》中提出，中国的仪式戏剧会和说传传统，对邪气（阴）的驱除，以及女子在出嫁前夜的仪式性宣称，把赞誉、祈愿、谚语、诅咒等文类结合起来，是与哺育他们的社群不可分割的。所以，口头程式传统的意义并不在美学方面，而更多地是在它可以护佑社群之繁荣的仪式性力量上的。中国的口头程式传统和讲唱还超越了衍生和材料来源的地位，对于理解口头文化和书面文化，以及民间文化和精英文化之间的关系起到了至关重要的作用。[②]

（二）作为文化记忆的文类

在口述传统中，一个人所能讲述的故事越多，他所享受的地位就越高，

---

① 王熙远：《桂西民间秘密宗教》，广西师范大学出版社，1994年，第132—133页。

② 〔美〕梅维恒主编：《哥伦比亚中国文学史》（下卷），马小悟、张治、刘文楠译，新星出版社，2016年，第1122页。

即意见领袖。在这样的文化里，保持知识的唯一媒介就是讲述者的记忆，而人们获取知识的途径就是这位讲述者遵循既定的形式完成讲述的程序。和作家创作不同，重复在这里绝不是不应发生，反而是该文化内部结构所必需的。如果没有重复，知识得以传承的进程便会中断，创新更像是数典忘祖。对于口述文化中的编创者而言，传统绝不是"外在的"东西，可以说传统浸染了他全身，从心灵向外喷涌。相反，用文字书写的作者与传统面对面，为了能够经得起这一对峙，他觉得唯一可以依托的就是内心深处的自我。①

从社会记忆角度，宝卷这一文学活动是一种杰出的集体记忆的媒介，它不仅使得记忆与一种民俗文化及仪式联系起来，同时，宝卷本身也是传承文化的记忆行为。它设计出一个记忆空间，将自己写进一个由文本构成的记忆空间，这个空间容纳了不同历史阶段、不同社会群体的文化文本。

作为集体记忆的媒介，宝卷有两个本质特征：第一，对于处在社会文化背景下的个人记忆而言，它是一个重要的媒介框架；第二，只要是有关团体和社会群体的记忆，宝卷作为一个储存（文化文本）和传播（集体文本）信息的媒介，也将在文化背景下被回忆。从一方面来看，在记忆文化中，文学的基本功能是集体记忆的建构和图像增加，而另一方面，它们又保存着对文化记忆的过程和问题的批判性反思。一个特殊的"集体记忆的修辞学"和它多样的模式（经验的、纪念性的、对抗性的以及反思的）意味着文学活动可以根据不同的回忆方式来（重新）构建过去。抄卷活动不同版本之间的变异情况，正是文学在不同情境中记忆储存的建构行为所留下的证据。

文学文类在文学交流过程中扮演了非常重要的角色，这一点读者和作者都心知肚明。② 文类不仅具有重要的社会功能，而且作为文化记忆的场所，在区分和选择历史记忆时，我们自始至终都不能脱离其与文学文类的联系。不论现在谈到的是历史图像、不同的价值和标准或是集体的同一性，集体记忆的意义（在不同的历史和文化的状况下是可变的）和内容总是通过（同样处于变化中的）记忆的种类而形成和传递的。海登·怀特指出，人们在选择

---

① 〔德〕扬·阿斯曼：《文化记忆：早期高级文化中的文字、回忆和政治身份》，金寿福、黄晓晨译，北京大学出版社，2015 年，第 98 页。

② Elisabeth Wesseling, *Writing History as a Prophet:Postmodernist Innovations of the Historical Novel*, Amsterdam and Philadelphia: John Benjamins Publishing Company, 1991, p.18.

文学体裁的同时也决定了传递信息的方式。他介绍了 19 世纪欧洲历史学中传奇故事、悲剧、喜剧和讽刺文学的情节结构特点，并将这些文学体裁模式与意识形态（混乱的、激进的、保守的、自由的）联系起来。[①]

更进一步说，文学文类是记忆的"场所"。如同范·高普和穆沙拉·施罗德所说的那样，文学文类是文化记忆的贮藏室。"在很多方面，我们都可将文学体裁理解为约定俗成的记忆场所：它们对于文学、个体和文化记忆都有着非常重大的意义，并且是这三大记忆层面连接和交换的控制中心。"[②]

正是这些约定俗成的文学体裁（有意或无意地）与某些特定的历史情况产生联系，以此通过人人熟知的体系来促进"对时代经历的意义的构建"，同时也能将很难阐释的集体经验变得更有意义，并对价值和标准进行编码。到此，我们即将结束对文学体裁作为不同记忆体系和层面的"场所"的探讨，因为文学体裁作为文学内部记忆的组成部分已经在上述这些情况中得以体现，此外，作为在既定文化中已经存在的意义阐释框架，它还能对文化记忆起到作用。[③]

媒介不仅对于集体记忆的个人和社会文化两个方面富有同等重要的意义，也控制着这两个领域之间的联系。宝卷宣卷的文化空间，对传统村落来说是一种传播空间。自哈布瓦赫、瓦尔堡以来，文化学的记忆研究的基本观点是：集体记忆既不是一个和个人无关的产物，也不是像遗传一样，是生物机制上的结果。正因于此，媒介必须看作是记忆的个人和集体维度之间的交流和转换的工具。只有媒介不是简单地传递信息，而是有一种影响力，对我们的思想、感知、记忆和交流的形式产生影响。媒介表达出我们的世界观，我们所有的行为以及开辟世界的经验受到由媒介提供的区分可能性和它强加的限制的影响。马歇尔·麦克卢汉认为"媒介就是信息"，"所有有关这个世界可以被知道的，被想到的，被说到的都只有依赖于传播知识的媒介才能被

---

① 〔德〕阿斯特莉特·埃尔、冯亚琳主编：《文化记忆理论读本》，北京大学出版社，2012 年，第 218 页。
② 我们将文学体裁分别看作：①文学记忆的场所，②个体记忆的场所，③文化记忆的场所。参见〔德〕阿斯特莉特·埃尔、冯亚琳主编：《文化记忆理论读本》，北京大学出版社，2012 年，第 216 页。
③ 〔德〕阿斯特莉特·埃尔、冯亚琳主编：《文化记忆理论读本》，北京大学出版社，2012 年，第 218—219 页。

知道，被想到，被说出来"。①

在我们考察宝卷中所涉及的文体的社会功能之前，我们还得搞明白故事的形式和它的结构规律，而这个结构规律的背后，是故事的核心要素——功能，这也是普罗普故事形态学的核心，它提供了按照人物功能和联结关系研究叙事体的可能性。列维-斯特劳斯在思考神话的时候，认为神话是一套话语，一方面，"神话永远涉及过去的事件"；另一方面，它又表现为"一种长期稳定的结构"。② 同一类神话的多个变体所形成的共时结构，体现了神话的深层含义。使用"神话素"的概念，列维-斯特劳斯认为："关系束"指的是由多个具有相似表意功能的神话素构成的集合关系。尽管普罗普和列维-斯特劳斯分别研究民间故事和神话，但是从叙述的角度可以这样认为，列维-斯特劳斯的"关系束"和"神话素"两个概念，把普罗普的功能在故事中的运行机制进一步坐实。由此，为叙事体结构和要素分析开掘了一条新路。

宝卷的叙述如同神话一样，是负载社会功能的叙述，他的神话叙事结构同样是一种"共时—历时结构"，表意功能仅仅是宝卷的表层历时结构序列。从共时性角度去思考这些成分，则显示了这些故事的深层结构，其深层结构来源于集体价值观层面上的各种关系。从这个意义上说，宝卷中的民间故事也只是以特有的方式体现了某种意义结构，而这些结构先于民间故事，呈现的是远古的"神话意象"。

从文本的层面来看，宝卷和民间叙事各种文本，存在着借用、传递、标准化、地方化的动态影响过程。民间宝卷与民间故事、民间信仰虽属于同样的范畴，但是它们之间形成的复杂互文关系，具有共享范畴和共同的历史根源。"它们都以地方性的民间叙事为文本特征，以民间祭祀为核心内容，以传统的神话为范例。地方性的宝卷和民间叙事传统，它们都是由本地的民间信仰中发展起来的。"③

---

① 〔德〕阿斯特莉特·埃尔、冯亚琳主编：《文化记忆理论读本》，北京大学出版社，2012 年，第 229—230 页。
② 〔法〕列维-斯特劳斯：《结构人类学》，张祖建译，中国人民大学出版社，2006 年，第 223 页。
③ 李志鸿：《闽浙赣宝卷与仪式研究》，台北博扬文化事业有限公司，2020 年，第 438 页。

三、沟通天人的神圣言说与七言禳灾传统

在以神道设教的时代，不能不倚靠神做任何事情，要燃烧起宗教情绪，洁净心灵，加强意志，方能有辉煌的成就。司马迁《史记·龟策列传》载："自古圣王将建国受命，兴动事业，何尝不宝卜筮以助善！……王者决定诸疑，参以卜筮，断以蓍龟，不易之道也。蛮夷氏羌虽无君臣之序，亦有决疑之卜。或以金石，或以草木。国不同俗，然皆可以战伐攻击，推兵求胜。各信其神，以知来事。"[①] 而《离骚》之作，乃一种自我剖白，旨在表明"耿吾既得此中正"，掬肝沥诚，以邀天地四方明神之共鉴。至于贞卜，那更是人和神的一种沟通。

世界不同民族的宗教，都把天作为共同的信仰，形成了德福配享的道德宗教。儒家之说，以一个"礼"字概括之，礼本是一种事神致福的社会性行为，礼制是为祭祀、会盟、宴饮、朝聘等系列划分等级的仪节，与神灵沟通具有宗教、政治、伦理、经济的多重意义。[②]

（一）祝祷活动与声诗

《说文》训"祷"为"告事求福"，事实上，人告神请福也称为"祝"，两者含义十分相近。细察文献，知祝、祷时有区别："祝"更多地指祝愿歌颂而求福，"祷"却侧重于被除殃咎而祈福。祷辞是举行信仰活动时采用的一种说辞。宗教活动中，语言具有特别的力量，是人与神灵建立联系的重要方式，祷辞即其方式之一。祷疾之俗起源甚早，商代祷病之祭见于卜辞者甚多，帝（姜嫄之祷）、天（成汤之祷）、祖先神（周公之祷）、山川河流（齐桓公、秦骃、平夜君成等之祷）等高级神祇，也包括伯奇（睡虎地秦简《书》）、城垣、辅车（周家台秦墓简牍）等小神，所祷神灵不可谓不纷杂。至迟在战国时期，人们的意识中已开始将某种神灵与某类职责对号入座，神灵系谱有渐

---

① （西汉）司马迁：《史记》，中华书局，1959 年，第 3223 页。
② 施议对编纂：《文学与神明：饶宗颐访谈录》，生活·读书·新知三联书店，2011 年，第 130—131 页。

趋稳定的倾向，从而对此后的信仰习惯形成影响。如《庄子·天地》"请祝圣人"，祝"使圣人寿""使圣人富"。《韩非子·显学》篇"巫祝之祝人曰：使若千秋万岁……"是可见"祝"明显含有歌颂祝愿之意。[①]

饶宗颐在谈卜辞时，认为繇辞相当于现在的签诗。现在的签诗七言，繇辞多三四言，长短不一。现传《周易》保存不少繇辞及类似繇辞的句子。当时三易都有繇辞。湖北出土的《归藏》，就有繇辞及类似繇辞的句子。《诗经》中的雅、颂与神明有关，但并非最早。《文心雕龙·祝盟》提及伊耆氏谓："昔伊耆始蜡，以祭八神。"伊耆氏，是新石器时代的文学家。此祝辞比《诗经》要早。《诗经》中"田祖有神，秉畀炎火"（大田），也是对于神的赞颂，而句法很简单。《诗经·大雅·大明》云："维此文王，小心翼翼。昭事上帝，聿怀多福。"《诗经·鲁颂·閟宫》云："赫赫姜嫄，其德不回。上帝是依，无灾无害。"二章皆为祭祀乐歌。《大明》这首诗屡屡被后人引用，亦见于郭店及马王堆的《五行》篇，后来成为祭祀的乐歌。这种与神灵沟通所形成的文学，形式多种多样。宝卷的韵文部分主要以三、三、四、七言、十言句式为主，赓续了沟通神灵的远古文学传统的影响。

（二）七言圣数溯源

关于七言诗起源问题，古今有多种说法。[②] 罗根泽在《七言诗起源及其成熟》一文中，归纳传世文献的经验，认为七言由楚辞体蜕化而成。他说："由骚体所变成的七言，不是由将语助词置于两句之间者所蜕化，也不是由将语助词置于句中之短句者所蜕化，乃是由将语助词置于第二句句尾者，及置于句中之长句者所蜕化。"罗根泽在这里所说的第一种情况，如《招魂》："魂兮归来，入修门些；工祝招君，背先行些；秦篝齐缕，郑绵络些；招具该备，永啸呼些。"去掉两句中的"些"字合成一句，就变成了"魂兮归来

---

① 罗新慧：《禳灾与祈福：周代祷辞与信仰观念研究》，《历史研究》2008 年第 5 期。
② 李立信曾搜罗各种文学史、诗歌史、期刊论文、历史典籍所见近 70 家观点。秦立根据前人 60 余家观点进行总结，概括为 16 种主要的说法。主要有源于《诗经》说，源于楚辞说，源于民间歌谣说，源于字书说，源于镜铭说，此外还有源于《成相篇》说，源于《柏梁台诗》说，源于《四愁诗》说，源于《琴思楚歌》说，源于《燕歌行》说，源于道教《太平经》干吉诗说，源于《吴越春秋》之《穷劫曲》说，等等。参见赵敏俐：《论七言诗的起源及其在汉代的发展》，《文史哲》2010 年第 3 期。

入修门，工祝招君背先行。秦篝齐缕郑绵络，招具该备永啸呼"。此外，持七言诗源于楚辞之说的，还有陈钟凡、容肇祖、王忠林、顾实、嵇哲诸人。① 可以说，经过以上诸家学人的论证，七言诗源于楚辞说，逐渐成为在这一问题讨论中最有影响力的观点之一。

追溯人类文明的源头，"七"在民间口头传统中一直是一个圣数。一般认为东、西、南、北四方，加上上、中、下三维称之为"七"。为论证这一神秘数字，饶宗颐先生征引口头史诗《阿闼婆吠陀》第一章有关"三七"之经文云：

> 1. 唵。三七之行，蕴一切色。音声之主，力显其神。指示我之全身。
>
> 2. 再来乎。音声之主，结其神心。至善之主，复与我相亲。以我之所闻，以就我兮。
>
> 3. 尔其张之，如弓与弦，叩其两端。音声之主，张之急兮。以我之所闻，以就我兮。
>
> 4. 音声之主，盍往谒之。音声之主，我其赞之。以系我之所闻兮。使我之所闻，永无离兮。

饶宗颐先生认为，"三七"之数，是一种"神秘助记之方"。既用以记数，又包含着哲理。印度的神依此行事。《阿闼婆吠陀》是以咒语为主的经典。在印度，"三七"之为吠陀神秘数字（thrice Seven），谓三倍七数，出自《梨俱吠陀·原人歌》："树以七根，又造三七以为柴薪。""三七"为祭火神阿耆尼（Agni）所用火枝之数。行祭之时，以 purusa 为牺牲，取绿色柴枝，围于火坛以为栅，在《梨俱吠陀·原人歌》中，"三七"之数与火祭有密切关系。印地安人、切罗基人（Cherokee）亦以四与七为圣数。七之构成，由四方加上三维（上中下）。汉俗之"上梁文"，与敦煌所出驱傩习见之"儿郎伟"，必用抛梁东、抛梁西、抛梁南、抛梁北、抛梁上、抛梁下诸惯语，与印度此

---

① 李立信：《七言诗之起源与发展》，台北新文丰出版公司，2001 年，第 5—29 页。

颂命意措辞，颇相类似。[1]

马阑安（Anne E. Mclaren）总结西方的研究认为：

> 中国本土文化传统对讲唱文学也有可能发生过影响。某些古代仪式影响过佛教文类和后世的讲唱文学。从汉代开始，祭祀社稷等神祇的仪式上便包含了三言、三言、四言成七言句的重复祈词，到唐代，同样的形式出现在民歌和佛教宣教文类如讲经文。根据这一观点，三言、七言的韵律格式是诗赞中使用的韵文的先驱。因为它的流行，所以佛教宣教者会采取这种形式，并把它吸收进经文讲诵中。这种韵文格式可以在今天的一些傩戏中找到，如安徽的孟姜女傩戏中。看起来似乎是这样：佛教文类（主要来自印度）促进了中国讲唱文学的迅猛发展，而宣讲人则吸纳了中国土生土长的仪式和民间形式来吸引听众。不论中国丰沃的讲唱传统来源于何，它以多种形式在一千多年中繁荣昌盛，并极大地丰富了中国的大众文化和文学文化。[2]

从文类生产的经验来看，口语文化传统远比书写文化更为久远，七言体源于口语传统应该是不争的事实。余冠英说："事实上七言诗体的来源是民间歌谣（和四言五言同例）。七言是从歌谣直接升到文人笔下而成为诗体的，所以七言诗体制上的一切特点都可在七言歌谣里找到根源。从血统上看，和七言诗比较相近的上古诗歌，是《成相辞》而非《楚辞》。"[3]

---

[1] 一切色梵言为 Visva rupam。自来解释心经，对 rupam 一字皆译为色，以指物之具有形体者（form）。W. P. Whitney 译"三七"（梵言 tri-saptas）为 thrice Seven：一言三或七数，如三界二德七圣七星之类；二谓三之七（three Seven），如七日七祭司之类；三谓七之三倍，即二十一，如指十二月十五季、十三界，加一太阳即成此数。参见施议对编纂：《文学与神明：饶宗颐访谈录》，生活・读书・新知三联书店，2011 年，第 91—93 页。

[2] 〔美〕梅维恒主编：《哥伦比亚中国文学史》下卷，马小悟、张治、刘文楠译，新星出版社，2016年，第 1097—1101 页。

[3] 余冠英：《七言诗起源新论》，《汉魏六朝诗论丛》，上海古典文学出版社，1952 年，第 145、157页。近年来，郭建勋主张把探讨七言诗起源的问题限定在所谓"抒情写志、语言凝练的正格的文学作品"之内，排斥那些"应用型的七言韵语或缺乏诗意的口号"，凸显楚辞在其中所起的"至关重要的、核心的作用"。另外强调楚辞与七言诗二者"句式在形式上的同构性"。（郭建勋：《先唐辞赋研究》，人民出版社，2004 年，第 142 页。）探讨早期文体起源的问题，剥离问题的语境，用今天西方的文学性标准限定讨论范围，本身很成问题。

　　由于《楚辞》的楚地的民间歌谣传统，所以从文化传统上讲，宝卷的七言句式和楚辞句式结构是 / ○○○兮○○，/ ○○○△○○，血缘较近，与后世成熟后文人抒情达意的七言诗的典型句式结构 / ○○ / ○○ / ○○○没有直接的血缘关系。从七言体的发展看，葛晓音认为"早期七言篇章由单行散句构成、意脉不能连属的体式特性，使七言只能长期适用于需要罗列名物和堆砌字词的应用韵文，而不适宜需要意脉连贯、节奏流畅的叙述和抒情。而中国的韵文体式倘若不便于抒情，是不可能得到发展的"[①]。也正因为如此，宝卷中的三三四句式，大多数情况下，是对于之前的散说故事进一步铺陈，把情绪的抒发交给各种曲牌来完成。

（三）七言镜铭与"七体"的文学人类学视角

　　今人关于七言诗起源于楚辞说还是起源于民间歌谣说等，其问题在于过分关注二者之间形式上的相似，而对于其背后深刻的语言差异以及其形成演变原因的探寻不够。

　　自古镜就是神话叙述的物象凭借，这在中国诸多文学典籍中都有呈现。镜面本身的反射，让远古人感到了神秘。于是镜子成为正义与邪恶、吉祥与灾难、伪饰与原型、过去与未来的边界。于是衍生出宝镜、照妖镜、阴阳镜、魔镜等神话想象。从汉代开始，铜镜"规矩宜孙镜"之镜铭（镜歌）七言形式，多为祝语："令名之纪七言止，涑治铜华去恶宰，铸成错刀天下喜，安汉保□世毋有，长□日进宜孙子。"[②] 再如西汉晚期"连弧纹铭文镜"之镜铭（镜歌）："日有憙，月有富，乐毋事，宜酒食，居而必安毋忧患，芋（竽）瑟侍，心志歡（欢），乐已茂兮固常然。"[③] 目前学术界关于汉镜铭文的研究大都集中于"作为诗歌的汉镜铭文"[④]，以及"汉镜七言体铭文与七言诗

---

① 葛晓音：《早期七言的体式特征和生成原理 —— 兼论汉魏七言诗发展滞后的原因》，《中国社会科学》2007 年第 3 期。

② 王勤金：《扬州出土的汉代铭文铜镜》，《文物》1985 年第 10 期。

③ 徐信印、徐生力：《安康地区出土的古代铜镜》，《文物》1991 年第 5 期。

④ 汉代已经出现了以"七言"名篇的《七言》。如《后汉书·杜笃传》载笃："所著赋、诔、吊、书、赞、《七言》、《女戒》及杂文，凡十八篇。"参见（南朝宋）范晔撰：《后汉书》卷八十上，李贤等注，第 2609 页。《后汉书·崔琦传》载崔琦"所著赋、颂、铭、诔、箴、吊、论、《九咨》、《七言》，凡十五篇"。参见（南朝宋）范晔撰：《后汉书》卷八十上，李贤等注，第 2623 页。

起源"等问题。汉镜铭文是口头祷祝语。汉镜背面的铭文多以三言、四言、六言、七言或骚体杂言的形式出现，用词考究，富于修饰，语句流畅，韵律和谐，其中的禳灾驱邪、显现原貌、识破诡计、鉴往知来、惩恶扬善的道德劝化和伸张正义的功效非常明显。根据杨桂荣先生《馆藏铜镜选辑》介绍，仅举三例。

其一，"王氏博局四神镜"（新莽），铭文篆书42字：

> 王氏昭镜四夷服，交贺国家人民息，胡虏殄灭天下复，风雨时节五谷熟，长保二亲子孙力，传告后世乐母（毋）极。

其二，"尚方博局四神纹镜"（新莽），铭文篆书30字：

> 上方作镜真大巧，上有仙人不知老，渴饮玉泉饥食枣，浮由（游）天下敖四海佳兮。

其三，"新有善铜博局四神纹镜"（新莽），铭文篆书64字：

> 新有善铜出丹阳，炼冶银锡清而明。尚方御镜大毋伤，巧工刻之成文章。左龙右虎辟不羊，朱雀玄武顺阴阳。子孙具备属中央，长保二亲乐富昌，寿比金石如侯王兮。[1]

明代嘉靖戊戌进士冯惟讷最早把汉代铜镜铭文中的汉代古镜铭文中五首七言诗收入他编撰的《古诗纪》中。《古诗纪》所收汉代古镜铭五首七言诗如下：

> 其一云：汉有善铜出丹阳，和以铅锡清如明，左龙右虎尚三光，朱雀玄武顺阴阳。

---

① 杨桂荣：《馆藏铜镜选辑》（二），中国历史博物馆馆刊（十八、十九期合刊），文物出版社，1992年，第215—216页。

其二云：上方作鉴真大巧，上有仙人不知老，渴饮玉泉饥食枣，寿如金石佳且好。

又六花水浮鉴：上方作鉴宜侯王，左龙右虎掌四旁，朱雀玄武和阴阳，子孙具备属中央，长保二亲乐富昌。

又十二辰鉴铭曰：名言之始自有纪，炼冶铜锡去其滓，辟除不祥宜吉水，长保二亲利孙子。辟如（缺一字）众乐典祀，寿此金方西王母。

又一镜铭曰：上方作镜四夷服，多保国家人民息，寇乱殄灭天下复，风雨时节五谷熟，长保二亲子孙力，传吉后世乐无极。

值得注意的是，这些汉代镜铭上的文字，基本可以判断是祷祝仪式的产物，其中的文字大多数属于交通神灵的四三句式的七言祝辞。《礼记·礼运》载："祝以孝告，嘏以慈告。"《集解》云："祝，谓飨神之祝辞也。嘏，谓尸嘏主人之辞也。祭初飨神，祝辞以主人之孝告于鬼神：……而主人事尸之事毕，则祝传神意以嘏主人，言'承致多福无疆于女孙孝'而致其慈爱之意也。"[1]

白川静认为，献给神灵的颂词是有韵律的语言——神圣韵文的起源之一。[2]"七言"镜铭与商周铭文"祝祷"的情感诉求相近，其渊源或可追溯至商周时期神祇祭祷仪式中的祝语或祝嘏辞（神回答的语言）。"祝"本为"告神之辞"，"嘏"则为"祝传神意之语"。其内容和形式缘于"人事"而包含"祈"或"禳"两个方面。《逸周书·周祝解》两则七言体短语皆载于"周祝"篇中，其渊源应是祈福纳吉的祈禳之辞。

"七言"镜铭所表达的是献给神灵的颂词，表达了自己的愿景，是汉代文人七言抒情诗的原初形态，从祈求神灵禳除灾异到祛魅，文人独立地表达个人的情感诉求，中间经历了很大的发展。

其中最有意味的形式是两汉魏晋南北朝时期，文人对"七体"文类情有独钟。比较著名并且被选家看中的，除了枚乘的《七发》、东方朔的《七谏》，还有傅毅《七激》、崔姻《七依》、崔瑗《七苏》、马融《七广》、王

① （清）孙希旦：《礼记集解》卷二十一，沈啸寰、王星贤点校，中华书局，1989 年，第 594 页。
② 〔日〕白川静：《中国古代民俗》，何乃英译，陕西人民美术出版社，1988 年，第 107 页。

粲《七释》、曹植《七启》、左思《七讽》、刘广世《七兴》、李尤《七疑》、桓麟《七说》、崔琦《七蠲》、刘梁《七举》、徐干《七喻》、刘邵《七华》、张协《七命》、陆机《七徵》、张衡《七辩》、张景阳《七命》、湛方生《七叹》、竟陵王宾僚《七要》等。"七"体之繁多，实在让文学史家眼花缭乱，大惑不解：为什么没有出现"六"或"八"的文体高潮呢？"七"何以如此受到文人的偏爱？

饶宗颐先生认为以"七"为标志源于古代某种成数观：古哲喜以数区别事物，七亦其一，故在天有七政（《舜典》）、七纬（《新论·思慎论》），在地有七泽（《子虚赋》）、七赋（《法言》问道指五谷桑麻），于礼有七庙（《王制》）、七体（《士丧礼》），于乐有七律（《国语·周语》）、七始（《汉书·礼乐志》）。自春秋以迄汉世，邌数之不能终其物。七复如三九，以指成数。①

为了捕捉和确认时间的维度，初民总是倾向于借用已有的空间表象来作为衡量时间进程的尺度。如"日"的划分借助于朝出夕落的太阳表象，"月"的划分借助于盈亏变化的月亮的循环周期。同样道理，以"七日"为一周的时间尺度是效法七方空间的有序生成而设定的。这一层道理实已寄寓在时间、空间相互混同、互为象征的神话宇宙观中，表现为创世神话中的七日创造主题。②不论是希伯来《旧约》的七日休息日，还是《庄子》的七日给混沌君开七窍，乃至瑶族所传伏羲兄妹结合七天七夜后生下大冬瓜，表示时间向度的"七日"叙述底层都影射着空间维度之"七"，这是解读此类时间韵律的关键。

（四）宝卷中七言句式的意义

郑振铎认为宝卷文本是变文的嫡传子孙，著名敦煌学家梅维恒总结认为，变文有三个特点：一是源于口头讲述传统；二是韵散结合的通俗化语

---

① 饶宗颐：《澄心论萃》，上海文艺出版社，1996 年，第 37 页。
② 在中国古代，每年正月七日为人日，这是一个盛大的节日。南朝梁人宗懔所著《荆楚岁时记》，曾描述了人日盛况：正月七日为人日，以七种菜为羹，剪彩为人，或镂金箔为人，以贴屏风，亦戴之头鬓。又造华胜以相遗。登高赋诗。圣数"七"神秘意蕴的重要来源——七方空间。《汉书·律历志上》中保留着按照这一象征模式解释"七"的古训：七者，天地人四时之始也。参见叶舒宪、田大宪：《中国古代神秘数字》，陕西师范大学出版社，2018 年，第 199—200 页。

言，以七言韵文为主；三是与图画紧密相关。[①] 七言诗是七言句式理性与以人为中心的审美传统的一支，而汉代镜铭韵散结合又与图像相配合，作为变文嫡传子孙的宝卷应该属于这一传统。

国内有学者不同意郑振铎的观点，认为从变文到宝卷缺失中间环节，因此宝卷与俗讲关系更密切。这一认识的问题在于，受流行于今天的宝卷形制的误导。流行于今天的宝卷仅是宝卷抄本和刻本。宝卷的宣讲活动，尤其是吴方言地区的宣卷世俗化和娱乐化占了上风，禳灾除祟功能明显弱化。可以说，宝卷宣卷仪式受到俗讲的影响，但是宝卷文本的确是变文的嫡传子孙，是谈经的别名。关于这一点，对变文土壤梵文研究极为细密的梅维恒教授深谙其中的奥秘："变"在某种程度上可以看作是"叙事作品中神的呈现，显现或现实化"[②]，是有神变的故事。在保留宣卷原始面貌的宝卷宣卷仪式上，既要悬挂"佛头"，又要请神。道教也接受了变相。

车锡伦研究认为《雪山宝卷》《五祖黄梅宝卷》中，唱段中偶然出现"攒十字"唱词，成为明代前期佛教宝卷唱段的特点。在《南无地藏王菩萨救苦经》中，全篇运用七言来敷衍故事，不见"十字佛"的形式，[③] 这充分说明早期的宝卷以散说和七言来演唱故事。而后期所见的叙事性宝卷吸收民间词话唱词及其唱腔的句式，多用散说和三、三、四的"攒十字"形式。

---

① 〔美〕梅维恒：《唐代变文》，杨继东、陈引驰译，中西书局，2011 年，第 134 页。
② 〔美〕梅维恒：《唐代变文》周一良序，杨继东、陈引驰译，中西书局，2011 年。
③ 车锡伦：《明朝早期的宝卷》，《民俗研究》2005 年第 1 期。

第三章 宝卷信仰中的禳灾叙述结构

格尔茨提出人是悬挂在自己编织的意义之网上的动物[①]，推广开来，人类社会集体行为也存在意义链条和行动逻辑。在传统社会，在民众的日常生活中，宝卷的编创、宣卷是一种文化活动，也是一种象征性文本，宣卷活动让宝卷进入了跨界文化场域。首先是宣卷的声音意义，他不仅有传布宣卷人情感的作用，也有唤醒听众的作用。宣卷者（佛头／讲经先生）是积极传统的携带者，因此具有"声音权威"。这一权威和佛者一道，日复一日地反复唱和，"响彻云霄"，把地域的"积极传统"与当前意识形态勾连互动，予以赋形。宝卷的文字文本编创生产，由刻印或传抄不断复制。这些海量的文字文本与中国传统的小说、戏剧、传说、神话、宗教典籍形成互文关系。"吸收"和"改编"则可以在文本中通过戏拟、引用、拼贴等互文写作手法来加以确立，也可以在文本阅读过程中通过发挥读者主观能动性或通过研究者的实证分析、互文阅读得以实现。更重要的是，传抄的过程是抄写者自我交流、道德认同的过程。作为物的宝卷本身，被赋予辟邪、镇宅、祈福、纳吉的作用，所谓"家藏一宝卷，百事无禁忌"，所以各地都强调传抄宝卷和收藏宝卷的重要意义。青海洮岷地区，宝卷用红色丝绸包裹起来，放进寺庙里，讲经时专门有一个"请经"的仪式。如果说侗族的歌用以养心，那么汉族的宝卷讲唱用于安魂。

宝卷是用故事叙述展开的意义系统。早期佛教宝卷和民间教派宝卷的宣讲与宗教信仰联系在一起，它们在各种道场、法会上演出。如《目连救母

---

① 纳日碧力戈：《格尔茨文化解释的解释〈代译序〉》，载〔美〕克里福德·格尔茨：《地方知识：阐释人类学论文集》，杨德睿译，商务印书馆，2014年，第8页。

出离地狱生天宝卷》在"盂兰道场"演出,《大乘金刚宝卷》在"金刚道场"演出,《佛门西游慈悲宝卷道场》在"西游道场"演出。道场演述说唱,形成特有的叙述结构。

一、修炼飞升与度脱成仙叙述结构

笔者发现,宝卷宣卷做会仪式作为祈福禳灾、追荐亡灵、超幽度亡的一部分而存在,所以对宝卷的研究要在这些仪式背景中去考虑。尹虎彬分析《后土宝卷》的主题,认为其中包括"弃舍家缘"、苦海拦路主题,洞中修真、白猿献桃、明心见性的主题,超凡入圣主题,后土修真、刘秀走国、化愚度贤主题,送子主题,经卷神授主题,化缘主题,像教子攻书、登科及第、入仕、效忠皇帝、孝养双亲等主题。[①]

按照神话观念,宇宙的秩序在于追求"天人合一",和谐共生,要实现这些,人要遵从天的意志,按时祭祀、祈祷才能避免罪愆。人类各种文化、书写和神话仪式背后的支配性元秩序是针对"洁净与危险""秩序与失序""灾难和疾病"言说,通过修炼仪式,象征性地实现超幽度亡、度脱成仙的目的。

(一)启悟与修炼成仙结构

先秦道家开启了成仙想象,神仙可以不死,可以升天。飞升的必经途径是"修炼"。元杂剧中出现了仙佛点化度脱凡人的杂剧度脱剧。仙佛点化度脱的重要步骤是"启悟"。"启悟"本是成年礼的仪式,它包括一些残酷的考验,如被单独置于旷野黑暗的小屋中数日,或身体遭受饥饿、刺青等过程。宗教学家伊利亚德解释说:"凭这些仪式,以及这些仪式所带来的启示,使他们被承认为社会上一个负责任的成员。"[②]

---

① 尹虎彬:《河北民间后土信仰与口头叙事传统》,北京师范大学 2003 年博士论文,第 89—91 页。
② Mircea Eliade, *Rites and Symbols of Initiation*, Harper Torchbooks, 1965. 另参见〔新加坡〕容世诚:《戏曲人类学初探——仪式、剧场与社群》,广西师范大学出版社,2003 年,第 152 页。

在这方面，新加坡国立大学容世诚先生有着深入的研究。在度脱仪式中，启悟是度脱的前奏，度脱剧主要是"度人"成仙或获得永恒的生命轮回（结果）的仪式性叙述。"'被度者'通过'度人者'的帮助，经过艰难的度脱过程和行动，领悟生命的真义，最后得到生命的超升——成仙成佛。这是'度脱剧'的一般模式。"[①]

一般意义上，修炼才是拜托人世罪愆的途径。杂剧和宝卷中，得到神灵的点化，象征性的成仙，飞升到天堂获得度脱是另一个重要手段。[②] 自古以来，"天"的超验性的象征体系来自人类对天无限高邈的朴素认识。在人类难以企及且布满星星的地方充满着超越的、绝对真实的神圣尊荣。这些地方是诸神的居所，某些被赋予特权的人过渡礼仪而升抵天庭。当一个人踏上通向圣坛的台阶，或者登上通往天空的天梯的时候，他就不再是一个凡人；那些赋有特权的死者升入天堂之际也将抛弃俗人的状态。我们很快就会看到，"那最高的""那闪耀的""天"，多少都是原始文明用于明确表达神性的用语。[③]

在维克多·特纳和阿诺尔德·范热内普（1909）看来，"过渡礼仪"（rites de passage）的"阈限阶段"是伴随着每一次地点、状况、社会地位以及年龄等"生存模式"（modes of existence）的改变而举行的仪式。所有的过渡礼仪或"转换仪式"都有着标识性的三个"过渡仪式的秩序"（schema of rites

---

① 受元杂剧中宗教故事的影响。在宝卷中大量存在的与宗教故事有关的宝卷，也借用了宗教文学的叙事模式。在宝卷中有大量篇目属于启悟和度脱的模式，这种模式最早来自于原始社会成年礼启悟的仪式，逐渐融入文学叙事中，成为文学特别是带有宗教特性的宗教文学的一部分。参见〔新加坡〕容世诚：《戏曲人类学初探——仪式、剧场与社群》，广西师范大学出版社，2003年，第157页。

② 道教哲学中的炼养、斋醮、神话传说都深深渗透到宝卷之中。其中道教的内丹术及斋醮仪范对宝卷的影响最大。明初《佛说皇极结果宝卷》是现存最早的民间宗教经卷，现在尚难判定是哪门教派或教门。这部宝卷的特点是佛、道兼融，外佛而内道，又夹杂着三教应劫救世思想。但观其内核则是追求修炼成真，以求出世之良方。所谓"收圆圣金丹，离天初下凡，有缘同归去，无分混人间"。经卷中暗示了修炼艰难和修成的结果：修行者十步之法，要过步步关口，"有七山关，天元祖，地花母提调；六合神，三十六位守把。逢阳月一五，阴月三七开关。各所真兑，方许过关。到此地终躲的三灾八难"。此经讲究天地人合参，所谓"人修天地天养人，凡圣相接人不明，天地原是人根本，人禀天地要出身，修行内里藏时度，圣摄凡提炼两轮。十步修行不知道，胡修千年只是空"。

③ 〔美〕米尔恰·伊利亚德：《神圣的存在：比较宗教的范型》，晏可佳、姚蓓琴译，广西师范大学出版社，2008年，第36—37页。

de passage）——分离（separation）阶段、边缘阶段 [①]、聚合阶段（separation-transition-incorporation）。[②]

在人类学家范热内普提出的分析框架中，成仙仪式的进程包括三个步骤：首先，与日常生活的各种事物分离，这其中所涉及的是从经过的门槛状态过渡到一个仪式的世界里经受考验。具体表现为在神圣旅程中，朝圣者参与进宗教剧情中，表演仪式性规定的行为，例如祈祷、颂唱、跪拜。作为一种表现在动作上的虔诚，朝圣需要旅行者的个人献祭。承受不那么安逸的状态，他们可能会遭遇饥饿和干渴，气温的炎热或寒冷，路上的疼痛和害怕，有时会持续数天或几个月。朝圣者经常会走少有人走的区域，在那里他们可能会遇到麻烦，包括强盗、绑架、饥饿或是死亡。为了表明他们是受到精神感召的旅行者，一些人穿着特殊的衣服，剃掉头发，带着护身符，吟诵祈祷，或一路上表演其他的规定仪式。[③]

其次，对导致分离状态的危机制定一个模拟的情形。在这一过程中，对日常生活的结构设定既受到阐明，又受到挑战。最后，最终重新进入日常生活的世界。

远古以来的人类精神信仰，通过神话、象征和习俗一直留存至今，虽然残缺不全，但是仍然清楚地表明了它们当初的含义。在一定的意义上它们就是精神的"活化石"，有时仅凭一件化石足以构筑整个有机体。[④] 在人类学方面，有许多田野调查的材料支持这一仪式。研读宝卷，我们发现，度脱象征着过渡礼仪中，通过修炼，进入阈限阶段 [⑤]，"通过这一仪式，被度者才能从'人

---

① 或叫阈限阶段。"阈限"一词源于人类学概念，源于拉丁语"limen"或者是"limin"，与拉丁语"limus"（意为跨越）的意思相近，意为门槛（threshold），包括门槛建筑、门、边界、入口或出口、心理效果开始产生的点和临界（值）等意思。法国人类学家阿诺尔德·范热内普（Arnold van Gennep）在论著《过渡礼仪》中将"阈限"一词用来描述人们在参加过渡仪式中的模糊而不确定的，在结构中分离之后而未进入新的结构的过渡阶段，即"游动于两个世界之间"。

② 〔英〕维克多·特纳：《仪式过程：结构与反结构》，黄剑波、柳博赟译，中国人民大学出版社，2006年，第95页。

③ 〔美〕威廉·A.哈维兰（William A. Haviland）等：《人类学：人类的挑战》，周云水等译，电子工业出版社，2018年，第590页。

④ 〔美〕米尔恰·伊利亚德：《神圣的存在：比较宗教的范型》，晏可佳、姚蓓琴译，广西师范大学出版社，2008年，第8页。

⑤ 李永平、李泽涛：《从阈限书写进入：文学人类学研究的一个视角》，《中国比较文学》2022年第1期。

类的群体'进入'神的群体'，亦即从凡界超升进入仙界"。使人飞升到至上的天上世界，实现象征性转换，达到脱胎换骨式的蜕变。所以在仪式剧中，度脱常被看作"考验""斋戒"，以"救劫"等母题表现出来，而一般宝卷中涉及世俗人与佛陀，凡人与神仙的度脱情节，"就环绕着这启悟—度脱过程来发展"①。

要度脱飞升，到达另外一个世界，对青少年来说要经历名为"启悟"的过渡仪式，又称"成年礼"。比较宗教学家伊利亚德说：启悟这一名词泛指一系列的仪式和口头训导，目的在于使被启导者的宗教和社会地位，产生决定性的转变。② 若从被启导者的角度来看，通过这些仪式，尤其是其中的"启悟考验"，使被启导者的心智更趋成熟，对于自我和社会，以致生存的意义，有了新一层的体验和诠释。总而言之，是意味着生命进入另一新的历程，踏入另一新的境界。这个对成为特殊使命的承担者（比如萨满）来说，要经历特殊的"拣选"。借用伊利亚德的说法，这是"生存模式"（modes of existence）的大转变。

度脱的叙事模式一般有两种：第一类是凡人经过神仙的度脱指引，得悟正道，超生为仙为佛。这种类型被称为"超凡入圣型"。第二类是神仙因罪被贬下凡，后得"度人者"导引，重返天界。这种类型被称为"谪仙返本型"。 谪仙返本型的故事是西北宝卷中最多的一类度脱故事。这种类型的宝卷包括《吴彦能摆灯宝卷》《韩湘子宝卷》《孟姜女宝卷》《牡丹宝卷》《鹦哥宝卷》《天仙配宝卷》《劈山救母宝卷》《张四姐大闹东京宝卷》《三神姑下凡宝卷》《刘全进瓜宝卷》等。③

---

① 〔新加坡〕容世诚：《戏曲人类学初探——仪式、剧场与社群》，广西师范大学出版社，2003年，第178页。另见《度脱剧的原型分析：启悟理论的应用》，参见《海内外中国戏剧史家自选集·容世诚卷》，大象出版社，2018年，第21页。

② Mircea Eliade, *Rites and Symbols of Initiation*, Harper Torchbooks, 1965, p.xiii. 转引自《戏曲人类学初探》，第152页。

③ 陈富元、刘永红：《宝卷叙事中的启悟与度脱——基于文学人类学的分析》，《青海师范大学学报》2013年第2期。参见刘永红：《西北宝卷研究》，民族出版社，2013年，第241页。

图 3-1　光绪辛巳版《鹦哥宝卷》

度脱故事，其中有神灵救助，"度脱者"即救助者一般都是天界的神仙，在宝卷中，"度脱者"启悟以佛教和道教神灵形象出现，有观音菩萨、太白金星、黑虎灵官、土地爷、值日功曹、八仙中的某位（多为吕洞宾、汉钟离、铁拐李）等"智慧老人"的形象出现。度脱的关键在于启悟，启悟需要"参与考验"，宝卷中以"游地狱""断臂""割眼"为代表的各种考验情节，是启悟的重要环节，也是度脱必经的阈限阶段。在这一类型的宝卷中，"被度者"注定要遭受许多磨难，包括家境沦落乞讨为生，遭人陷害陷入绝境等，而"度人者"注定要帮助这些人超越苦难，成仙成道。

在代天度脱的叙事中，谁是"天命"传承者，是代天宣化的使者或圣师、道祖，他们代天救劫，临凡通过各类的"神启"方式（如扶鸾降神）来进行创教的神圣性、合法性的宣示。诸如，八卦教、九宫道、圣贤道、一贯道等的祖师都反复强调自己是"弥勒转世"，而济公、观音、关帝、吕祖等仙佛谱系也成为教门可以随意降世救劫的"救世主"，而有功于教门的各类道首或各种地方神圣仙真，也可以有相对从容的自由度，被收编进新的济度宗教团体之中，接受各种神圣的敕封，从而灵活地推动了各种新宗教的创教文本的盗用和创作。例如，晚清光绪庚辰年（1880）刻印《玉露金盘》，是济度宗教团体——先天道最为重要的一本扶鸾经典，同善社、一贯道、归根道、台湾慈惠堂也将其列为道门的经典。该书同样阐述了最高主宰——无极老母（瑶池金母）为了实现普度收圆之使命，分设三期龙华会，安排神圣仙佛下世救劫度化的故事，并创造性地借用了基督宗教"撒旦（胆）"概念，以指称那些制造人世间劫难的"魔鬼"。先天道构设最高人格神"无极老母"（瑶池金母）的理论基础来自道家的"道化"论和明清时期的罗祖教，但借扶乩添设的魔界领袖"撒胆（旦）"，显然又是盗取基督宗教教义的结果。这种济世救劫论鲜明地承接了东西方宗教共有的"二元对立"的叙事结构，突显了神圣世界与世俗世界的二分，也是试图消纳西来的基督宗教的教义来推动自身宗教的革命性、合法性的话语构建。

无极老母"起设先天龙华会"（三月十五日），让李聃领命"降下尘凡救度赴会"，"度回二亿回天"。又设中天龙华会（五月十五日），让燃灯古佛领命授度赴会，"催得二亿回天"。不料撒胆（旦）勾弄灵根，迷惑世人，让五魔"一个设个孽海，淹断残零归路，夺了包囊宝器，自不能还原返本"，陷入万劫轮回。无极老母只好再召设后天龙华会（九月十五日），召集"三教佛神九曜诸真，共议普度收圆"。大小神圣下界投凡。弥勒古佛讳名隐号，乃称皇极主人，来度残灵归天。幸有关圣帝君、吕祖纯阳再议"建设坛位，开乩点象"，普天神圣仙佛"飞鸾显化，说破劫运"。

元代神仙道话剧只是临凡启悟的度脱仙话的一部分，老母临凡度脱失足者是明清时期民间宗教宝卷的基本教义之一。老母即无生老母，她虽是民间宗教的至上神，但为了救度众生，也要临凡化为人身。据《续刻破邪详辩》记载："明朝嘉靖末年，投入中原，化为女身，自称无生老母。"《破邪详辩》卷三亦称："邪教王法中案内供称：无生老母于康熙年间转世在清苑县之国公营。"虽受尽人间苦难，但仍刻苦修行，习教传徒。也有的教派认为，无生老母的地位过于尊崇，不宜直接抛头露面，于是让她脱化其他神灵临凡，如菩萨、离山老母等。《普度新声宝卷》卷首："诸祖满天，圣贤神祇，唯有无生老母为尊。菩萨即是老母，老母即是菩萨。"《佛说离山老母宝卷》："无生老母在灵山失散，改了名号，叫离山老母，往东京（汴）凉（梁）城王家庄度化王员外。"①

河西的《敕封平天仙姑宝卷》"举香赞"中，"平天仙姑下天宫，随处化显神。救渡众生，拔苦出沉沦。人生天地间，贵贱许多般。恶者堕地狱，善者往升天。南无香云盖菩萨摩诃萨"。"仙姑原是汉代人，合黎山上苦修行，功行圆满升天界，威灵感应渡众生。"②

---

① 濮文起主编：《新编中国民间宗教辞典》，福建人民出版社，2015年，第253页。
② 《敕封平天仙姑宝卷》，载《临泽宝卷》，甘出准059字，2006年，第1页。

度脱前的考验必不可少，只有得道者方可以度脱。所以这种考验在宗教中常以隔离、斋戒、游地狱、肉体折磨等形式体现出来。靖江的《三茅宝卷》中，金三公子在马房遭难，"第一天好过，第二天难熬，到三天饿得眼前金星直冒"：

> 三官大帝端坐八景宫中，忽然坐卧不安，心血来潮。他掐指一算，晓得一半："啊呀，我徒弟在马房遭难危急，呼我搭救！"三官大帝忙动身，蓬莱山到面前呈。玉清显神通，驾云又乘风。前往金相府，度救修行人。①

《三茅宝卷》中，兄弟二人剁掉手募捐修东灵寺，元阳真人显灵：

> 用净水一盅，大显神通，画符念咒，步罡踏斗，用符咒灰和接骨丹一拌。法水连连喷三喷，两手接得紧腾腾。元阳修成仙，两手接上肩。道功深如海，神法大无边。②
>
> 三官大帝端坐八景宫中，忽然坐卧不安，心血来潮，他掐指一算，晓得一半："啊呀，我徒弟在马房遭难危急，呼我搭救！"
>
> 三官大帝忙动身，蓬莱山到面前呈。三官按落云头，站在仙山："玉清首徒，前来见我！"玉清真人抬头一看："师父，你无事不出门，到此有何吩咐？""首徒，我给你一样东西，你即速下凡，赶到宾州金相府。金福公子被父责打，正在马房遭难，你去把他度到终南山，让他成其正果。""师父，为徒即刻就去。"玉清显神通，驾云又乘风。前往金相府，度救修行人。③

靖江的《梓潼宝卷》陈梓春合门家眷修办道，昼夜加工诵经文，"天天诵到黄昏后，夜夜读到深更"。玉主吩咐太白金星下凡，替他一门脱过凡胎：

---

① 《三茅宝卷》，载尤红主编：《中国靖江宝卷》，江苏文艺出版社，2007年，第57—67页。
② 《三茅宝卷》，载尤红主编：《中国靖江宝卷》，江苏文艺出版社，2007年，第111页。
③ 《三茅宝卷》，载尤红主编：《中国靖江宝卷》，江苏文艺出版社，2007年，第57页。

"归去来兮归去来，火坑里面脱凡胎。脱了凡胎换仙胎，逍遥自在上天台。"①

"度脱剧"包括"度人者"和"被度者"（戏剧人物），度人的行动（戏剧动作），悟道，成仙或获得永恒的生命（结果）三个部分。度脱的逻辑是"被度者"通过"度人者"的帮助，经过度脱的过程和行动，领悟生命的真义，最后得到生命的超升成仙成佛。这就是"度脱剧"的一般模式。吕洞宾在度人的旅程里尝遍了各种肉体上的折磨：拷打、负枷、充军、追杀、饥饿和寒冻等象征死亡再生的过程。这些都是启悟仪式必须面对的考验。马尔卡斯说：人类学家称这些仪式为启悟仪式或成丁仪式……这些礼仪包括肉体上的折磨、对身体某些部分进行割损。仪式性的进食、禁食或隔离，和授以部落的神秘信仰。②

在宝卷中的各种过渡礼仪（宝卷称之为做会），修行之人得以超度解脱人世的生死苦难，上升到达仙佛境界。③从原型批评角度剖析中国传统的"度脱剧"，探讨存在于"度脱剧"中的深层结构，我们发现度脱禳灾仪式和过渡仪式，都有一个经历区隔和禁忌，渡过一个阈限阶段，涤除污染，禳解瘟疫和灾异的象征结构。④

① 《梓潼宝卷》，载尤红主编：《中国靖江宝卷》，江苏文艺出版社，2007 年，第 296—297 页。

② 〔新加坡〕容世诚：《戏曲人类学初探 —— 仪式、剧场与社群》，广西师范大学出版社，2003 年，第 165 页。另见《度脱剧的原型分析：启悟理论的应用》，参见《海内外中国戏剧史家自选集·容世诚卷》，大象出版社，2018 年，第 13 页。

③ 和瑶族人比，我们知道在乡民的精神世界，举凡指路招魂、婚丧嫁娶、建造房屋、驱病禳灾、出门远行、狩猎捕鱼，以及祈求农业生产丰收等，都要请巫师举行相应的宗教活动，从而产生了种类繁多、卷帙浩繁的科仪文本。瑶语称科仪文本为 sai-sou（师书），是瑶族巫师举行各种仪式时所使用的仪式范本，包括举行挂灯、度戒、打斋、打醮、祭祖、求花、求财、驱疫、延命、保生、还愿等仪式所使用的疏、表、咒、诀、符、经文、神唱等，记载着瑶族观念中的鬼神世界。盘瑶度戒有多种不同阶段。男子经由度戒可在神灵世界中获得相应的职位；他们持有度牒，拥有特定数目的阴兵，凭借这些阴兵的保护，不但可以远离灾病，还可以主持一些简单的仪式治病救人，再经过进一步研习法术成为师公。这类文本有《挂三台七星灯书》《度师书》《造挂三台七星灯》《挂灯书》《戒民书》《挂灯传度书》《请圣科戒度文二本合订本》。相关的文本有《送入度老君上船用》《明隔传度书》《度师力圣上云台书》《装槽上船用》《超度传本》《超度大经书一部》《敷舒黄道书一卷》《仰帅上船挂大罗灯书一本》《正度三戒法书》《传度三戒过筵总书》《三戒证盟法书》《贺星拜斗书》《起游书》《传度下大堂禁用三戒传度书》《三戒引度法书》《中度一戒书》。打醮是一种禳灾祈福的仪式。罗宗志：《信仰治疗：广西盘瑶巫医研究》，中国社会科学出版社，2012 年，第 170—171 页。

④ 〔新加坡〕容世诚：《戏曲人类学初探 —— 仪式、剧场与社群》，广西师范大学出版社，2003 年，第 155 页。至于"度脱剧"的定义和内容，青木正儿的说法："神仙道化"不消说是取材于道教传统的，就现存的作品来看，则有两种：一种是神仙向凡人说法，使他解脱，引导他入仙道；一种是原来本为神仙，因犯罪而降生人间，既至悟道以后，又回归仙界。〔日〕青木正儿：《元人杂剧序说》，第 26—27 页。

在佛教中，度脱凡人者未必是神仙，普通人乘坐法船（法舟、法航、慈航、慈船、宝筏），能度人出离生死苦海，驶到"涅槃岸"——道行高深的佛徒所达到的境界。因此，将佛法比喻为船筏。《净土传灯归元镜》受嘱传灯分第三："弥陀方便实中权，直指众生上法船。"明清时期，民间宗教袭用这一术语，亦将其教义比作普度众生、认祖归根的法船。《普明如来无为了义宝卷》卷首："古弥陀，观见他，十分难忍；驾法船，游苦海，普度众生。"《古佛天真考证龙华宝经》排造法船品第二十一亦云："无生老母法船大，装尽万国九州人；有缘早把法船上，龙华三会愿相逢。"也有一部分教派把自己的佛堂或坛场称为法船、法航，如光绪年间兴起的一贯道，即大力号召其信徒捐资兴办"法船"，即佛堂。《法航开渡十义》说："法船为救度众生迷津，超登彼岸之宝筏。""法船为苦海之慈航，众生之救星，况三曹普度乃无量之大功德，故一只法船胜过十座大庙之功德。"[1]

从更广泛的意义上讲，神灵启悟叙述也是神灵救助范式的一部分。荷兰汉学家田海认为，在中国南方依然流行这样的主题。一些基本的范式得到了保留，这证明了口头传承的显著力量。其基本组合体是年轻、长寿、不朽（体现在救主形象的名字和年龄上）、灾害的威胁（战争、疾病，有时还包括洪水），以及在符箓和神军帮助下与这些灾害作斗争。权威的基础是宝物，即御宝传递的超凡魅力。来自上天的文书起着抵御作用，比如圣书（宝卷）、符箓、旗帜或疏表，用来与妖魔作战。然而，真正的神圣消息是通过口头途径传播的，比如做梦和幻觉。[2]

作为民间社会日常生活的仪式文之一，启悟考验中，以游地狱叙述最为

① 濮文起主编：《新编中国民间宗教辞典》，福建人民出版社，2015 年，第 111 页。

② 《天地会的仪式与神话：创造认同》一书可以说是近二十年来国际学术界关于天地会、中国秘密结社以及民间文化史研究的一部杰出著作。原书作为荷兰莱顿大学《汉学丛书》第 43 种，由欧洲知名学术出版机构博睿公司出版。作者田海（Barend ter Haar），毕业于荷兰莱顿大学，师从著名汉学家许理和（Erik Zürcher）教授，曾经在中国辽宁大学、日本九州大学留学。1986 年起任教于荷兰莱顿大学，1994—2000 年任德国海德堡大学教授，2000—2013 年回任荷兰莱顿大学中国史讲座教授，2013 年起任牛津大学邵逸夫中学讲座教授。除这本书以外，田海还著有《中国历史上的白莲教》（*The White Lotus Teachings in Chinese Religious History*, Leiden: E. J. Brill, 1992）；《讲故事：中国历史上的巫术与替罪》（*Telling Stories: Witchcraft and Scapegoating in Chinese History*, Leiden: E. J. Brill, 2006）；《践行经文：中华帝国晚期的世俗佛教运动》（*Practicing Scripture: A Lay Buddhist Movement in Late Imperial China*, University of Hawaii Press, 2014）。〔荷〕田海：《天地会的仪式与神话：创造认同》，李恭忠译，商务印书馆，2018 年，第 220 页。

普遍。目连引母亲去佛塔前念诵经典，帮助其忏悔念戒、消除罪业。但刘青提执迷不悔、积习难改。《目连救母幽冥宝传》中叙述目连恳请如来佛祖动使佛法脱去母亲刘氏身上的狗皮。于是达摩对着已变为白犬的青提吹气，霎时间白犬就变回人身。可是当达摩接着问青提"是吃斋还是吃荤"，青提贪图口味，竟然回答道"我还吃荤"，于是达摩立刻又将青提变回狗身。[1]青海宝卷、河西宝卷中的《目连宝卷》《观音宝卷》《唐王游地狱宝卷》《张四姐大闹东京宝卷》《十王卷》《劈山救母宝卷》《包公错断查颜散宝卷》《刘全进瓜宝卷》和《葵花宝卷》等都涉及游地狱母题。联系度脱启悟母题，我们就会明白，游历冥府应该是启悟前的秘密考验仪式的一部分。

游地狱是模拟性的审判，通过让启悟者旁观，达到模拟教育和审判的作用。这个审判对于亡人来说是超幽度亡仪式叙述，对于生人来说是教育审判阈限仪式，但这一仪式的深层结构与过渡礼仪一致。要完成人生不同阶段的过渡，必须经历一个阈限，渡过一个象征涤除污染、禳解灾异的仪式。从时间上看，做会讲经正是这一仪式空间，在神圣时间的神圣空间，完成周期性的过渡，形成一个循环。具体论述留待下文。

表 3-1　十殿阎君名称与功能概览

地点	狱名	执掌者	阴间所受刑罚	阳间所犯罪孽
第一殿	刀山地狱	秦广王	上下剥得干干净，推上刀山受苦辛。	在阳间不信修行，打僧骂道。
鬼门关		判官	无钱拷打剥衣襟。	在生勿念弥陀佛，黄泉路上烧金银。
第二殿	油锅地狱	楚江王	下了油锅哀哀哭，皮焦肉烂好伤心。	不信修行，不敬天地神祇。
第三殿	寒冰地狱	宋帝王	丢入寒冰地狱受刑七日。	阳间不信修行，有人劝她烧香念佛，反要伤触别人。
破钱山			破钱山下苦尤难。	奉劝大众化纸钱，不可挑破纸灰烬。阴司收去不好用，只好投入破钱山。
第四殿	拔舌地狱	五官王	喝叫夜叉来动手，拔舌地狱受苦辛。	在阳间无半点行善之心，有人劝她烧香念佛，花言巧语哄骗他人。
望乡台			善人阴魂转家门，恶人不得转回程。	善恶有报。

---

[1]　Xiaosu Sun, Liu Qingti's Canine Rebirth and Her Ritual Career as the Heavenly Dog: Recasting Mulian's Mother in Baojuan (Precious Scrolls) Recitation CHINOPERL, *Journal of Chinese Oral and Performing Literature*, 35.1:28-55（2016）.

续表

地点	狱名	执掌者	阴间所受刑罚	阳间所犯罪孽
第五殿	血湖地狱	阎罗王	池内尽是女人身，还有毒蛇盘颈根。乱撩咬人苦伤心。也有人身吃完了，也有吃了剩半身。大娘丢入池中去，满身咬得碎纷纷。	阳间生男育女，血流满地，污触地神，未有善念之心破解。
第六殿	剥皮地狱	卞成王	阴间受剥皮抽筋之罪。	阳间造孽千斤。
孽镜台			众牲来讨命，罪孽报不清。	前生杀了牛共马。
第七殿	毒蛇地狱	泰山王	毒蛇开口如锋剑，吃了千千万万人。蛇多人少勿够吃，钻在肚里吃人心。	总无念佛之心，月月忙匆过，日日无功夫，就是佛口蛇心。
第八殿	锯解地狱	平等王	锯解地狱最难过，两人扯锯不留停。头上锯到脚上去，一人锯两边分。五脏六腑多流出，鲜血放下恶狗吞。	阳间打僧骂道，只管吃着二字，不思大限到来，罪孽难当。
第九殿	碓春地狱	都市王	夜叉小鬼忙碌碌，一个碓来一个春。手拿榔头来春起，头上春到脚后跟。春出鲜血狗来吃，一身皮肉化灰尘。	阳间不信修行，诈骗赌钱、田地荒芜、打僧骂道。
第十殿		转轮王	投入虫豸鸟兽之内。	前九殿罪名已定。

（二）超幽度亡仪式

在佛教中，这种"超幽建醮"中的"镇抚幽鬼"仪式，是采取由神佛审判幽鬼诉苦的方式举行，由此产生审判亡魂的"审判戏"。"超幽建醮"中有施食仪式，可以说是一种普世救赎的节日（普度）。一般认为，度亡是传统佛教坚持做的功德和普度仪式。由于灵宝道士可以做受生和度亡两种仪式，在道教度亡仪中，有些重要的元素确实是明显来源于佛教。譬如，仪式中沿着坛场墙边上挂着的《十殿地狱图》，以及功德仪式举行的日子如何确定（在人死后）等。

明代民间佛教的宣卷活动，"追亡荐祖，了愿禳星"，其中尤以"亡荐"最为普遍。这同保留至今的《金刚科仪》《佛门西游慈悲道场宝卷》《目连救母出离地狱生天宝卷》《大乘金刚宝卷》《弥陀宝卷》《佛门取经道场·科书卷》等都是用于荐度亡灵的科仪卷功能是一致的。靖江做会只做延生，不做往生。江苏张家港市农村现场调查讲经先生做的一次荐亡法会，所唱宝卷有《十王宝卷》（又称《冥王宝卷》）、《地狱宝卷》（明末还源教《销释明证地狱宝卷》的传抄本）、《五更卷》（用于"开天门"仪式）、《荐亡卷》（为亡人献饭时唱）、《散花解结》。

劳格文考察台湾的往生仪式"开度斋"，或许会对我们有一定的参考：

在这种仪式中，必须先开启鬼门，使其暴露于天灯之下，然后让地狱里的滞魂渡过灯桥（金桥）到达天庭。为生者而行的仪式，则可以称之为"祈禳斋"。这些斋仪的目的是驱蝗虫，祈求财富、长寿、好运以及风调雨顺，等等。在这个仪式目录中，还有一种"雷霆斋"。这种斋法，与那些涉及星宿特别是北斗的科法一样，其功能是驱妖辟邪，以保护人们的生命，并带来最多的运气。这些斋法还可以用来安宅、传度、祛病，等等。在度亡仪式中，我们发现有清醮（净供，亦称为普度）、血湖（为难产而死的妇女举行的仪式），以及十回度人等。[①]

在元曲中，能看到很多审判亡鬼的戏，其中的早期作品可以看作是从前面的"超幽建醮"礼仪转化而来。在民间传说里，人们相信包公是冥王东岳帝属下的速报司，和《窦娥冤》中窦天章的角色相同。这样的"审判戏"的重点不在推理过程，由于其重点在于冤魂的苦诉，因此和上述《窦娥冤》的情况一样，包括案件得以解决这一重要内容的一折戏，几乎所有内容都充斥着冤魂诉苦的表演。仅就这部分而言，与前述"镇抚幽鬼"具有同样的结构。这说明，元曲中的"审判戏"直接继承了镇抚亡魂的"超幽建醮"的形式。在这种条件下，法官包公成为审判的神灵是理所当然的事。事实上，即使是在香港，从北方移住来的客家人也把包公当作三官大帝、北帝、洪圣王等神的陪神祭祀在庙中。也就是说，元曲里的审判戏是由"超幽建醮"礼仪直接转化而来的形式，和前述"镇抚幽鬼"一样，同为元曲最早的形式。[②]

十年前，笔者做包公故事宝卷研究的时候，车锡伦先生提供给一则材料：绍兴宣卷班社有40余家，除了各有特色的一些宝卷外，必须演出的是所谓"三包龙图"，即《卖花龙图》（《张氏三娘卖花宝卷》）；《卖水龙图》（《花栁良（两）愿龙图宝卷》又名《包公巧断血手印宝卷》）；《割麦龙图》（又名《出世龙图》《包公出世狸猫换太子宝卷》）。多年来，笔者一直思考，为什么必须演出的是"三包龙图"？是因为他是清官？关于这一问题，日本学者矶部祐子注意到"三包龙图"其中两个故事是围绕地狱进行描写，并言及与目

---

① 〔法〕劳格文：《中国社会和历史中的道教仪式》，蔡林波译，白照杰校译，齐鲁书社，2017年，第214页。
② 〔日〕田仲一成：《中国祭祀戏剧研究》，布和译，北京大学出版社，2008年，第230页。

连戏等相关的内容。从目连戏中有关救济死者的内容可见"三包"的特征，他推测"三包龙图"的演出与目连戏有关。[1] 矶部先生的观点值得肯定，但从更广阔的视角出发，笔者认为这三个故事讲述的都是以救济非自然死亡的女性冤魂、安慰死者为内容的代表性作品。可见，流传广的作品，正与底层民众的精神愿景相表里。

同样的原因，元代以后，审判戏的主角主要集中在包公身上，原因是包公吸附了从方相氏到钟馗、阎王等角色功能，成为超幽的主角，因此包公有了起死回生的能耐。[2] 民间祭奠孤魂野鬼的习俗兼有"普度"与"判刑"两面，其中审判戏就是"鬼魂上诉"，包公受理控告，"审问鬼魂"（鬼魂诉冤），"超度鬼魂"等阶段，经过在冥府的游历和阎罗包老的审判，洗清罪孽或者自证清白，包公自然要超度亡灵，或者起死回生。[3]《包公错断颜查散》中，包公通过赴阴床和还魂枕使错杀的颜查散复生，与柳金蝉结为夫妻，这看似大团圆的结局，实则是中国前现代生死轮回时间观，是天地循环的空间思维逻辑的必然。

为了实现超幽度亡，包公就成了无所不能的全能神。不仅可以用阴阳床下阴曹，还能驾祥云上西天、走天宫。《张四姐大闹东京宝卷》中呼杨两家兵将战不过张四姐，包公用过阴床、还魂枕查看地府，十八层地狱未曾走脱妖怪。包公辞别阎君，驾起祥云，来到雷音寺拜见西天如来佛尊，如来佛即命救难释迦佛查看三百六十正神、四大天王、八大金刚、十八罗汉、五百圣僧、护法天尊，诸神俱在。释迦佛送包公，包公辞了佛爷，来到天宫，拜见玉帝，玉帝命十二功曹查看三十三层天门众神、九曜星君、二十八宿、十二元辰、五方五斗、三官大帝、四海龙王、上中下八洞神仙，诸神俱在，再查看王母斗牛宫，发现少了张四姐。

在中国民间，逝去的人一周年、三周年择日举行超幽度亡仪式。这些仪式的目的是让亡人能够尽可能少地经受地狱的痛苦，帮助亡灵早日超生。在超度亡灵的仪式上，死去的人要在第一个七日至第七个七日举行度亡仪式，借外界的力量送亡灵到阴间。民间信仰认为，在阳世上为非作歹，不

---

① 〔日〕矶部祐子：《绍兴宝卷 —— 以〈三包宝卷〉为中心》，桃之会谈集 5 集，2011 年。
② 　李永平：《祭祀仪式与包公形象的演变》，《中华戏曲》第 48 辑。
③ 〔日〕田仲一成：《中国祭祀戏剧研究》，布和译，北京大学出版社，2008 年，第 229 页。

结善缘，杀生害命，为人不善，做大斗出、小斗进等等恶事，进入地狱审判之时，就要过破钱山、枉死城，进入锯解地狱、血河地狱、滚汤地狱、拔舌地狱、寒冰地狱、磨研地狱、平等地狱、铁围城，最后在转轮王殿下转入恶鬼道、畜生道或永不能超生。另外在亡人三周年择日举行度亡仪式，帮助亡灵早日超生。传统社会，民众很重视这种度亡仪式，由于经济等各方面的原因，不可能在每一"七"之内或每一周年祭日度亡，但一般都要至少择日做一次。做法事时请喇嘛或道士，阴阳也可。法事中间再加入十忏、过金桥、破城、放食、放焰口等仪式。参加的成员一般需要十人以上。这样的法事被称为"大经"。"小经"需两天两夜的时间。①

超幽度亡和度脱仪式、成人礼等同大量神话和传奇一样，描述了低级神灵或英雄在进入某个禁地、某个超越的地区 —— 天堂或者地狱的时候所遭遇的艰难困苦。伊利亚德这样写道：

> 要从两块相交的石头中间闯过，走过一扇瞬间开启的门，那个地方有群山、深潭、烈焰环绕，有魔鬼把守，或者走过"天地交汇"处或者"年的终点"汇聚处的一扇门。这些考验的若干版本，就像赫拉克勒斯的劳作和冒险或者阿耳戈诸英雄的远征一样，自古以来就有大量的文学描述，不断得到诗人和神话作家运用和模仿；而它们也为一些半历史传奇故事所效仿，比如亚历山大大帝的故事，他也曾在黑暗中跋涉、寻求长命草、和鬼怪打仗，等等。这些神话中有许多毫无疑问都是入会礼仪式的原型（例如，和三首怪决斗、经典的军事入会礼）。但是，这些"寻找超越的土地"的神话除了入会礼的戏剧之外还能说明其他一些问题；它们表明超越对立面的吊诡，此乃任何一个世界（亦即任何一个"处境"）的必然组成部分。穿过"窄门""针眼"、两块"碰在一起的岩石"，等等，总是包含有一组对立面（就像善与恶、黑夜与白昼、高与低，等等）。在这个意义上，确实可以说"寻找"和"入会考验"的神话通过一种艺术的、戏剧的形式揭示了一种现实活动，通过这种活动，心灵超越了局限的、琐碎的宇宙，将对立面连接起来，回归那个在创世

---

① 刘永红：《西北宝卷研究》，民族出版社，2013年，第189页。

*之前就存在的本质的太一。*①

　　民间信仰中，包公、关羽、城隍、钟馗都是"阈限"穿越者，是阴阳人。民间把能看穿前世、今生与往生的人称为"阴阳"，包公是一个典型的阴阳。《包公错断颜查散》《三神姑下凡宝卷》《张四姐大闹东京宝卷》都有包公下阴曹的情节，包公躺在"阴阳床"上，就可以真魂出窍下阴曹，然后用"还魂枕"还魂。"却说包爷回到南衙，叫王朝、马汉抬过阴阳床并还魂枕，包大人上床睡下，真魂出窍，一直来到地府"②，"抬过来，过阴床，打扫干净：一时间，包丞相，魂走阴曹"。③《落碗宝卷》中，包公让人役取出还魂枕，上了阴阳床，很快来到阴曹地府，地藏王菩萨和阎君迎进森罗宝殿坐下，阎君问："今日明公到此为何？"包爷把刘自明弟兄的事说了，阎君命判官取来生死薄子。包爷查看一遍，原来刘自忠是上界义庚星下凡，与刘自明五百年前有冤，托生为弟兄，弟替兄死理所当然。地藏王菩萨说："当日我念那刘自忠仁义薄天，用丹药保他尸首不坏，今日我们还他几年的阳寿，请明公把他带回阳间，以奉劝尘世之人。"包爷辞别阎君、菩萨，带着刘自忠的阴魂来到阳间，从坟墓中起出他的尸首，不多一时将刘自忠救活。包爷又把刘自忠弟替兄死之事奏与朝庭，仁宗听了龙心大喜，封刘自忠为仁义将军，颁行天下知悉，以传与后世。刘自明、刘自忠和李氏母子一起出门问："善人奶奶，你要化些什么？"观音老母说："我不化米不化面，只化你们善心一点。"最后观音老母度脱刘自明、刘自忠和李氏母子。

> 包明公，文曲星，安邦定国；铡了他，下地狱，永不翻身。
> 我今天，度化你，五人上天；平地里，起祥云，升在空中。
> 云头上，显真身，得归神位；祥云散，功果满，回了天宫。

---

① 〔美〕米尔恰·伊利亚德：《神圣的存在：比较宗教的范型》，晏可佳、姚蓓琴译，广西师范大学出版社，2008 年，第 399 页。

② 《包公错断颜查散》，载徐永成等主编：《金张掖民间宝卷》（三），甘肃文化出版社，2007 年，第870 页。

③ 《三神姑下凡宝卷》，载徐永成等主编：《金张掖民间宝卷》（一），甘肃文化出版社，2007 年，第154 页。

劝世人，男和女，多多行善；须知道，老天爷，报应分明。①

度脱或者超幽使用的宝物，在宝卷中有银盘、天书、瓜子、绫罗门庭、聚宝盆、摇钱树、收魂瓶、斩妖宝剑、照妖镜、阴阳板、还魂枕、阴床、狼牙棒、招魂镜、琼瑶剑、信香、灵芝香草、九环禅杖等。这些宝物天上地下无奇不包，有民间的瓜子、书、树、盆子、瓶子等，有道教的灵芝等，有佛教的禅杖等。宝卷中宝物的获得并不困难，除了白素贞取灵芝历经艰险，其他人的宝物都是唾手可得——张四姐的宝物是向东海龙王借来的；董仲舒的宝物是母亲七仙女送的；包拯的宝物与生俱有；目莲的宝物由佛祖所赐。

田仲一成研究新加坡莆仙同乡会九鲤洞逢甲大普度祭祀搬演祭祀戏剧目连大戏认为，上演目连戏的社会功能与洮岷地区四季会度亡法会的功能一样，在于超幽度亡。② 正因为这样，戏台虽然架设得讲究，但是台下却几乎没有人观看，只有为数极少的同乡拥着亡故家眷的灵牌，三三五五出入于灵位棚，四方无人，空旷寂寞，只听得见风棚上锣鼓的声音，满场弥漫着鬼魅气氛。目连戏演员一共有三十多个，演三天戏。剧中目连上场念经施食以超度孤魂。目连戏的演出情节包括：刘氏开荤、李氏劝善、银奴吊死、肉馒斋僧、议逐僧道、鬼吓刘贾、观音劝善、刘氏回家、刘氏忆子、司命议事、匠人争席、罗卜救妓、阎王接旨、鬼吓龙保、花园起誓、傅相见妻、刘氏还魂、拘引金奴、拘引刘贾、刘氏回煞、灶妈责斥、挑经担母等，从刘氏开荤，经过刘氏绝命，到罗卜挑母往西天为止，演出需要六个半小时。

第三日和第二日一样，开始普度仪式，随后正式演出求婚逼嫁、曹氏剪发、曹氏逃难、曹氏到庵、曹公见女、主婢相逢、鬼捉刘贾、过破钱山、过金钱山、过滑油山、过望乡台、过奈河桥、白猿开路、过黑松林、过烂沙河、世尊说法、目连坐禅、一殿寻母、血湖空寂等情节。

下午1点左右，举行"目连超荐"仪式，至下午5：10分结束，共四个小时。这个顺序，采用了目连戏的"剧中剧"形态。"超荐"仪式如下：

---

① 《落碗宝卷》，载徐永成等主编：《金张掖民间宝卷》（二），甘肃文化出版社，2007年，第490页。
② 刘永红：《西北宝卷研究》，民族出版社，2013年，第189—196页。

目连得到世尊赐下的法力，左手拿龙灯，右手拿锡杖，打破地狱门，去寻母亲。当他打破地狱门时，门里走出很多鬼魂来，向目连求救。目连用锡杖在戏台地板上画着咒文，救他们出来。这是戏中"目连超度"的表演。[1]

前文已经述及，审判是超度的前提，所以在古代祭祀仪式戏剧中都有"三堂会审"的情节。该环节中，目连到四殿，此时正遇天曹降旨，决定以五殿阎罗天子为主官，加上四、六殿王，以三堂会审的形式审判恶妇刘氏。铐着首枷的刘氏被拉上场。阎王判决道："先杖四十，随后由七、八、九、十殿续审。"接下来是六殿见母、见佛赐灯、八殿寻母、十殿寻母。目连至十殿，刘贾已变为驴马，金奴变成为猫，刘氏变成狗。目连向十殿王打听母亲行踪，殿王相告，刘氏超度升天前，应该经过变狗的阶段。指点毛狗环节，目连再访观音，观音告诉他刘氏已成郑公子的猎犬。而且教他在清溪头等候郑公子引狗出来，猎取前面的一条狗，就是母亲，可抱回家，挨至中元，设兰盆大会，世尊会超度她升上天界。最后是打猎见犬、入庵相认、目连到家、保哥认驴、孟兰大会等环节。其中孟兰大会情节中，三名佛僧登场。戏台一端设有供食，三僧就坐，进行普度诵经仪式。其时，戏台上吊悬的鬼神面具降下，刘氏得到超度，恢复了夫人的原貌。

作为超幽度亡祭祀仪式剧，目连戏的演出戏台分为前后两台，前台四方柱子上挂着鬼王面具，一共有三对六个，充斥着恐怖气氛。前台下场门旁边设有一个座位，坐着无常使者（冥界派遣到阳间拘引死人的使者），叫作"长头鬼"或"蔡太爷"。它绿面长头，吐出宽大的红色舌头，身高九尺，穿着白衣，面貌狰狞，令人害怕。上场门和下场门的上面挂着牛头马面

---

[1]　在这个环节，台下的很多同乡也向台上的目连恳求用同一方式超度自己亲眷的亡魂。同乡们各自把自己死故亲眷的神位和衣裳交给一个装扮亡魂的少年（替身），他手托着神位，把衣裳挂在肩膀上，跪在目连前面。目连跟戏中所做一样，用锡杖写咒字于戏台地板上，表示超度少年所代表的乡亲亡魂。台上装扮亡魂的少年替身一共有十几个。他们一起坐在地狱门前，一个个走到目连面前，代替同乡亡魂表演"目连超度"的角色。这是戏外的宗教仪式。替逝去的亲眷受这种超度的同乡一共有300多个。一个个做下去，总共需要4个小时。目连戏可以说是为了这种村人的"目连超度"而表演的。〔日〕田仲一成：《中国祭祀戏剧研究》，布和译，北京大学出版社，2008年，第320—327页。

面具，整个前台表现出"冥界地狱"的境界，两道柱子上贴着许多对联，表明冥界地狱的残酷和目连尊者的功德。后台最深的墙壁中央，奉祀"观音大士""目连尊者""田公元帅"的联合神位，给人不断进香。①

二、游离冥府与审判：镇魂、超幽与洗冤叙述模式

（一）审判叙述结构与"超幽建醮"仪式

古人认为人体内有灵魂，人生病是灵魂与身体分离的结果。人的灵魂永远不灭，而且看不见摸不着。人活着时魂藏在身体内部，人死后魂就会永远脱离身体。有子嗣者，受到祭祀、度戒者死后，灵魂可升天，升华为祖先神；早夭者、无子嗣者、凶死者的亡灵未度戒，死后魂堕入地狱，变成厉鬼为害人间。作为禳解瘟疫、灾异，解民倒悬的民间信仰的文化文本，宝卷早期的功能与此紧密相关。

尽管宝卷早期的形态在历史文献中找不到直接记载，但学者研究发现，宋元时期的三种宝卷——南宋宗镜编述的《金刚科仪》，元末明初抄本《目连救母出离地狱生天宝卷》，广西当代魔公教经卷中的民间抄本宝卷《佛门西游慈悲宝卷道场》②，分别参与了超度、追荐亡灵，超幽、建醮的道场——金刚道场、盂兰道场、西游道场，扮演了仪式卷的角色。这从一个侧面再次印证了笔者的观点，宝卷从制作到做会搬演，其社会功能在于禳灾。只是不同参与度，禳解灾异的程度会有不同。③

以《目连救母出离地狱生天宝卷》为例，在古代，农历七月十五日中元节，佛教也在这一天举行超度法会，称为"盂兰盆"（梵文 Ullambana 的音译），也就是盂兰会。盂兰盆的意思是倒悬，人生的痛苦有如倒挂在树头上

---

① 《镇魂戏剧"目连戏"的形成与发展》，〔日〕田仲一成：《中国祭祀戏剧研究》，布和译，北京大学出版社，2008 年，第 313 页。

② 《佛门西游慈悲宝卷道场》标点本。参见王熙远：《桂西民间秘密宗教》，广西师范大学出版社，1994 年，第 517—521 页。本卷末署"1967 年丙申年十月初六日眷录古本道场"。

③ 与《佛门西游慈悲宝卷道场》同时发现的还有一本《佛门取经道场》"科书卷"。该仪式卷用于为亡者送行的荐亡道场。它前面为"取经道场"，述唐僧取经故事。后面是"十王道场"，由法师送"世间亡人"过十殿地狱，念经忏悔，地狱十王"赦除多生罪"，由菩萨"引入龙华会"。

的蝙蝠，悬挂着，苦不堪言。为了使众生免于倒悬之苦，便需要诵经、布施食物给孤魂野鬼。① 田仲一成认为，中国古代的戏剧表演大都是镇魂仪式，多数村落要为镇抚这些有鬼冤魂举行"建醮""审判"的戏剧表演祭祀活动，后来演变为定期举行的仪式性演剧活动。唐宋以来，镇抚冤鬼的祭祀活动逐渐成为中国民众的民俗节日——中元节。除了佛教寺庙、僧众举行盂兰盆会外，民众也把它作为"鬼节"，举行祭祀祖先、追奠亡灵等各种民俗活动。孟元老《东京梦华录》卷八"中元节"条下记载：

> 七月十五日中元节。先数日，市井卖冥器：靴鞋、幞头、帽子、金犀假带、五彩衣服。以纸糊架子盘游出卖。潘楼并州东西瓦子，亦如七夕。耍闹处亦卖果食、种生、花果之类，及印卖尊胜目连经。又以竹竿斫成三脚，高三五尺，上织灯窝之状，谓之"盂兰盆"。挂搭衣服、冥钱，在上焚之。构肆乐人自过七夕，便般目连救母杂剧，直至十五日止，观者增倍。……禁中亦出车马诣道者院谒坟。本院官给祠部十道，设大会，焚钱山，祭军阵亡殁，设孤魂之道场。②

《岁时广记》卷二十九"作大献"条：

> 道经七月十五日，中元日。地官校阅，搜选人间，分别善恶。诸天圣众，普诣宫中，简定劫数人鬼，簿录饿鬼囚徒，一时俱集，以其日作元都大斋献。于玉京山，采诸花果、异物、幡幢、宝盖、精膳饮食献诸圣众。道士于其日夜讲诵老子经，十方大圣高咏灵篇，囚徒饿鬼，一切饱满，免于众苦，悉还人中。若非如斯，难可拔赎。③

从以上记录看出，出售《佛顶尊胜陀罗尼经》和《目连救母出离地狱生

---

① 目连之母死后为饿鬼，在地狱受苦，佛告目连，每年七月十五日以百味饮食供养十方僧人。至宋代以后，由供佛及僧众而转变为以超荐亡人为重点，进而超度一切孤魂野鬼，盂兰盆之百味饮食不再是供僧，而是施鬼。
② （宋）孟元老：《东京梦华录笺注》，伊永文笺注，中华书局，2006 年，第 794—795 页。引用时笔者做了校订。
③ （南宋）陈元靓：《岁时广记》，许逸民点校，中华书局，2020 年，第 572 页。

天宝卷》，搬演《目连救母》杂剧是为了镇抚孤魂而演出的祭祀性戏剧，由此，包括日本田仲一成教授在内的一部分学者认为，中国戏剧起源于祭祀。从《东京梦华录》记载看，这里的目连戏从七月七日至十五日连续演出八天，是配合持续七天的醮礼。救母故事本身大约三天就可以演完，八天之间需要多有插演。北宋目连戏虽然没有剧本传下来，不能得知其详，但我们猜想演者多插演念诵忏经或安魂的故事。从后世的目连戏来看，这是不容置疑的。现存中国各地目连戏剧本，根据斋醮的日期，有各种卷数的剧本。除了一天醮、二天醮、三天醮所用的一卷本、二卷本、三卷本等不用插演花目连之外，四天、五天以上的醮期所用的多卷本剧本都插演念诵忏经或花目连。比如用于七天醮的江西弋阳腔七卷本插演的花目连"梁武帝"（崇佛而得善果故事）、"郗皇后"（排佛而得恶报故事）、"金氏悬梁"（女吊）、"西游"（往西天的佛僧的故事）等，都离不开安魂仪式。①

每一个地方性的宝卷和民间叙事传统是在本地的信仰传统中发展起来的。宝卷的演唱是包括在民间神灵与祭祀的现场活动中，神灵与祭祀是民间叙事传统的原动力。人们一般相信，夭折的亡魂、死于非命的怨魂、因冤罪屈死的冤魂及没有后代祭奠的游魂在世间游荡，还会袭扰乡里，带来疫病和灾害。因此，村落有时会为镇抚这些幽鬼冤魂而举行"建醮"和戏剧表演活动，以保持境内的平安无事。

关于"建醮"的时间，除临时之外，一般多定在主神的神诞祭日，或是盂兰盆会这两天举行。英灵镇魂的"建醮"在神佛济度亡魂这点上与此相同，而对英灵，神佛不是采用"审判"，而是以"祭奠"的方式来化解其威力。同时，对于无名幽鬼则用"审判"这种方式来明确赏罚，用武力来遏制它们。这种对成为疾病、灾害根源的恶灵恶鬼采取"超幽建醮"的方式，通过"审判"来禳解。

人们相信幽鬼亡魂"变身为草木"，"天黑雨夜，月落参横之晨"出没于乡内，带来疾病和灾害，正因为如此，才有必要对其施以刑罚，投入地狱。因此，"超幽建醮"一方面着眼于对幽鬼进行"超度救济"，同时还具有"科刑幽

---

① 〔日〕田仲一成：《再论民间祭祀文化在戏剧起源史上的重要作用——对傅谨教授〈中国戏剧发源于乡村祭祀仪礼说质疑〉一文的回应》，《民俗研究》2009年第1期。

"闭"的功能。附设于"超幽建醮"场地上的"十王殿",应该是为"科刑幽闭"而搭建的。[①] 这种"超幽建醮"中的"镇抚幽鬼"仪式应是采取由神佛审判幽鬼诉苦的方式举行,由此产生审判亡魂的"审判戏"是极其自然的事。[②]

大范围的瘟疫会使公共利益遭到攻击和破坏,导致社会崩溃,社会崩毁又会是瘟疫流行的原因,对瘟疫和社会动荡的关联性的描述成为神话和各种文学作品普遍的题材,大量有份量的文学文本揭示出瘟疫同社会现象之间有高度的相似性,法国人类学家基拉尔说道:

> 希腊神话中的瘟疫不仅仅致人于死地,而且引起所有文化和自然活动的整个中断,它导致女人和牲畜绝育,土地长不出庄稼。在世界许多地方,我们翻译为"瘟疫"的这个词都可以被视为感染整个群体并威胁或者看似威胁到社会生活之存在的各种疾病的普遍标签。[③]

按照基拉尔的理论,社会出现危机,团体为了平息这个混乱的危机,在集体屠杀中启动牺牲机制,杀害一个替罪羊,挽救整个社会,以一个人的死换来社会的安宁,这一牺牲机制缓和了团体的矛盾。在中国远古时代,人类把令人迷惑和恐惧的疾病、瘟疫和死亡归结为厉鬼作祟。由此形成商周以来驱逐疫鬼的傩仪。方相氏是丧仪先导,他戴着恐怖的如同"饕餮"(传说中一种贪婪凶残的猛兽)的面具,跳着勇猛激烈的舞蹈,嘴里不住地发出"傩""傩"的呐喊声,以吓退厉鬼,这种驱鬼仪式就叫"傩"。《周礼·夏官·方相氏》记载了商周傩仪的基本形态:

> 方相氏掌蒙熊皮,黄金四目,玄衣朱裳,执戈扬盾,帅百隶而时难,以索室驱疫。大丧,先柩,及墓,入圹,以戈击四隅,驱方良。[④]

① 〔日〕田仲一成:《中国祭祀戏剧研究》,布和译,北京大学出版社,2008年,第212—213页。
② 〔日〕田仲一成:《中国祭祀戏剧研究》,布和译,北京大学出版社,2008年,第226页。
③ 〔法〕勒内·基拉尔:《双重束缚:文学、摹仿及人类学文集》,刘舒、陈明珠译,华夏出版社,2006年,第184—185页。
④ 《周礼注疏》卷三十一,李学勤主编:《十三经注疏》,《周礼·夏官·方相氏》,北京大学出版社,1999年,第826页。

上古方相氏做丧仪先导，后来便成了民间丧仪的开路神。[①]20 世纪 50 年代以后，考古工作者在很多古代墓葬中都发现了这种把方相氏及"所用戈盾，皆殉于墓，永为死者护卫"的现象。后世方相氏沿门驱鬼、逐疫、辟邪镇宅、被禳、沿门乞讨逐疫的功能，都以各种仪式形式被继承下来，醮幽超度剧是最主要的形式之一。[②]明代初期小说《剪灯新话·牡丹灯记》中讲了这样一件事：未婚早死，没人照管，得不到祭奠的女鬼符丽卿，和因被其迷住而被杀死的乔生，以及符丽卿的侍女金莲三人的幽鬼亡魂因为未得到祭奠，常出没于村里，使得疫病蔓延，在此情况下，接受村人请求来祈伏幽鬼的四明山道士铁冠道人搭建醮坛，捉到了这三个幽鬼，通过"审判"将其幽闭在地狱里。

在中国古代关于凶鬼作祟致病的记载很多，王充在《论衡·订鬼篇·第六十五》中写道：

> 《礼》曰：颛顼氏有三子，生而亡去为疫鬼，一居江水，是为疟鬼；一居若水，是为魍魉鬼；一居人宫室区隅，善惊人小儿。病者困剧身体痛，则谓鬼持棰杖殴击之，若见鬼把椎锁绳纆立守其旁，病痛恐惧，妄见之也。初疾畏惊，见鬼之来；疾困恐死，见鬼之怒；身自疾痛，见鬼之击，皆存想虚致，未必有其实也。[③]

---

① 河阳宝卷专门有《路神宝卷》，姜子牙受玉虚宫元始天尊敕令，封方弼为大路神，封方相为开路真神。两位路神谢恩已毕，到宫殿行使职责。见路上有妖魔鬼怪作恶，方家兄弟逐一镇压扫除，使人民行路安全，永保太平也。参见《中国·河阳宝卷集》，上海文化出版社，2007 年，第 181 页。

② 田仲一成认为杂剧继承保存了镇魂祭祀的仪式：（1）由英灵亡魂登上醮坛所说冤情的哭诉部分；（2）把亡魂的哭诉转告给神佛的巫觋僧道或相应角色人物的对应部分；（3）接受苦诉后对其给予救济的神佛一方的超度仪式。但戏文将前面（1）（2）淡化或省略，只有（3）神佛救济的部分突出。《琵琶记》第 27 出，五娘筑坟时，玉帝来帮忙。《金钗记》第 63 折，肖氏投江时，太白金星显圣救她。这类古戏文之中，如果没有这类神佛救济的情节，戏曲的故事根本不能成立。戏文虽然淡化镇魂祭祀的结构，但保留其胎迹。〔日〕田仲一成：《中国祭祀戏剧研究》，布和译，北京大学出版社，2008 年，第 183—184 页。

③ 黄晖校释：《论衡校释》，中华书局，1990 年，第 935—936 页。盘瑶人认为疾病的降临是鬼神作祟，头痛是伤亡鬼、药死鬼作祟，肚子痛是家先鬼作祟，眼疾是犯六甲神，呕吐、腹泻是半路鬼、饿鬼作祟。盘志富师父说，眼疾是蒙胧鬼作祸，肚痛是伤鬼、五海龙王、家先作祸或犯六甲，牙痛是咬伤鬼作祸，脚痛是跌死鬼作祸，小孩夜啼是床头娘娘作祸，晕倒是金皇鬼作祸，烧伤是火烧鬼作祸，食物梗塞是吊颈鬼作祸，跌打扭伤是伤死鬼作祸，全身疼痛是天罗地网作祸，发疯是癫鬼作祸，夜里全身痛是半夜鬼作祸，是非口舌之争是是非鬼作祸，不孕不育、在不吉之日生小孩或难产是花皇鬼作祸。参见罗宗志：《信仰治疗：广西盘瑶巫医研究》，中国社会科学出版社，2012 年，第 99 页。

在现实中，超幽建醮与弹压驱鬼两种方式交替使用。我们用古老的彝族巫师毕摩的弹压恶鬼，为亡灵指路的仪式提供一些证据。[①] 彝族的毕摩是彝语音译过来的，各地发音有差异，诸如比目、鬼主、阿毕等，很多彝人称其为法师，指的都是同一类人。毕摩在彝语里含有经司、教师之意。毕摩通晓彝文经书，持有彝文典籍，他们是驱鬼仪式上的主角。他使用的"法物"是毕摩文的《驱鬼经》和《指路经》。据《华阳国志·南中志》记载："夷中有桀黠能言议屈服种人者，谓之'耆老'，便为主。论议好譬喻物，谓之'夷经'。……其俗征巫鬼，好诅盟，投石结草，官常以盟诅要之。"[②]

《驱鬼经》和《指路经》作为仪式活动的脚本，《驱鬼经》的篇章结构乃至段落语句与驱鬼仪式过程、仪式环节紧密相扣。大型的驱鬼仪式需九夜连续作战，咒牲要黑公牛、黑公绵羊、黑公山羊、黑公猪、黑公鸡五类。小型仪式只需一夜、一只公鸡即可。经过一夜的战斗，在气宇轩昂的《驱鬼经》声中，毕摩依靠语言的法术性力量，声讨鬼邪之罪状，斥责鬼邪之不义，用咒语驱赶着鬼祟邪怪去了远方。[③]

人类早期疾病的观念涉及健康的实质、疾病经验、病源解释、疾病分类、疾病命名以及治疗信仰等问题。古人对致病因素的理解较为宽泛，大凡生理上病痛，受到意外伤害，以及精神委靡、发呆走神、精神失常、食不甘味、夜不能寐、昏迷不醒、心慌、恐惧、多梦、丧子、丧偶、久婚不孕、家境不顺、命运不昌以及人际关系失和等各种困扰都算是"病"。这和现代医疗观念背景下的疾病观念并不相同。

与毕摩的经卷《驱鬼经》一样，汉族的"目连戏""包公戏""关羽戏"包括宝卷做会仪式，都有禳灾除祟的社会功能。田仲一成认为，《目连救母》祭祀剧在乡村也有超度的功能，不同地区都用这个剧目来进行超度亡魂的仪式，而戏剧产生的深层结构和过渡礼仪直接关联。[④] 新加坡兴化人演出的"木身目连"和"肉身目连"，都是演至目连游地狱的情节部分，在戏台上替信

---

① 著名考古学家冯时认为，今天的西南彝族，源于商代被镇压的"人方"东夷，其历史能追溯至上古。
② （晋）常璩：《华阳国志·南中志》，齐鲁书社，2010 年，第 49 页。
③ 巴莫阿依：《彝文仪式经书与彝文〈驱鬼经〉》，《中国典籍与文化》1999 年第 2 期。
④ 参见《镇魂戏剧"目连戏"的形成与发展》，载〔日〕田仲一成：《中国祭祀戏剧研究》，布和译，北京大学出版社，2008 年，第 292、301 页。

众举荐祖先或亲友的亡魂。^①荷兰籍学者伊维德认为中国戏曲中经常出现升天场面的"度脱剧"，应该和丧葬仪式有关，是有一定道理的。^②

到了宋代，傩仪的一种方式是扮仙游行。《东京梦华录》记载戏剧开场戏仪式过后，接着上演的就是关公、周仓的戏。在这里，演出关公和周仓的傩戏，就是一种驱邪的仪式。元杂剧中的包公和关公等扮演了法堂审判的角色："兀那鬼魂，有什么冤枉事，我与你做主。"先听鬼魂状词再下断：设黄菜醮，超度鬼魂。历史上，皖南地区的"街头傩"，钟馗和包公难分伯仲，面具通常可以互为换用，江西等地就赋予包公和钟馗一样的打鬼降妖的角色功能。^③

田仲一成对中国各地现存的祭奠亡魂习俗进行调查后认为：农村祭奠孤魂野鬼的习俗兼有"普度"与"审判"两面，其中审判戏包括"鬼魂上诉"（判官受理控告）、"招魂"（传唤鬼魂进公堂）、"审问鬼魂"（鬼魂诉冤）、"超度鬼魂"等阶段，展示了当时流传的镇魂禳灾的习俗。^④元代公案戏中包公已经具有能接受鬼魂诉冤而决狱的能力。这些鬼魂诉冤的公案剧，既是公案戏又为鬼魂戏。《盆儿鬼》中，鬼魂随着大旋风，在判官（包公）面前现身，是打官司的原告，只有"日断阳间夜判阴"的包公才能看得见。包公让他到开封府来鸣冤叫屈，说"速退，速退"，暂叫冤魂退下。《神奴儿》中包公下牒文，传唤鬼魂，然后烧了纸钱，对门神下令："邪魔外道挡拦住。只把冤鸣反过来"，以便让冤魂进法堂里来。《生金阁》中鬼魂唱道："也是千难万难得见南衙包待制，你本上天一座杀人星。除了日间剖断阳间事，到得晚间还要断阴灵。只愿老爷怀中高揣轩辕镜，照察我这悲悲痛痛，算算楚楚，说不休，诉不尽的含冤负屈情。"（如图 3-2 王元帅镇宅符；图 3-3 赵元帅收鬼收妖符）^⑤

① 〔新加坡〕容世诚：《戏曲人类学初探：仪式、剧场与社群》，广西师范大学出版社，2003 年，第6—7 页。
② Wilt Idema, *The Dramatic Oeuvre of Chu Yu-tun*（1397-1439）, Leiden: E. J. Brill, 1985, p.67.
③ 河南民间版画《阎罗老包斩鬼》，载高有鹏：《中国民间文学史》，河南大学出版社，2001 年，第498 页。
④ 〔日〕田仲一成：《中国祭祀戏剧研究》，布和译，北京大学出版社，2008 年，第 229 页。
⑤ 吴白匋主编：《古代包公戏选·包待制智赚生金阁》，黄山书社，1994 年，第 102 页。

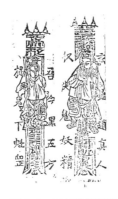 

图 3-2　王元帅镇宅符　　　　图 3-3　赵元帅收鬼收妖符

　　包公在南通童子戏等傩戏中担当沟通人神、逐疫、辟邪镇宅、镇魂等角色，因之具有"神人相通"的巫师的法力。[①] 田仲一成做过田野调查，包公戏《坐堂审替》[②] 是包公捉鬼、审鬼、逐鬼的一出戏。"包公"的四个随从张龙、赵虎、王朝、马汉，分别戴龙、虎、狗、马四式纸糊套头面具，是脸子戏。包公捉拿归案的罪犯薛金莲是一个纸扎的女子，演的是偶戏。包公陈州放粮，打道南通州，在天齐王庙受理冤情。通州百姓怕被假青天坑害，一位童子闯上公堂反审包公，包公事理分明，童子笃信，呈上告山东兖州女鬼薛金莲无故害人（指病者）。包公命张龙、赵虎去土地神处捉拿女鬼。包公审替身，定罪焚烧，为病者祛灾。戏中的包公类似一位萨满人物。[③]

　　为了避免孤魂野鬼带来灾异，道教仪式设醮度鬼或驱鬼避邪。不管驱鬼还是度鬼，其仪式程序中都有擒妖审判的程序。今天河阳宝卷中还保留"九幽灯科"，所谓九幽是指道教经义中阴间的最底层。此本乃道教中拔罪于幽冥、获得超脱的经科。超脱，即解脱原生的一切罪孽（如图 3-4 "超拔疏

---

① 据曹琳撰文所记皋蒲西乡老僮子顾延卿（八十二岁）回忆："五十年前，他做僮子会要挂五堂轴子——阿育王玉皇大帝居中，金童玉女拥其左右；泰山东岳天齐王，有张、康二香单童为伴；五福都天神是端坐在元宝上的财神，招财、进宝童子分立两侧；地藏王菩萨打坐木莲之上。"也就是说，元曲里的审判戏是由"超幽建醮"礼仪直接转化而来的形式，必须被认为和前述"英灵镇魂戏"一样，同为元曲最早的形式。

② 〔日〕田仲一成：《中国戏剧史》，云贵彬等译，北京广播学院出版社，2002 年，第 84 页。

③ 萨满认为，可以通过过阴、追魂、与恶魔斗法等形式与下界的魔鬼等打交道。通常，他们是为了给患有重病者索魂而行。萨满凭借昏迷术使自己的灵魂出壳，进入地界，通过与恶魔斗法战胜恶魔，夺回病者的灵魂；或通过向恶魔祈求，请其放回所拘之魂，使之回归病人躯体，从而使病人康复。

文"，历代祖先超拔全入龙华盛会①）。灯科，即阳间人用灯来照明幽界。《河阳宝卷》有港口小山村虞关保辛未年秋月抄本《九幽灯科》。

图3-4 "超拔疏文"，历代祖先超拔全入龙华盛会

九幽灯科

　　玉京仙梵启瑶坛，童子传言地狱开。业海波涛皆息浪，镬汤炉炭化寒灰。真符告下罗酆去，冥府迎将净魄来。观听法音消罪庆，三途五苦免轮回。

九幽拔罪天尊

　　香焚宝篆，灯璨银缸，今伸荐拔之微。诚仰望慈尊□而下迈以今焚香祝灯供养。东极宫中太乙救苦天尊，青玄九阳上帝，慈悲化主，九幽拔罪天尊，灯光普照天尊，随方救苦天尊，大慈大悲救苦救度，大惠三真入，救苦会中无鞅度魂真仙，圣众九幽诸狱主者。冥官牢槛主权，圣众灯坛，真宰一切威灵。悉仗清香，普洞供养。臣闻太极太虚真人，曰阴阳成象、天地分形。昼夜既殊，昏明有异，所以清浮表质，九天为仙圣之都。浊厚流行，九地为鬼神之府。九天之上，阴气都消；九地之下，阳光永隔。由是幽冥之界无复光明，当昼景之时，犹如重雾，及昏明之后，更甚阴霾长夜。冥冥无由开晓，或有沉沦北府受报酆都。不睹光明，动经亿却，是故天尊以无上道，力法广大慈悲。燃九幽之神灯，九重泉之下苦爽灵光，烛焕明北府之昏衢，和气潜臻，解释丘寒之水。浦灯命三官九府百二十曹五帝考官，巨天力士同禀教戒，救度亡魂。莫不稽首皈依，恭承慈训。即得风雷静息，铜柱停言。火医锋刀，涌莲花而布甘露；冰戟霜刃，化琪树以变骞林。减罪孽以受生，俱回心而向

① 图片引自王见川等主编：《中国民间信仰民间文化资料汇编》第一辑，第34册，台北博扬文化事业有限公司，2011年。

道。一空地狱，冥司无拘滞之魂，共上天堂，仙露有超升之果。福沾幽爽，功德巍巍，称扬莫静。仰凭法众，谨为宣扬，随方救苦天尊！

上元金箓简文，真仙品格，燃灯威仪，科式至重。今□七，烛灯荐□往生。阳上□□人，燃点九幽破恩神灯，伏为所荐亡过□□灵魂，往生仙界。旁资苦爽，悉证生方。

伏愿玉清至圣，金阙高真，不舍慈悲。证盟功德，谨忏东方风雷铜柱地狱之难。

玉宝皇上天尊

称扬上彻十方界，句句下达九幽中。灯光普照于东方，风雷地狱悉开解。飞戈飘戟千般苦，分散肢体万种辛。承此忏念并升天，睹此灯光生极乐。

好生度命天尊

以今称扬天尊号，寻声救苦大慈尊。灯光相照于东南，铜柱地狱悉开解。所有铜柱大火焰，并令停焰护清凉。承此照烛出幽冥，面睹天尊皆快乐。

不可思议功德

上元金箓简文，真仙品格，灯戒仪科，式至千重。今□七之期，烛灯荐□往生，阳上□□人，燃点九幽破暗神灯。伏为所荐亡过□□灵魂，往生仙界。旁资苦爽，众证生方。

伏愿三清上圣、十极高真，降临道场。证盟功德，谨忏南方火翳屠割地狱之难。

玄真万福天尊

声声上彻三清境，慈悲应感九苦尊。灯光照耀于南方，火翳地狱消盟焰。所有风刀吞火苦，化作莲花甘露浆。承此忏念并升天，睹此灯光皆离苦。

太灵虚皇天尊

称扬上彻十分界，天上地下咸使闻。灯光相照于西南，屠割地狱悉开解。刀剑割体非堪忍，万劫受苦无出期。灯光普照出幽冥，一切灵魂生净土。

不可思议功德

上元金箓简文，真仙品格，燃灯威仪，科式至重。今□七，烛灯荐□□往生，阳上□□入，燃灯点九幽破暗神灯。伏为所荐亡过□□□灵魂，往生仙界。旁资苦爽，悉证生方。

伏愿云宫真理天界灵仙暂驻龙车。鉴兹斋事，谨忏西方金刚地狱之难。

太妙至极天尊

志心遍礼十方界，天上地下咸思文。接引灯光照西方，金刚地狱悉开解。所有金槌铁杖难，承此道力尽皆停。天尊垂悯救亡灵，随愿往生登极乐。

无量大华天尊

皈依信礼三清上，慈悲救苦九幽中。灯光引此照幽冥，火车地狱停轮转。五车裂体四肢散，——车轮冰刃摧。天尊垂悯救亡灵，睹此灯光皆离苦。

上元金箓简文，真仙品格，燃灯威仪，科式至重。今日□七，烛灯荐□□往生。阳上□□人，燃点九幽破暗神灯。伏为所荐亡过□□灵魂，往生仙界。旁资苦爽，悉证生方。

伏愿九幽道主、三洞法王，大布洪恩。普沾幽爽，谨忏北方溟冷镬汤地狱之难。

玄上玉震天尊

皈命普告三清境，慈悲救苦九幽尊。郭比灯光照北方，溟冷地狱悉开解。所有寒冰诸罪苦，愿闻圣号护清凉。天尊哀悯救亡灵，睹此灯光升胜境。

度仙上圣天尊

稽首皈依大罗天，随机赴感元始尊。大舍慈悲降道场，引此灯光照东北。镬汤煮清愿停沸，四肢溃烂复完金。天尊垂悯救亡灵，一切群生俱解脱。中皇太乙天尊，不可思议功德。

上元金箓简文，真仙品格，燃点九幽破暗神灯。伏为所荐亡过□□灵魂，往生仙界。旁资苦爽，悉证生方。

伏愿元皇上帝，琼阙金尊，不舍慈悲。证功德，谨忏中央巳方普掠地狱之难。

中皇太乙天尊

一心皈命十方界，寻声赴感救苦尊。引比灯光照中央，普掠地狱悉开解。所有刀山剑树难，承此忏念总皆停。天尊救苦出幽关，一切群生皆解脱。不可思议功德。[1]

诚如杜尔凯姆所言："世上的一切事物全都在信仰中分成两类，即现实的和理想的。人们把万事万物分成这样的两大类或两个对立的群体。它们一般是用两个相互有别的术语来标志的，而这两个术语大多可以转译为'世俗'和'神圣'……信仰、神话、教义和传奇，或是表象或是表象的体系，它们表达了神圣事物的本质，表现了它们所具有的美德和力量，表现出它们相互之间的联系以及同世俗事物的联系。"[2]

宝卷中的祭祀仪式剧作为一种驱邪赶鬼的仪式，包公参与其中，至少有三种力量，在三个层次上运作，对在场的参与群众产生心理效用，而完成其仪式功能。这三个力量分别来自"图像""语言"和"叙事—搬演"。包公在仪式中的出现，成为一种类似宗教图像的存在，近似民间信仰门神和钟馗的画像，本身就有阻吓镇压妖魔鬼怪的威力。[3] 岩城秀夫教授已指出，在元曲包公"审判戏"中，案件的侦察审判也不是依靠证据和推理，而大多是采取冤魂托梦，站在包公床前诉说，让法官掌握冤情的真相。这一形象汇集了历史时间和集体记忆中的方相氏、钟馗、僮子等各个时期不相同角色形象。[4] 这就

---

① 《九幽灯科》，港口小山村虞关保辛未年秋月抄本。参见《中国·河阳宝卷集》，上海文化出版社，2007年，第1352—1353页。

② 人类学家利奇曾就此问题做过专门讨论。参见〔英〕利奇：《社会人类学》"人性与兽性"部分，1986年，第86—89页。

③ 〔新加坡〕容世诚：《戏曲人类学初探》，广西师范大学出版社，2003年，第19页。民间演出都是为一定实用目的而设，或因为春祈秋报，或因为求子、求学、求财，或为了庆祝等，这种目的在演出中一定要有所表现，为了突出这种目的，演员的演出行为有时会从戏里回到现实生活中，有时不惜改变剧目原有内容，这些在城市商业演出中绝不允许的行为，民间迎神赛社演出中却是比比皆是，如上党《过五关》演出中，关羽可以沿途随意与观众谈笑，甚至吃街上小贩的东西，《捉黄鬼》中役送黄鬼的大鬼、二鬼和跳鬼可以中途到就近人家歇息、喝茶、取暖，对演出活动中出现的这些"纰漏"，观众们毫不在意，他们愿意让关羽吃自己的东西，愿意让押黄鬼的鬼卒到家里来，因为在他们眼里，这些演员不只是在演出，他们是在送吉祥、驱邪气，他们的到来就是福祉的到来。

④ 〔日〕岩城秀夫：《元代审判戏中的包拯的特异性》，转引自《山口大学文学会志》，1958年，《中国戏曲戏剧研究》，第452页。

是为什么除文字记载的历史之外，莫里斯·哈布瓦赫说："还有一个随时间更新的鲜活的历史，在这历史中可能遇到许多仅看似已消失的远古的潮流。事实上，在集体记忆的持续发展中，没有像在历史中那样界限分明，而是仅有不规则的、模糊的边界。"[1]民众在集体想象中，把傩戏中沟通人神的巫傩角色不自觉地加到判官身上，使得包公成为一位能破解包括梦在内的神秘能量的神灵。

傩祭仪式是具有浓厚宗教色彩的祭祀活动，在喃喃的咒语声中或在龙飞凤舞的绘符之际进行。绘符念咒是陕南端公们傩坛法事的主要内容，原始先民相信语言具有魔力。语言对于他们，既是工具，又是实现愿望的主要依靠，是支配自然的"上帝"，甚至就是愿望本身。端公们重咒轻符，"咒"靠历代口口相传，其中"诀"的威力最大，可以说是法师"镇魔压邪"的绝招，如"五官诀""八大金刚诀""开山诀""三元将军诀""土地传城诀""船头艄公诀"等。其次是"诰"，如"七令七圣七金刚，八令八圣八天王，手执金鞭降魔鬼，头点火炼五四方，金魁搭在鬼头上，头昏眼花心又慌"等。[2]

尽管傩戏观赏性不强，但这类戏每次迎神赛社必演，民众注重的是它的仪式性、象征性，心中"对神既敬畏又向往的感情交织"，成为一种仪式的焦虑。在人类学视野中，仪式是按计划或者即兴创作的一种表演，通过这种表演使日常生活超凡入圣。通过展演从而实现使现实主体的行为和活动达到与宗教信仰一致或融合，并能借助它的力量以达到自身的目的。

在安徽贵池，当迎神赛社演出时，几乎在所有的舞台或平地演出场所的后方，演员出场后都有两位或一位先生坐场，手捧剧本总稿进行指挥，先生既化妆，也担任台上的检场工作，还负责引戏上场和喊断。有的剧本，如包公故事《陈州放粮》《宋仁宗不认母》演出时，"先生"要坐在台上高声演唱，唱到哪个角色，哪个角色就出场，根据唱词需要动作一番，其余时间则无动作，形同木偶。

---

[1] Maurice Halbwachs, *La Mémoire collective*: *Édition critique établie par Gérard Namer*, Paris, Albin Michel, pp. 113, 134.

[2] 王继胜等编：《陕南端公》，陕西科学技术出版社，2009年，第76—77页。

表 3-2　地方傩戏仪式性冲突角色扮演一览表

傩戏的地域	仪式性冲突（正方）	仪式性冲突（反方）
山西	关公	妖（蚩尤）
四川	包公	城隍
河北	阎王	黄鬼
云南	关公	周仓（蚩尤）
安徽贵池	钟馗（包公）*	小鬼（刘衙内）
江苏南通	包公	孤魂

*　如安徽贵池的《钟馗捉小鬼》，钟馗瓜青黑色面具，驼背鸡胸，手拿宝剑，身挂"彩钱"，小鬼则戴鬼面具，舞蹈以锣鼓为节，先是钟馗用宝剑指向小鬼，小鬼不断作揖求饶，钟馗恃威自傲，小鬼卑躬屈膝，二者形成鲜明对比。不久小鬼伺机夺过钟馗手中的剑，钟馗反而向小鬼求饶，最后，钟馗急中生智，夺回宝剑，将小鬼斩杀。尽管其中注入世情因素，但表演的基本情节还是杀鬼。再如赛戏中"除十祟"演出真武爷降服群鬼的故事。

在祈福除祟的祭祀场合里所上演的包公戏等，往往就是一种驱邪仪式，仪式就在戏剧里面，戏剧是仪式的实现方式。在这种情况下，戏剧演出里的演员、语言和动作，都可能具有双重身份和意义。在包公戏里饰演包公的演员，在戏剧故事的层面上，一方面扮演着公案故事里的铁面判官，又或演出例如在《鱼篮记》《包公惩城隍》里神化后的包公，但在同一时间和舞台空间里，在仪式进行的层面上，他却是一个主持驱鬼仪式的祭师，在重演傩仪里方相氏的角色，其弥漫性传播的意义是有深厚的民间信仰做支撑的。

基于这一原因，剧中角色在台上的语言行为，也包含了两重意义。首先，他们用合乎语句文法、地区语音，以及戏曲文类惯例的话语，在运用语言的过程中，表现了人物的内心世界，交代了故事的情节发展，也塑造出一个模拟的戏剧世界，在戏剧演出的层次上，完成了指涉的功能。其次，在赛祭的宗教演剧场合底下，在进行驱鬼除煞的语言环境里，扮演包公角色的演员在戏台上的说话行为，除了上述指涉功能外，本身就是一种驱邪的行为活动。亦即是说，在特定的场合里，台上角色说话或唱曲的时候，并不单是在说话或唱曲，而是在从事一项行为——进行一项驱邪的仪式。当在戏台上的包公角色张开嘴巴说话的同一时间，在说话的过程中，他已在进行驱邪除煞的活动。进一步说，戏里面的话语，在驱鬼的场合里，通过驱邪仪式的祭师——包公角色的口中说出，使话语的身份有了改变，使它们变成了镇压邪魔的一种工具，蕴涵着符咒一类的力量，成了赶鬼活动里的另一种凭借。这种基于场合、仪式赋予的符咒能力，是一种民间信仰作用的结果，正是作为信仰的存在，使包公获得年复一年铭记并传播的内在驱动。

（二）循环时间中的游历地狱叙述与冥府审判

"地狱"在小说中大量出现，是佛教地狱观在民间开始流传的南北朝时期，即鲁迅所谓的"释氏辅教之书"。到唐代，"入冥"故事开始大量涌现，并普遍使用"地狱"一词。《玄怪录》《续玄怪录》中《崔环》等皆为"入冥"故事。敦煌变文中也有专门演绎"入冥"故事，如《大目乾连冥间救母变文》《唐太宗入冥记》《黄仕强传》等作品。

明清时期，地狱频繁地出现在宝卷中。一类是全知视角下的地狱宝卷，如《目连救母出离地狱生天宝卷》《目莲三世宝卷》《幽冥宝传》《游冥宝传》《佛说阎君宝卷》等。另外是通过人物完成的限知视角的游地狱。《香山宝卷》中的妙善游地狱、《秦雪梅宝卷》中秦雪梅游地狱、《方四姐宝卷》中的方四姐游地狱，《黄氏女宝卷》中的黄氏女游地狱。如果把游历地狱叙述结构的宝卷进行归类，大致分为以下类型[①]：

（1）目连救母故事类型宝卷。该类型宝卷版本众多，其中包括《目莲三世宝卷》、《目连救母幽冥宝传》（简称《幽冥宝传》《幽冥传》，亦名《目连救母宝传》《目连僧救母幽冥宝卷》《幽冥宝卷》《幽冥宝训》等）、《目连卷全集》（又名《忏母升天目连卷》《目连宝卷》）、《目连救母出离地狱生天宝卷》、《血湖宝卷》[②]等。

（2）香山妙善故事类型宝卷。该类型宝卷版本包括《香山宝卷》（又有《观世音菩萨本行经》《观世音菩萨本行经简集》《三皇姑出家香山宝卷》《大乘法宝香山宝卷全集》等名）、《观音济度本愿真经》、《观音菩萨香山因由》[③]、

---

① 该部分参考了 2019 年兰州大学陈焱的硕士论文《游冥类宝卷俗语词研究》中的整理分类。

② "戊辰年周素莲抄本"《血湖宝卷》一卷，是为旧抄本，其图版刊布于《民间宝卷》第 14 册。封面题签缺失，卷端题"血湖宝卷"，右下书"周素莲志"，卷末无尾题。王国良搜集整理《血湖宝卷》一卷。业已录校出版于尤红主编《中国靖江宝卷》上册。《中国·河阳宝卷集》下册校录有《血湖经》。据车锡伦《中国宝卷总目》，血湖宝卷尚有清光绪六年（1880）秦金亟抄本、清抄本、民国十一年（1922）高竹卿抄本、民国十七年（1928）陈毓亭抄本及其他旧抄本两种。

③ 《俗文学丛刊》第 360 册。封面署"观音菩萨香山因由"。附图六幅。卷端题"观音菩萨香山因由"，卷末无尾题。字迹清晰。

《观音游殿宝卷》①、《观音游地狱宝卷》、《香山卷妙偈文》（即《观音游地府》，简称《游地府》）、《香山观世音宝卷》，此外还有《观音十二圆觉全传》（《中国·沙上宝卷集》下册）、《大香山宝卷》等。

（3）唐王游冥故事类型宝卷。该类型宝卷版本包括唐王游地狱宝卷（又名《地狱宝卷》《唐王宝卷》）、《佛门受生宝卷》②、《佛说受生因果道场》③、《佛门受生宝卷启录》④、《佛门受生因果宝卷》⑤。

（4）刘全进瓜故事类型宝卷。该类型宝卷版本包括《刘全进瓜宝卷》⑥《翠莲宝卷》⑦《李翠莲舍金钗大转皇宫》。⑧

---

① 《民间宝卷》第 10 册。封面题签缺失。卷端题"观音游殿"，右下书"浦怡云藏"。卷末题"光绪念（廿）三年岁次丁酉菊月上旬日抄录谷旦徐洞桥浦怡云本"。字迹潦草难辨，卷中多俗字。

② 一册。最早为清光绪六年许志春等人抄本。收集自湖北宜昌一带。抄本封面题署"慈悲受生宝卷"及"许志春置"。扉页亦署"慈悲受生宝卷"。卷端题"佛门受生宝卷"，卷末无尾题，末行写有"下台"二字，其后则接着题写墨书题记："皇上光绪六年庚辰岁桂月望日，在于阳坡李氏家下五天斋事，代抄《受生宝卷》一部，传与侄士培。收拾仔细，显应十方。三人同抄"。业已录校出版于方广锠主编《藏外佛教文献》第二编第十三辑，亦见于《中国·河阳宝卷集》下册。

③ 二册。为清同治十二至同治十三年抄本。收集自湖北宜昌地区。第一册封面署"佛门受生卷左""阮常贞记"，卷端题"佛说受生因果道场"，卷末题"佛说受生科终"，后续题记"同治十二年重阳月中浣日渤海南书于麻沙坪勤学书屋"。第二册封面署"佛门受生卷右""阮常贞记"，卷端题"佛说受生因果道场"，卷末无尾题，末行作"受生宝卷今已毕，请师下案脱尘寰"，后续墨书题记"甲戌年中秋月上完（浣）二日吴海敬录。恐有高名先生，切莫休哂"。有朱笔校改、句读和添字。业已录校出版于方广锠主编《藏外佛教文献》第二编第十三辑。

④ 一册。凡 2 个版本。最早为清咸丰三年八月太灵抄本。收集自湖北鄂州。封面题签缺失，卷端题"佛门受生宝卷启录"，卷末题"科终"，后续墨书题记"咸丰三年八月抄录。太灵抄"。有朱笔点读和墨笔修改。业已录校出版于方广锠主编《藏外佛教文献》第二编第十三辑。

⑤ 一册。凡 1 个版本，为民国二十九年抄本。收集自湖南益阳地区。封面署"受生因果宝卷""填还受生宝卷"。扉页有"高美质记"朱笔题记。卷端题"佛门受生因果宝卷"。卷末题"受生宝卷"，下书"随意下坛"四字，并两行朱笔题记"民国廿九年庚辰岁和月吉日抄""中华民国二十九年庚辰岁九月下旬抄"。有朱笔校改、句读和添字。业已录校出版于方广锠编《藏外佛教文献》第二编第十三辑。

⑥ 《河西真本》《金张掖民间宝卷·3》《山丹宝卷·下》《永昌宝卷·上》《酒泉·5》。

⑦ 亦称《借尸还魂宝卷》《送南瓜宝卷》。一卷，为旧抄本。文本图版见于《民间宝卷》第 20 册。封面题签缺失，卷端题"翠莲宝卷"，卷末题"陆根汝沐手敬录"，多俗字。又见于《集成》第 9 册，民国佚名抄本，分上下集二册，为改编本，《中国·河阳宝卷集》上册有校录。据车锡伦《中国宝卷总目》，尚有二十余种抄本。《中国·沙上宝卷集》上册校录有《李翠莲宝卷》。

⑧ 又名《还阳传》《还阳宝传》《还魂宝卷》。一卷。凡 1 个版本。图版现刊布于《俗文学丛刊》第 352 册。封面署"还阳传"，不载刊刻时间、刊刻者、刊刻地。卷端题"李翠莲舍金钗大转皇宫"。卷末无尾题。版心题"还阳宝传"。据车锡伦《中国宝卷总目》，尚有清溶邑乔村复初堂姜明等捐资刊本、清刊本、郑州聚文堂旧刊本、寿阳刊本、民国六年（1917）战家庄静修坛刊本、民国三十五年（1946）抄本等多种。此外又有清嘉庆四年（1799）荣盛堂重刊本《唐王游地府李翠莲还魂宝卷》、多种版本的《金钗宝卷》（又名《逼化钗宝卷》《刘全进瓜》）及《化金钗宝卷》《唐化钗宝卷》。

（5）世俗修道类宝卷。该类型宝卷版本包括《黄氏女宝卷》[①]《如如宝卷》[②]《雪梅宝卷》[③]《轮回宝卷》[④]《游地狱宝卷》[⑤]《游冥宝传》[⑥]。

（6）地藏冥王故事类型宝卷。包括"地藏类宝卷"[⑦]"冥王类宝卷"。其中

---

① 《黄氏女宝卷》所讲：黄氏女终日吃素念经，大放毫光，惊动冥府十王。阎君遂敕令勾魂至阴曹对经，因无差讹得以转生男胎还阳，细说诸般地狱，普劝世人向善修行。根据称名和表现形态的不同，黄氏女宝卷可分为三类。现将此3种异本、6个版本的情况作简要介绍如下：《三世修行黄氏宝卷》简名《黄氏宝卷》，又称《黄氏女宝卷》《黄氏宝传》《对金刚宝卷》《三世修道黄氏宝卷》。上下二卷。笔者可见3个版本，全本为昭庆寺慧空经房刊本。图版现刊布于《俗文学丛刊》第356册。封面署"黄氏宝卷"，下小字"昭庆寺慧空经房印造"。上集卷端无首题，卷末题"三世修行黄氏宝卷上终"，版心题"上卷"。后附《难字音识》。下集卷端题"三世修行黄氏宝卷下，嘉郡倪秀章之端全订"，卷末题"此志倪秀章六代持斋，百有余年，家供祖师观音大士，积善已久。忽壁邻失火，火光炎炎，难以挡住，只得望求祖师大士护法，虚空感应，霎时火回，屋宅不损分毫，无害亦免回禄之灾，事在于道光二十七年岁次丁未宫五月十六日，己立险事之志，以教子孙行善耳。"末行再题"三世修行黄氏宝卷下卷终"。版心题"下卷"。此为车锡伦《中国宝卷总目》所举二十种之五。

② 全名《如如老祖化度众生指往西方宝卷》，一卷。最早为清光绪元年杭州昭庆寺重刊本。图版现刊布于《民间宝卷》第7册及《明清》第6册。封面署"如如宝卷全集"，卷端题"如如老祖化度众生指往西方宝卷全集"，卷末并题"大清光绪元年越郡刻比孙兴德公孙室喻氏重刊，愿祈国泰民安，版存杭州钱塘门外昭庆寺印造""如如宝卷终"。版心题"如如宝卷"。《珍本30》《佛说如如居士度王文生天宝卷》一卷。笔者可见2个版本，最早为明折本。图版现刊布于《中华珍本宝卷》第16册。封面署"佛说如如居士度王文生天宝卷"，左下钤"至德周绍良所珍悉书"印，故为周绍良先生所藏卷。附图一幅。扉页印龙形碑座，内书"皇帝万岁万万岁"。卷端题"佛说如如居士度王文生天宝卷"，后续未著完，卷末无尾题。

③ 上下二卷。全本为清光绪十一年杭省景文斋刊本。图版现刊布于《民间宝卷》第20册。封面署"雪梅宝卷"，上书"三官堂"，右小字"光绪乙酉年新镌"，左小字"板存杭省下城头巷内景文斋刻字铺刷印寄售，流通每部计工料英洋二角二分"。上集卷端无首题，卷末题"雪梅宝卷上终"。下集卷端无首题，卷末无尾题。末行作"板存杭省下城头巷内景文斋刻字铺刷印寄售，流通每部计工料"。版心题"雪梅卷"。

④ 又名《轮回宝卷》，一卷。最早为清宣统三年宝文斋重刊本。图版刊布于《俗文学丛刊》第359册。封面署"轮回宝传"。扉页署"轮回宝传"，右上小字"宣统三年仲秋月宝文斋重镌"，左下小字"板存滇省永昌荣号"。首有《轮回宝传原叙》，叙尾题"大清宣统辛亥仲秋望吉悟真子叙于中和静室之轩"。卷端题"新刻轮回宝传全卷"，卷末无尾题。版心题"轮回传"。

⑤ 又名《游地府宝卷》《地府宝卷》《幽冥地景卷》。据车锡伦《中国宝卷总目》，此为民国十四年（1925）吴云清抄本等9种。现录校出版于《中国·沙上宝卷集·上》《中国·沙上宝卷集·下》。

⑥ 清光绪二十六年重刊本。一卷。图版现刊布于《俗文学丛刊》第358册。封面署"游冥宝传全本"。首有《游冥宝传原叙》，叙尾题"大清乾隆四十八年菊月望五之吉""玉清内相金阙选仙无量度人孚佑帝君降于西蜀玄妙观内光绪二十六年岁次庚子孟秋月重刊"。卷端题"新刻游冥宝传全集"，卷末题"游冥宝传全部终"。

⑦ 《地藏宝卷》上下二卷，清光绪辛丑年常郡刻本。图版现刊布于《民间宝卷》第10册。封面署"地藏宝卷"，下小字"敬礼者须当斋戒心诚"。另有王国良搜集整理《地藏宝卷》一卷，业已录校出版于尤红主编《中国靖江宝卷》上册。《中国·沙上宝卷集》下册、《中国·河阳宝卷集》上册亦有校录。此外，又有《地藏王菩萨宝卷》、《地藏王菩萨执掌幽冥宝卷》（参《珍本》1辑《地藏王菩萨执掌幽冥宝卷》、《民间宝卷》10册《地藏王菩萨执掌幽冥宝卷》）、《地藏科文》（《民间宝卷》11册）、《南无地藏菩萨宝卷》、《地藏劝修卷》等。

"冥王类宝卷"包括《十王宝卷》、《泰山东岳十王宝卷》（又称《东岳泰山十王宝卷》）、《弥勒佛说地藏十王宝卷》（简称《十王宝卷》《地藏十王宝卷》《弥勒地藏十王宝卷》）、《冥王宝卷》、《地狱宝卷》。

　　现存最早的宝卷实物《目连救母出离地狱生天宝卷》，可算宝卷中"游地狱"情节之鼻祖。目连寻找因"杀生灵、害性命、饮酒开荤、舛斋破戒、欺神灭像、打僧骂道、拆毁桥梁"而被勾提"阿鼻狱，千年万载不翻身"的母亲青提夫人，游历各个地狱，目睹各种刑罚。宝卷将鬼门关如孽镜台、破钱山、剎衣亭、寒水池、神鸡山、变牲所、油锅地狱、血污池、滑油山、枉死城、锯解地狱、拔舌地狱、铁板地狱、刀山地狱、恶狗村、碓舂地狱、炮烙地狱、挨磨地狱、孟婆庄、奈何桥、六道轮回、阿鼻地狱（即青提夫人之所在）依次列举，为人们展现了一个全面而立体的地狱状貌。①

　　《游冥宝传》中记载游历冥府所涉及的功过和业报，这些功过由日游神、夜游神、司命、灶君、门神等日常生活"检察官"来记录。"土府灶神最灵验，将他罪孽记阴间。"②"刘京真乃是个万恶之鬼。每日有日游神、夜游神、司命、灶君将你善恶奏上天堂地府，簿记分明，丝毫不差。"③

　　《泰山东岳十王宝卷》中言，讷子上前问："阳间善恶，幽冥怎得知道？"狱主答曰："灶王报与土地，土地报与城隍，城隍报与天齐，天齐申与幽冥地府。地藏菩萨这菩萨批与十王。""有五阎王夜镜，照得分明。平等王有天平秤，秤人善恶。"④

　　《葵花宝卷》⑤是明清宝卷的一种，它涉及元末明初高则诚《琵琶记》以及《葵花记》的蒙古文译本《娜仁格日勒的故事》的改编关系，故事情节包括高彦真相府勒赘、孟日红割股救姑、孟日红赴京寻夫、孟日红被梁相毒酒害死、返魂重生、受神书宝剑、剿寇立功、考察梁计等内容。该部宝卷中，

① 《目连救母三世宝卷》，上海宏大善书局，1922 年。
② 《游冥宝传》，载《俗文学丛刊》第 358 册，台北新文丰出版公司，2004 年，第 113 页。
③ 《轮回宝传》，载《俗文学丛刊》第 359 册，台北新文丰出版公司，2004 年，第 303 页。
④ 《泰山东岳十王宝卷》，《明清民间宗教经卷文献》第 7 册，第 21 页。
⑤ 车锡伦：《山西流传民间宝卷目》收录山西宝卷《佛说高彦真赴试孟日红寻夫葵花宝卷》，又名《孟日红卷》。另外在车锡伦编著《中国宝卷总目》收录《葵花宝卷》版本有：（1）清光绪二年（1876）浙越剞北孙兴德公堂喻氏重刊，杭城玛瑙经房印本，二册。（2）清光绪九年（1883）抄本，二册。（3）民国八年（1919）抄本，二册。（4）清末抄本，二册。参见车锡伦编著：《中国宝卷总目》，北京燕山出版社，2000 年，第 135 页。

杨氏亲眼目睹了地狱的"最后审判"：

> 有杨氏，跟鬼使，往前所行；进地狱，不由得，胆战心惊。
> 行善人，都从那，金桥通过；作恶人，一个个，跳进奈河。
> 这一旁，明晃晃，刀山地狱；那一旁，有恶人，下在油锅。
> 这一旁，有几个，推碾上磨；那一旁，见一个，大锯分身。
> 这一旁，见几个，巧言令色；说花言，并巧语，扒舌挖眼。
> 这一旁，妇女们，抛米撒麦；在阴司，吃长蛆，理所当然。
> 这一旁，在阳间，打翁骂婆；到阴司，受磨难，罪过不免。
> 使大斗，并小秤，瞒心昧己；到阴司，一个个，永不翻身。
> 血池狱，尽都是，妇人所坐；她眼睛，流血泪，罪过不轻。
> 有一人，背牛头，他不认赃；有小鬼，逼得他，上了刀山。
> 在阳间，不务业，挖洞扒钱；到阴司，一个个，受着五刑。
> 这一旁，酆都城，遍地饿鬼；那一旁，望乡台，盼着家乡。
> 这杨氏，下地狱，心中悲凉；鬼使说，你恨的，却是何人？
> 我只恨，我的儿，名叫彦祯；上京城，一去后，不顾娘身。
> 全不念，为娘的，养育之恩；未报答，三年乳，劳苦之情。
> 有马面，在这里，押定她身；戴枷锁，受五刑，好不难肠。
> 有杨氏，游地狱，权且不表；再表那，孟日红，婆媳相逢。
> 孟日红，她到了，幽冥地府；观地狱，不由人，心惊肉怕。
> 这阴司，和阳间，大不相同；黑洞洞，不知道，东西南北。
> 只听得，那一旁，狼嚎鬼叫；又不见，奴婆婆，她在何方。
> 叫了声，鬼大哥，多行方便；你叫我，婆媳俩，早来相见。[1]

清光绪二十六年（1900）刊《游冥宝传》，言妇人宋氏因家人离世，绝望自尽，观音助其游冥。经枉死城、鬼门关，至一殿秦广王处，上孽镜台。下依次经其他诸殿及地狱。五殿有望乡台。[2] 其情节结构为身死—游冥—还魂—修行得道。游冥是人物命运转变的关键。此卷着重描述地狱刑罚，批

---

① 《葵花宝卷》，载徐永成等主编：《金张掖民间宝卷》，甘肃文化出版社，2007 年，第 113—114 页。
② 《游冥宝传》，载《俗文学丛刊》第 358 册，台北新文丰出版公司，2004 年，第 42—138 页。

判种种阳间罪恶，善恶对照明显，说教突出。以游冥为情节的作品很多，如《轮回宝传》《李翠莲舍金钗大转皇宫》等。总体上，以河西地区为主的北方民间宝卷，以游冥为情节主线、对冥府大作渲染的相对较少，主要有《唐王游地狱宝卷》《刘全进瓜宝卷》《观音宝卷》等。南方以吴方言区为代表，涉及冥府信仰宝卷相对较多，地域特色明显。

鬼魂在阴间要接受审判量刑，都是由这些"检察官"提供的案情来决定的。其先行经过奈河桥、恶狗庄等处，已按其罪业做了处罚。主要的审判则在十王殿中。每一殿都有判官执掌善恶簿，记录勘察鬼魂的阳世善恶。更有效的手段是五殿阎罗王的孽镜台与八殿平等王的天平秤。前者照出鬼魂阳世所有善恶，后者称量其善恶的轻重。孽镜台、天平秤、善恶簿与正直的鬼神，保证对鬼魂公正有效的监察与审判，最后将之投入转轮车中。转轮车上分六路，四生六道各有门。也有车上为牛马，也有车上去为人。也有富贵车上走，也有贫穷车上行。胎卵湿化由此出，进入车门去翻身。车上阳间各行路，各凭善恶去投生。[1]

河西宝卷中游历地狱，让地狱的酷刑历历在目，本身是超幽仪式的一部分，也属于超幽前的"审判"的内容。地狱审判与最后"清算"，包括对身体器官的惩罚：挖眼、割舌、剥皮、开肠破肚、劈头、掏心，等等。每种酷刑迫害身体的哪个器官，和生前犯下的错误有关，比如生前搬弄是非，就是拔舌、戳嘴的刑法；生前若是心肠狠毒，就要被掏心等。这些刑法其实是强调了人们所犯错误的肉体性和物质性。惩罚的手段多种多样，扣石磨碾、寒冰冻、大火烧、大刀砍、油锅炸、铁板夹，等等。地狱中的画面是鲜血淋淋的，鬼哭狼嚎、骨碎肉破，身体被肢解、扭曲的面目全非，这些惩罚残忍至极，地狱中没有同情、迁就，惩罚十分残酷，目的是起到威慑惩戒的作用，但也体现了人性中无比残忍、非理性的一面。[2]

---

[1] 《轮回宝传》，载《俗文学丛刊》第 359 册，台北新文丰出版公司，2004 年，第 348 页。

[2] 地狱，梵语 niraya 或 naraka，音译作泥梨、泥梨耶、捺落伽、那落迦、奈落，意译作不乐、可厌、苦器、苦具、无有等。地狱观念和佛教"十界"的说法有关，十界分别指的是："佛、菩萨、缘觉（辟支佛）、声闻（阿罗汉）、天、人、阿修罗（恶神）、畜生、恶鬼、地狱。"十界中前四者称"四圣"，"四圣"是已经脱离生死轮回之苦，超凡入圣的"圣贤"，诸佛、菩萨、缘觉、声闻们在各种"净土乐园"中逍遥自在，永享快乐；后六者称为"六道"或"六凡"，在秽土中辗转轮回，永无尽期。六道中的下三道即畜生、恶鬼、地狱，又称"三恶道"或"三趣道"，而地狱则为"三恶道"之最。参见陆永峰：《论宝卷中的民间冥府信仰》，《民族文学研究》2011 年第 4 期。

道光辛丑年（1841）黄育楩刊行的《破邪详辩》说："邪经言地狱刻酷不情，几无一人能免地狱者，一诵经上供，即直上天宫，不入地狱。愚民闻此最易悚动，而不及察其煽惑之私也。"[1]

《目莲三世宝卷》中按照目莲的行程勾画出的地狱行程结构大致如下：鬼门关、孽镜台、破钱山、剥衣亭、寒水池、神鸡山（铁鸡啄人心目）、变畜所、油锅、血污池、滑油山、望乡台、枉死城、将人锯成两半、开膛剖腹、拔舌换肠、榨得鲜血直流、钢刀山、恶狗村、放入石碓捣得皮烂骨碎、铜柱火烤、磨眼里推磨、孟婆茶点、奈何桥、六道轮回、阿鼻地狱。

《地藏宝卷》[2]是靖江宝卷中最为特殊的一部。虽然其故事的重心是在讲金藏宝的修道经历，但最后指向的正是阴间地府以及其主持者地藏菩萨、十殿阎王的来历。

宝卷中说到金藏宝修行三年，得成正果，佛祖封其为"地藏能仁"。地藏带三件佛宝下山，山下收复泥吼为坐骑。到了京城，泥吼化作僧人，揭下皇榜。地藏来到陀罗山，用三件佛宝破了十绝连环阵，救出父亲与众人，命十个强盗修道，并劝父母和十八位总兵一起修道。

三年后，陀罗山十个强盗已修行功满。地藏带众人到流沙河脱去凡胎，来到西天。佛祖封地藏为幽冥教主，去九华山享受香火。十个强盗造恶太多，上天无份，故封为十殿慈王，去阴山背后造地狱。当初其父金功善去西天拜佛，路上冻死的三千士兵也转成三千阴兵，护卫地府。十八总兵入幽冥，封为十八尊狱官。十殿阎王各带三百阴兵，因为不知如何造地狱，便将当初的十绝连环阵改作十殿地狱：一殿秦广王萧大力造刀山剑树地狱；二殿初江王曹二彪造镬汤地狱；三殿宋帝王黄三寒造寒冰地狱；四殿忤官王徐四野造拔舌地狱；五殿阎罗王包铁面造血湖奈河地狱；六殿变成王蔡六怪造变畜地狱；七殿泰山王何碓磨造碓磨地狱；八殿平等王阮八郎造锯解地狱；九殿都市王薛九虎造火坑铜柱地狱；十殿轮转王夏十满造黑暗地狱。又造鬼门关、恶犬村、秤称亭、孟婆庄、望乡台、滑油山。

地狱造好之后，十殿慈王迎接幽冥教主地藏能仁观览十殿地狱。宝卷中照例铺写了十殿地狱之情状：

---

① （清）黄育楩撰：《破邪详辩》，《清史资料》第 3 辑，中华书局，1982 年，第 120 页。
② 此处的《地藏宝卷》为赵松群演唱本。

　　挂：地藏观看到一殿：刀山剑树地狱门。如果罪鬼朝上撂，破肚又穿心。地藏观看到二殿，濩汤地狱门。阳日之间煮鱼虾，濩汤地狱化灰尘。地藏观看到三殿，寒冰地狱门。头顶冰束脚踏雪，冷水又浇身。地藏观看到四殿，拔舌地狱门。阳日之间好说谎，拔舌地狱拔舌根。地藏观看到五殿（如图3-5《吕祖师降谕遵信玉历钞传阎王经》），血湖奈河地狱门。奈河桥上男子汉，血湖池里女罪人。[1]地藏观看到六殿，变畜地狱门。阳日之间赖人债，变畜地狱变中牲。地藏观看到七殿，碓磨地狱门。阳日之间打牲灵，碓磨地狱碎纷纷。地藏观看到八殿，锯解地狱门。阳日之间用勒大斗并小称，锯解地狱两分身。地藏观看到九殿，火坑铜柱地狱门。阳日之间放野火，火坑地狱化灰尘。地藏观看到十殿，黑暗地狱门。阳日之间打碎佛前灯，黑暗地狱暗沉沉。地藏菩萨又派十八狱官各掌一狱，分二十四司，命令牛头马面、三千阴兵各处把守。

图3-5　《吕祖师降谕遵信玉历钞传阎王经》

---

[1]　图片引自《吕祖师降谕遵信玉历钞传阎王经》，参见马西沙：《中华珍本宝卷》第二辑，第20册，第547页。

苏州、常州、无锡等地民间荐亡法会中，常宣唱《十王宝卷》《李清卷》《目连卷》《十程宝卷》《七七宝卷》《血湖宝卷》等作品。这些宝卷多叙述十殿阎王及其地狱，重点在地狱惨酷及对应人世罪恶，宗旨在劝人行善修道。《七七宝卷》铺叙人死后七七间历经地府各殿情形，贯穿善恶果报，如宣道："头七来到秦广王，孟婆庄上吃茶汤。善人吃了如良药，恶人吃下乱癫狂。"

长生教经卷《弥勒佛说地藏十王宝卷》，该部宝卷演述弥勒佛让一位小仙童访问冥府十殿，以巡览各种地狱见闻，阐释修行做人道理。该部宝卷还介绍了长生教道统与传承：

> 只度众生人难度，差我今来下凡尘。东土东方三星地，投胎赵北与燕南。降下汪家为男子，九阳岗上造法船。
>
> 要问南北两儒何年出，万历皇帝御颁行。十二年间龙位动，普静佛祖吐藏经。五千四十零八部，御制刊版藏北京。朝阳门外开经房，党家子孙卖钱文。
>
> 三十二年佛敕旨，儒童玉佛临凡汪家门。正信正义同一子，小名和尚号长生。崇祯十年祖出定，诸神十王归佛门。普度弟子三千余，十三年间八月升。佛号普善甘露佛，康高姜祖续长生。[1]

除上面言及的宝卷外，皇天道《救度超生亡灵宝卷》（明刊本，存下卷）、《佛说如如居士度王文生天宝卷》（明刊本）等作品中，也都可见冥府信仰。冥府之说此后屡见于民间教派宝卷中。黄育楩《续刻破邪详辩》言："总以无知愚民既信地狱，又畏地狱，邪经卷卷遂屡言地狱。"[2]民间教派宝卷中的地狱之说，建立在民间广泛信畏的基础上，大致反映着民间信仰的实际。

---

① 长生教经卷《弥勒佛说地藏十王宝卷》，二卷，不分品。明崇祯三年（1630）刊行。"盖闻大圣弥勒佛说地藏十王宝卷，出在大明御制，崇祯三年流传"，为长生教弟子撰写。卷首有无名氏序一篇。上卷卷尾有刊记："大清光绪三十年，岁在仲春，原照北京朝阳门外党小庵藏板镌刻，今在长桥清瑞庵丁叶氏、李张氏、王运然、童方芹、王某某重刊者祈愿天下太平，众姓咸宁。"下卷卷尾亦有刊记："光绪三十年仲冬重刊，愿祈天下太平，风调雨顺。原照北京朝阳门外党小庵藏板，今在杭城玛瑙经房镌刻，计纸本一百四十文。"由此可知，该部宝卷自明崇祯三年（1630）刊行以后，清光绪三十年（1904）又分别在北京朝阳门外党小庵和杭州玛瑙经房重刊。卷尾附刻《金仙证论》。〔日〕泽田瑞穗：《增补宝卷研究》，日本国会刊行会，1975年，第218页。

② （清）黄育楩：《续刻破邪详辩一卷》，《清史资料》第3辑，中华书局，1982年，第92页。

据明代文献记载，《金刚科仪（宝卷）》用之于"金刚道场"，主要用于追荐亡灵或礼佛了愿。《金刚经》与追荐亡灵相结合，并通过过渡礼仪固定下来，深入民间社会内部。而黄氏女故事恰恰是一个与游阴有密切关系的故事。黄氏的入冥游阴是因为阎王要请她去对《金刚经》（如图3-6 黄氏女森罗殿上对金刚 [①]）。可以说，《金刚经》崇拜和黄氏女故事情节紧密相关，黄氏女游阴在地狱信仰和《金刚经》崇拜两者间找到了一个结合点。这是黄氏女游阴与其他游阴故事一个较大的不同。如果联系前文游历冥府的宝卷叙述模式，我们发现，黄氏女游阴是众多游阴（游历冥府）故事中的一个。而这一类型的故事，通过"地狱游历"般的考验，形成典型叙述和记忆，与中国以孝道为核心的传统家庭伦理、以忠奸为分界的政治伦理相结合，能产生强大的社会影响力和情感效果，因此传播力强，社会影响力大。黄氏女在地狱信仰和《金刚经》崇拜之间的衔接，标志着佛教通过对孝文化的吸纳，渗透进中国的宗法伦理之中，从而在民间完成了中国化。早在明代万历年间的《妙相记》传奇中，黄氏女就被俗称为"赛目连"，当时黄氏女戏剧曾"哄动乡社"。后来黄氏女成为民间二十四孝中的人物。

图3-6 黄氏女森罗殿上对金刚

---

① 唱本《黄氏女对金刚》，载"中央研究院"历史语言研究所俗文学丛刊编辑小组编：《俗文学丛刊》，台北新文丰出版公司，2004年，第573册，第337、341页。

"生活是从死亡中脱胎而来的，正如反过来说生活总是归结于死亡一样。在这样变化的周期循环螺旋线之内蕴藏着对于永生与延续的信念。"[1]希腊神话中佩尔塞福涅被冥王哈得斯抢入冥府，其母得墨特尔向宙斯请求，就在赫尔墨斯受宙斯命令带走佩尔塞福涅之前，哈得斯说服佩尔塞福涅吃了四颗石榴籽，于是佩尔塞福涅只能用一年之中三分之二时日与其母相处，余下的三分之一时日则在冥府度过。这一神话即反映的是原始初民对于春夏秋冬时序循环的解释，原始初民对于这种循环的理解首先就是渗透在日常的生活、经验之中，在他们看来，太阳的东升西落、一年的四季变化均有人的肉体和生活规律某种精妙的契合，所以在中国古老的中医理论中，这种规律是普遍存在的，中医一大特色就是讲求人的生命活动规律是与季节变化、地域特色、昼夜晨昏息息相关。从下表可以看出"循环观"在时序、神话和文学原型之中的表现：

表3-3 文学主题、叙述结构与时间循环示意

时序	相关神话	文学原型
春季、黎明、出生阶段	创世神话，打败黑夜、黑暗、死、冬天神话	大部分古希腊祭酒神诗歌史诗、传奇故事
夏季、中午、结婚或胜利阶段	羽化成仙、圣婚、升入天堂神话	喜剧、抒情诗、田园诗
秋季、日落、死亡阶段	堕落、神的死亡神话。主人公的死亡、牺牲、孤独的神话	
冬季、黑暗、混沌阶段	黑暗力量胜利、混沌复归、主人公失败、诅咒神话	讽刺类

直到17世纪，维柯依然认为整个历史也是三个重复出现的阶段或者三个循环：神明、英雄和人类。在这三个阶段之间均会有小的混乱的间隔。在这个间隔之中各种力量开始运动，直到神明时代的到来，这一历史循环运动永无停止、永远重复。[2]维柯试图以这样的观点来解释我们生活的时间、空间在人类的生活习惯、语言、习俗乃至个人举止上的相似规律。这样的目的也即追求一种一定时期内的永恒历史，洞察世界在其中的理想循环。这也是"循环观"在历史上的演进。

---

[1] 〔美〕安德鲁·莱特尔：《小说家的工作与神话创作过程》，载约翰·维克雷编：《神话与文学》，潘国庆等译，上海文艺出版社，1995年，第138页。

[2] 〔意〕维柯：《新科学》，朱光潜译，人民文学出版社，1986年，第460—461页。

事实上，人类这一"循环"的时间观，也是在神话和历史的撕裂中产生的。历史是在不断艰辛的斗争中螺旋上升，历史代表着一种过程、不可逆转的变化、不断的变异和革新，而神话意味着一种稳定。历史在运动中淡忘着旧有的秩序和习俗，而我们的神话在永恒中寻求安慰，医治现代文化的创伤，因此批评家都强调"神话具有这样一种本质功能，那便是它能将过去和现在融为一体，从而使我们从暂时的羁绊中解脱出来，使我们在超越时空的、永恒的'神圣重复'中认识变化"①。更进一步讲就是伊利亚德所讲的"原始人通过赋予时间以循环方向的办法来消除时间的不可逆性。一切事物均可在任何瞬间周而复始。过去只不过是未来的预示。没有什么事件是不可逆的，没有什么变化是终极的变化。在某种意义上甚至可以说世界上没有什么事物是新发生的，因为一切事物都只是同一些初始原型的重复，这种重复，通过实现原初运动所显现的那个神话时刻，不断地将世界带回那神圣开端的光辉瞬间。在周而复始的原始时间观作用下，一切试图改变循环进程的努力都是徒劳的。生命的高峰也就是死亡的前奏，而死亡则又是生命（复生）的准备"②。在这个意义上，文学便与神话相通，最基本之处就在于其结构原型的一致性，即"循环性"，因为二者均表现的是自然的循环，但文学的循环性是隐性的，因此文学批评的任务就是要揭示文学之对应于神话的内在结构，使文学批评能真正具有方法论的原则和自然科学的连贯性。这一连贯性就体现在文学原型的再现。文学人类学试图构建这样一幅文学结构图示。③

三、"大闹"与"伏魔"：《张四姐大闹东京宝卷》的禳灾结构

《张四姐大闹东京宝卷》（又名《张四姐宝卷》）、《摇钱树宝卷》、《仙女宝卷》、《月宫宝卷》、《天仙宝卷》（又名《天仙四姐宝卷》《斗法宝卷》《天

---

① 〔美〕菲利普·拉夫：《神话与历史》，参见〔美〕约翰·维克雷编：《神话与文学》，潘国庆等译，上海文艺出版社，1995 年，第 166 页。
② 〔美〕Mircea Eliade, *The Myth of the Eternal Return*, New Tersey: Princeton University Press, pp. 89-90.
③ 黄金龙：《"死而复生"神化研究》，山西师范大学 2016 年硕士论文，第 43 页。

仙女宝卷》《张四姐宝卷》《杨呼捉姐宝卷》《大闹东京宝卷》），① 该卷中的"张四姐大闹东京"故事，意蕴深厚，流传久远。在长期的演述中，该故事文本种类繁多，包括多种宝卷文本。《中国宝卷总目》著录该宝卷嘉庆、同治、光绪、民国版本总计 35 种，编号分别是 0137、1083 和 1566。笔者统计，该卷在《中国宝卷总目》著录的存世宝卷版本数量上，位居前 10 位。

根据故事情节，我们把《张四姐大闹东京宝卷》分为六大板块：

（1）仁宗朝，崔家家道中落，崔文瑞与母亲靠乞讨度日。

（2）玉帝第四女张四姐下凡，与秀才崔文瑞（原是天上金童）结为夫妻，张四姐利用仙术帮崔文瑞母子重归富有。

（3）员外王半城见崔家财宝和崔妻张四姐的美色后起异心，定计谋，设圈套栽赃陷害崔文瑞，企图霸占张四姐。

（4）为了解救被拘押的丈夫，张四姐与呼家将、杨家将几番大战，大闹东京，打败包公。

（5）包公用照妖镜去擒妖，前往地府阎王殿、西天、玉帝等处查访，最后在斗牛宫中查访得知张四姐是王母的四女儿下凡。

（6）玉帝大怒，派遣天兵天将、哪吒、孙悟空前往擒拿张四姐未果。崔文瑞原是老君殿上仙童，一家三人都被玉帝召回天宫。

六大板块中，第（3）（4）（5）部分才是故事的关键部分。笔者收集的有《河西宝卷真本校注研究》收录的方步和先生整理本《张四姐大闹东京宝卷》（简称《真本校注本》）②，《临泽宝卷》收录的整理本《张四姐大闹东京宝卷》（简称曹大经藏本）③，《酒泉宝卷》收录的整理本《张四姐大闹东京宝卷》（简称《酒泉本》）④，《中国靖江宝卷》收录的整理本《月宫宝卷》（简称《靖

① 车锡伦编著：《中国宝卷总目》，北京燕山出版社，2000 年，第 36、262、376 页。

② 方步和：《张四姐大闹东京宝卷》（该卷是冯强搜集的武威张义堡王斌、蔡政学、徐祝德抄本，参见《河西宝卷真本校注研究》，兰州大学出版社，1992 年，第 125—162 页）。该整理本与《金张掖民间宝卷（一）》（2007 年）、《山丹宝卷上》（2007 年）属于同一抄本的整理本。故本书以 1992 年方步和整理本为底本比较，简称《真本校注本》。

③ 《张四姐大闹东京宝卷》小屯乡曹庄四社曹大经抄藏本。程耀禄、韩起祥主编《临泽宝卷》，甘出准印 059 字总 1067 号，第 360 页。

④ 西北师范大学古籍整理研究所：《酒泉宝卷》，甘肃人民出版社，1991 年，第 309—335 页。此卷系酒泉市东洞乡农民田上海抄录并收藏，抄于民国三十二年（1943）孟冬。

江本》）^①，陕西师范大学图书馆藏咸丰元年（1851）曹鹤贤抄本《天仙宝卷》（简称《咸丰本》），陕西师范大学图书馆藏民国二十八年（1939）王沧雄藏本^②（简称《王沧雄藏本》），哈佛大学燕京图书馆藏《天仙宝卷》（光绪乙巳年许锦斋抄本）^③，云南腾冲民间唱书《张四姐下凡》^④等。从"表述的动力"角度，试图探讨故事在表演过程中的"演述动力"，认为口头传统中，故事的演述动力来源于文化文本的禳灾结构。

（一）"大闹"与"伏魔"叙述丛考原

为什么张四姐大闹东京故事，能够在民间以包括宝卷在内的各种文本长期流传，并形成复杂的演述版本？其演述的动力来源是什么？著名学者容世诚分析迎神赛社戏剧《关云长大破蚩尤》等傩戏时认为：《破蚩尤》和安徽贵池《关公斩妖》没有多大区别，该剧的演出"实际上是在戏台上重演一次古代傩祭中方相氏驱鬼逐疫的仪式"，"围绕着叙事结构和演出象征吉祥／不幸、平安／限难，以致更根本的生命／死亡等对立观念，构成一个意义网络，在整个驱邪的仪式场合里产生意义，最后通过戏剧仪式的演出，除煞主祭降服或者斩杀背负所有不详和凶咎的恶煞，象征性地消解以上对立"。^⑤

联系河西的《护国佑民伏魔宝卷》《包公错断颜查散》，靖江宝卷中的《大圣宝卷》，其中靖江《大圣宝卷》中张长生在观音的点化后转入修行，接着"降妖伏魔"，最后定于狼山上弘法等故事。笔者认为，"张四姐大闹东京"故事的多种文本的演述动力同样源于该故事包含的原型结构，其动力装置是以被除凶咎恶煞为目的的"大闹"。

远古以来，真实或想象的自然灾害、瘟疫、猛兽侵袭，成为集体无性恐惧和存在意义上的焦虑，受迫害的想象和记忆，采取集体行动的预防性书写或仪式性"干预"，这些最古老的经验形成"大闹"和"伏魔"的主题文

---

① 尤红主编：《中国靖江宝卷》，江苏文艺出版社，2007年。
② 李永平：《陕西师范大学图书馆藏未著录中国宝卷——兼〈中国宝卷总目〉补遗》，参见《禳灾与记忆：宝卷的社会功能研究》，中国社会科学出版社，2016年，第273页。
③ 《天仙宝卷》，哈佛大学燕京图书馆藏光绪乙巳许锦斋抄本。
④ 《张四姐下凡》，《民间唱书选辑》，民间唱书皮影队艾如明、谢尚金、刘尚科收集，保新出（2017）准印内字第025号。
⑤ 〔新加坡〕容世诚：《关公戏的驱邪意义》，载《戏曲人类学初探——仪式、剧场与社群》，广西师范大学出版社，2003年，第22—23页。

化文本丛，转化为村落社会重要的民俗仪式，做会宣卷只是仪式活动的一部分。换句话说，文学文本宝卷故事只是民间信仰做会仪式中的演述部分，而文化文本中旨在通过祭献获得拯救，劝善免除天谴，镇魂、度脱禳解灾异，"过渡礼仪"消除污染的图像、故事文本或仪式化的表述分布极为广泛。如果要追溯"大闹—伏魔"原型结构的来源，无疑要上溯到中国本土的禳灾祭祀民俗仪式——"张天师降五毒""五鬼闹判"这里。①

　　神话观念支配意识行为和叙述表达的规则。先秦以来，人们认为，五毒是侵害人类的灾异，五月初五端午节被人们认为是"五毒"之首，民间便流传了许多驱邪、消毒和避疫的习俗。驱"五毒"成为端午节民俗仪式的核心目的。《燕京岁时记》称："每至端阳，市肆间用尺幅黄纸，盖以朱印，或绘画天师钟馗之像，或绘画五毒符咒之形，悬而售之。都人争相购买，粘之中门，以避祟恶。"② 至今，凤翔镇宅辟邪木板节令画中，还有《张天师降五毒》的题材。在民间文学中，天师被视为法力高超、驱邪禳灾的职业术师，能够帮助人间芸芸众生渡厄禳灾。

　　"五毒妨人"，人想方设法镇压"五毒"以禳灾，这一观念逐渐演化为"五鬼"大闹人间，判官捉鬼、杀鬼、斩鬼伏魔的原型结构和文化传统，贯穿于剪纸"剪毒图"、年画"五毒图"、佩饰"五毒兜"、饮食"五毒饼""炒五毒"等民俗事象和傩戏等文化文本之中。

　　从西周开始，傩戏搬演扮演了重要的逐疫禳灾功能。宋代以前有《五鬼闹判》，元代杂剧有《神奴儿大闹开封府》，明代有小说《新刻全像五鼠闹东京》③

---

① 钟馗斩鬼最早的记载见于唐高宗麟德元年（664）奉敕为皇太子于灵应观写的《太上洞渊神咒经》，而该经最初的十卷成书时间约在陈隋之际。敦煌写本标号为伯2444的《太上洞渊神咒经·斩鬼第七》关于钟馗是这样写的："今何鬼来病主人，主人今危厄，太上遣力士、赤卒，杀鬼之众万亿，孔子执刀，武王缚之，钟馗打杀（刹）得，便付之辟邪。"而另一篇标号为伯2569中写道："驱傩之法，自昔轩辕，钟馗白泽，统领居（仙）先。怪禽异兽，九尾通天。总向我皇境内，呈祥并在新年。"钟馗不但负责打杀恶鬼，更具辟邪功能。钟馗的名字画像、打鬼都具辟邪效果。

② 富察敦崇：《燕京岁时记》"天师符"，北京古籍出版社，1981年，第65页。

③ 据目前所知，《五鼠闹东京》存世有两个版本：1. 广州明文萃堂本《新刻全像五鼠闹东京》四卷，今藏香港大学冯平山图书馆。2. 柳存仁发现的英国博物院藏本，清代"书林"刻本《五鼠闹东京包公收妖传》二卷。参见潘建国：《海内孤本明刊〈新刻全像五鼠闹东京〉小说考》，《文学遗产》2008年第5期。从故事题材来看，《五鼠闹东京包公收妖传》故事经历过两次重大的改变，第一次是受到明代公案小说的影响，增加了包公判案情节。第二次是在清代中后期，受到侠义公案说唱及小说的影响，"五鼠"形象由精怪蜕变为侠客，而正是因为与不同时期流行小说的不断结合，"五鼠闹东京"故事才拥有如此绵长的生命力。

《决戮五鼠闹东京》（《包龙图判百家公案》第58回），晚清有侠义公案小说《五鼠闹东京包公收妖传》，背后都是"五毒"结构原型。

　　明代的驱傩仪式中，也需要演述大闹—审判—伏魔故事。1986年，在山西潞城县南舍村发现了明万历二年（1574）手抄本《迎神赛社礼节传簿四十曲宫调》。该抄本"毕月乌"项下录有供盏队戏《鞭打黄瘆鬼》剧。[1]《鞭打黄瘆鬼》是山西上党地区祭祀二十八宿时于神庙前演出的戏剧，它在赛社祭祀中只是祭祀仪式剧，表演时走上街头逐疫祛祟，成为热闹异常的大戏。洮岷地区的《敕封护国佑民伏魔天尊宝卷》，讲述的神灵关羽是武圣，有无穷法力。由于民间文化传统的青睐，关羽被官府赐予封号，且封号越来越长，万历四十二年（1614），明神宗加封关公为"三界伏魔大帝威远震天尊关圣帝君"，所以宝卷简称为《伏魔宝卷》（图3-7 护国佑民伏魔宝卷）。

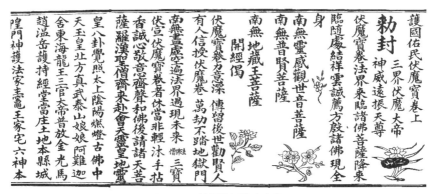

图3-7　护国佑民伏魔宝卷

　　今天这种民俗仪式成为"非物质文化遗产"，还活态地保留在山西、山东等地。其中山西省临汾市襄汾县赵康镇赵雄村的傩舞"花腔鼓"表演中有"五鬼闹判"仪式剧。王潞伟对此专门做过田野调查：五鬼闹判上街演出时，5个被冤枉的小鬼和1个判官共6人组合而成。5个小鬼在戏弄判官时，步伐必须是蹦蹦跳跳。判官在行进中表演时没有规定的步伐，在五鬼闹判戏耍时，他一会儿手摇铃铛向五鬼示威，一会儿双手翻阅生死簿，寻找被冤枉屈死的名单。[2]

---

① 《迎神赛社礼节传簿四十曲宫调》影印，载《中华戏曲》第三辑，山西人民出版社，1987年。
② 王潞伟、王姝：《山西襄汾赵雄"花腔鼓"调查报告》，《中华戏曲》第40辑，文化艺术出版社，2009年，第356—367页。

戏剧由固定程式组成："五鬼"大闹判官，判官与五鬼程式化的周旋之后，象征性的审判并斩杀"五鬼"，恢复人间的秩序。

　　每年旱季，山西的迎神赛戏在龙王庙或大庙演出。仪式表演当日，作为城隍庙的主祀神城隍爷要"观看"，其神像会被请到场地中心位置。唱赛戏要戴面具，装扮成鬼神的模样。清末民初，大同城内在龙王庙演赛戏时，除了唱赛戏，还要请神、跳鬼，上演《斩旱魃》或《斩赵万牛》。大同北部堡寨聚落上演的赛戏，起赛之日过街跳鸡毛猴，正赛之日举行"除十祟"仪式，末赛之日白天演赛戏，傍晚举行"鬼抓肉"活动。[①] 赛戏演出一般是每个台口四天。"喜神"迎进赛班后，一定要沿街穿巷敲锣打鼓地走上一遭，这叫"刮街"，以示驱赶鬼怪。接着参拜龙神或其他神像，上演赛戏的开台节目《调鬼》。演员头戴面具，扮七鬼，先在台下，继则台上，舞蹈跳跃，听调鬼师（城隍）训诫。第三日演出《斩赵万牛》或《斩旱魃》。"斩赵万牛"仪式的角色有阎王、判官、二鬼头（黑白无常）、蒙面鬼、地伏鬼、女鬼，以及被捉拿的赵万牛等。正月十五上午演出《斩赵万牛》。演出时，饰演阎王、判官的演员在台上坐定。"赵万牛"开始四处乱跑，抓抢摆在街道两边小摊上的东西，所经之处，人人不得阻拦。在"赵万牛"抢一段时间后，二鬼头（黑白无常）、蒙面鬼、地伏鬼相继登场，捉拿"赵万牛"。同时七八个年轻人每两人扛一个铡刀，一人抓刀把一人抓刀背，开始追着赵万牛跑。在街两旁追跑三个回合之后，在众人的帮助下，"黑白无常"二鬼将"赵万牛"抓获，押至阎王台。阎王、判官正襟危坐，两旁小鬼持刀怒目，很是威风。阎王对"赵万牛"判处斩刑。最后"赵万牛"被押上行刑台。"赵万牛"拿出事先准备好的鸡将脖子扭断，将鸡血涂于脸上。扛铡刀的众青年，一拥而上，象征邪恶的"赵万牛"被处斩。

　　《斩赵万牛》在镇河堡每年都要上演，有时也在正月十六演《活捉刘氏》。《活捉刘氏》中的演员和《斩赵万牛》中的大体相同，饰演赵万牛的演员饰演刘氏。据说刘氏是赵万牛的姐姐，在助马堡的采访过程中，又被称作"跑血鬼"。"跑血鬼"在当地居民看来就是让人身上的血流尽，是带来战争的鬼魅。演出时，刘氏将羊肚羊肠藏于衣服下，身上涂满羊血。整个过程类

---

① 侯长发：《大同戏剧史（连载之二）》，《大同今古》1995 年第 2 期。

似于《斩赵万牛》。在刘氏被捉以后，阎王判处刘氏破肚抽肠之刑。鲜血淋漓的羊肠被小鬼从刘氏的肚子中抽出，象征带来战争的鬼魅被处死。①

明杂剧《庆丰年五鬼闹钟馗》第四折，钟馗有"一桩驱邪断怪的无价宝，助国家万年荣耀"，钟馗在五鬼头上放"三个神爆仗"，"爆仗声高"，"五鬼唬倒"，"将黎民灾祸消"，除了辟邪之外，钟馗也带来了新年的祝福。最后钟馗逐鬼、捉鬼，"刳其目，然后劈而啖之"。②明末戏曲理论批评家徐复祚在《傩》一文中又云："然亦有可取者，作群鬼狰狞跳梁，各据一隅，以呈其凶悍。而张真人世称天师出，登坛作法，步罡书符捏诀，冀以摄之，而群鬼愈肆，真人计穷，旋为所凭附，昏昏若酒梦欲死。须臾，钟馗出，群鬼一见辟易，抱头四窜，乞死不暇。馗一一收之，而真人始苏，是则可见真人之无术，不足重也。"③《三宝太监西洋记》第九十回"灵曜府五鬼闹判"，出现国殇后，冥府中受苦的五鬼哄闹判官。后世五鬼闹钟馗之"五鬼"又演变为包公故事《五鼠闹东京》中的"五鼠"。这与包公死后成为五殿阎王，往来三界降妖除魔的民间流行观念有关。

清代宫廷一直上演端午节应节戏——《斩五毒》（又名《混元盒》）。清廷每逢端午，必召"内廷供奉"进宫演出《斩五毒》。述五毒聚妖闹事，张天师降伏众妖，收于混元宝盒内。此剧为早年京剧大武戏，武打高难，火爆紧张热闹非凡。惜此剧早已失传，唯有17帧脸谱为已故北京老戏剧家翁偶虹收藏，弥足珍贵。联系脉望馆抄校本《孤本元明杂剧》中《关云长大破蚩尤》《灌口二郎斩蛟》《太乙仙夜断桃符记》中的大闹—审判—伏魔的仪式性情节，其中的中间环节就是"审判"。其中《关云长大破蚩尤》最后一折，关云长正末唱："仗天兵驱神鬼下丹霄。今日个救苍生除邪祟万民安乐。震天轰霹雳。卷地起风涛。金鼓铎铙。剿除尽那虚耗。"剧中"将那造孽蚩尤拿住了""将孽畜紧拴缚了"，现在"今日一郡黎民安乐，四时和雨顺风调"，正是该剧源于驱除邪祟仪式所遗留的痕迹。④

① 张月琴：《仪式、秩序与边地记忆：民间信仰与清代以来堡寨社会研究》，科学出版社，2012年，第101—102页。
② 王季烈：《庆丰年五鬼闹钟馗》涵芬楼藏版，《孤本元明杂剧》卷三十，中国戏剧出版社，1958年。
③ 见翁斌孙抄本《花当阁笔谈》，载徐复祚：《曲论》，《中国古典戏曲论著集成》（四），中国戏剧出版社，1959年，第240页。
④ 《关云长大破蚩尤》，载王季烈：《孤本元明杂剧》第8册，中国戏剧出版社，1958年，第9—10页。

在僵化内卷的社会治理后期，整个社会弥漫着末世劫难的情绪与相应的传说，一些国君类似于救世主，那些储君或者皇子的名字常常意蕴深厚，承担着预告主要的末世劫难——战争和疫疾的功能。传说会暗示人们，在不久的将来，救世主将率领一支神军，与带来末世劫难的恶魔作战。民众加入某个团体，或者购买这些师父出售的符箓，就能获得保护。①

在有的地区，"大闹—审判—伏魔"的结构被村落社会长期潜伏的末世劫难的原型结构夹裹，因此，同一结构，不同文本空间，不同形式相互吸收转化，彼此牵连，交错相通，形成网络状互文结构，各种版本的《张四姐大闹东京宝卷》只是这一文化文本中的一类。正因为故事结构的"审判"禳灾功能，所以被改编为各种剧本，例如通剧《张四姐闹东京》、洪山戏《张四姐大闹东京》、京剧《摇钱树》、桂剧《四仙姑下凡》、河北梆子《端花》、弋腔《摆花张四姐》、黄梅戏《张四姐下凡》、莆仙戏《张四姐下凡》、花鼓戏《四姐下凡》、皮影戏《张四姐》。在陕西，"张四姐闹东京"故事以陕南孝歌《张四姐下凡》的形式流传。

（二）大闹与审判：禳灾与洁净的跨文化文本

中国文化的重要原型，全部来自前文字时代的大传统，大传统时代的核心是神话观念。从文明演化来看，和希腊哲学和科学兴起时期的轴心时代不同，支撑我们精神传统的核心是本土资料中天人贯通的神话思维，"大闹""审判""伏魔"是众多原型编码的一种。

和个体一样，社会不是平面单调的，而是多声部的构成，在文学文本之外存在意识和集体无意识的多样逻辑，可以说"大闹—伏魔"这个民俗事象源自远古宗教仪式和过渡礼仪中被禊污染时冗长而又热烈的仪式，在一代代仪式演述和集体记忆之中，散落为各种文化文本。融合故事、讲唱、表演、信仰、仪式、道具、唐卡、图像、医疗、出神、狂欢、礼俗等的活态文化文本是文学的本来语境，还原文学的文化语境会发现：不同时代，伏魔禳灾的结构主体，从方相氏到钟馗，再到关羽、包公等，不断地发生着位移。

道格拉斯研究表明，远古以来，人们通过分类体系，来确定污染的来源

---

① 〔荷〕田海：《天地会的仪式与神话：创造认同》，李恭忠译，商务印书馆，2018 年，第 218 页。

和危险所在，并在此基础上建立民俗禁忌和律法。"如果把关于污秽的观念中的病源学和卫生学因素去掉，我们就会得到对于污秽的古老定义，即污秽就是位置不当的东西（matter out of place）。"污秽就绝不是一个单独的孤立事件，是事物系统排序和分类的副产品，排序的过程就是抛弃不当要素的过程。这种对于污秽的观念把我们直接带入象征领域，并帮助人们建立一个通向更加明显的洁净象征体系的桥梁。①

人们相信危险来源于道德伦理上的过错，这种疾病由通奸导致，那种病的原因是乱伦。这种气象灾害是政治背信的结果，那种灾害由不虔敬造成。整个宇宙都被人们用来限制别人，使之成为良民。②通过分类"他们会区分有序和无序、内部和外部、洁净和不洁净"，边界的含混不清、反常的情形等都是不洁的、危险的、污秽的。那些分类体系所无法穷尽的边缘、剩余、中间或过渡状态，往往是问题所在，甚至是"污染"和"危险"的渊薮，而"异类通常与危险和污染相联系"③。"异类"或反常之物，由于触犯或超出社会认知及文化分类的底线，因此多数被视为"暧昧""不纯""污秽""生涩"或"危险"的存在。文化对人和民俗事项的分类往往内含着道德评价，人们往往会在内部寻找那些被"污染"了的存在或外部邪恶势力的代理人，试图驱逐或至少使它们边缘化，从而维系社区或体系内部的"净化"状态。④

阈限阶段是仪式过程中的核心所在，因为它处于"结构"的交界处，是一种在两个稳定"状态"之间的转换。特纳认为："如果说我们的基本社会模式是'位置结构'的模式，那么，我们就必须把边缘时期即'阈限'时期视为结构之间的情况。"处于"阈限期"（transition）或"转换期"（transformation）的人在分类上是危险的，他还向周围环境释放污染。从人类学角度看，《张四姐大闹东京宝卷》第三个板块里，王半城见崔家财宝和崔妻张四姐的美色，顿起异心，定计谋，设圈套栽赃陷害崔文瑞。崔文瑞衔冤本身对村落社会是危险的、不洁的，从仪式展演角度，正邪之间的对抗——

<hr>

① 〔英〕玛丽·道格拉斯：《洁净与危险》，黄剑波、柳博赟、卢忱译，商务印书馆，2018年，第48页。
② 〔英〕玛丽·道格拉斯：《洁净与危险》，黄剑波、柳博赟、卢忱译，商务印书馆，2018年，第15页。
③ 〔挪威〕托马斯·许兰德·埃里克森：《小地方，大论题——社会文化人类学导论》，董薇译，商务印书馆，2008年，第310—311页。
④ 〔美〕杰里·D.穆尔：《人类学家的文化见解》，欧阳敏等译，商务印书馆，2009年，第300页。

"大闹"正是这一阈限场域的仪式性书写，是"热闹"的内在核心结构。

从汉语"鬨"字的构成看，从斗，像两队人在人多处对抗决斗。至今江浙闽一带民间还子遗着"闹杆儿"的说法，即端午节在一段竹竿上挂很多香包，儿童之间比赛谁的多，谁的漂亮。卖香包的小贩手中拿的挂满香包的杆子，也叫闹杆儿。"闹杆儿"一词在宋元话本和散曲中也多有出现。更为有意思的是江浙闽尤其是客家人那里有"闹热"的风俗。① 村落社会，在舞龙表演中，真正的热闹处是几个村子的舞龙会合，相互之间比赛，形成仪式性的对抗，比如两条龙的"二龙戏珠""爬高""盘龙"等。后世，热闹逐渐积淀成中国传统社会有别于"物哀"的社会审美心理。田仲一成根据推断中国祭祀戏剧产生过程认为：

> 随着历史的发展，从祭祀权由少数人垄断的古代社会到了相对多数人被允许拥有祭祀权的中世纪，自古以来的仪式由于祭祀权的垄断而具有的神秘性开始淡化，更由于生产力的提高，使得一直威胁人类的大自然的一部分规律被掌握，人们开始对仪式的巫术性产生怀疑并开始有一种从容的心态，不再把它作为宗教意义上畏惧的对象，相反，作为一种艺术来观赏。这样，这些主神、陪神和巫之间的对舞、对话就逐渐失去了宗教仪式的色彩，转变为"被观看的表演"或是"一种文艺形式"，更进一步发展为戏剧。②

去除污染并不是一项消极活动，而是重组环境的一种积极努力。③ 人类学上的阈限阶段属于濒临危险的"门槛阶段"，通过门神的守护，门最终成为妖魔鬼怪和人的世界的象征性区隔物。"跨越这个门槛"因此成为结婚、收养、神授和丧葬仪式的一项重要行为，也是平凡世界与神圣世界的分界线。④ 包括婚庆仪式中的"截门"风俗等，中国文化传统以跨越门槛的"闹"（大

---

① 郭明君：《"热闹"的乡村：山西介休民间艺术的审美人类考察》，四川大学 2017 年博士论文，第65 页。

② 〔日〕田仲一成：《中国祭祀戏剧研究》，布和译，北京大学出版社，2008 年，第 2—3 页。

③ 〔英〕玛丽·道格拉斯：《洁净与危险》，黄剑波、柳博赟、卢忱译，商务印书馆，2018 年，第 14 页。

④ 〔法〕阿诺尔德·范热内普：《过渡礼仪》，张举文译，商务印书馆，2010 年，第 17 页。

闹）等活动渡过危险，闹因此也成为具有净化禳解功能的阈限阶段，和
"生""冷""二百五"（陕西方言，形容做事生冷，不成熟）相对，只有"大
闹""闹"才能渡过重重"关煞"，"焐热"重组生存环境，完成由"生"到
"熟"的过渡。如前文所述，山西省临汾市襄汾县赵康镇傩舞"花腔鼓""五
鬼闹判"一年一度在村落的搬演，主要突出一个"闹"字，"闹"是有冤要
喊，有屈要申，有鬼要打，有魔要斩。①

世界范围内，在黄金海岸的海岸角堡，每年一度驱除恶鬼阿邦萨姆的习
俗也格外热闹："八点钟的时候，城堡就放炮，人们在家里也放起滑膛枪来，
把所有的家具都搬出门外，用棍子等在每间房子的各个角落里敲打，尽量高
声喊叫，吓唬魔鬼。在他们觉得已经把他赶出门外，他们就冲到街上，乱扔
火把，叫着、喊着，用棍子敲打棍子，敲打旧锅，大闹一番，为的是要把妖
精从镇上赶到海里去。"②

人类学家范热内普认为，人的出生礼、成年礼、结婚礼、丧葬礼等"生
命周期仪式"，其结构由前阈限阶段（分离期）、阈限阶段（转型期）、后阈
限阶段（重整期）组成。"转型"状态位于前后两个阶段之间的阈限期，个
人处在悬而未决的状态，既不再属于从前所属的社会，也尚未重新整合融入
该社会。阈限状态是一个不稳定的边缘区域，其模糊期的特征表现为低调、
出世、考验、性别模糊、共睦态。③

阈限阶段是不清晰的，危险的。中国文化传统解决阈限危险的方法是
做会仪式，通过"大闹"渡过区隔、厘清身份、重组环境以祈福纳吉。江浙
一带的"做会"仪式要宣讲相应的宝卷，宣卷先生因此担任做会的执事。在
"圣灵降临的叙述"中，焚香点烛请神佛，然后开始宣讲宝卷。结束时要焚
烧神码（供奉的神像）等物送神佛。中间还要应斋主（做会的人家）之请，
穿插拜寿、破血湖、顺（禳）星、拜斗、过关、结缘、散花、解结等禳灾祈
福仪式。荐亡法会的仪式有请佛、拜十王、游地狱、破血湖（女性）、念疏
头、开天门、献羹饭、解结散花、送佛等。

怀孕和分娩是重要的阈限阶段，一旦怀孕，女人便处于隔离状态，多

① 王潞伟：《山西襄汾赵雄"花腔鼓"调查报告》，《中华戏曲》第40辑。
② 〔英〕J. G. 弗雷泽：《金枝：巫术与宗教的研究》，汪培基等译，商务印书馆，2012年，第863页。
③ 〔法〕阿诺尔德·范热内普：《过渡礼仪》，张举文译，商务印书馆，2010年，第17页。

数文化传统认为这一时期是不洁和危险的状态。在江苏省常熟尚湖、福建莆田，为了预防不孕、流产或者是婴儿夭折，还要举行"斋天狗"仪式。江苏常熟要宣讲《目连宝卷》及《狐仙宝卷》。在福建莆田要举行红头法事"驱邪押煞"。法事仪式中，陈靖姑装扮法官，红布缠头，召集五方兵马降妖伏魔，与抢吃胎息的天河圣母和天狼天狗进行激烈的仪式性打斗，演出活动热闹异常。①

容世诚重新阅读明人张岱《陶庵梦忆》认为，"徽州戏班"演出目连戏的记载："人心惴惴，灯下面皆鬼色。戏中套数，如《招五方恶鬼》《刘氏逃棚》等剧，万余人齐声呐喊，熊太守谓是海寇卒之。"观剧民众在"鬼卒"（目连戏的演员）带领下，追赶捉拿从戏棚走脱，奔跑到台下到处窜躲的女鬼刘氏，实际上是通过目连戏演出，象征性地重演《周礼》"（方相氏）黄金四目，玄衣朱裳，执戈扬盾，帅百隶而时难"的古代驱疫赶煞仪式。"万余人齐声呐喊"一句，不能轻轻略过。"声音"是上古"傩仪"的主要工具元素。《太平御览》有《庄子·逸篇》说："今逐疫出魅，击鼓呼噪，何也？"到了今天，敲锣击鼓、燃放鞭炮，仍然是除祟纳吉的重要"声音"手段。近些年西方学者（如 Seven Feld、Bruce Smith）提出的"声音景观"（soundscape）视野角度，也许可以为中国戏曲和文化史研究提供一个崭新的透视观点。②

流传至今的伏魔仪式的突出特点是以"大闹""格斗""比赛"等对抗性表演为内涵的热闹。世界范围内大都有大闹等热闹的仪式展演。《金枝》第56章中，弗雷泽专门列举了流传广泛的公众驱赶妖魔的民俗仪式。新喀里多尼亚的土人相信一切邪恶都是由一个力量强大的恶魔造成的，所以，为了不受他的干扰，他们时常挖一个大坑，全族人聚在坑的周围。他们在坑边咒骂了恶魔之后，就把坑用土填起来，一面踩坑顶，一面大喊，他们把这叫作埋妖精。③

前面说过，古代的禳灾思想认为，灾异是由君主和辅臣的某些不德引起

---

① 〔日〕田仲一成：《中国戏剧在道教、佛教仪式的基础上产生的途径》，《人文中国学报》第 14 期，上海古籍出版社，2008 年，第 3 页。
② 〔新加坡〕容世诚：《从"出煞"到"知音"：晚明戏曲的听觉经验》，新加坡国立大学 2008 年"声音中国：展演、商品与诠释"国际学术研讨会论文集。
③ 〔英〕J. G. 弗雷泽：《金枝：巫术与宗教之研究》，汪培基等译，商务印书馆，2012 年，第 854 页。

的，所以一旦灾异发生，除了到各宫庙祈禳外，还要修省。所谓修省，就是修身反省，主要是指帝王或王公大臣在灾异来临后提高修养，并承认错误，向上天反省，以取得谅解，消除灾祸。根据《明实录》，一般的修省就是各衙门反省本部门的工作有没有做错的地方，尤其是刑部，要查明有没有冤狱——这是最容易导致灾异的，像窦娥之类的冤魂会导致阴魂不散，降灾人间，朝廷要立即昭雪。

因此，"审判""擒妖逐魅""观音收妖"等活动是中国禳灾仪式的一个常见主题。这类"母题"要表现的是经过一番斗争，背负不祥厄运的凶煞，最终由法力高强的神灵降服，不能再作祟人间。靖江《大圣宝卷》中，张天师在高邮城，搭祭台、步罡踏斗、画符讷咒，用朱砂狗血喷洒鲶鱼妖头，斩妖剑、摄妖符做法三天，却未降服妖怪，泗洲大圣奉皇圣旨前往高邮降妖：

> 泗洲大圣奉皇圣旨来到北海高邮，高搭醮台，祭天三日，念诵法华真经，惊动东海龙王发三千水兵前来相助。他用慧眼镜一看，照见鱼妖精端坐假造的水府洞宫，在那闭目养神。大圣用禅杖一震，变作一条青龙，潜入鲶鱼的水府洞宫与妖精斗法。大圣似蛟龙入海，鲶鱼如猛虎下岗。大圣布天门阵，三千虾兵守天门；鲶鱼设套龙圈，圈圈锁住青龙身。朝上杀吞云吐雾，对下杀海水翻腾。鲶鱼妖精妖道深，三千水兵守不住门，它用尾巴一鞭，高邮坝底见天。大水往上涌，真是洪水如猛兽，来势不可挡，三千水兵被冲得东零西散。大圣喊声不好了——
> 妖精道功彼来深，我还差它二三分。
> 师父你在南洋海，徒在急中你可知。
> 一声怨气冲天，惊动大悲观音，知道泗洲大圣敌不过鲶鱼妖精，立刻驾起祥云来到北海高邮。仙风一散，对醮台上一站："贤徒，有我到此，你胆大心宽！"这时，大圣与鲶鱼正斗得不可开交。鲶鱼越战越有劲，青龙法术欠三分，只有招架之功，没有降擒之力。观音大士喝声住手，小青龙对上空一钻，鲶鱼正想抬起头追赶，观音大士往下一站，踏在鲶鱼妖精身上，如负万座高山。妖精说："真神，这么重我怎驮得动！"观音说："妖孽，驮不动你熬住点！"
> 一个熬字改了姓，脚踏鳌鱼观世音，从此鲶鱼改名鳌鱼，拿它带到

南洋海，永世不准眨眼睛。①

粤剧《跳龙门》和《祭白虎》是由观音大士、玄坛赵公明分别收服鲤鱼精和白虎，弋班的破台则是由煞神和灵官将女鬼驱赶出剧场外面，它们都表现了"擒妖逐魅"的共同主题。

"关公戏"里的《关公斩妖》《关大王破蚩尤》等不同剧种的宗教仪式剧里，都呈现了类似的母题，演出过相近的宗教仪式。山西潞城县的农民演出《关公战蚩尤》，是祈求山西的地区保护神关圣帝君擒杀带来旱灾的妖魅蚩尤，使来年雨水充足，五谷丰收。这一类除煞性质的仪式剧目，隐藏了《周礼》《后汉书》所描绘的傩祭仪式的表演原型，即重复了上古方相氏"黄金四目、执戈扬盾"的驱鬼禳丧仪式。②

山西队戏《关公战蚩尤》、莆仙傀儡剧北斗戏、潮剧《鲤鱼跳龙门》、粤剧例戏《祭白虎》、弋腔破台戏煞神灵官捉女鬼、"目连戏"的《刘氏逃棚》等，乍看起来是在叙述不同的神话故事，但事实上它们都呈现了同一"擒妖"母题。这个共有的戏剧母题和以上不同剧目的共同仪式功能——禳灾除煞驱邪关系十分密切。

在民间宗教中，许多转世的救世主都非常年轻。例如哪吒三太子，他的特征是反正统、行为不受约束，但同时又是一位著名的驱邪神灵。作为一位神将，他统率着五方神兵的中军。他也是秘密教门中的流行形象，在伏魔的场合，他降身为武士，以血腥的暴力与妖魔作战。③

妖魔的威胁这一信仰被纳入启悟与末世救劫宗教信仰中，在道教经卷和《五公经》中发现，用以抵御妖魔入侵的基本武器就是驱邪法术，特别是符箓和高贵人物（王或太子）领导下的神军。在这种救世范式中，明王扮演了关键角色。④

根据古代埃及人的信仰，为了让死者顺利到死后的世界（那是奥西里斯神的冥国，叫作阿门提——西方的乐园），要举行一定的仪式，必须念诵咒

---

① 尤红主编：《中国靖江宝卷》，江苏文艺出版社，2007年，第195页。

② 〔新加坡〕容世诚：《戏曲人类学初探——仪式、剧场与社群》，广西师范大学出版社，2003年，第122—124页。

③ 〔荷〕田海：《天地会的仪式与神话：创造认同》，李恭忠译，商务印书馆，2018年，第215页。

④ 〔荷〕田海：《天地会的仪式与神话：创造认同》，李恭忠译，商务印书馆，2018年，第217页。

文。记载这些事情的有插图的草纸文书还保存着，它通常叫作《亡灵书》。最重要的是在 125 章《灵魂的裁判》这一部分。主要的事情是用图画展示的，古埃及人把对来世生活的宗教幻想和对死者生前言行的冥府审判联系在一起。这种冥世审判的信仰增强了宗教和道德的联系，对古埃及人的伦理生活产生了双重影响：一方面，出于对冥府审判的恐惧，使善良正直的好人更加控制自己的言行；另一方面，使为非作歹的恶人更加肆无忌惮。

中国民间传统，有把祛除污染、禳解灾异，转变为定期捉妖降魔的仪式。同样地，为了彻底地消除邪恶，澳大利亚也有黑人一年一度从他们的土地上驱除死人鬼魂的传统。伍·里德雷牧师在巴文河岸上亲眼见到过他们的仪式：

> 我感到这个哑剧正要结束的时候，只见十个人同样的装束，突然从树后出现，全体一起与他们神秘的进攻者格斗。
>
> 终于转入快速的全力猛攻，然后结束了这种激烈的劳动。他们持续了一整夜，日出后又继续了好几个小时。这时他们感到很满意，认为十二个月内，不会再有鬼来了。他们在沿河的每个站口都举行同样的仪式。听说这是每年的惯例。①

在人生的主要转折点，在天时运行的重要节令，中国人都要举办一些热闹的仪式 —— 闹元宵、闹社火。丧葬仪式中，陕南孝歌有"闹五更"（如图3-8）。只有经过大闹才能渡过阈限阶段，拆除"爆炸物"的危险引线。闹对应的颜色是"红"，日子要过得红红火火。在婚庆期间，张灯结彩，挂满红灯笼，贴满红对联，穿上红衣裳，要闹洞房，各地民间至今流传着"越闹越喜""越吵越好""越闹越发，不闹不发"或"不闹不安宁（辟邪）""不闹不热闹"等说辞。人生礼仪和节庆期间是大闹最为灵验的时刻。正月里社火队挨家挨户上门展演，锣鼓喧天热闹非凡，社会队伍中两个扮演者的"身子"要仪式性地打斗一番，如果这种社火队落下谁家，谁家就会因为冷冷清清而流年不顺。②

---

① 〔英〕J. G. 弗雷泽：《金枝：巫术与宗教之研究》，汪培基等译，商务印书馆，2012 年，第 858 页。
② 李永平：《"大闹"："热闹"的内在结构与文化编码》，《民族艺术》2019 年第 1 期。

图 3-8　陕南孝歌《闹五更》书影

　　伏魔的仪式性民俗活动，积淀为热闹红火的社会审美心理，贯穿在各种文化文本之中。宋元话本有《宋四公大闹禁魂张》，元代杂剧有《神奴儿大闹开封府》，明代有小说《新刻全像五鼠闹东京》。《红楼梦》有《赵姨娘大闹怡红院》《王熙凤大闹宁国府》，晚清有侠义公案小说《五鼠闹东京》。《水浒传》中多处有"大闹"情节："鲁智深大闹野猪林""大闹桃花村""大闹五台山""郓哥大闹授官厅""武松大闹飞云浦""花荣大闹清风寨""镇三山大闹青州道""病关索大闹翠屏山""李逵元夜闹东京"等。联系《水浒传》第一回"洪太尉误走妖魔"，洪太尉大闹伏魔殿的情节就会发现，这些"大闹"是"天罡地煞（妖魔）闹东京"神话观念的程式性演述。多数民族神话中都有降妖、伏魔的母题。①

　　文学原型只是文化原型的椭圆形折射，"大闹""热闹"更多地表现为民俗仪式活动，过去每逢除夕、元宵等岁时节日，方相氏、僮子（由村民装扮）与无形的超验世界（鬼疫之属）冲突激烈，热闹非凡。由此，我们不难想象以"驱鬼逐疫"为宗旨的大型戏剧队伍在火炬的照耀下，在威猛的锣鼓声和呐喊声中，展演的浩大声势。其中代表人类的角色（方相氏）就须做出以舞蹈为主的呵斥鬼疫的虚拟动作。

---

① 　王宪昭：《中国神话母题 W 编目》，中国社会科学出版社，2013 年，第 1395—1399 页。

在社会秩序中，通奸、乱伦、失祀、不孝、冤情、接触不洁等过错，会招致污染和天谴，导致灾异。元杂剧《窦娥冤》中，窦娥含冤被斩之际，"大闹法场"示意了天谴的降临：楚州大旱三年，六月飞雪，血溅白练等三桩誓愿。悲剧《俄狄浦斯王》中，因为俄狄浦斯王"杀父娶母"，触犯了乱伦禁忌，让城邦"在血红的波浪里颠簸"，"田间的麦穗枯萎了，牧场上的牛瘟死了，夫人流产了。最可恨的带火的瘟神降临到这城邦，使得卡德摩斯的家园变为一片荒凉，幽暗的冥土里到处充满了悲叹和哭声。"[①]

传统社会的灵验时间，要周而复始地演述古老的"大闹—审判—斩妖"仪式，以此达到净化的目的。安徽贵池的《钟馗捉小鬼》，钟馗瓜青黑色面具，驼背鸡胸，手拿宝剑，身挂"彩钱"，小鬼则戴鬼面具，舞蹈以锣鼓为节，先是钟馗用宝剑指向小鬼，小鬼不断作揖求饶，钟馗恃威自傲，小鬼卑躬屈膝，二者形成鲜明对比，不久小鬼伺机夺过钟馗手中的剑，钟馗反而向小鬼求饶，最后，钟馗急中生智，夺回宝剑，将小鬼斩杀。尽管表演注入了世情因素，但表演的基本情节还是降妖伏魔与"斩鬼"。再如赛戏中"除十崇"演出真武爷降服群鬼的故事。[②]

关于钟馗传说和信仰，从产生于西晋或东晋末的《太上洞渊神咒经》[③]，以及中晚唐的其他敦煌写本[④]，经张说、刘禹锡的简单记载[⑤]，到周繇《梦舞

① 〔古希腊〕索福克勒斯：《索福克勒斯悲剧五种》，载《罗念生全集》第三卷，罗念生译，上海人民出版社，2015年，第73页。
② 李永平：《"大闹"："热闹"的内在结构与文化编码》，《民族艺术》2019年第1期。
③ 李丰：《钟馗与傩礼及其戏剧》，据吉冈义丰所作《道教经典史论》和大渊忍尔所作《道教史之研究》第二章"道教经典史之研究"，认为《太上洞渊神咒经》是唐高宗麟德元年（664）奉敕为皇太子为灵应观写的，参见《民俗曲艺》第39期，施合郑民俗文化基金会出版，1986年，第87页。任继愈认为《太上洞渊神咒经》前十卷为原始部分乃晋末至刘宋时写成，"有敦煌写本，今存一、二、七、八、九、十"。见《道藏提要》，中国社会科学出版社，1991年，第253页。卿希泰认为《太上洞渊神咒经》出现于晋代，见《中国道教思想史纲》第一卷，四川人民出版社，1980年，第324页。
④ 敦煌写本标号为伯2444的《太上洞渊神咒经斩鬼第七》，见黄水武主编：《敦煌宝藏》第120册，台北新文丰出版公司，1985年，第480页。《敦煌写本中的"儿郎伟"》和《敦煌写本中的大傩仪礼》录自〔法〕谢和耐、苏远鸣等：《法国学者敦煌学论文选萃》，耿昇译，中华书局，1993年，第263页。
⑤ 张说：《谢赐钟馗及历日表》，载《文苑英华》卷596，《表》，中华书局，1966年，第3093页。刘禹锡：《杜相公谢钟馗历日表》，载《四库全书唐人文集丛刊·刘宾客文集》，上海古籍出版社，1993年影印本，第84页。

钟馗赋》，沈括《补笔谈》《唐逸史》和《事物纪原》等的描写，可以看出在唐代及其以前钟馗信仰似乎主要存在和流传于以长安为中心的中原傩文化地区，以及以敦煌为中心的西北一带。五代十国后，已传播到吴越地区并得到了广泛流行，钟馗传说与信仰已经非常兴盛。

崔判官是传说冥府中勾魂的神，一手高擎虬杖，上挂一红绸、一"生死薄"、一"酒葫芦"、一"驱邪扶正"牌，一手握笏板，威风凛凛，怒目巡视，为善者添寿，让恶者归阴。《水浒全传》第一百回"宋公明神聚蓼儿洼，徽宗帝梦游梁山泊"中戴宗云："兄弟夜梦崔府君勾唤。"[1]戴宗辞官去泰安州岳庙出家，几个月后无恙大笑而终。另《三宝太监西洋记通俗演义》九十回阎王叫声判官问道："你几时错发了文书，错勾甚么恶鬼？"判官想了一会，说道："并不曾发甚么文书，并不曾错勾甚么恶鬼。"

元代以后，大闹—审判的主角主要集中在包公身上，原因是包公吸附了从方相氏到钟馗、阎王等角色功能。[2]农村祭奠孤魂野鬼的习俗兼有"普度"与"判刑"两面，其中审判戏就是"鬼魂上诉"，包公受理控告，"审问鬼魂"（鬼魂诉冤）、"超度鬼魂"等阶段，展示了当时流传的审判孤魂野鬼的习俗。[3]

（三）阈限阶段结构呈现：《张四姐大闹东京宝卷》的演述动力

文学人类学在学科丛林的表象背后，拨开能指符号迷雾，赓续文化大传统，在文学的周边重新定义文学性，找寻象征性空间的远古根脉，深层回应前现代思想的余韵，并以古今融通的"（人）类"的视野对置身其中的文化主题做出批判和省思。

把版本众多的《张四姐大闹东京宝卷》还原到文化文本的结构网络中，方能窥见其中"大闹"的互文结构和禳灾内涵。村落传统中民间叙事的活力来自于远古以来的禳灾的精神传统。从表层上看，《张四姐大闹东京宝卷》是"大闹"型故事与"伏魔"型故事的捏合形态。深入"大闹"与"伏魔"主题的内部，我们发现在"蒙冤—反抗—伏魔—昭雪"禳灾民俗仪式的演

---

[1]（明）施耐庵、罗贯中：《水浒传》，人民文学出版社，1997年，第1295页。
[2] 李永平：《祭祀仪式与包公形象的演变》，《中华戏曲》第48辑。
[3]〔日〕田仲一成：《中国祭祀戏剧研究》，布和译，北京大学出版社，2008年，第229页。

述中，故事重复的是"被裰—洗冤"结构模型，它是一种集体无意识的类型性原型结构。原型结构的形成与人类自远古以来形成的巨大心理能量间的关系是，不仅汲取凝聚，薪尽火传，而且是受集体无意识左右的一个自主情节的形成过程。原型在心理内核上还是一些倾向和形式而已，它要获得实现就必须依赖现存的相应的社会现实和情景。

远古时代以来，原型通过物、图像、民俗仪式、禁忌——表述，道格拉斯认为："含糊的象征在仪式中的最终作用和在诗歌与神话中的一样，都是为了丰富内涵或是要人们注意到存在的其他层次。我们在最后仪式通过运用反常的象征将恶与死亡整合到生与善中去，最终组成了一个单一、宏大而又统一的模式。"[1] 反复出现在古典作品中的大闹—伏魔结构，和佛教中的降龙、伏虎罗汉一样，早就超越了一般的拙劣模仿和偶然的巧合，结构为人类二元思维的一部分。远古以来，人为的污染（失祀、冤狱、罪孽）导致秩序混乱，人不得不洗冤，搜寻替罪羊，祭祀禳灾，祈求上苍宽宥，使天理昭昭，以"销释"或者转移污染，恢复洁净。

历史地看，孔子时代就已经流行的古傩礼俗，从不同语言的宗教文献，到近代还在展演的目连戏和香山宝卷的演述传统，本身就是这种宗教性净化仪式的一部分。回鹘文木刻本《圣救度佛母二十一种礼赞经》，刻本第三栏是回鹘文（划分为三栏，第一栏是图像，第二栏是梵文和藏文），附汉文佛偈如下：

> 敬礼手按大地母，以足践踏作镇压，
> 现颦眉面作吽声，能破七险镇降伏。
> 敬礼安隐柔善母，涅槃寂灭最乐境，
> 莎诃命种以相应，善能消灭大灾祸。[2]

《张四姐大闹东京宝卷》卷首韵文：

> 四姐宝卷才展开，王母娘娘降临来。天龙八部生欢喜，保佑大众永

---

[1] 〔英〕玛丽·道格拉斯：《洁净与危险》，黄剑波、柳博赟、卢忱译，商务印书馆，2018年，第53页。
[2] 〔日〕高楠顺次郎等：《大正新修大藏经》第16册，台北新文丰出版公司，1990年，第478—479页。

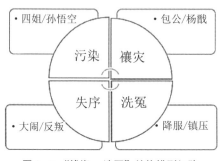

图 3-9 "被襟—洗冤"结构模型矩阵

无灾。

善男信女两边排，听在耳中记在怀。各位若依此卷行，多做好事少凶心。

做了好事人人爱，做了坏事火焚身。作了一本开颜卷，留于（与）世上众人听。[1]

两者相比，我们似乎觉察到，宗教仪式的实施，民间宗教信仰文献的展演，一年一度的节庆仪式，其背后共同的信仰活力源于他们"能破七险镇降伏""保佑大众永无灾"的功能和使功能发挥效用的教化。

民间信仰中，人们将远古以来镇压邪魔的集体诉求"箭垛式"地背负到历史人物包公身上，他既能"日断阳，夜断阴"，能下地狱、上天宫，四处查访。贪财贪色的王半城制造冤狱，崔文瑞无辜蒙冤入狱，狱吏屈打成招，制造冤狱，必然招致灾异。为了洗冤，张四姐和包公成了张力结构的核心：一位持天界法物"大闹"东京，一位用照妖镜、赴阴床降妖伏魔：

> 有包公，听此言，心中暗想；命王朝，和马汉，急急前行。
>
> 抬铜铡，竖刀枪，甚是分明；又带上，照妖镜，去捉妖精。
>
> 桃木枷，柳木棍，神鬼皆怕；刀斧手，铜铡手，紧紧随跟。
>
> 一时间，就到了，崔府门前；叫一声，快捉拿，四姐妖精。
>
> 吓得那，一家人，胆战心惊；张四姐，听此言，冷笑一声。
>
> 却说众士卒逃回，吓得仁宗皇帝无计可施，忙派包公到天波府再搬救兵。太君两眼流泪说："我杨家为了宋氏江山，不知死了多少儿郎，待我前去捉拿妖精，为国除害。"包公心中大喜："有杨家女将出阵捉妖，必定成功，我且回南城府中。"[2]

---

① 方步和：《河西宝卷真本校注》，兰州大学出版社，1992年，第125页。

② 徐永成等主编：《金张掖民间宝卷》（一），甘肃文化出版社，2007年，第53—54页。

　　包公在童子戏等傩戏中担当沟通人神、逐疫、辟邪镇宅、镇魂等角色，因之具有"神人相通"的巫师的法力。无论是《金瓶梅词话》第 65 回描写李瓶儿死后的吊丧说唱《五鬼闹判》《张天师着鬼迷》《钟馗戏小鬼》《六贼闹弥陀》《天王降地水火风》《洞宾飞剑斩黄龙》《赵太祖千里送荆娘》，[①] 还是贵池傩戏演出《舞伞》《打赤鸟》《五星齐会》《拜年》《先生教学》等小戏，最后一场必演出《关公斩妖》，和《关公斩妖》结构一致的是民间信仰中的大闹、伏魔与审判。

　　细读《张四姐大闹东京宝卷》，包公下地狱、上天庭四处查访，找到了导致污染的因由——冤屈。《包公错断颜查散》宝卷中，"尸首不倒"这一细节之所以在多种《包公错断颜查散》版本中惊人地一致，它不仅成为推动故事发展的重要情节，而且清楚地表明，宝卷展演活动具有超度冤魂、恢复洁净的宗教社会功能。因为，"尸首不倒"必有过错，这一关键性细节可以说是民族的集体认知传统所预设的。诸如此类的民间故事要素属于整个口头说唱传统，因此它们既可以出现于一般的故事情节当中，也可以出现于那些功能性的傩戏或仪式剧之中，其传统地位远非取决于纯粹的叙事性和戏剧性价值。

　　与《关公斩妖》等仪式剧不同的是，《张四姐大闹东京宝卷》中，包公查访伏魔的过程，辨明（审判）了张四姐的身份，擒妖除祟，使四姐重返仙籍，并度脱了凡男崔文瑞。从人类学上看，这是通过大闹，清除污染，恢复洁净，从而达到人神共睦的"聚合礼仪"实现的。容世诚认为这是中国宗教仪式剧的重要环节。和"目连戏"中的《刘氏逃棚》《捉寒林》，"关公戏"《关公斩妖》《关大王破蚩尤》呈现大体一致的除煞禳灾母题，隐藏了《周礼》《后汉书》所描绘的傩祭仪式的表演原型。[②]

　　文学批评家经常论述中国故事、戏剧的大团圆结构。对于口头传统中的结构程式，田仲一成的戏剧发生理论或许给我们一个启发：活态故事和戏剧表演背后，是"蒙冤—反抗（大闹）—伏魔（审判）"的倒 U 原型结构。这一结构表面上是民间心理需要，深层是远古以来累积而成的审美心理结构，它在故事表演中表现为"祭中有戏，戏中有祭"的演述活力与动力。过去仅

---

① （清）李渔：《新刻绣像批评金瓶梅》，齐鲁书社，1989 年，第 104 页。

② 〔新加坡〕容世诚：《戏曲人类学初探——仪式、剧场与社群》，广西师范大学出版社，2003 年，第 124 页。

仅从文学文本中寻找这一神话观念的根源，如今看来，这些都是文字书写小传统的产物，真正的神话观念都根植于伏魔、除祟与禳灾文化大传统。故事千锤百炼的演述套路和跌宕起伏的戏剧性，背后的动力源于这种结构背后的功能性和无限生成转化性的禳灾传统，这是一种永恒存在的结构模型。

民间故事的讲述、声情并茂的教化仪式、宗教祭祀文献中的颂赞性韵文，与此类传统（套路）整体上以交感巫术心理"相似律"和"接触律"相榫卯。神话、传说、仪式、展演、口传叙事、物的叙事、文字典籍等是文化景观，捕捉定格这些文化景观的文化文本，对人类文化生成、发展动态过程予以整体观照，体现了面向事情本身的现象学精神。追踪链接仪式、展演、口传叙事等文化文本背后的历史心性，才明白文学人类学所讲的人与物（事）的互动，事中循理、物中悟道，是凝固文化记忆的关键所在，这正是文学人类学所要竭力拼接贯通的全息画面，其中融通着多级文化编码的人类心灵图景。

第四章　斋供、斋醮仪式与天时——人事禳灾

一、"天时"、循环时间与禳灾仪式

人类的文化传统与"天时"运行紧密相关。哈里森说："季节对于先民而言，就像时序女神荷赖（Hara 或 Harae）对于希腊人，她意味着收获和果实，而今天的农人则称之为好年景。"在德国图林根地方，每年的三月一日都要举行一种名为"送亡灵"的仪式。[①]

从古代到今天，隐蔽的宇宙观一直主宰着人类的活动。基于一个极为普通的常识，寒来暑往、四季交替，衣食住行、趋利避害、禳解瘟疫等这些基本的自然秩序是所有人文社会科学大厦的基本骨架。而文学人类学研究发现，远古以来，口头传统的一部分功能是对灾异的禳解，尽管这些禳解不断地被政治和科学这两种权力话语绑架。

人类学家对时间的调查研究显示出，时间是社会性建构的概念。时间不仅反映季节、生命和其他过程，而且还在它们身上附加秩序。时间作为社会相关的经验，最重要的社会性标志在于社会中传唱的谚语、歌谣和相关的仪式。正如歌唱、跳舞和其他典礼活动阐明或者重新界定特定空间一样，他们也会重新建立时间段和它们其中的一些关系。[②]

前文已经述及，从神话叙事时代开始就充斥着关于世界灾难与毁灭的叙

[①]〔英〕简·艾伦·哈里森：《古代艺术与仪式》，刘宗迪译，生活·读书·新知二联书店，2008 年，第 40 页。

[②]〔美〕安东尼·西格尔（Anthony Seeger）：《苏亚人为什么歌唱：亚马孙河流域印第安人音乐的人类学研究》，赵雪萍、陈铭道译，上海音乐学院出版社，2012 年，第 86 页。

事。强调灾难降临是对罪恶的惩罚。[①]在中国传统社会里，一切天灾皆为人事所致，因此古代每当灾异降临时，先知、巫师、国师从星相互扰等天文角度理解灾异，还形成了一套系统的谶纬政治哲学。[②]古人把天神化、天道运行和变化规律作为其他秩序的终极标准。天道运行、阴阳五行等思想在农业上表现为一年四季二十四节气。天道在人生时序上表现为要渡过各种关煞，如断桥关、水火关、短命关、鬼门关等。人事活动只有恪守阴阳五行等运行规律，才能无灾、无害、无咎。

在中国，一个新朝代的建立，要重新纪元，因为统治者的行动会通过交感巫术影响宇宙的运转，同样，跟宇宙和谐相对的偏差，都会通过人的行为加以补救，以便重新赋予宇宙以生机。国家的历法、皇宫的建筑设计、墓葬的选址、皇帝的起居无不体现出这种为天下苍生福祉而屈尊宇宙和谐的良苦匠心。[③]在现实活动中，普通百姓，小到一天的活动有《日书》指导，一月有节庆、民俗、祭祀、丧葬等礼仪活动，一年有四季的法事做会，这些都要遵循天道运行规律。要明白这一点，看看睡虎地秦简《日书》所反映公元前3世纪前后的民众观念与行为方式就会知道。各个时期类似的《日书》以及包含《日书》要点的历谱广泛行用，这在甘肃天水放马滩秦简、武威汉简、居延汉简、敦煌汉简以及山东临沂银雀山、江苏连云港尹湾汉简等有吉凶宜忌设定的《历谱》。

王充认为，世俗之人"举事若病、死、灾、患，大则谓之犯触岁、月，小则谓之不避日禁"，"是以世人举事，不考于心而合于日，不参于义而至于时"。"人之疾病死亡，及更患被罪，戮辱欢笑，皆有所犯。起功、移徙、祭祀、丧葬、行作、入官、嫁娶、不择吉日，不避岁月，触鬼逢神，忌时相

---

① 杨利慧著作编号 850—1049 是"世界的毁灭与重建"世界的现存秩序遭到极大破坏，或被毁灭。对照汤普森 A1000 世界的巨大灾难。世界被毁灭。通常发生的灾难是相同的，无论地球是最终被毁灭，还是毁灭之后又被更新。851 灾难是由于对罪恶的惩罚。对照：汤普森 A1003 灾难是由于对罪恶的惩罚。因为人心太坏，所以神降灾难。参见杨利慧、张成福：《中国神话母题索引》，陕西师范大学出版社，2013 年，第 344 页。

② 而在现代中国，科学家则一言九鼎，言之凿凿。前者身居庙堂之高，后者操持着时兴的科学意识形态把柄。但是大多数人都忽视了民间社会底层民众的灾异言说。《论语》说，"礼失而求诸野"，因为这个群体与灾异接触最深，禳灾的主观愿望最为强烈，因此他们面对灾异的言说源远流长，并保持了和意识形态的相对疏离，可称得上是吉尔茨的"地方性知识"。

③ 〔英〕王斯福：《帝国的隐喻：中国民间宗教》，赵旭东译，江苏人民出版社，2009 年，第 33—34 页。

害，故发病生祸，絓法入罪，至于死亡，殚家灭门，皆不重慎，犯触忌讳之所致也。"①《后汉书·礼仪上》记录了春秋末期以来古代最重要的节日——上巳节，人们呼朋引伴去水边沐浴，称为"祓禊"，此后又增加了祭祀宴饮、曲水流觞等内容。

> 是月上巳，官民皆絜（洁）于东流水上，日洗濯祓除去宿垢疢为大洁。洁者，言阳气布畅，万物讫出，始洁之矣。②

> 日冬至、夏至，阴阳晷景长短之极，微气之所生也。故使八能之士八人，或吹黄钟之律间竽；或撞黄钟之钟；或度晷景，权水轻重，水一升，冬重十三两；或击黄钟之磬；或鼓黄钟之瑟，轸间九尺，二十五弦，宫处于中，左右为商、徵、角、羽；或击黄钟之鼓。先之三日，太史谒之。至日，夏时四孟，冬则四仲，其气至焉。

> 先气至五刻，太史令与八能之士即坐于端门左塾。大予具乐器，夏赤冬黑，列前殿之前西上，钟为端。守宫设席于器南，北面东上，正德席，鼓南西面，令晷仪东北。三刻，中黄门持兵，引太史令、八能之士入自端门，就位。二刻，侍中、尚书、御史、谒者皆陛。一刻，乘舆亲御临轩，安体静居以听之。太史令前，当轩溜北面跪，举手曰："八能之事以备，请行事。"制曰"可"。太史令稽首曰"诺"。起立少退，顾令正德曰："可行事。"正德曰"诺"。皆旋复位。正德立，命八能士曰："以次行事，间音以竽。"八能曰"诺"。五音各三十为阕。正德曰："合五音律。"先唱，五音并作，二十五阕，皆音以竽。讫，正德曰："八能士各言事。"八能士各书板言事。文曰："臣某言，今月若干日甲乙日冬至，黄钟之音调，君道得，孝道襄。"商臣、角民、徵事、羽物，各一板。否则召太史令各板书，封以皂囊，送西陛，跪授尚书，施当轩，北面稽首，拜上封事。尚书授侍中常侍迎受，报闻。以小黄门幡麾节度。太史令前白礼毕。制曰"可"。太史令前，稽首曰"诺"。太史命八能士

---

① 黄晖校释：《论衡校释》新编诸子集成本，《论衡·讥日》《辨祟》，中华书局，1990 年，第 989、1008 页。
② （南朝宋）范晔：《后汉书·仪礼上》，中华书局，1965 年，第 3110—3111 页。

诣太官受赐。陛者以次罢。日夏至礼亦如之。①

因此，按照天时运行来安排民俗礼仪的时间节点，安排文学、音乐的内部结构，也是"天人合一"意识中天时呼应人事的具体表现。《诗经》中《国风·豳风·七月》是现存最早的一首按月咏唱的长篇诗歌。但是，从严格意义上讲，它还没有形成后来"十二月"歌辞那样较为固定的形式，还不能说是"十二月"联章体歌辞。到了六朝乐府民歌《月节折杨柳歌》的出现，这种"十二月"歌调形式才逐渐固定。它分题为"正月歌、二月歌、三月歌……十二月歌"，又因阴阳历的相差而置"闰月歌"，共有13首。现存敦煌文献中有《太子十二时》《禅门十二时》(S.427)、《圣教十二时》(S.5567)。《全唐诗补编》有《十二时歌》：

> 夜半子，愚夫说相似。鸡鸣丑，痴人捧龟首。平旦寅，晓何人。日出卯，韩情枯骨咬。食时辰，历历明机是误真。隔中巳，去来南北子。日南午，认向途中苦。日昳未，夏逢说寒气；哺时申，张三李四会言真。日入酉，恒机何得守。黄昏戌，看见时光谁受屈。人定亥，直得分明沉苦海。②

王斯福（Stephan Feuchtwang）认为香与火参与的地方节庆科仪是一种对宇宙时空的调整，是对一个居住地域的魔鬼影响的驱逐。家户以及地域社区本身是用香以及一束火焰或者是一盏灯来代表的，代表一个家户或者是代表一个居住的地域，并且表示"与地方庇护者的神像进行公开交流的象征符号就是灯以及放置在一个量米的容器中的镜子"③。宝卷的做会仪式中，经台的设置也同样体现天道运行的规律。靖江、无锡、常熟在盛米斗插一杆秤，秤代表满天星，是因为它满身星。满身星的还有尺。盛米的斗代表北斗星之斗，镜代表日月。"星斗"之整体代表日月星辰。如来佛留下

---

① （南朝宋）范晔：《后汉书·仪礼上》，中华书局，1965年，第3125—3126页。
② 中华书局编辑部点校：《全唐诗》（增订本），中华书局，1999年，第11692页。
③ 〔英〕王斯福：《帝国的隐喻：中国民间宗教》，赵旭东译，江苏人民出版社，2009年，第230页。

天平秤，李老君留下斗和升，孔夫子留下丈和尺，天下百姓不相争。这就是星斗的象征意义。

在我国西北地区，每逢天时运行的时间节点或者重要节日，或举行丧事活动，或祈福禳灾，或求雨除祟，都要举行念唱宝卷活动。念卷活动参加者为中老年妇女，一个班子一般有十到二十来人。宣唱的文本以宝卷为主，同时也融进了佛教的诸如香赞、心经、观音赞等世俗化的、简单易记的佛经。

因为要强调做会宣卷活动的时间节律之永恒，所以宝卷中最常见的叙事音乐程式是"十二月调"和"十二时调"。这种形式摹拟一天十二个时辰或一年十二个月的顺序组织叙事，用来抒发主人公的各种感情。宝卷中的"十二月调"多为描述主人公的社会生活和情感变化，如《绣红罗宝卷》：

> 正月里，过新年，花灯万盏；绣花亭，百花开，供奉神像。
> 二月里，再绣上，春花开放；迎春花，阵阵香，十分鲜艳。
> 三月里，再绣上，桃花开放；那桃花，满园香，处处更新。
> 四月里，再绣上，杏花开放；一支杏，出墙来，十里皆香。
> 五月里，再绣上，端阳佳节；沙枣花，杨柳枝，都插门上。
> 阳间的，男和女，都过端阳；我独自，在阴间，好不凄惶。
> 六月里，三伏天，暑热难当；阳间的，妇女们，都绣鸳鸯。
> 七月里，三伏退，秋风又凉；地上的，各草木，俱都发黄。
> 我母子，好比那，草木遇霜；儿落阳，母落阴，好不心伤。
> 我今在，阴间里，不能还阳；把此事，都绣在，红罗帐上。
> 八月里，绣十五，中秋月圆；把月饼，和瓜果，俱各献上。
> 九月里，绣重阳，菊花开放；黄菊花，开的是，千层生香。
> 十月里，绣孟姜，磨房推面；既推磨，又缝衣，只为范郎。
> 十一月，三九天，冬季到来；绣冬青，开满山，好似粉妆。
> 腊月里，再绣上，梅花开放；雪里梅，雪里开，迎雪傲霜。[①]

---

① 《绣红罗宝卷》，载徐永成等主编：《金张掖民间宝卷》，甘肃文化出版社，2007年，第211—212页。

在宝卷演唱中，有一类曲调，与日、月、年的天时运转相榫合，如《十报恩》《哭五更》《十二愿》《五更进佛堂》《五更叹》《十二把扇子》《十渡船》《十二月歌》《十二花名》等。这些民间小调易学易记，深受民众喜欢，因而数量众多。其中最重要的是与一天五个时辰，一年十二个月结合的曲调。与时辰相连的五更调最为常见，如"哭五更""闹五更""五更禅""喜乐五更""五更耍孩儿""五更梧叶儿""五更绵搭絮""五更皂罗袍""五更浪淘沙""五更黄莺儿""五更哭皇天"等。"九"在民间易数中表示天时运行的极数，所以经卷中常有"九莲""九转"等表述。

在全国不同地区，与天时运行相表里的节日非常多，这些节日混杂着佛道信仰，南北方的佛教寺院，如无锡南禅寺、开原寺、祥符禅寺等，都在每年的节日里做一些佛事，宣卷祈福禳灾。佛头和信众主要在一些道教宫观和小寺庙、庵堂里活动。佛头们称他们的佛事是"地方佛""红尘佛"，以有别于正统佛教僧团做的法事。如果把节庆与道教法事、佛事这些"法事"活动按照农历排列出来，大致以吴方言地区的仪式最为典型：

一般是春节当天拜天地、祭祖先、插桃符于门上，放爆竹驱除鬼魅。初二、初四祭财神。初八祭诸星之神。正月初九，玉皇大帝诞。十五是上元节又称元宵节，祭门神、床神、紫姑神，掌灯打鬼，送灯求子。江苏靖江正月十五天官会。

二月二"龙抬头"，为中和节，祭日神，祭龙求雨；土地老爷诞，土地会。江苏靖江二月初三梓潼会；二月初八，张大帝诞；二月十九，观音诞；二月二十八，庚申法会。

三月初六至初八，南水仙庙会；三月二十八，东岳大帝诞。

清明节祭祖扫墓。四月，血湖法会。四月八日浴佛节，进行浴佛、斋会、结缘、放生、求子等活动；四月十四，吕祖诞；四月十五，府老爷（纪信诞）；四月二十八，药王诞；四月二十九，庚申法会；五月初一，南极长生大帝诞。

五月初五是端午节，有屈原、曹娥、蚕神、农神、张天师、钟馗之祭，也有的地区为药王神农过生日，称"送药节"，插菖蒲、艾子以避邪毒；五月十三，关圣帝君诞；五月十八，张天师诞、三老爷诞。

六月六是天贶节，起于道教，山东民间祭泰山神。夏至有求雨或止雨活动；六月十一，西水仙老爷诞；靖江六月十四雷祖会；六月十九，观音诞；六月二十四，雷尊祖师诞；六月三十，庚申法会。

七月七是七夕节，发源于星辰崇拜，有乞巧、求子等活动。七月十五是中元节，祭三官大帝、祭祖、盂兰盆会。七月十五至三十，七世父母报恩法会、地藏会。民间俗信，整个七月是鬼月，阎王于每年农历七月初一打开鬼门，放鬼出来，到阳间觅食，享受人们的供祭。七月最后一天，关闭鬼门，群鬼又得返回阴间。因这种俗信，产生了相应的习俗。比如说在福建晋江，每年农历七月，城乡各地均忙于操办"普渡"。普渡从农历七月初一日"起脚灯"开始，至八月初一日"倒脚灯"结束，整整一个月。又比如在湖北，俗信七月的前半个月中，新亡人初一到初七回家探亲，已故三年以上的老亡人初八到十五回家探亲。在浙江湖州，整个七月，几乎每天晚上都有和尚道士在街上搭台放焰口，称为"盂兰盆会"。

八月十五是中秋节，又名月节，是月神崇拜的产物，除吃月饼外，有祭土地神和各种请神活动。八月初一至十五，皇经礼斗法会。

九月初一，庚申法会。九月九是重阳节，有插茱萸避瘟邪的活动。九月十九，观音诞。

十月受生法会。十月十五是下元节，起于道教，山东祭水官大帝和祖先，陕西又祭山神，湖南有迎神赛会，广东有建醮活动。

十一月初二，庚申法会。

十二月初八，火神诞。十二月初八是腊八节，有驱鬼避疫的傩仪。腊月二十三或二十四为送灶节，又名祭灶、小年，有送灶神、迎玉皇的活动。除夕为一岁之末，有换门神、迎灶王、祭祖先等活动。

上述各种时令节日的宗教性活动在全国不同地区内容上略有差异，同时宗教性并不十分强烈，带有更多的吉庆意义。

《太平经》还将人世间各种疫病疾患的发生，与天地阴阳五行之气的错乱联系起来。例如，其称"多头疾者，天气不悦也；多足疾者，地气不悦也；多五内疾者，是五行气战也；多病四肢者，四时气不和也"，而"多病寒热者，阴阳气忿争也"，"多病鬼物者，天地神灵怒也"。至于"多病气胀或少气者，八节乖错也。今天地阴阳，内独尽失其所，故病害万物"。[1]

道教将每年岁时分成时值不对等的三个节期 —— 上元、中元和下元。上元从阴历一月十五至七月十四，这段时期属天官掌管，由赐福世间的紫微大帝统率，其诞辰是阴历一月十五；中元从阴历七月十五至十月十四，这段时期属地官掌管，由宽恕人间罪恶的清虚大帝统率，其诞辰是七月十五（"盂兰盆会"正是在此诞辰前后举行）；下元从阴历十月十五至农历新年，这段时期属水官掌管，由解厄辟邪的洞阴大帝统率，其诞辰是阴历十月十五。

道教还有"八节斋"，是指在立春、春分、立夏、夏至、立秋、秋分、立冬、冬至八个节日举行的斋戒，它是中古道教定期斋戒制度中最重要也是最有代表性的斋戒类型之一。在"八节之日"这样重要的节日，古代人为了保证新旧之气的顺利交接，为了避免灾祸疫疠的发生，需要举行仪式以祭祀相关神灵。而祭祀神灵必然要进行斋戒。《礼记·祭统》称："齐（斋）者，精明之至也，然后可以交于神明。"《礼记·外传》亦曰："凡大小祭祀，必先斋，敬事天神人鬼也。斋者，敬也。"[2] 也正因为如此，"八节之日"成为古代国家祭祀神灵和定期斋戒的日期。[3]

对于中元，南北朝时所出的道经《太上洞玄灵宝三元玉京玄都大献经》说：

> 七月十五日，中元之辰。地官校戒，摧选众人，分别善恶。诸天大圣，普诣宫中，简定劫数人鬼簿录，饿鬼囚徒，一时俱集，……于其日夜讲说是经，十方大圣，齐咏灵篇，囚徒饿鬼，当得解脱，一俱饱满，免于众苦，得还人中，自非如斯，难可拔赎。[4]

南宋《岁时广记》有"行禅定"条：

> 盂兰盆经："目连见亡母在饿鬼中，以钵盛饭，往饷其母，食未入

---

[1]　王明编：《太平经合校》卷一八至三四《解承负诀》，中华书局，2014 年，第 23 页。

[2]　《太平御览》卷五三〇《礼仪部九·斋戒》，引《礼记外传》，中华书局，1960 年，第 2403 页。

[3]　（汉）郑玄注，（唐）孔颖达正义：《礼记正义》卷四九，《十三经注疏》，北京大学出版社，2000 年，第 1603 页。

[4]　《道藏》，文物出版社、上海书店、天津古籍出版社，1988 年，第六册，第 272 页。

口，化为火炭，遂不得食。目连大叫，驰还白佛。佛言：'汝母罪重，非汝一人奈何，当须十方众僧威神之力。至七月十五日，当为七代父母，见在父母，厄难中者，具百味五果，以著盆中，供养十方大德。'佛敕众僧，皆为施主咒愿七代父母，行禅定意，然后受食。是时目连母得脱一切饿鬼之苦，目连白佛：'凡弟子孝顺者，亦应奉盂兰盆，可否？'佛言：'大善。'故后代人因此广为华饰，以至刻木、割竹、饴蜡、翦彩、镂缯，模花果之形，极工妙之巧。"窦氏音训云："天竺所谓盂兰盆者，乃解倒悬之器。言目连救母饥厄，如解倒悬，故谓之盂兰盆。今人遂饰食味于盆中，亦误矣。"①

自南宋以来，道教在中元节期间也举行指向类同的仪式，称"普渡"，成为道教科仪中的一个重要仪式。正因为中元节是地官赦罪之日，道士在这一天诵经作法事，以三牲五果普渡十方孤魂野鬼。一些人认为，作为鬼节的中元节就是始于道教中元节。道观大多都以"盂兰盆会"称呼道教中元节的"普渡"仪式。仪式在阴历七月十五前后举行，其核心部分是"幽科"：为来到道场的饿鬼施食、炼度并念诵经文帮助他们解除怨结、减轻罪孽。"施食"仪式是整个仪式的高潮。施食是给祖上亡灵和孤魂野鬼施食。施食前做一种食品，据说用面、蜂蜜和酥油和好，在火上蒸熟，然后捏成小丸粒。这种小丸粒在当地俗称"打鬼弹"。施食仪式中，念诵《佛说消食三宝超度亡灵施食经》，中途撒那种秘制的"打鬼弹"，跪在两旁的孝子门抢着吃"打鬼弹"，据说吃得越多，越吉利。② 在"金桥"靠地的一端放上了一个小桌子，在桌子上放了两张奇特的剪纸。剪纸是一幅六个小人连体手拉手围成一圈，分别放在一个碟子里，碟子中心点上蜡烛。（如下图 4-1 临潭四季会荐亡仪式中的施食护法纸人③）

---

① （南宋）陈元靓：《岁时广记》，许逸民点校，中华书局，2020 年，第 572—573 页。
② 这种仪式出现得很早。叶廷珪的《海录碎事》中有"梁武帝元日赐群臣却鬼丸"。此外，亦见于葛洪的著述，如"仙人禁瘟疫法，用射鬼丸"。干宝的《搜神后记》谈及李子豫所制的药丸中有八种毒物，能令作祟于患者腹中十余年的邪魅在雷鸣般地腹泻中被排出。参见《佩文韵府》卷三十五《上声五尾韵·鬼》，第 18 页。
③ 刘永红：《西北宝卷研究》，民族出版社，2013 年，第 194 页。

图 4-1　临潭四季会荐亡仪式中的施食护法纸人（刘永红提供）

此外，"盂兰盆会"也是子孙后代纪念和奉养他们祖先的时机。普渡礼仪进程中，一个暂时性仪式的有效空间形成了，它使天间（神）、地间（人）和阴间（祖先和鬼魂）三种空间融入一个连续的一统宇宙。①

比较宗教学家艾利亚德（M. Eliade）在《永恒回归的神话》中，通过大量资料的对比，发现原始社会的宗教、神话和仪式总是围绕着一个中心主题，可称之为"永恒回归"或"永久循环"（the eternal return）。无论是世界的创造、衰落和破坏，还是个人生命的诞生、死亡和重生，它们都清楚地体现了周期性回报的规律性特征。这种原始文化的本体论得到了自然的周期性变化的强烈支持，因为白天的变化和星星的变化，四季的出现，形成了对循环历史幼稚而坚定的看法：在洪灾之后，必须成为第二个创造物，天堂失落之后，天堂可以重获，黄金时代必将回归。只要我们遵守永恒回归的本体论，我们就可以应对变化，而不会感到惊慌，也不会在面对危险时感到恐惧。在这种久远的意识形态遗产的帮助下，文明时代出现的各种宗教都有矫揉造作的嫌疑。因此，在人们的反复认同下，"归"被提升到一定的信念。通过各种现实或仪式化的、宗教的"转变"或世俗的"回归"尝试，人们有效地驱散了先天流浪和无助的感觉，克服了生活挫折引起的困惑、焦虑和恐惧，并再次寻求精神上的和平。正如老子所说，"归根曰静"，"回去"意味着没有遗憾和内心的平静。对"归"的信仰实际上起了巨大的心理治疗作用。

---

① 曹本冶：《道教仪式音乐：香港道观之"盂兰盆会"个案研究》，吴艳、秦思译，文化艺术出版社，2011 年，第 32 页。

民间教派宝卷有久远的文化大传统，单就这些教派的宝卷本身看，他们的结构和主题都与远古以来反复书写的回归母题相关联，继承了久远的天时运行节律这一人类文化大传统。西北地区的甘肃临潭宣卷组织四季会，他们的宣卷正好与地球绕太阳运行的四个节点相对应。每年即春分、夏至、秋分、冬至要过"堂会"，即组织成员要在这四个节令举行会事，念诵宝卷，叫四季龙华会，简称四季会。① 在四个节令做会，应该是来自黄天教的传统，因为黄天教兴盛之日，每年都在他们的"祇园宝地"即黄天教宗教圣地河北万全卫的膳房堡碧天寺"四时八节做会"。从四季会的名称中就已经体现出，祈福禳灾，伏魔驱邪，是贯穿一年的连续性的信仰活动。四季会的经卷《伏魔经》和《娘娘经》围绕着一年到头的节日做会，主要在做早课和午课时念唱。②

民间宗教经卷的章节划分上，按照品级划分，品级数多分为二十四品或者是十二品倍数。其中的结构象征着一年十二个月、二十四节气，也就是一个完整的周天。譬如还源教宝卷《销释归家报恩宝卷》共二十四品；《灵应泰山娘娘宝卷》一卷二十四品；《护国佑民伏魔宝卷》一卷共二十四品。这些宝卷在漳县、岷县、临潭一带存世较多，多用于丧葬活动。如河西的《敕封平天仙姑宝卷》分为十二品、二十四品不等，各品都有一个标题。这些"品"都是整个宝卷的叙事单元，每个单元先以一段散说讲述故事，然后用一段韵文（主要是十字句）来演唱相同的故事内容，以加强听众的印象，调整叙述的节奏，增加念卷人和听众的互动。每一品后有一明清南北曲调演唱的词牌。

另外，民间教派对天时的掌握更为精准。如三合会把甲子日的"甲"和《五公经》中预言的"寅"合在一起，甲寅在六十年周期中排在第50位，是标准的神秘日期。田海在论述三合会的入会仪式时，专门论述到甲寅日：

---

① 龙华会是多种民间宗教的组织称呼。龙华会本佛教教义，谓释迦牟尼佛灭后五十六亿七千万年，当有弥勒佛继承佛位。届时，弥勒将在成道之时的华林园龙华树下绍继佛位，召开法会，普渡人天，故称龙华会。民间秘密宗教吸收这一教义后，引申为青阳、红阳、白阳三个劫世时期之末都将召开一次龙华会，弥勒佛奉无生老母之命，普渡九十六亿原子，在龙华三会上与老母团聚。所以民间宗教多种宝卷中都出现了龙华会的概念，多种民间宗教组织也被命名为龙华会。

② 四季会也从事人生礼仪中的度亡法会。四季会的度亡分大小。大的法事一般需三天三夜的时间，这过程中需诵唱《佛说八十一劫法华宝忏》《佛说大乘通玄法华真经》两部宝卷，即"十经十忏"。"十经十忏"有五六万多字。中间再加入十忏、过金桥、破城、放食、放焰口等仪式。参加的成员一般需要十人以上。这样的法事被称为"大经"。

"雍正甲寅"（1734）这一神秘日子已出现于 1802 年的文献中，并确定为"七月二十五日丑时"。1810 年以后的会簿用这一日期来表示三次关键事件，即立会僧人们最初歃血盟誓之日、火烧少林寺之日，以及入会仪式中新入会者在象征意义上的再生之日。①

二、"人事"禳灾：庚申会、明路会、破血湖仪式

为了应对瘟疫和灾异，原始宗教、古代民俗活动以及民间杂剧、说唱文学都存在一个禳灾的仪式性。华莱士认为，大部分仪式纳入"过渡礼仪"和"强化仪式"这两个范畴，但诸如禳灾祈福、占卜、驱鬼治病、超度亡灵、遵守食物禁忌等，这些仪式迄今尚无准确的范畴加以概括。从仪式的目的和状态的转变出发，他把仪式分为技术的仪式，治疗与反治疗仪式，社会控制仪式，拯救仪式，复兴仪式五类。②

"过渡礼仪"经常用来指代"生命循环"或"生命危机"的仪式，这与个人与群体之生活地位的改变有关。然而，范热内普认为作为人类社会中普遍的建构机制，它将季节性转换、保护领土的仪式、献祭、朝圣等都包括其中，每种过渡礼仪都有其自己核心的特定方面。一个经历过渡礼仪的人，前后已经完全不一样了。过渡礼仪是一种"过渡"的戏剧，而不仅仅是些循环的事件，它们标志着时间的延续以及既往传统和代际延续。

（一）庚申会、明路会与佛事做会仪式

人生礼仪是人生过程重要阶段的社会认可、庆祝、纪念性活动，它建立在个体生理变化和民俗信仰的基础上，包括求子、孕育、诞生、命名、成人、婚嫁、寿诞、死葬、祭祀等项。中国的人生礼仪是传统信仰长期滋润的产物。从参与民众日常生活的过渡礼仪人事活动来说，宝卷是民间信仰的产物。吴方言区民间宣卷人参与最多的是民众家庭中的民俗信仰活动，如拜寿

---

① 〔荷〕田海：《天地会的仪式与神话：创造认同》，李恭忠译，商务印书馆，2018 年，第 238 页。

② A. F. C. Wallace, *Religion: An Anthropology View*, 1966. 转引自金泽：《宗教人类学导论》，宗教文化出版社，2001 年，第 224 页。

求子、小儿满月周年、结婚闹丧、节日喜庆、结拜兄弟、遭灾生病、新房落成、家宅不安等，民家均可请宣卷人来做会宣卷（或称"讲经"）。做会中间做各种祈福禳灾仪式并演唱相应宝卷，如"拜寿"（唱《八仙庆寿宝卷》《男延寿卷》《女延寿卷》等）、"度关"（唱《度关科》）、"安宅"（唱《土地卷》或《灶王卷》）、"破血湖"（唱《血湖卷》或《目连宝卷》）、"禳顺星"（唱《禳星宝卷》或《顺星宝卷》）、"斋天"（唱《斋天科仪》）、"请十王"（唱《请王科仪》，即《十王宝卷》）等。[1]

江南无锡地区的宣卷依附于做"佛事"（"斋事"）活动，是佛事活动的组成部分。请做佛事的人称"斋主"。其中"家佛"，亦称"私佛"，指在私人家里举行的念佛活动。根据斋主的"事因"，又可分为：

（1）"拥根延生佛"——信众把"家"比作一棵树，不断培土、施肥、让其根深叶茂，通过念佛宣卷来使全家兴旺发达、延年益寿。家中有小孩逢三、六、九岁要念佛，俗称"领路佛"，为孩子开通成长之路。成人时逢"暗九"（十八、二十七、三十六等）要念佛，以求顺利渡过"九"之关口。按照中国古俗，孩子出生后要举行"洗澡""七星灯""制符""狗毛符""钱龙""铃铛""点朱砂""杀鸡"等仪式，以躲避"偷生鬼"的危害。"偷生鬼屡屡不请自来要夺走小孩的性命，让做父母的最惶恐不安。当面临与小孩性命攸关的问题时，随之而来的就是有关的禳解活动。"[2] 六十、七十、八十岁称为"喜佛"，亦称"送寿星"，念佛宣卷求长命百岁。想发财的信众做佛

---

[1] 近现代江浙吴方言区民间做会宣卷中也流传各种《十王宝卷》，或称《冥王宝卷》《庆（请）王科仪》等，它们大同小异。所请诸神，除十殿阎王外，也大都包括了地藏、酆都、东岳诸神。与靖江做会讲经不同的是，江南宣卷人是在为逝者做荐度法会上唱。这种荐度法会分别在逝后"首七""三七""五七"做，特别是追荐年寿高的亡人的仪式，同时演唱各种宝卷，即"闹丧"。由于靖江的做会讲经，历史上同江南的做会宣卷有渊源关系，因此，靖江做会讲经"醮殿"过程中所穿插演唱的宝卷，大都能在江南宣卷中找到相应的宝卷，如三殿"王氏杀狗劝夫"有《杀狗劝夫宝卷》（又名《贤良宝卷》《劝夫宝卷》）；五殿"刘全进瓜"，有同名宝卷，并有各种不同的异名和改编本，如《李翠莲拾金钗大转皇宫》《唐王游地府李翠莲还魂宝卷》《还阳宝卷》《还魂宝卷》《化金钗宝卷》等；六殿"宋氏女变畜牲"有《宋氏女宝卷》；八殿"李黑心种西瓜"有《西瓜宝卷》（又名《李黑心种西瓜》《李黑心宝卷》《黑心种西瓜》《欺心宝卷》《爱花伤身宝卷》）等。参见车锡伦：《中国宝卷研究》第六章"江浙吴方言区的民间宣卷和宝卷"，广西师范大学出版社，2009年，第221页。

[2] 〔法〕禄是遒著，〔英〕甘沛澍英译：《中国民间崇拜》之《婚丧习俗》，高洪兴译，上海科学技术文献出版社，2014年，第8页。

事，求平安和谐，财源亨通。

（2）"七姓佛"，亦称"太平佛"——家中遭灾或有人生病，久治不愈，念佛宣卷，以消灾除病。所谓"七姓佛"，指参与念佛的人有七种不同的姓氏，如赵、王、李、倪、胡、钱、杨。一般刘姓、张姓被忌讳，因为"刘"谐音"留"，会把病人的病"留"住不散，不吉利；"张"谐音"猖"，会把病"猖"给别人。

（3）"还受生佛"——民间信仰中，阴阳之间有座洛阳桥，投胎转世之魂从桥上过，需缴过桥费。亡魂身无分文，只得向地府看管库银的曹官借贷。人投生前在阴间向阎王借了钱，现世能过上好日子，就一定要做佛事，归还前世借的钱款以求太平，俗称"还受生"。常熟地区"还受生"法会主要念经，同时宣演《受生宝卷》①《庚申宝卷》。还受生佛要经过相当时间的准备，佛事前要诵念许多经卷，以积累功德，筹集钱财。这种佛事规模很大，一般都要有一两年甚至三四年的筹备。

常熟宣卷法会陆姓斋主祈福祝寿、还受生超度祖先讲《香山超度宝卷》，间读《文牒》（图4-2九华山地藏王出做生时亡者所执冥界通关"文牒"）。因传说地府有十殿阎君，故读牒十道，祈"佛力超度斋主的三代祖先、族中宗亲合属累生累世冤亲债主，还有今辰冥界过往孤魂滞魄"，"解脱幽冥之苦，竟登逍遥世界"。甲念一张，乙往牒壳里装一张，同时将亡过祖先的名讳念一遍。②

（4）"镇宅佛"——民间建造房屋时，在墙角埋石驱除邪魔，安家宅。无锡地区民间通常佛、道同做法事于一家。前厅后室各做各事。建房时上梁，也烧香念佛。

（5）"往生佛"——超度已故亲人往生西方极乐世界。无锡城区念往生做佛事南北有别：南门与其他佛事一样，诵经宣卷；北门则以诵经为主，不宣卷。

---

① 常州包立本先生藏《洛阳桥宝卷》（又名《受生宝卷》）民国三十年（1941）周永昌抄本一册。卷末署"中华民国三十年仲冬月抄　周永昌抄"。

② 黄靖：《中国活宝卷调查》，河海大学出版社，2018年，第42页。

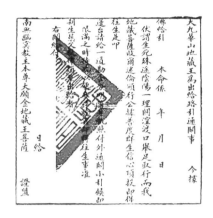

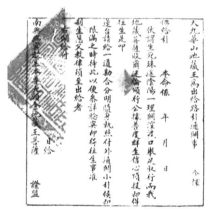

图4-2　九华山地藏王出做生时亡者所执冥界通关"文牒"

"庚申会"是为吃斋念佛的妇女们做的会，她们被称作"素老佛"。中国道教有"守庚申"的修养方术，认为人体内有"三尸"，专记人之罪过，每于庚申日"上白天曹，下讼地府，告人罪过，述人过恶"，据此减人形寿。因此，在庚申日要清斋不眠，通宵静坐，守住"三尸"，使它不能上天入地言己之过。庚申日前一夜"迎庚申"（或称"接庚申"），唱《庚申经（卷）》。庚申正日是"正庚申"，妇女们"坐庚申"，佛头白天唱《正星卷》《观音卷》，夜里"传庚申"，先举行"发香"仪式，接着佛头手持木鱼、铃鱼（手铃）带领会众绕经台（"大乘作"摆法）边走边唱，会众拎着写有自己姓名的灯笼、手持五色彩旗跟着佛头转，并接唱佛号。"传庚申"共53句，转53圈。第二天早上"送庚申"，做会结束。一年六个庚申日，要做六次庚申会。①

唐宋以后，"守庚申"成为一种普遍的信仰。河阳宝卷在庚申会中宣讲《庚申经》。1860 年岁次庚申太平天国时期，在吴地发生一场激战，吴地百姓死亡甚众，场面甚惨。亲友为死难冤魂超度、斋醮、发会。会上所念之经后称《庚申经》。后人遂以庚申年为凶年，故每逢庚申年均要斋醮，发会，念《庚申经》，吴地俗称"守庚申"。此卷还附《狗二经》《龙皇经》《弥陀经》《星宿经》《瓮根经》《灶皇经》等 7 卷，这是讲经先生们仿照民间道场而作的祭祀性的孝卷，在讲唱《庚申卷》的同时加唱。

庚申经卷

庚申日子要行船，要发善心做庚申。有人行起庚申会，同到灵山见世尊。

出了西门上路行，来到阎罗宝殿门。阎罗天子开金口，你在阳间做啥事？

一一从头说我听，善人见问回言答。十王听我说原因，阿弥陀佛将言说。

阳间有个庚申会，庚申会里念佛人。庚申会里念佛人，一来敬得天和地。

二来敬得父母恩，三来求灭终身罪。自修来世好收成，阎王听说心欢喜。

可有凭证作证明，善人见问回言答。阳间有个庚申会，共同三年九盏灯。

庚申灯笼记姓名，啥门啥氏记分明。几尊佛模去烧香，上山去有几条路几条浜？

一尊佛模去烧香，上山去有一条路一条浜。雨色漫漫暗惨惨，问你弥陀借盏灯。

弥陀说道灯倒有二盏，一盏青来一盏明。

一盏青灯照见西方大白路，一盏明灯照见十八层地狱门。

---

① 车锡伦：《中国宝卷研究》，广西师范大学出版社，2009 年，第 294—297 页。

在生在世为啥不叫亲生大婿买二盏红纱灯？

红纱灯上写出四个真名字，哪有人来夺你灯？

南无佛，阿弥陀佛！

几月几时当庚申？啥人念佛点庚灯？手拈银珠一点红，弥陀佛句上灯笼。

上照三十三天天堂路，下照十八层地狱亮煌煌。

上你啥门啥氏点你庚申灯，点只庚灯有功劳。百年上寿归天去，手提庚灯路路通。

南无佛，阿弥陀佛！

第一拜，拜金灯，金灯也有好安身。锦绣龙服蒲花鞋，人老灵为敬庚申。

第二拜，拜柳灯，柳灯也有好安身。花对花来柳对柳，人老灵为木伴身。

第三拜，拜水灯，水灯也有好安身。在生在世多用水，人老灵为水临身。

第四拜，拜火灯，火灯也有好安身。三岁茶饭火来用，人老灵为一盏灯。

第五拜，拜泥灯，泥灯也有好安身。珍珠白米泥里出，人老灵为泥伴身。

南无佛，阿弥陀佛！

朝朝也有浓霜落，只见高山不见松。天也空，地也空，人也空，花也空。

花开花谢年年有，人老之中没有再少年。

南无佛，阿弥陀佛！①

明路会全称"延生明路会"。这个会要进行两天一夜，或两天两夜。车锡伦先生对靖江地区的明路会做过专门调查，仪式活动第一天上午"请佛""报愿"，开唱《观音卷》。下午做"拜寿"仪式，晚饭后讲"小卷"，后

① 《庚申经卷》，港口钱泾村王进良藏本。参见《中国·河阳宝卷集》，上海文化出版社，2007年，第1321页。

半夜做"醮殿""破血湖"仪式，与一般做会相同。第二天的仪式包括"请佛""铺堂""延寿""传香""开关""做合同"。其中"做合同"仪式要在菩萨台前摆开两张方桌，佛头预先写好《铺堂明路受生文牒》（竖写），一式两份，一"阴"一"阳"放在桌子上，两份文牒中间弥合重叠。仪式开始，佛头念牒文，同时用红笔点断，在两份文牒重叠处用黑笔书"合同"。写完后，明路人先到菩萨台前拜菩萨，后在两份文牒的姓名下各按手印。和佛的老太太们作为"证人"，也在各自的名下按手印。做会结束后，阴牒烧化，阳牒由斋主保存，逝世时带到阴间去"对合同"。①

从田野调查中得知，民间经常在人生礼仪或者民间教派中使用宝卷。一般在丧事及"做七"、亡人周年祭祀等民俗活动中念卷度亡，另外百姓家中求子、求平安、禳灾等时也讲唱宝卷。当地把念卷也称为"念佛爷"，谁家念佛爷，街坊邻居都来道贺，称为"吃佛爷"。念卷时家中灯火闪烁，屋里烟雾缭绕，在有节奏的悠扬歌声中"搭佛号"唱出和腔，营造一种特有的祥和肃穆的氛围。在这个特殊的场域下，说古道今，人出生入死有了精神的寄托。

度亡是借外界的力量送亡灵到阴间。由于俗信亡灵进入阴间，过望乡台、奈何桥，就进入阴间，经历十八层地狱的层层拷问、磨难，如果前生做了善事，就会顺利并迅速地完成这个过程，没有痛苦地早日超度，或转世为人，或成仙为佛。如果在阳世上为非作歹，不结善缘，杀生害命，为人不善，做大斗出、小斗进等恶事。进入地狱审判之时，就要过破钱山，枉死城，进入锯解地狱、血河地狱、滚汤地狱、拔舌地狱、寒冰地狱、磨研地狱、平等地狱、铁围城，最后在转轮王殿下转入恶鬼道、畜生道或永不能超生。另外在亡人一周年、三周年择日举行度亡仪式。这些仪式不过是亡人的子孙过渡礼仪的力量，使亡者可以尽可能少地经受地狱的痛苦，帮助亡灵早日超生。

甘肃临潭《十佛接引原人升天宝卷》②抄本分为十八分（品）。十八品分别用于破土、收棺、起棺等丧事中的各种仪式。《佛说普静如来钥匙焰口真经》《开方破狱破血湖渡桥经全卷》主要用于宗教仪式中"放焰口""破狱""破血湖"和"过金桥"（如图4-3临潭四季龙华会荐亡法事中的过金

---

① 车锡伦：《中国宝卷研究》，广西师范大学出版社，2009年，第292—296页。
② 《十佛接引原人升天宝卷》藏于北京师范大学图书馆，系民国十八年（1929）儒圣堂刊本。车锡伦编著：《中国宝卷总目》，北京燕山出版社，2000年，第233页。

桥仪式①）等仪式中。"过金桥"②仪式在"做七"等一般的荐亡中都有。"破狱""破血湖"的宗教仪式在大型的三天三夜的度亡仪式中举行。

图4-3　临潭四季龙华会荐亡法事中的
过金桥仪式（刘永红提供）

　　宝卷已经渗透到河西的民俗中，张掖地区的人们将它作为镇宅法物，当地的民间传说有这样的习俗。建造房屋时，人们将红布包裹的宝卷放在横梁上，以驱逐鬼魂和恶魔，保证家庭和谐和安全。村民通常将宝卷作为道德标准。有人还把宝卷当作上层的圣物。很多人不仅珍藏并保存复制的宝卷，还把它们作为礼物送给亲戚和朋友。如果不识字的人想藏一部宝卷，会邀请受过教育的人为其抄写以实现藏卷的目标。宝卷复制的另一种形式是相互借阅和交换。由于卷轴种类繁多，为了拥有数量最大化的卷轴，必须找到更多可复制的卷轴。在河西，当地人认为复制宝卷可以用来修复来生的祝福，他们可以通过将宝卷留在家中来"压制恶魔，抵御邪灵"。借用宝卷复制或阅读时，必须用"请"。

　　在吴方言区，每逢庙会，善男信女都会带上香烛钱米去"上会"、敬菩萨，同时听讲经，佛头替来者记上一家老小的姓名、生肖、生辰，统一写成

① 刘永红：《西北宝卷研究》，民族出版社，2013年，第193页。
② 用一条五六米长、一尺五宽的厚布从低到高，低的一端搭在地上，高的一端搭在供桌上，布下放有十几个油灯，油灯放在纸做的五颜六色的莲花里。堂主站在供桌前的一张椅子上，供桌上摆满了各种供品。其他成员站在供桌两旁。音乐响起，堂主念诵《古佛遗留召请正课全终》，念诵中途要几次用柏树叶洒净水，并撒黄米。"过金桥"是一种召请仪式，阴间阳间生死相隔，这个仪式实际上象征着请施主家所有逝去的亡灵，通过搭建的"金桥"从阴间进入阳间，享受子孙给他们的超度，还有那各种各样丰美的食物。

疏表焚化，上奏天庭，以祈神明消灾降福。20世纪五六十年代，随着庙宇的拆毁，庙会也日渐衰落。

（二）《血湖宝卷》与破血湖仪式①

常熟做会讲经也为老年人做预修的免罪仪式，如醮（缴）血湖，唱《血湖宝卷》。但与靖江做破血湖仪式、做会讲经"只做延生，不做往生"不同，常熟讲经先生做荐度亡人的法事是常规的业务。其中演唱的《十王宝卷》，与靖江做会醮殿演唱的《十王卷》相似，特别是每过一"殿"，都要穿插与此"殿"有关的一个故事（十个故事与靖江有不同），格局一样。靖江西沙佛头王国良先生搜集整理的《十王卷》仍保留这一格局：东沙做会讲经一般晚饭后讲"小卷"，后半夜开始做醮殿等仪式。按照民间的信仰，醮殿必须在天亮以前结束，将"请"来的十殿阎王和地府诸神"送"回。时间紧，一般只讲唱《七殿公文》（又称《梅乐张姐》）和《九殿卖药》两个故事。（图4-4"十王斋醮"仪式佛台及简图）②

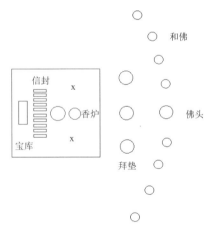

图4-4 "十王斋醮"仪式佛台及简图

---

① 《血湖宝卷》：（1）清光绪六年（1880）秦金唖抄本，一册。（2）清抄本，一册。（3）民国十一年（1922）高竹卿抄本，一册。（苏州）（4）民国十七年（1928）陈毓亭抄本，一册。（5）戊辰年周素莲抄本，一册。（6）旧抄本，一册。（7）旧抄本，一册。《血湖忏》：清宣统二年（1910）宜邑青岗坪刊本，一册。《血湖忏悔文》：乙亥年劝善堂抄本，一册。车锡伦编著：《中国宝卷总目》，北京燕山出版社，2000年，第299页。
② 车锡伦：《中国宝卷研究》，广西师范大学出版社，2009年，第333页。

2018 年 4 月 6 日，笔者与靖江文联黄靖一行五人调查了靖江市铭坤村一队举行的破血湖仪式。[①] 破血湖仪式中经堂的布置与醮殿基本相同。在醮殿仪式做完后，即重新布置"神台"（一张方桌，设在经堂"菩萨台"右前方靠墙处）。靠墙处换上纸制"血湖宝库"，库前并列放上幽冥教主地藏菩萨的纸马（折成筒状）和水部龙神目连尊者的牌位（也称"星斗牌位"，在破血湖之前，这个牌位插在菩萨台上的"星斗"中）。目连尊者的牌位用红纸书写，并折成令箭状，中间用一木棍支撑，其书写格式有两种（见图 4-5 靖江破血湖牌位与纸库）。

靖江的十王斋醮和破血湖仪式中，佛头和和佛转到了东面小经台周围。在《十王宝卷》中，经桌上有佛头还有准备的信封十盒，内置十王画像与地狱通关文牒，供奉在所扎纸库前，即用芦苇做架子，扎成宫殿状，用浆糊贴上红色、绿色等彩纸。等到唱念《十王宝卷》及举行斋醮仪式时，信封内倒入贡酒，纸库及信封会连同金银纸币送去屋外烧化。

图 4-5　靖江破血湖牌位与纸库（笔者拍摄）

在破血湖仪式中，经台布置再次发生变化。首先方桌上纸库被移置桌下，从西往东依次为纸马两副，放置红包的盘子，香炉及一对烛火。佛头持一支法杖跪立在菩萨台前宣唱，斋主朱家长子及其妻子、二子跪在佛头身后，四位和佛跪拜南北方分坐。在破血湖仪式中，所有的仪式物品包括血湖纸库、纸马、香炉、烛台等，都放在方桌以下。桌子象征阴间与阳间的分界，桌上为阳世，桌下为阴世。图 4-5 所示，方桌的西北方放置了一副筷子，

---

① 靖江只做延生，不做往生。该仪式是为家中女性长辈举行的破血湖仪式，目的是祛病消灾。据悉，这位斋主年事已高，久病不愈。在医院治疗不见好转的情况下，两位儿子决定为母亲举行这个仪式。

一把刀，一个盆，佛头在宣讲到"目连救母"故事中目连借助法器斩断血湖地狱周围栅栏，带领母亲出离地狱升天的情节时，会象征性地用盆中的刀斩断筷子，代表目连成功救母。在方桌东面放置一根竹竿，上面用剪刀把一条毛巾插在竹筒里，象征地藏王菩萨赠给目连的"锡杖"。唱完《请佛偈》后，佛头要带领斋主子女对神台上的菩萨行"三跪九叩"礼，宣讲《血湖忏悔文》。靖江做会讲经过程中，佛头带领斋主家人跪拜神佛的仪式很多，唯在此处行"三跪九叩"大礼。行礼毕，斋主子女纷纷掏钱抛在茶米盘上、神台下的面盆内，这些是镇坛钱。①

靖江做会日夜进行，本次讲经共有三位佛头，讲唱形式为轮流单唱。此次作破血湖仪式的佛头是江苏省国家非物质文化遗产继承人张东海，是位经验丰富的佛头。血湖会或破血湖仪式重现青提夫人因贪口腹之欲破戒入地狱，孝子目连阴司寻母的情节。目连阴司救母体现的孝道是现代靖江人坚持为母亲做血湖会的核心内涵，此会一般由儿女为母亲做，消病解灾，度化罪孽。至于其所度化的罪孽在《血湖宝卷》中提到：

> 他为人，身不净，生男育女。洗衣裳，血污水，泼在埃尘。
> 水流漫，下了河，诸神不见。取水来，煎茶饭，供养尊神。
> 触犯了，佛神圣，造下业障。一个个，送到他，血湖池中。
> 受千般，并万苦，绷绑吊打。带长枷，上手杻，铁神铁索。
> 大鬼打，小鬼拷，皮开肉绽。眼流血，伤心泪，叫苦连连。
> 铜狗咬，铁蛇绞，浑身血出。②

河西的《黄氏女宝卷》中十王见黄氏女念经卷，回家心切，便吩咐童子将她带到十八层地狱游程一回，然后附魂还阳。

> 童子领命，引黄氏来到血湖池边，观见血池狱中尽都是些女人受罪，黄氏问道："这些女人为何在此受罪？"童子答曰："这就是血池地

---

① 车锡伦：《江苏靖江做会讲经的"破血湖"仪式》，《中国宝卷研究》，广西师范大学出版社，2009年，第350页。
② 《血湖宝卷》，周素莲抄本。

狱，血狱中的女人，尽都是血上造下的罪孽，因为她们生儿生女时，流血未干，人前不知躲避，还在神前走动，还将血衣放在河渠中冲洗，冲犯了水府龙君。并低洗高晒，冲犯了日月星三光，造下了罪过。"黄氏又问童子："如何解救这些牢狱之鬼？"童子答曰："若有孝顺儿女吃素三年，方可脱离苦海。"[1]

民间信仰中，认为妇女的经血和生孩子时的血露污染衣物，清洗这些衣物又污染水源，有人用这些污染过的水祭拜神灵，会冲犯神灵。这些污秽的水聚集成地狱中的"血湖池"，妇女死后要下血湖地狱，受血水浸淹之苦，必须饮尽污水，方可超生。为免死后受苦，生前要做破血湖仪式。[2]

正如上文介绍的，无论是整场做会还是单篇宝卷，讲唱时都按照一定的仪轨。因此，《血湖宝卷》的宣讲依然按照会前准备—请佛—讲经—送佛一系列固定仪轨。首先，为了尽量吻合故事情节，破血湖仪式开始前，佛头穿上红布作袈裟状，目的是模仿佛教人物目连。在场景布置方面，不同于其他会场，破血湖仪式中需要用到的法器摆在菩萨桌下。菩萨桌划分出的上下空间，意为阴阳隔绝，方桌之上为阳间，方桌之下即为地狱。菩萨桌之上，放置用苏木、红糖冲泡的红色茶水，待唱到相应情节时分给斋主饮用，代表替母亲受罚，饮尽血湖地狱的血水。

讲经有固定格式，破血湖仪式正式开始，佛头跪在拜垫上，双手合十面朝西方额首三拜，起声重敲一声惊堂木，口中念道"东升神……"，这种行为叫"叫头"，或者"起卷偈"。接着念一些类似"宝卷初展开"等请神邀佛的唱词。

《血湖宝卷》版本较多，由于教派的差别，每种宝卷"开经"的仪轨都有不同。有"举香赞式"开场，有"提纲式"开场，也有宝卷普遍采用的"开卷偈"式开场，即用"××宝卷初展开"偈进入叙述。还有些宝卷讲唱时还要先敬天地、朝皇、父母，或者宣朝代，交代故事发生的人物、地点等，或者交代做会的事由与斋主具体信息，最后再开始正式讲唱宝卷。因为

---

[1]　酒泉市肃州区文化馆编：《酒泉宝卷》第三辑，甘肃文化出版社，2012年，第222页。
[2]　尤红主编：《中国靖江宝卷》，江苏文艺出版社，2007年，第348页。

笔者不通靖江方言，佛头也并不照本宣科，此处借鉴《中国靖江宝卷》《血湖宝卷》文本展示宝卷宣唱开头的固定内容：

> 目连行大孝，因母造孽深。哀告如来佛，救母出狱门。
> ············
> 宝卷初开启，众等尽皈依。念念无差别，句句发真奇。①

《血湖宝卷》中载：

> 一炷香，报天地，日月盖载。运行风，运行雨，万民安康。
> 亏日月，和天地，生长万物。腹保康，心具足，正好修行。
> 二炷香，报国皇，皇皇水土。亏我皇，文武将，定国安邦。
> 魔不起，世情平，正好办道。善天下，持斋戒，报答皇皇。
> 三炷香，报爹娘，怀胎十月。将惜大，娶媳房，配对成双。
> 夫妇们，念父母，杀身难报。看血湖，持长斋，孝敬爹娘。
> 血湖宝卷初展开，地藏菩萨降临来。
> 善男信女齐来贺，血湖地狱变莲台。②

抄写于光绪三十年（1904）的《佛说烧香经血盆经终》③中开头有《重建雪山龙王宝殿序》：

> 尝闻创造之功前任所为，补修之业后人所继。此古今不易之理也，而雪山宫殿前任已为之久矣。至于（光绪）二十八年四月十八日天降大雨，陡起横水吹去雪山宫殿，……由是爰集众人商议，复卜吉地，重建庙宇、宫殿，重饰佛像，以弭后患……

讲经前的固定程序结束后，就是进入宝卷的故事文本部分。宣唱形式一

---

① 尤红主编：《中国靖江宝卷》，江苏文艺出版社，2007年，第407页。
② 《血湖宝卷》，周素莲抄本。
③ 《佛说烧香经血盆经终》，刘永红藏。

般是韵散结合，并且这种韵散结合的段落会构成固定的形式，在文本中反复出现，形成程式化的结构。

目连行大孝，因母造孽深。
哀告如来佛，救母出狱门。

昔日目连行大孝，只因母亲造孽深。
哀告西天如来佛，救得母亲出狱门。
一座禅门八字开，水府龙神降临来。
红衣童子拦门坐，打弹张仙送子来。
两班善人齐声和，能消八难免三灾。
贞节淑德招财宝，无字三相免三灾。

两班善人要问我，小道弟子，这部《血湖宝卷》何处来？多亏唐僧昔年从西域佛国取过来，皇圣天子摆起銮驾忙迎接，我劝善弟子才敢沐手焚香请经开。

天留甘露佛留经，人留男女草留根。
天留甘露生万物，佛留经卷劝善人。
人留男女传后代，草留枯根等逢春。
开经开卷开无生，开天开地开佛门。
开开罗老祖家门两扇，大乘经典涌上来。

开经开卷，开动一部《血湖宝卷》。是经灭罪，是饭充饥，是话有音，是鸟有翎。宝卷要问可有皇登位？可有贤人出世？要有头有尾，有悲欢离合，方可算作一部圣卷。宝卷掀将过来——

唐朝僖宗皇皇登龙位，风调雨顺治乾坤。
僖宗皇登位之时，风调雨顺，国泰民安。

三日一风，五日一雨，大风吹不动杨柳，大雨笃不碎垡头；麦秀双穗，稻报九芽，地产灵芝，干戈歇息，太平之年，马放南山，刀枪入库。

我们可以看到第 1 段是类似佛教讲经开头的故事总述，起到提纲挈领的作用。第 2 段是最常见到的七言歌赞，格律较工整，在后文中出现频率最高，是主要唱段。第 3 段是散文，用接近口语的叙述承上启下或者总结概括。之后两节重复了一次七言歌偈和散文，直至第 6 段出现了韵散结合的唱段，这可能是配合特有曲调演唱的小曲，在全文当中也反复出现，因此这四个段落基本组成了《血湖宝卷》的演唱形式。

五殿阎君执掌血湖地狱，按说可不必单列、细说。但在靖江民间，对"血湖"的信仰极为深远广泛，尤其是乡村妇女，大多深信生前或死后，子女若不为其举行破血湖的仪式，其灵魂必定堕入血湖。道教认为，难产而亡的妇女死后要入血湖受罪。佛教则认为，妇女月经不洁，亵渎神灵，造成罪孽。靖江民间的说法是，妇女生孩子流血水集聚为"血湖"，死后要下"血湖地狱"，受血水浸淹之苦，须饮尽血水始有出期。在《血湖宝卷》中，目连为救母亲，锡杖震开地狱门，但见"阔有七七四十九丈阔，深有七七四十九丈深"。血湖池中浪涛千尺，尽是血水，大风吹起来映天而红，妇女坐在血湖池中，随浪飘浮，大风一来，一浪吹到东面，一浪逐到西面。饥来只好吃血饼，饿来血水度朝昏。妇女坐在血湖池中悲泪啼哭，叹息在生之时，生男育女，吃尽千辛万苦，谁知死后又堕在血湖池中……还有个妇人说："我又不曾生养，为何要坐血湖？"狱主说："这是你在阳日三间，月经来了，用水洗荡满地，随便乱倒，触犯天地、水府龙神，造下孽障，所以也要受血湖苦！"目连请教狱主："可有底高办法来消除血湖格罪孽？"狱主说："有格。阳间做血湖会，念《血湖经》，拜血湖忏，均可消除罪孽。"因而，民间凡做会均有儿女为母破血湖的仪式，按阴阳相反之说，通常在凌晨举行。破血湖讲唱《血湖宝卷》。卷中有目连喝掉血湖中的血水，解救母亲的情节，所以举行这仪式时，儿女也要为母亲喝由苏木、红糖冲和而成的"血水"。边喝佛头边说（唱）："斋主家孝男孝女到佛前喝了三口苏木水，也算报母养育恩。喝了一口少一口，喝了一分浅一分。苏木水喝得干干净，罪孽没得半毫分。"①

---

① 车锡伦：《中国宝卷研究》，广西师范大学出版社，2009 年，第 294 页。

《血湖忏》全称《太上元皇预修玉箓血湖宝忏》，记述血湖忏的科仪。民间认为，妇女月经，如不注意，要污秽三光。因此亡过以后，要入血湖受苦。故在生要做"血湖佛会"，预修功德祈死后不入血湖。血湖佛会上就要拜这个《血湖忏》，封面由右至左分行署"癸未年四月印　王记　血湖忏　辛卯年八月印　常熟尚湖余庆堂藏"；卷末署"常熟尚湖余庆堂余鼎君印"。此卷在血湖佛会上用，别的地方不用。① 卷中说目连来到血湖池地狱边，看到那些受罪的妇女的惨状，想到自己母亲也要受血湖沉沦之苦，于是念起师父给的《血湖忏悔文》：

> 有目连到佛前哀求忏悔，摇三钱并四拜合掌当胸。
> 求佛祖和圣众诸大菩萨，五百尊阿罗汉八大天王。
> 想亲娘生长我怀胎十月，我情愿替母亲受苦遭殃。
> 我亲娘身受苦心如刀割，手捶胸足蹬地眼泪纷纷。
> 要我娘重相见南柯一梦，想亲娘再相会转世为人。
> 我只说我亲娘好过百岁，谁知道我母亲犯咒身亡。
> 我如今求世尊如来古佛，请佛祖和圣众菩萨金刚。
> 清净僧清净道五百罗汉，明性心持斋戒忏母生天。
> 忏母亲生长我怀胎十月，吃我娘精血液三斗三升。
> 忏亲娘未满月血污秽布，忏母亲未满月触犯三光。
> 忏亲娘未满月污裤晒出，忏母亲洗不尽触犯河神。
> 忏亲娘数九天打开冰冻，忏母亲身受苦去洗衣襟。
> 忏亲娘自吃苦乳儿甜味，忏母亲为亲儿身睡尿炕。
> 忏亲娘儿有病闷闷不乐，忏母亲为孩儿费尽千辛。
> 忏亲娘乳三年劳心费力，忏母亲生长我抚养成人。
> 忏亲娘在生时养蚕煮茧，忏母亲抽长丝罪孽消除。
> 忏亲娘将浓汤泼在地下，忏母亲烫诸虫罪孽消除。
> 忏亲娘杀生灵鸡鹅鸭畜，忏母亲宰猪羊罪孽消除。
> 忏亲娘在生时打僧骂道，忏母亲无佛法罪孽消除。
> 忏亲娘使暗计大斗小秤，忏母亲没良心罪孽消除。

---

① 常熟文化广电新闻出版局编：《中国常熟宝卷》，古吴轩出版社，2015 年，第 2277 页。

这部忏悔文替母亲忏悔罪孽七十二次，故称"七十二忏"（有的佛头唱"四十九忏"）。佛头唱忏悔文时，和佛众人要站起来和。每和佛一次，斋主的子女随佛头拜一次菩萨（跪拜）。"七十二忏忏完成，血湖池忏了个碎纷纷"。佛头唱完忏悔文，将神台下面盆上的毛巾掀掉，取出菜刀、筷子，必须用力一刀将筷子剁断，表示"忏"断血湖边的七重栏杆；同时将象征血湖池的面盆掀翻，表示忏破了血湖池地狱。[①]

"醮殿"，又称"醮十殿"，是儿女为父母做的免罪延寿仪式。先唱《李清卷》，接着唱《十王卷》，依次请来十殿阎王和酆都、东岳、地藏等神，向他们祈求灭罪延寿。这个仪式在天亮以前（四五点钟）必须做完，将"十殿阎王"和地狱诸神"送"回去。否则，这些"神君"会留在斋主家中。在请十王的过程中，可以穿插讲唱十个与此殿有关的故事。

远古以来，人们对血液的情感几经迁转，颇为复杂。"涉及有关月经、生产和死亡的仪式行为时，规矩就更多了。一切从身体中释放出来的东西，甚至是伤口中流出的血液和脓汁都是不洁的来源。"[②]以色列的文化传统认为，如同一个不洁净的崇拜者不许接近圣坛一样，任何身体排泄都使人不能进入军营，人体的自然排泄必须在军营之外进行，没有损伤的躯体，才被认为是完美的。早期的血祭天地的仪式中，血被用作神灵的食物。离开祭祀的神圣空间，世俗活动中血与死亡、战争联系密切，血的禁忌民俗由此诞生。参考古代以色列人的早期赎罪书就会发现，血液污染的观念很长时间一直处于气息奄奄的状态。但我们再看看公元668年到公元690年坎特伯雷大主教西奥多（Arch-bishop Theodore of Canterbury）的忏悔规则书就会发现：

> 如果某人在不知情的情况之下，吃了被血液或其他不洁物质污染的东西，那无关紧要；但如果他知情的话，他应当根据污染的程度以苦行来赎罪……他还要求妇女在生产之后的40天里净化洗涤，并且命令任何一个在月经期间进入教堂或领受圣餐的妇女，无论她是神职的还是非神职的，都要禁食三周赎罪。[③]

---

① 车锡伦：《中国宝卷研究》，广西师范大学出版社，2009年，第353—354页。
② 〔英〕玛丽·道格拉斯：《洁净与危险》，黄剑波、柳博赟、卢忱译，商务印书馆，2018年，第47页。
③ 〔英〕玛丽·道格拉斯：《洁净与危险》，黄剑波、柳博赟、卢忱译，商务印书馆，2018年，第74页。

女性的生理特点与血禁忌相耦合，父权社会进一步推波助澜，宗法社会又"落井下石"，佛教"教义""为虎作伥"，这一切铸成了血湖地狱信仰。为免去死后血湖地狱之苦，生前要做破血湖仪式。仪式的关键环节是子女们喝掉象征血水的红糖水，消除污染所带来的罪孽。

三、宝卷做会中的"度关""安宅"与"荐亡"

过渡仪式要通过禁忌和隔离，使人象征性地"过渡到彼岸世界"，在那些将来世置于天上或者某高处的宗教中，死者（葬礼）的灵魂要艰难地走过山间小路或者攀登一棵大树或一根绳套。《亡灵书》写道："这梯子的位置正好让我看见诸神"，"诸神为他制作一把梯子，好叫他用梯子登上天堂"。[1] 所有这些神话和信仰都有相对应的"飞升"和"登天"仪式。确定并圣化献祭的场所可使世俗空间具有崇高的性质。伊利亚德论述萨满在过渡礼仪中的登天仪式："实际上行礼如仪的祭司把自己变成了登天的梯子和桥梁"，举行仪式的人要登上一座楼梯，登上祭坛的最高处之后，伸出手臂，高声吟唱："我登天了，见到了神灵；我已成仙！"仪式性的登天乃是一次"艰难的攀登"。[2]

有的学者把神话和史诗中的英雄生命分解为八个部分，形成一个完整的"生命圈"。"它们是：生、入世、退缩、探索或考验、死、地狱生涯、再生、最后达到非自觉的神化或新生。这和过渡仪式中的隔离与考验在结构上是一致的，只不过英雄的生命历程来自于叙事文学，而过渡礼仪是民俗仪式的组成部分。"[3]

包括宝卷在内，古老民族的叙事文学处处闪耀着过渡礼仪中启悟的影子。《目连救母出离地狱生天宝卷》讲述目连（Maudgalyāyana）的母亲青提夫人，家中甚富，然而吝啬贪婪，儿子却极有道心且孝顺。其母趁儿子外出时，天天宰杀牲畜，大肆烹嚼，无念子心，更从不修善。母死后被打入阴曹地府，受尽苦刑的惩处。目连为了救母亲而出家修行，得了神通，到地狱中

---

① 〔美〕米尔恰·伊利亚德：《神圣的存在：比较宗教的范型》，晏可佳、姚蓓琴译，广西师范大学出版社，2008年，第90页。

② 〔美〕米尔恰·伊利亚德：《神圣的存在：比较宗教的范型》，晏可佳、姚蓓琴译，广西师范大学出版社，2008年，第92页。

③ 〔美〕戴维·利明等：《神话学》，李培茱、何其敏、金泽译，上海人民出版社，1990年，第108页。

见到了受苦的母亲。目连心中不忍，但以他母亲生前的罪孽，终不能走出饿鬼道，给她吃的东西没到她口中，便化成火炭。[①]

目连没有办法，为了禳解赎罪，目连向佛陀祈祷。佛陀教目连于七月十五日开"盂兰盆会"，借十方僧众之力让母吃饱。目连乃依佛嘱，七月十五日设盂兰供养十方僧众以超度亡人。目连母转入人世，生变为狗。目连又仰仗大众持念"解怨神咒""往生净土咒"各千遍，仗佛法力、甘露净水，使他母亲脱离狗身，"脱壳生天归空去了"。这样一个佛教故事能从西晋流传到现在，关键在于劝人向善，劝子行孝。《目连救母出离地狱生天宝卷》中衍生出的盂兰盆节、鬼节、亡人节、中元节等名目流传至今。大部分地区每年农历七月十五日祭祖，为亡人扎纸船，上供果，烧纸钱衣物就是沿袭这个佛典，代代相传。民间的造幡、燃灯、放生等民俗仪式，福州"拗九节"、湛江目莲舞都和该故事有关。

表4-1 传统社会过渡礼仪的社会功能

强化仪式	强化自然秩序、社会生活秩序和价值，强化群体与神圣密切联系（或促进天人合一）的图腾崇拜、祖先崇拜、氏族（部落）神崇拜、英雄崇拜、至上崇拜以及年节祭祀仪式等
	强化生活、生产劳动（特别是农业生产）的安全性与满意度、刺激生产力的狩猎崇拜、动物神崇拜、植物神崇拜、春祈秋报仪式、地母崇拜、对自然神灵（山、水、风、雷、雨、电等）的崇拜、生殖（生育神）崇拜，以及占卜和预言
	强化群体和信仰的祝福、祈祷和沉思。信众每周一次到教堂或寺庙的集体礼拜、在特定的时期举行礼，朝圣、进香、冥思（禅定）等，以及禁忌和礼节
转换仪式	过渡礼仪包括出生、成年、婚姻、丧葬等仪式
	皈依的仪式包括忏悔、赎罪等仪式
	康复的仪式包含净化、治疗、禳除等仪式

①　管佩达：《"黄氏女"研究》（Ritual Opera, Operatic Ritual: "Mu-lien Rescues His Mother" in Chinese Popular Culture. Papers from the International Workshop on the Mu-lien Operas with an Additional Contribution on the Woman Huang Legend by Beata Grant, Berkeley, CPCP, 1989.）中的长篇论文《黄氏女的精神史诗：从不洁到净化》（第224—311页），详细描述了黄氏女故事的发展历史轨迹，涉及戏曲和多种说唱文学作品。此论文有关宝卷作品中的黄氏女故事的论述（第227—236页）始于两段对16世纪小说《金瓶梅》第74回中宣《黄氏女卷》描写的论述。此回的英文翻译参见David Tod Roy（芮效卫）译，*The Plum in the Golden Vase or Chin P'ing Mei, Vol Four: The Climax*, Princeton Princeton University Press, 2011, pp. 420-455. 此外，管佩达还将一个19世纪晚期有关黄氏女故事的说唱文本《黄氏对金刚》翻译成英文，收录于管佩达、伊维德合著：《逃离血湖地狱：目连与黄氏女的传说》（Beata Grant and Wilt Idema, *Escape from Blood Pond Hell*: *The Tales of Mulian and Woman Huang*, Seattle: University of Washington Press, 2011, pp. 147-229.）

传统社会在某种意义上，"神圣构建了世界，设定了它的疆界，并确定了它的秩序"①。这个世界中心不仅是人类栖居的中心，也是人类世界和神话信仰交往的地方。原洮河流域古岷州、洮州所属漳县、岷县、临潭等地区，地理位置较为闭塞，在这一区域笔者发现至今仍有宝卷念卷传统。一般在丧事及"做七"、亡人周年祭祀等民俗活动中念卷。如今在甘肃临潭等地的四季龙华会，他们也保存了较多的宝卷，如《古佛遗留召请正课全终》《佛说消食三宝超度亡灵施食经》《南无太上皇极妙道真经》《佛说普静如来钥匙焰口真经》《开方破狱破血湖渡桥经全卷》《佛说消灾解厄法华神咒》《十佛接引原人升天宝卷》《古佛传流受戒经》《古佛传留忏罪消衍解真经》《十佛申文表奏涅槃经》《佛说皈家落草经涅槃》以及"十经""十忏"。这些宝卷主要用于宗教活动中超度亡灵，其中有一部分是科仪卷，卷子主要记载宗教仪式活动的步骤。如今的四季会已不是清以来如圆顿教一类的民间秘密宗教组织，该组织功能主要转向民间荐亡度脱的民俗活动，民间宗教组织逐渐成为一个当地民间民俗活动的组织者和践行者。②

甘肃岷县、临潭目前发现的宝卷有《敕封三界伏魔大帝神威远振天尊宝卷》（上、下，即《护国佑民伏魔宝卷》，简称《老爷经》）、《敕封地藏王菩萨救母报孝经》（上、下，即《目连宝卷》，简称《目连经》）、《灵应泰山娘娘宝卷》（上、下，简称《娘娘经》）、《东岳泰山十帝阎君宝卷》（上、下，简称《泰山宝卷》）等约60余种。另外漳县陈俊峰等人发现古老宝卷20本，多为宗教宝卷。这些宝卷多为历史上有记载的明清宗教宝卷，宝卷一部分是清光绪年间抄本，较为古老。当地民众在度关、安宅、荐亡的不同语境中，分选不同的宝卷讲唱。

吴方言区宣卷人参与最多的是民众家庭中的民俗信仰活动，如拜寿求子、小儿满月周年、结婚闹丧、节日喜庆、结拜兄弟、遭灾生病、新房落成、家宅不安等，民家均可请宣卷人来做会宣卷（或称"讲经"）。请做会的人家称作"斋主"，做会宣卷即在斋主家设的"经堂"（或称"佛堂"，即民居正房的客厅，平时亦设有"菩萨台"，供奉家堂和神像）中进行。经堂中

---

① 〔美〕米尔恰·伊利亚德：《神圣的存在：比较宗教的范型》，晏可佳、姚蓓琴译，广西师范大学出版社，2008年，中译本导读第9页。
② 刘永红：《西北宝卷研究》，民族出版社，2013年，第80页。

设供桌（即菩萨台）和经桌（方桌，供宣卷人及"和佛"的人坐）。这种做会宣卷的仪轨是：开始焚香点烛唱《香赞》，报愿、请佛唱《请佛偈》（许多宝卷文本开头有"先排香案，后举香赞"，即指此仪式）；结束时要进行"上茶""散花解结""念疏表"（或称"疏头"）"送佛"等仪式，并唱相应的仪式歌。中间也根据斋主的要求做各种祈福禳灾仪式并演唱相应宝卷，如"拜寿"（唱《八仙庆寿宝卷》《男延寿卷》《女延寿卷》等）、"度关"（唱《度关科》）、"安宅"（唱《土地卷》或《灶王卷》）、"破血湖"（唱《血湖卷》或《目连宝卷》）、"禳顺星"（唱《禳星宝卷》或《顺星宝卷》）、"斋天"（唱《斋天科仪》）、"请十王"（唱《请王科仪》，即《十王宝卷》）等。

这些仪式或安排在白天（一般在下午），或在夜间进行，中间还穿插讲唱一些"凡卷"，即俗文学故事宝卷（一般安排在晚饭后）。一次会一般从上午开始，直到第二天早上结束。宣卷和许多仪式都是在夜间进行，所以前人记载称"必俟深更，天明方散"。有的地区的宣卷人（如江苏靖江的佛头）只做"延生"，不做"往生"（追荐亡灵）。在江南，宣卷人则同道士、和尚一样，参与"闹丧"，并做一整套仪式，演唱《十王宝卷》等仪式宝卷和各种"凡卷"。苏州地区的宣卷先生奉道教的斗姆正神为祖师，并普遍做"拜斗顺星"法事，为人消灾解厄，与道士相似，实际操作则佛、道混杂。顺星（或作"禳星"）时唱《顺星宝卷》（或作《禳星宝卷》《退星宝卷》），所请的神有：如来、弥陀、药师、玉皇、观音、势至、文殊、普贤、玄天、三官、三茅、六十甲子、南斗六司、北斗七星、十二宫辰、二十八宿、南极长生、当生太岁、护法韦陀等，把民间信仰的重要神佛都请来了。具体的禳解，开头是："天罗星、地网星（按，以上是灾星），奉请紫微星君来退解，释迦文佛保延生；天关星、破军星，奉请文曲星君来退解，弥勒尊佛保延生；罗计星、气孛星，奉请龙德星君来退解，药师七佛保延生……"（据民国二十一年孔耀明抄本《禳星宝卷》）①

听众以和佛的方式与表演者互动，且这种互动带有浓郁的信仰成分，人们相信和佛亦是功德，能消灾祛难。再比如，伴奏不用丝竹乐器，而用宗教场所的法器——铃具、木鱼。唯一与说书艺术的醒木相似的道具，还冠以佛

---

① 车锡伦：《中国宝卷研究》，广西师范大学出版社，2009年，第221—222页。

教意味的名儿——佛尺。至于那竖在佛头面前、代表所有神祇的龙牌以及焚香、点烛、设供，则更鲜明而强烈地显示出讲经与其他口头艺术的区别。这就是以宝卷为标志的靖江讲经，它是一个多元文化元素的有机复合体，与宗教、民俗、民间文学以及其他相关学科相通，但又卓然独立，自成体系。

民俗仪式中，科仪宝卷与禳解仪式在功能上合二为一，体现在社会组织的各个层面。许多地方县志都记载了一种建醮禳疫的民俗，主要还是为了驱逐疫鬼，祈求家国平安，人民安居乐业。《汉州志·岁时民俗》记载"二月，春社后，设坛建醮，作纸龙船坐瘟、火二神像，周巡四隅，众扮执役，呵导前行，一道士仗剑随之，鼓乐齐鸣以逐疫，谓之'平安清醮会'，是古傩遗意"①。

这种仪式是从傩发展而来。《合川县志》记载"三月、四月，各街市醵金假庙地建道场，祀瘟、火、虫、蝗之神，谓之平安清醮。既毕，道士法冠黄衣，仗剑执符，沿街唱念，金鼓列前，青狮跳舞随后，谓之扫荡"②。《金堂县续志》斋醮："每年二、三月，择吉日城市俱为'清醮会'。民皆斋戒，禁屠宰，设瘟火坛于近祠庙，朝夕进香。会毕，以纸湖龙舟送至江岸焚之。"③说明实行建醮的时候还要斋戒，以纸船送瘟神，集合了多种驱瘟神风俗。又《重修彭山县志·信仰民俗》对这一活动进行了详细描写，包括时间、地点、工具、来源等。

　　俗于二、三月间召术士，筮日设坛建清醮。醮之日禁屠宰，户皆于门为所禳神位，术士夜出巡视，则户各于所为位前然香烛，谓之"清街醮"。毕，则为纸船，以人舁之，导以钟鼓行于市。术士持帚、扇、牌，帚有令，扇有符，逐户以扇灭其火，取其所禳之神而仆之，持剑书符，以牌拍其门，咒而以帚扫出之投于船毕，则焚之江，谓之"扫荡"。古者方相氏掌熊皮，黄金四目，玄衣朱裳，执戈扬盾，率百隶而时傩，以索

---

① 《金溪县志》，参见汪桂平：《平安清醮与傩仪——谈道教与民俗文化之关系》，《世界宗教》2014第4期。

② 《合川县志》，参见汪桂平：《平安清醮与傩仪——谈道教与民俗文化之关系》，《世界宗教》2014年第4期。

③ 《金堂县续志》，参见汪桂平：《平安清醮与傩仪——谈道教与民俗文化之关系》，《世界宗教》2014年第4期。

室殴疫，此犹其遗意也。①

中国的传统概念认为，亡者在阴间将会按照他们在世所积的功过而获得审判。无上功德者将获升天，罪恶不恕者打入地狱，大部分都重新投胎于人间，并依据他们在世时的功和过，来世为人还是动物、昆虫或其他生物。亡者的地狱审判之途需要经过阴间的十殿，每殿有一位专事一种极刑的裁判官，那些在阳间有过错的人将会受到相应的刑罚。为了能让亡者顺利通过这些审讯，其在世的子孙举行隆重的丧葬仪式或超度仪式。

道教斋醮仪式与民间宝卷是考察道教与民间宝卷关系的着力点。《普静如来钥匙宝忏》《庚申宝卷》等显然是道教雷法仪式，以及守庚申等仪式在民间宝卷里的演化。《血湖宝卷》《解顺星宝卷》《禳星科仪宝卷》《诸天宝卷》《寿生宝卷》等无疑是道教血湖科仪、禳星科仪、诸天科仪、还寿生科仪在民间宝卷中的体现。从民间宝卷入手，不难发现道教科仪在民间的影响。

在这些仪式中，斋醮是正一道的主要科仪。俗称为打醮，亦叫作道场、经忏或法事。包含内容甚多，主要有设坛、上供、焚香、升坛、画符、念咒、鸣鼓、发炉、降神、迎驾、表章、诵经、赞颂、宣词、步虚等，并配以烛灯、禹步、唱礼和音乐等。通过这套仪式，祭告神灵，祈求消灾赐福，超度亡灵等。

冥界观念是超度活动的观念基础。从人离世那一刻开始到死后三年，中间的时间被切割为几个阶段：在死后最初的四十九天，逝者每七天都要经历一个严峻的关口。"七七斋"的时期分割来自于佛教。在西藏《中阴闻教得度密法》（Bardo Thodol）中记载有同样的划分，此书在西方一般被称作《西藏度亡经》。在中国传统社会，每过七天，都必须要经受一位判官的审问。当法庭吏员与狱卒准备好了必要的文书，悼念亡人的家庭分发完了允许接受的礼物后，判官会宣布他的审判，并把因犯押送到下一个官厅审问。在七个七天的关口后面还有三个关口。它们分别在第一百天、第一整年后的第一个月和死后的第三年。一个被用来指向冥界最多的名词是"地狱"，它同时也

---

① 《重修彭山县志·信仰民俗》，参见汪桂平：《平安清醮与傩仪 —— 谈道教与民俗文化之关系》，《世界宗教》2014 年第 4 期。

被用来指称在经过最后一道审判后，通向冥界的地狱。除了处于地底以外，冥界还有独特的地形地貌，包括所有的亡灵在刚死不久都必须渡过的奈河（无所奈何之河），以及将亡灵投向来世的一个巨大的转轮。地狱在空间上也有着俗世的影响，并非全然都是客观的描绘。判官们总是穿着完整与正规的服饰，置身于一张被抬高的几案之后。囚徒们则仅穿内衣，脖子、手或脚上戴着镣铐，通常被僚吏们吓得簌簌发抖。[①] 人死去以后，初七到七七，每逢"七忌日"，都有机会超度亡魂。这种"超度仪式"由于地域或族群的不同，其具体形式也多种多样，但结构基本如一。超度的斋场主要仪式程式包括：

（1）启坛。道士在二清殿（兼作为张天师坛）前，率领家眷拜礼，唱"净口""净身"咒词，诵"香赞"，踏阴阳斗罡，接着唱出"赞水""赞烛"，然后宣读一道状文。该文中，关于正荐个人经历描写得很详细，类似讲故事，可以算是戏剧说唱的萌芽。读完，就念出一大批神佛圣号，以邀请诸圣光临，比如三清、佛陀、玉皇、弥勒、紫微、阿弥陀、救苦天尊、地藏王、观音、目连、三官、四杰等，道释混合，不归于一。其他包括海南本地神，比如百八兄弟、梁太爷等。

（2）引魂。道士一人，举起神幡，率领家眷到三清坛，念唱"香赞""水赞"而进香。焚化上述状文，再念宣文以招亡魂。

（3）开辟五方。此仪式是替亡魂开辟五方通路以便亡魂来临的。道士五人在三清坛前绕场，高功道士唱念"水赞""香赞""烛赞"之后，就念讲宣文以邀请五方五帝，然后五人再绕场，接着每个道士向各方拜，在天空中画出"金光"咒符，以照各方。高功道士拿着灵幡站在中央，另外四人站在各方，招呼该方亡魂。

（4）午供、过桥。在坛场之中，将五把椅子连接排列，成长方形，上面罩上白布，以作为"法桥"。在道士带路之下，家眷奉侍五尊灵位，在坛场之中绕场。回到主坛前面，主道士唱出"引亡过桥赞"。之后，孝眷托着一张盘子，盘子上放着五尊灵位，搁在法桥白布上，让盘子滑过去。先从外向内，后从内向外，滑过两次，就把灵位安放于亡魂坛上。

---

① 〔美〕太史文：《〈十王经〉与中国中世纪佛教冥界的形成》，张煜译，上海古籍出版社，2016 年，第 2 页。

（5）血湖地狱。破血湖，由儿女为母亲做。唱《血湖卷》，即《目连救
母卷》。卷中有目连喝掉血湖池地狱中"血水"解救母亲的情节。讲唱到这
里时，要停下来，儿女们要为母亲喝"血水"。做完破血湖，一般是早上六
点钟。接下来佛头"收卷"，即把没有讲完的圣卷结束。收卷完，进行"上
茶""解结""念疏表""送佛"仪式。

坛场外面草地上，排设两张桌子，各个桌面上有排位（正荐、祖妣位、
曾祖妣位）。每桌旁，配着三把椅子，每把椅子上放着小火炉，上面插着一
枝线香。道士在每张桌子前拜祈，手里拿着小斧敲打小火炉，最后托着灵位
盘子，用小斧打破桌下的厦碗。这就是说，饭碗所代表的血湖地狱被道士打
破，因在其中的各位女魂也就被拔救出来了。

（6）破地狱。斋场之中，设有地狱坛。大桌子四角配有椅子。每把椅子
上倒扣着小碗，里面有一毛钱货币。主持道士站在坛前，拿着一柄大剑和一
根角笛，唤出五方天兵。接着右手拿起五雷牌，左手拿起大剑，踏着斗罡念
咒。念完，左手托着盘子，里面盛着米粒和三十六枚钱币，插着五枝线香。
道士用戒刀在盘子中画出咒字，吹着角笛，扔撒米粒，犒赏天兵。照样向五
方各做一次。然后，拿起一条腰带，喷水净之，在空中画咒。接着拿起灵
位，用剑画咒，之后赴五方地狱去打破狱门。先站在椅子上，用斧打破椅子
上倒扣的双小碗，抽出钱币。这表示已打破狱门救出了亡魂。坛边一共有六
把小椅，每把椅子上都倒盖小碗，所以道士反复做了六次打城动作。道士做
完后，家眷跪在地上，迎接灵位，酌酒进献。接着，道士给正荐魂身（剪纸
画像）开光。家眷拜毕，仪式至此为止。

（7）过火坑。人死后，三魂七魄散开，所以道士用火练法术使三魂七
魄再峭聚集，练成健身。道士坐在高台上，台上放着火炉，旁边配着五尊灵
位，火炉上有一只土瓶，火炉之中有八个鸡蛋环排着，中央有灯盏。道士拿
起灵幡和法铃，先把土瓶卸下，然后在火坑上加油，就冲起一片火焰。道士
趁着火焰燃起，把一个灵位和灵幡一起在火坑上渡过去。五尊灵位均如此过
火坑。

（8）医病。这仪式是为了医治亡魂在现世的宿病而进行的。先把燃着的
符纸放在土瓶里，倒着灌注于五尊灵位上，做出一种吃药的模拟形式。

（9）过金桥、银桥。道士拿着灵幡，孝眷托持着灵位，让它在金桥和银

桥上一段一段让它过去，先从外向内而后从内向外，过了两次。由此，亡魂都过了桥，就升到天上了。

（10）沐浴。亡魂到了天上，据说应该沐浴净身，更换新衣，所以道士进行沐浴仪式。靠着仪桌，连接两个小椅，周围用白布包裹，造出一个舟型沐浴室，里面放着五尊灵位。道士坐在仪桌前面，向灵位进贡进香。之后，拿起手巾、扇子、镜子等，照着镜子做敛容打扮等模拟动作。做完，孝眷跟着道士，奉持灵位，向三清坛进香而止。

（11）解结。这仪式是为了替亡魂消罪而进行的。道士坐在高台上，台上放着火炉、镜子、盆子，盆子周围有八个鸡蛋。道士唱出"香赞""水赞""开天赞"，邀请土地和祖先。之后，念出四十九愿，恳请诸神恩赦亡魂既往罪过。道士拿一条白布，在布尾结成环结，向家眷扔下。家眷坐在道士后面的地上，接下道士扔的白布，解开其环结。道士看着结子解开，就再拉起白布来，又结成环结而照样扔下。如此，反复好几次，家眷解完后才结束。道士拿起镜子，放在盛米的盆子上，把盆子交给家眷，让他们奉持灵位，向三清坛拜礼。

（12）进表至此，道士顺手向家神（土地）奉上表文以祈求一家平安。

（13）送灵。道士拿着灵幡，家眷奉着灵位赴外坛。那里设有用桌子、椅子做成的一座法桥（上面罩敷白布）。家眷围着法桥，道士诵经，接着把灵幡、灵位、灵器等在草地上焚化，送往天上。

（14）送圣。道士跪在三清坛前诵经，向诸神致谢，然后奉送回原宫。至此为止，整个超度仪式圆满结束。从中可见，有的项目富有戏剧性。比如，"血湖""破狱""过火坑""沐浴""医病""过桥"等都接近于戏剧。"孝经"这一类说唱也是一种小戏。最值得注意的是这种超度仪式和目连戏之间的关系。

这里提到的"目连戏"，就是在某家族追悼亡亲的超度仪式上，由道士扮演的，内容以目连救母过程中的游地府（破狱）为中心。相反，"大戏"则是在乡村超度孤魂的太平醮时由戏班表演的，内容含"起丧"和"游地府"（破狱），也有加上另外的戏码的。由此可见，游地府（目连戏的核心部分）首先在超度里由道士表演，在乡村做太平醮时，也先由道士表演，之后逐渐被戏子班代替。而演员一登台，乡民就一定要求演员加演比目连戏更有故事性的戏剧（"大戏"）。所以，如此看来，超度和作为其发展形式的目连戏，应该说是中国乡村戏剧的母体，其他戏剧都是由这一母体发展出来的。尤其是太平醮里受到僧道超度的十类孤魂，在目连戏发展到大戏这一条件下，都演进为原始戏剧的主人翁。

受佛教影响的重生体系价值系统构成大致如下：行善者得以再生在较高的等级，行恶者再生在较低的等级。来生的好坏由上一辈子有没有积德行善决定。再生的可能去处被概念化为六个层次或道。那些有幸再生在较高的三道是：天、人、阿修罗。较低的三道则是：畜生、饿鬼和地狱。那些再生在体系中较高层级的只是暂时脱离痛苦，天人过着长寿而快乐的生活，但他们一旦死去总是被降级。中世纪早期的中国佛教徒更加关注较低的三道，尤其地狱（梵文：naraka）。在众多的解释中，地狱都是在地底下，共有不同的八层，最底的一层叫阿鼻或无间，文字的意思是"不间断"，之所以这样命名是因为其余七层地狱在苦刑之间有间断，而这儿则没有。[1]

大致从唐代就流行活人为自己做七的法事活动，即所谓的"预修生七"，做十场以利来世往生净土，法事须给通关文牒，一件是阳牒交寿生者收为凭证，另一份为阴牒，于法事时当场烧化，以通知冥司所属。

据研究，道教科仪中对亡灵在冥府的行走路径有一套完整的想象，所要开通的是冥路科仪。在仪式中，道士要为亡魂开路，火化一张冥途路引给亡者，并准备一张给亡者随葬：因为冥途上关卡重重，路引的作用就是希望亡灵凭借这个能畅行于冥府路津，以利解救亡灵苦楚，早登西方极乐世界。[2]

冥途路引就是冥府路途的导引，也即进入西方极乐世界的凭证。1990年8月在靖江马桥的明嘉靖刘志真墓中出土有一张冥途路引，是朱刘氏嘉靖十八年（1539）三月二十六日做会时发给的"随身执照"。[3] 这是民间宗教

---

[1] 〔美〕太史文：《〈十王经〉与中国中世纪佛教冥界的形成》，张煜译，上海古籍出版社，2016年，第4页。

[2] 学者研究认为，"冥途路引"是明清时现实生活中的"路引"和"船引"的进一步延伸。"路引"是严格的户籍管理制度的产物。明代规定"凡远出门，先须告引"，这种出门务工、经商无论远近，水陆都需开具路引的做法，逐渐为民间信仰所吸收，转变为死者进入天国的凭证。参见《中国民间信仰、民间文化资料汇编》图录大要。引自王见川等主编：《中国民间信仰、民间文化资料汇编》第一辑，第34册，台北博扬文化事业有限公司，2011年，第8页。

[3] 吕森堂：《马桥明墓发掘纪略》，载江苏省靖江市委员会文史资料研究委员会编：《靖江文史资料》第十四辑，1997年，第8—12页。

"查号合同"，做会时一式两份，一份在会后烧掉，等于送上天宫，一份自己保存，是自己死后进入冥界的"随身执照"，这是当时明路会所做的"大乘会"的遗物。在靖江地区，为生人延生祈福做会一般称为"明路会"或"延生明路会"，使用的宝卷有《升天宝卷》《篆香庆寿开关》（图4-6　1934年路引文牒）。

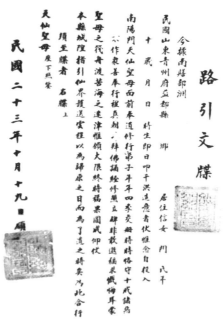

图4-6　1934年路引文牒

　　念唱宝卷的功能主要是求得亡人的超度，解脱亡人罪孽，帮助他们早日超度。除此之外，当地民众在家中连遭不幸，或家人经常生病且久治不愈，或经济突遭很大的损失或家中无子嗣这些情况下，主家认为神不降福，或鬼魂缠身，运气不济，就要请念卷师傅来念卷以禳解不祥。念卷的过程和在丧事上超度亡灵是一样的。但是所念经卷却不一样，一般念的是《观音宝卷》《太平宝卷》《仙姑宝卷》《孟姜女宝卷》等，丧事所念宝卷《十王宝卷》《目连宝卷》等一般不在这些场合念唱。超度仪式开始时，亡灵被囚锁在黑暗、疾病、肮脏的地狱中，身缚罪罟、负债、无法填满的渴望的网络之中，而仪式结束时，亡灵获得了光明、健康、圣洁，并清偿了债务，获得了"解除"。功德仪式中的每一个节次，都象征着某一方面的解救。解结仪式紧接着进行拜三宝，代表一种"解除"式的拯救。仪式的全称为"解结解罪"。"开度斋"的功德仪式"诵忏"环节，诵念《慈悲宝忏》三卷。相关节次照例是：召唤亡魂、宣读牒文和行舞步；接着是诵念每卷忏文。然而，这里只有一式牒文，由一名道士邀请孝眷们宣读；每读完一次牒文，另一名道士即开始诵念下一卷忏文。牒文的内容是"护佑亡灵上升天堂"。①

车锡伦先生考察过江苏张家港市的宣卷做会，"退（禳）星"祛灾时祭拜的主神"北斗七星元君"。除做会讲经外，另有"拜香"，又称"报娘恩"。农历三月初三各地结队拜香到虞山（在今常熟市，又称乌目山，传为春秋时期虞仲葬地）祖师殿，三月二十二日拜香到凤凰山（又称河阳山，在今张家港市）祖师殿，拜香队唱"香诗"，又称"香诰"。旧时这种拜香活动盛行于苏州、无锡地区。②另外，该地区的凤凰山及其周围地区有不少佛教的寺庙庵堂、道教的宫观及各种民间杂神的庙宇，民众以各庙宇分别结为香社，于各庙庙会烧香拜神佛。张家港一地之讲经，主要在各种善会和社会（又称"大家佛会"）上演唱。善会为斋主个人家庭做，也可集合善友多人同做一会。善会均为民众祈福禳灾，比如生病时向神佛许愿做"受生善会"，讲《受生宝卷》（即《洛阳桥卷》）；老人做寿做"延生善会"，讲《延寿卷》（有男女之别）或《赵贤卷》；祈求家宅平安，做"灶界善会"，讲《灶王卷》。菩萨生日也可做善会，如观音诞日做"观音霄会"，唱《香山宝卷》（此卷也在其他善会上唱）等。③

民国曹允源等纂《吴县志》卷五二《风俗二》收录有江苏按察使裕谦于道光十九年（1839）十二月所作《训俗示谕》，其文有言：苏俗治病不事医药，妄用师巫，有看香、画水、叫喜、宣卷等事，惟师公师巫之命是听。④

宣卷仪式中，往往将民间信仰诸神一同供奉。这些神明涉及儒释道三教以及地方神明、家族祖先等神明系统。通过开香、扫房、祭灶、祝寿等仪式，在活态的宣卷中，宝卷是人体心理的、社会行动的、群体仪式的传承文

---

① 〔法〕劳格文：《中国社会和历史中的道教仪式》，蔡林波译，白照杰校译，齐鲁书社，2017年，第236—237页。

② 朱荣容、钱舜娟：《江苏无锡拜香会活动》，载上海民间文艺家协会编：《中国民间文化》第5集，学林出版社，1992年。

③ 车锡伦：《中国宝卷研究》，广西师范大学出版社，2009年，第385—387页。

④ 吴秀之等修，曹允源等纂：《吴县志》卷五二下《风俗二》，苏州文新公司铅印本，1933年。

本，宝卷与地方的口头叙事传统、民间信仰、民间音乐等密切关联，成为一个文化群落，深层构建民众的精神世界。

　　还可以发现，制度性宗教——佛教仪式宝卷与禳灾仪式之间的关系，这为早期宝卷的形态问题的思考提供一个思路。侯冲教授指出，变文中保存的庄严文、回向文，是它们作为佛教斋供仪式文本的证据。"宝卷的历史追溯应从它们与斋供仪式的关系作为切入点。"斋供仪式是指僧人为满足施主需要而举行的佛教仪式，它与僧人和信众日常进行宗教生活实践的修持仪式共同构成佛教仪式。变文、科仪与宝卷都可以被用作佛教斋供仪式文本。那些包括回向文的仪式文本，就是佛教斋供仪式文本。将宝卷与变文、科仪等诸多宗教仪式文本同放在斋供仪式的背景下探讨，不仅是一个新思路，也是一个可以尝试的选择。①

---

① 侯冲：《中国佛教仪式研究——以斋供仪式为中心》，上海古籍出版社，2018 年，第 85 页。

第五章　禳灾与救劫：宝卷仪式叙述与神圣场域

列维-斯特劳斯说过，神话存在于概念层次，仪式存在于行动层次。仪式是一个群体对自身社会从结构到形式、从思想到实践的最为集中性的展演。它是具有深厚根基的地方性、族群性传统，既是民众对过去的历史事件、社会生活方式和情感体验方式的一种社会记忆，也与当前人们族群认同意识相呼应。在社会与传统变迁的进程之中，宣卷活动从产生、查禁再申报为国家级非物质文化遗产，可以说从现实和历史两个维度参与了对乡村社会的建构。

宝卷、史诗等口头讲唱通常是要在仪式空间中进行，所以宝卷中包含丰富的仪式内容。尤红主编的《中国靖江宝卷》《中国常熟宝卷》专门收集整理了《念疏赞》《颂圣赞》《送佛偈》《忏悔偈》《解结科》《禳星科》《拜十王忏》《血湖忏》等仪式卷。关于宝卷的科仪与忏法的历史源流问题，郑振铎认为：

> 宝卷与变文间确实存在着亲密的关系，但这种关系并不说明着宝卷一定是从变文直接发展而来的。宝卷的浓重的宗教信仰属性，它的仪式性，以及早期独特的韵文格式，都说明着它与佛教中以科仪、忏仪为主的法事活动间的继承关系。①

其中，宝卷的宣卷仪式担负了相当的社会功能。宣卷仪式在群体交流行

---

① 郑振铎：《试论变文与宝卷之关系》，原载于 1927 年《小说月报》号外《中国文学研究》专号，后收入《中国文学研究》，人民文学出版社，2000 年，第 289 页。

动中，帮助人们实现生活愿景与理想。

一、仪式的功能理论

在仪式研究中，功能主义较为突出，特纳在对恩丹布部族（Ndembu）的仪式进行考察后认为，对仪式的研究的确为解释文化的社会功能提供了一把钥匙。他明确指出：

> 仪式能够在最深的层次揭示价值之所在……人们在仪式中所表达出来的，是他们最为感动的东西，而正因为表达是囿于传统和形式的，所以仪式所揭示的实际上是一个群体的价值。我发现了理解人类社会基本构成的关键所在：对仪式的研究。[①]

王轻鸿通过关键词，对仪式的社会功能理论做出了分析：范热内普（Arnold van Gennep）、格尔兹（Clifford Geertz）、斯特劳斯（Claude Lévi Strauss）等人用仪式分析、解释社会现象，在仪式与社会结构之间架起了一座桥梁。虽然他们的理论有许多不同之处，但从社会结构及其功能的角度解释仪式的社会学方法大体是一致的。阐释了从关注宗教、神话、巫术等仪式起源问题，跨越传统的神圣与世俗、宗教与非宗教的边界，把现代以来工业社会兴起等问题全部纳入仪式阐释的视野，显示了仪式意义指向的重大变迁。将仪式作为具体的社会行为来分析，赋予仪式以现实生活意义。

在政治活动中，对仪式的理解除了要进行内在结构分析来追溯其原始意义，更需要将视野延伸到当前的文化语境中挖掘更深层次的现实意义。格尔兹提出，仪式的功能"具有宗教与政治双重意义，被同时赋予宗教与世俗的双重重要性"[②]。加拿大文学批评家弗莱（Northrop Frye）受哈里森的影响，认为一切艺术来源于仪式。他在《批评的解剖》（*Anatomy Criticism*）中反复阐

---

① 〔英〕维克多·特纳：《仪式过程：结构与反结构》，黄剑波、柳博赟译，中国人民大学出版社，2006年，第6页。

② Geertz Clifford, *The Interpretation of Culture*, New York: Basic, 1973, p. 119.

述的就是"戏剧与仪式相似""文学中的戏剧像宗教中的仪式"等观点。另一方面，在具体的批评实践中，他力图发现在反映现实生活的文学作品中反复出现的各种意象、叙事结构和人物类型等仪式因素，深化主题的意蕴，开辟了文学研究新的空间，将剑桥学派开创的神话—仪式批评推上了一个新的阶段。①

20世纪70年代以后，学术界直接把仪式看作一种象征，通过探讨仪式的功能性、符号性等，对仪式的象征意义进行深入挖掘。遵循象征主义的阐释策略，就是要唤起主体意识，发挥心灵作用，突出社会情境的影响。对仪式的想象性的解读，成为理解社会内部结构的重要途径。贝尔（Daniel Bell）将仪式看作文化的一种形式，文化通过仪式"以想象的表现方法诠释世界的意义"②。也就是说，仪式不只是通过不断重复来传达简单的固定的信息，更重要的是要激起仪式参与者的热情，只有观念与情绪相互激荡，才能使仪式的意义不断衍生和嬗变。

在对仪式具体阐释的过程中，人们用实践、表演取代了结构，更加突出了象征主义的主体性特征。布迪厄（Pierre Bourdieu）倡导"实践理论"（theory of practice），认为"历史"和"结构"根本就不存在，只有将它们纳入人的再生产和实践中去研究行为本身才有价值意义。根据这一思路，他提出的"制度化仪式"这一概念，其核心就是将教育体系中一些具有权力塑造功能的特殊行为视为制度化的仪式，将教育看作是一种仪式操演，认为人的行为创造性地赋予了仪式以新的含义。在仪式中使用的物品、参与者身体的姿势、说唱词等都具有丰富的象征意义，创设的是一个特定的情境和时空，深化了这些具体事物和行为本身的意义，参与者从中体验到了独特的意义，仪式的"表演"过程帮助人们改变了价值评判方式和标准。同时，对于象征的理解、阐释和修订是一种交流的过程，研究者在对仪式的理解不断加深、拓宽的过程中也成了表演者，"研究者作为观众成为仪式研究的一个部分，和表演者的文化表演、表演者对自身文化的理解存在于一个整体之中"③。克

① 王轻鸿：《西方文论关键词：仪式》，《外国文学》2015年第6期。参见金莉、李铁主编：《西方文论关键词》，外语教育与研究出版社，2017年，第834—843页。
② 〔美〕丹尼尔·贝尔（Daniel Bell）：《资本主义的文化矛盾》，赵一凡等译，生活·读书·新知三联书店，1989年，第30页。
③ Bell Catherine, *Ritual Theoy, Ritual Practice*, New York: Oxford University Press, 1992, pp.38-40.

利福德·格尔兹就仪式的意义生成作了进一步的拓展，认为仪式世界是现实的，也是想象的，二者交融在一起，说到底其实就是同一个世界。基于这样的理解，他把仪式看作一种"文化表演"[①]。

宝卷中的"科""科仪"，简称之为"科"。清及近现代江浙民间宣卷"做会"活动仪式，佛、道混杂，道教通过符和科仪，佛教通过法会宣卷。用于祝祷仪式的某些宝卷亦称"科仪卷"，如《斋天科仪》《庆（请）王科仪》《度关科》《发香科》等。这些虽然与某些佛、道教的科仪同名，但内容则有差异。[②] 在岷县有《南宫宝赞报恩施食科仪》《荐亡召请科仪》《开启发文科》《谢土科全本》《祈祥保安四府登科》等。"科""科仪"还用于祝祷、还愿等仪式中，如《大灯科》《十王灯科》《请佛科仪》等。宝卷念卷有不同的仪式，仪式的完成需要相应的仪式文，因此在宝卷中产生了许多展演仪式的"科""科仪"。

使用"科""科仪"开展讲经（宣卷）的仪式在宝卷流传的地区广泛存在，同北方的仪式相比，吴方言区的仪式更为典型完整。江浙一带的"做会"仪式中要宣讲相应的宝卷，宣卷先生因此担任做会的执事。做会分"庙会"和"家会"，而以家会为主。做会可以说是"圣灵降临的叙述"，会堂时要迎请供奉各种神佛，做会开始焚香点烛请神佛，然后开始宣讲宝卷；结束时要焚烧神码（供奉的神像）等物送神佛；中间还要应斋主（做会的人家）之请，穿插拜寿、破血湖、顺（禳）星、拜斗、过关、结缘、散花、解结等禳灾祈福仪式。荐亡法会的仪式有请佛、拜十王、游地狱、破血湖（女性）、念疏头、开天门、献羹饭、解结散花、送佛等。

从宝卷的起源和历史来看，宝卷的这种形式，是受佛教忏法演唱过程仪式化的影响，其主题范围介于俗信和经典佛教之间的中间地带。如前文所述，宝卷具有强烈之神话意识，讲述创世或诸神故事，故事中神明经常救劫、教化、帮助、超度凡人。因此，宝卷的宣卷或讲经仪式，全部被纳入生活的意识形态场域，构成了对日常生活的反思。宣卷仪式在老人做寿、小儿满月、盖房动土等过渡仪式中表演，因之就获得一种超越普通物质性的巨大

---

① 〔美〕克利福德·格尔兹：《文化的解释》，韩莉译，译林出版社，第138页。
② 参见车锡伦：《中国宝卷文献的几个问题》，《岱宗学刊》1997年第1期。

的精神能量的监护。

　　人类学的理论认为，个体生活在世俗界域，通过不定期的渡关仪式，象征性地进入神圣场域，通过模仿表演旧的死亡，消除污秽，模仿表演新的再生，使自己摆脱"夹生"状态，从而获得新生。[①] 弗雷泽通过新南威尔士州的温吉或温吉邦部落中青年人成年礼仪式，揭示了再生的过程：

> 　　仪式的部分做法是将经受仪式的青年牙齿敲掉一个，另取一个新名字，表示该青年已成人了。敲牙时有一种工具叫做"牛吼"，由一块带锯齿边的平木系在绳子的一端，轮动起来发出很响的吼声。非经受这种仪式的人都不让看见这个工具。妇女不得观看这种仪式，违者处死。据透露，凡经历这种仪式的青年每人都要被名叫杜仁霖（Thuremlin，通常称为达拉莫伦 Daramulun）的神秘怪物带到远处杀死，甚至砍成几段，然后又使之复活并敲掉一颗牙齿。据说该部落人确信杜仁霖的威力，毫不怀疑。[②]

　　这不仅在一些原始部落存在，在成熟发达的现代社会，过渡仪式也是民间信仰的核心组成部分。明清宝卷的宣卷活动，在很长的历史阶段，在许多地方实际上也是过渡仪式的组成部分。[③]

　　前文已经详述，在人生命周期的重要阶段举行过渡礼仪，如出生礼、成年礼、结婚礼、丧葬礼等，这些礼仪也叫"生命周期仪式"[④]。人类学家范热内普认为仪式结构由前阈限阶段（分离期）、阈限阶段（转型期）、后阈限

---

① 〔法〕阿诺尔德·范热内普：《过渡礼仪》，张举文译，商务印书馆，2010 年，第 11 页。

② 〔英〕J. G. 弗雷泽：《金枝：巫术与宗教之研究》，汪培基等译，商务印书馆，2012 年，第 1059 页。

③ 过渡礼仪模式在许多民族认为月亮周期与植物生长和凋谢、动物及人类生死相呼应的人类。事实上，月亮周期本身是宏大宇宙节奏之组成部分之一，无论是天体运动或是血液循环，万物无不遵从此节奏。在此意义上，这些信仰表现出与现实之极大对应。但我需指出，当无月亮时，不但是个人实际生活，而且包括较大社会或特定群体之生活便出现一种暂停，因此构成边缘期。于是，所论及仪式之目的恰恰是为了终止此暂停时段，以保证所期望的完整生命力的到来，从而使月亏之衰弱为暂时，而非永久性。这正解释出为何从此类仪式中产生出重续、周期性死和再生的思想，为何与月亮各阶段，或只是满月时刻有关的礼仪具有分隔礼仪、进入礼仪、边缘礼仪以及有关出发礼仪之特性。〔法〕阿诺尔德·范热内普：《过渡礼仪》，张举文译，商务印书馆，2010 年，第 131—133 页。

④ "过渡仪式"的概念由德国人类学家阿诺尔德·范热内普（Arnold van Gennep）提出，后来的学者对它又做了各种不同的解释。

阶段（重整期）组成。在阈限期，转型状态位于前后两个阶段之间，个人处在悬而未决的状态，既不再属于从前所属的社会，也尚未重新整合融入该社会。阈限期是一个临界边缘，一个模糊时期，以谦卑、遁世、测试、性别模糊以及共同体为主要特征。这些人既不属于从前所属的社会，也未能重新融入该社会。阈限状态是一个不稳定的边缘区域，其模糊期的特征表现为低调、出世、考验、性别模糊、共睦态。

特纳把人类的社会关系分为两种状态：其中一种是日常状态，在这种状态下，人们的社会关系保持着相对固定或稳定的结构模式，特纳称之为"位置结构"。"位置"指的是包括法权地位、职业、职务、等级等社会常数，个人为社会所承认的成熟状况（如已婚、未婚等）以及人在特定时间内的生理、心理或感情状态。仪式状态是一种处于稳定结构交界处的反结构现象，仪式过程就是对仪式前和仪式后两个稳定状态的转换过程。特纳把仪式过程的这一阶段称作"阈限期"，意指处于反结构状态的有限的时空阶段。而宝卷的宣卷仪式空间，就是周期性的让民众处于阈限状态，起到消除污染，维持洁净的目的。①

在日常民俗活动中，江南无锡、靖江、河阳等民众选择在道场法事活动中做会讲经，根据道场的功能唱诵不同经卷：有的治病禳被，有的消罪延寿，有明路会，有庚申会，有破血湖仪式，有醮殿仪式。其中的仪式过程可谓之反结构的阈限期。进入阈限阶段，阿诺尔德·范热内普这样写道：

　　地界碑或边界标志过渡礼仪被某一特定群体在特定地域确立后，该群体便拥有了此地域，以致当一陌生人踏上这片地域时就等于犯下渎圣罪，犹如一俗人进入神圣之树林或殿堂等。人们对某特定地域之圣洁观念有时与对"大地母亲"之整个大地之圣洁的信仰相混淆。……象征禁止入内之门演变成城堡后门、城墙大门以及房子出入口。神圣性之特质不仅体现于门坎，而且也包括整个门框，变得愈加具体和地方化。与门有关之仪礼形成一个单元。特定仪式间之差异存在于其表现方式：门坎

---

① 〔英〕维克多·特纳：《仪式过程：结构与反结构》，黄剑波、柳博赟译，中国人民大学出版社，2006年，第94—98页。

被掸上血或洁净的水；门框用血或香料水洗浴；神圣物件被挂或钉在门框上。特郎布尔在其有关"阈限"的专著中回避了对此之自然观阐释，尽管他写到希腊铜门坎"是精神范畴或外部极限之忍耐界限之古老同义词"。准确地说，对于普通住宅，门是外部世界与家内世界间之界线；对于寺庙，它是平凡与神圣世界间之界线。所以，"跨越这个门界"就是将自己与新世界结合在一起。因此，这也是结婚、收养、神职授任和丧葬仪式中的一项重要行为。

....

因此，我提出将与先前世界分隔之礼仪称为"阈限前礼仪"，将在边缘阶段中举行之礼仪称为"阈限礼仪"，将融入新世界之礼仪称为"阈限后礼仪"。……"门之保护神"便以门与门坎作为背景，并占据一定象征比例，祷语和祭品只献给保护神：空间过渡礼仪变成了精神过渡礼仪。①

特纳认为，仪式的"阈限"有公开性与隐秘性之别。公开性的阈限通常发生在季节性的庆典仪式（如耕种仪式、收获仪式、节日庆典）当中，而隐秘性的阈限通常发生在人生过渡礼仪和为社会地位晋升而举办的过渡礼仪中。在公开性阈限阶段，社会的每个成员都成为"阈限人"（liminars or threshold people），在仪式过程中表现出社会正常关系的彻底颠倒。然而，仪式一旦结束，人们的社会关系又回到日常结构中。

相比之下，在隐秘性的阈限阶段中，阈限人无贵贱之别，直到阈限期结束后，地位和身份才重新发生变化，使男孩变为成年汉子，使"污染"的危险化为洁净。

二、禳灾与救劫：宝卷宣卷仪式

仪式是世俗的物质世界与超验的神灵世界的接口，是生者与祖先和自己

---

① 〔法〕阿诺尔德·范热内普：《过渡礼仪》，张举文译，商务印书馆，2010年，第17—18页。

的未来三个世界相互转换的阈限时间。宝卷在儒释道三教之间切换演绎，其主题基本上都被简化为糅合了源于三教的因果报应与修行度脱两大观念，这极大地拉近了神圣与俗世的距离。

比如《孝女宝卷》所阐发的明清时期的无生老母信仰便是如此：无生老母"下凡执掌世界"的"九六亿儿女俱迷凡情"，这些佛子仙子们非但不思修炼以重返"家乡"，反而"贪恋酒色才气"，"丧良心、昧天理"，犯下种种罪孽。于是无生老母便令吕洞宾下凡度脱"数百年也不见来认本宗"的莲香菩萨（即何仙姑）等人"还元"。

从公元 255 年到公元 406 年，《妙法莲华经》被翻译了五次，描述了即将到来的世界毁灭的场景，只有那些逃到佛教净土中的人才能幸存下来："常在灵鹫山，及余诸住处。众生见劫尽，大火所烧时。我此土安稳，天人常充满。园林诸堂阁，种种宝庄严。宝树多花果，众生所游乐。"更为广泛的是与弥勒佛以及月光菩萨相关的末世论。弥勒佛通常的形象是弥勒净土住持，在净土，虔诚的信众希望得到重生。在 6 至 7 世纪少量的文献中，弥勒佛成为一个救世主，他将会在末日之战后带领自己的信众进入一个重生的新世界。在佛教经典中并没有这样的场景，于是人们猜测它是对道教模式的吸收借鉴。在月光菩萨出现在中国的几部经典中，这些经典预言毁灭世界的大洪水将在月光菩萨所创造的信仰净土中终结。末世的场景应该是中国人发明的，它包括在特定的年岁中要发生的事件，这些都与道教对世界行将结束的预言相同。因此，几乎可以肯定，佛教末世论的主要内容来自道教。佛教末世论的另一条线索来自佛陀灭度。这一教义在印度发展，但是在中国，受到道教末世论的影响，它变成更为复杂的、更为直接的三阶段下降说，这一说法更为直接，人们宣称佛祖的教义已经或即将消失殆尽，这会在现实世界带来严重后果。

在中国封建社会末期，社会再次弥漫起末劫的传说。"明王出世"的神话甚嚣尘上。明王的形象可以追溯到 6 世纪，当时在敦煌藏的救世主义文书中提到弥勒和形象模糊的月光童子。明王在《五公经》中占有非常突出的地位，这部经卷源于一种神灵救劫传统，从晚唐至今，该传统在南方各地激发了许多事件。五公预示着未来，并建议人们以正确的方式，即通过护符和持有这部经卷来应对即将到来的末劫。[1]

由于对超自然能量、能力或者神秘现象的认同，所以，传统社会中国人求神拜佛、算命、占卜、看风水等现象非常流行。中国人日常生活的每一空间和时间，既是神圣的，也是凡俗的；祖魂就游荡在自家的中堂或后院的祠堂；房后的砖堆瓦砾里就住着"白爷""常爷"这些妖魅；狐仙、黄仙就经常出入人们的生活空间。中国人的日常生活世界到处游荡着神鬼精怪，人们每一时刻都与这些超自然物发生着关系。这种"超凡物"的生活化尽管也给人们的生活增添了一些麻烦，使人不得不时刻提醒自己谨言慎行，以免不慎引起这些"神圣者"的不满而给自己招来灾难。但是，它也有精神病学层面的积极意义，至少从心理卫生学的角度看，日常生活中充满了各种精灵鬼怪，为人们提供了一个较为便利的疾病认知机制；日常生活中的不幸、灾祸、痛苦不再属于个人的问题而被指认给生活世界中的某个超验之物，使得疾病、厄运这些事件获得了一个合理的解释。如果没有"附体""失魂""拿法"这些解释系统，人就会被这些怪异的疾病折磨得精神崩溃。如今有了神鬼精灵、附体着魔这些符号，人们不仅可以对病因进行认知加工，而且也可以说是找到了"替罪羊"：把某些无法解释的疾病起源转移到某物身上。这种"疾病解释学"或疾病认知系统至少缓解了病患及其家人的焦虑、恐惧等心理危机，恢复了心理生活的正常秩序。随后，人们再借助超凡之力祛除恶魔或通过"灵媒"与之展开谈判，达成协议，从而使人相信那个神秘的"致病物"已经不再作祟，人的精神困扰也就基本消除了。法国人类学家勒内·吉拉尔说得好，"替罪羊"作为受害者，能够给人们带来秩序，甚至其本身就体现着秩序。[2]

对于中国民众来说，人与神鬼妖魅之间只有经过深层利益的博弈、交易的谈判之后，才有崇拜事象的发生。这样的信仰生活确实很浅薄也很世俗，缺乏西方人和阿拉伯世界的那种纯粹、绝对的宗教虔敬，在某种意义上甚至可以说亵渎了信仰的神圣与高贵，但从精神卫生学的角度看，它对人的心理防疫却不无裨益。其一，在中国民众的心目中，神灵不似西方人和

---

[1] 〔荷〕田海：《天地会的仪式与神话：创造认同》，李恭忠译，商务印书馆，2018 年，第 191—192 页。
[2] 〔法〕勒内·吉拉尔：《替罪羊》，冯寿农译，东方出版社，2002 年，第 54 页。

阿拉伯人的上帝与真主那样冷峻、神圣与庄严，使人产生一种威严感、压抑感甚至于殉道意识，而是像日常生活中的普通人一样，有着平凡的情感、世俗的诉求、低等的欲望。因此，当人们受到某种精神困扰时，只要"略表心意"，讨好、谄媚或稍加贿赂，就可以买通它们。"钱能通神""有钱能使鬼推磨""能用钱摆平的问题就不是问题"……中国人这些生动而形象的俗语传神地反映了中国人那种乐观、轻松、务实的世俗态度。也正因此，在中国宗教史上，很少发生西方教会史上那些令人惊栗的殉道案例，也不会被威严而冷峻的神灵监控着、压抑着。这可以说为大众的心理卫生提供了一种较为宽松的"宗教心理环境"支持。

在中国老百姓的心目中，神圣者不似以色列人的耶和华、阿拉伯人的真主那样神圣威严、盛气凌人的存在，而是人们日常生活中的一个"伙计"甚至是"傀儡"，只要人们献祭了、牺牲了，它们就得为人效命。甚至稍有懈怠和疲软，还会遭到人的呵斥乃至惩罚，就如人们对待龙王的态度一样：久旱不雨，人们就到龙王庙烧香献祭；还不降雨，人们就会抬着龙王的塑像游街；再不下雨，激怒的民众就将龙王之身捆绑于庙院里的树干上鞭打曝晒。笔者认为，中国民间信仰才是一种真正意义上的"人本宗教"，凸显人的尊严、地位、力量。

宝卷及其附属的编纂、抄卷、宣讲做会活动是中国人本宗教的一部分，这一人本宗教虽然有别于西方基督教的创世原罪，但一方面认为人后天亵渎神灵，致使灾害频发，陷入茫茫劫海苦苦挣扎，人们所遭寻之"劫"，是自身作孽而天降下灾难。另一方面，社会个体通过修行、修炼开启"救劫"之旅。然而，宝卷中的救劫叙事，并不单是主人公自救，更多是"他度"与"自度"的结合。"自度"即自身修行行善以救劫，"他度"即借助他者的提示或力量渡过灾难。当然，"他度"是建立在"自度"的基础上，劫难既然是人类自己所招，只有"自度"方可消解大劫，"他度"才能发挥出效用。救劫中鬼神似乎无所不在，成为协助自度者的"他者"，令故事充满神异性。

参与救助的神灵，通常是化为人间的老人，或僧、道等角色。孝子田恒丰遇难，惊动上帝，命葛仙下凡，化作道长，唱劝善歌教化世人，其中有云："西眉山上一支船，神圣撑船渡凡间。急出苦海登彼岸，方知为善格苍天。"（《同善消劫录·天降麒麟》）《采善集·悔过回天》中，灶君化作一须发斑白老者点化主人公："文武夫子、三教圣人在玉帝殿前求情宽缓，愿到各处现身显化，拯救人心，挽回世道。"神灵的救劫灵活多样，有的是直接点醒世人或救行善者，有的褒奖善人，监督世人，并对违反圣谕乃至神灵谕旨之人加以惩罚，以免更多人堕入劫海。灶君在宣讲中出现次数甚多，《惊人炮》《萃美集》《保命金丹》《采善集》《法戒录》等，皆有灶君参与故事中。直接以灶君为题的，如《脱苦海》之《灶神规过》与《敬灶免劫》，《惩劝录》与《孝逆报》中的《灶君显灵》。

还有一种独特的神灵降临形式，那便是"降鸾"，即附于人身而作文垂训，晓谕尘世。鉴于"人心如白布下染缸，皂成墨青一般"，最终酿成浩劫，于是"七真下凡挽劫救世，圣帝夫子在龙女寺飞鸾显化，开设宣讲，作谕醒世"（《天仙换胎》）；"七圣领旨下凡，飞鸾显化，开设宣讲，挽劫救世，费尽心血"（《宣讲脱劫》）。《辅世宝训》是一部以扶鸾而得的小说，其《节孝登仙》开篇即是神灵降临时的鸾诗："皇天每施不怒威，威风赫赫借鸾飞。飞下云端将劫救，救尔凡民往善归。"光绪丁丑年（1877）间刊刻的《八宝金图》中灵佑大帝降凡例指出，该书是因光绪元年"本境瘟疫流行，乡村市镇无不沾染"，五圣群仙视之寒心下泪，故降书"消劫"。属于诸仙诸佛临鸾垂训的小说甚多，如《八宝金针》《兰亭集》《换骨金丹》《渡人舟》《济世渔舟》等。降鸾垂训神灵多且不一，如昊天金阙上帝、关圣帝君、灵佑大帝、文昌帝君、颜圣帝君、雷部王天君、太极仙翁麻祖元君，有天聋地哑、夜游神、功曹神、城隍、灶神各坛真官，甚至还有唐三藏、孙大圣、净坛使者、孙小圣等。

"劫"之存在是民众救劫的原生动力。瘟疫、饥荒、水旱灾害、盗贼、争斗、各种疾病、贫穷等，自然灾害与社会灾难混杂，从群体到个人，都出于无边的"劫"海中。求温饱、健康、子嗣、富贵，求平安、长寿、国泰民安都是"常"情。当自然之常、社会之常遭受破坏，成为"非常"，使之回归于"常"的诉求也就非常强烈。当人们遭遇非常之变，通过"非常"的途径渡过各种劫难，看似神异，却是真实。

在中国传统社会，民间生活是"有神"的存在，一个人从孕育、诞生、成年、结婚，直至生病、老死，都离不开神灵的护佑。晨昏时，为宅神上香；到庙里为无数公共和私人的事情祈祷；为大事小情拜访算命先生得到先生指点迷津；参加庙会和宗教节日，按照黄历选择吉日来安排生活中的大事；对超自然力量加诸生活和世界的影响做出反应等，"所有这一切都强化了在传统社会秩序下宗教和日常生活的密切关系……其特有的神学、神明、信仰、仪式无一不对民众的生活产生了系统性的影响"[1]。

宝卷的讲唱活动都是传统社会秩序下，在神灵参与的仪式中进行的"明有王法暗有神"的民间信仰活动，宝卷的命名背后包含了宝卷的叙述文类和社会功能。[2]

对于虔诚的民众来说，宝卷被他们视为宗教经典。特别是与宗教、民俗活动有关的一些文本，被民众称之为"经""真经"，其目的在于强调宝卷的神圣与至真、至宝与至妙。如把《护国佑民伏魔宝卷》称之为"老爷经"，把《灵应泰山娘娘宝卷》称之为"娘娘经"。在宝卷的经签和外包装上，也用以上类似的简称。与此相似，河湟宝卷因为常用于"嘛呢经"的宗教活动中，这一地区，民众一般把篇幅较短的、宗教仪式上用的宝卷称之为"经""真经"，如《观音菩萨嘛呢真经》、《地母真经》、《太黄老母捎书经》（即宗教宝卷《老母家上皇捎书全本》，见车锡伦《中国宝卷总目》1543条）、《大无字经》、《小无字经》。

前文已经述及，河西念卷活动一般都在每年春节前后及农闲时节，特别在春节前夕至元宵节期间达到高潮。主家要把屋里屋外、炕上炕下打扫干净，在炕中央放上一个干净的炕桌，摆满糖茶、油馃子、糖花子等年节招待客人的果品，恭候念卷先生和听众的光临。夜幕降临时，老人和年幼的孩子、邻居、亲戚和朋友陆续来到设立该局的人家。人们互相打招呼，主家态度谦虚、微笑、礼貌、体贴。念卷先生在念卷开始前要洗手漱口，点上三炷香，向西方（或佛像）跪拜，待静心后，才开始念卷。念卷开始第一道程序是请各路神灵降临：

---

① 〔美〕杨庆堃：《中国社会中的宗教：宗教的现代社会功能与其历史因素之研究》，范丽珠等译，上海人民出版社，2007年，第307页。

② 西北宝卷中的河西宝卷，绝大多数延续了宝卷这个名称。目前武威、张掖、酒泉三地区一百多种宝卷，从最早的清康熙三十七年（1698）刊于张掖的《救封平天仙姑宝卷》到民国十八年（1929）后河西人自编的反映河西大地震惨景的《救劫宝卷》，大多以"宝卷"命名。但当地民众对宝卷口头多称呼为"经"。文本的命名和口头称呼已经不同，在调查中发现当地一些年轻人不知道"宝卷"这个称呼，但是说到《××经》、佛词或"嘛呢经"，他们就知道即是指宝卷文本。

一炷香，举手中，虔诚谨慎，请到了，上方的，玉皇大帝。

二炷香，举手中，虔诚谨慎，请到了，冥天的，救苦天尊。

三炷香，举手中，虔诚谨慎，请到了，三元的，灵宝天尊。

十炷香，举手中，虔诚谨慎，请到了，十方的，十二上神。

请到了，阴司的，十殿阎君，请牛王，和马祖，土地山神；

请到了，灶君娘娘，家宅六神，千千佛，万万祖，请百神；

请全了，诸佛祖，各按方位，守香火，拜佛祖，消我罪证。

念经先念请神经，拜佛先拜观世音。十年寒窗苦受尽，观音度你上天庭。

忠孝宝卷才展开，诸佛菩萨降临来。天龙八部神欢喜，大众念佛永无灾。[1]

蜜蜂宝卷才展开，诸佛菩萨降临来。天龙八部神欢喜，都为大家保平安。奉劝众人多行善，莫学吴氏丧天良。善恶到头终有报，皇天有眼看分明。[2]

救劫宝卷一展开，诸佛菩萨降临来。天龙八部神欢喜，大众念佛永无灾。[3]

回郎宝卷才展开，诸佛菩萨降临来。天龙八部神欢喜，保佑大众永无灾。[4]

传下来，坐经台。忠孝卷，口难开。——圣谕

上有法令传下来，弟子遵命坐经台。

提起一部忠孝卷，犹如雪天里个梅花口难开。

山外青山楼外楼，世上多少欢乐多少愁。

多少高楼饮美酒，多少流落在外头。

今日不知明日事，人生在世枉着闲气一场空。

忠孝宝卷初卷开，拜请安国星君降临来。

宝卷初卷开，礼拜佛如来。

---

① 《割肉奉亲宝卷》，载张旭主编：《山丹宝卷》（下册），甘肃文化出版社，2007 年，第 362 页。

② 《蜜蜂计宝卷》，载张旭主编：《山丹宝卷》（下册），甘肃文化出版社，2007 年，第 316 页。

③ 《救劫宝卷》，载张旭主编：《山丹宝卷》（下册），甘肃文化出版社，2007 年，第 182 页。

④ 《回郎中举宝卷》，载张旭主编：《山丹宝卷》（下册），甘肃文化出版社，2007 年，第 53 页。

> 树从根上长，花从叶里开。
>
> 寿香炉内焚，寿烛放光彩。
>
> 大众帮念佛，老少免三灾。①

对于民众来说，在人生的关键阶段，要请佛头举行宣卷仪式渡关。甘肃河西，每个人自小便对宣卷仪式高度重视：

> 农村群众普遍把它当成立言、立德、立品的标准，视为"家藏一宝卷，百事无禁忌"。家藏宝卷视为镇宅之宝，进行"避邪驱妖"。有的当它为风调雨顺、五谷丰登的及时雨；有的当它为惩恶扬善、伸张正义的无私棒；有的当它为忠孝仁爱、信义和平的百宝经。有的家庭儿女不孝、媳妇不贤、家事不顺、人丁不和，用"念卷"的方式使家人受到教育，幡然悔悟。②

宝卷在河西人民群众中根基之深、影响之大、范围之广，可谓影响深远。

在山西介休，念卷和抄卷也被视为善行功德。念卷由演唱"三弦书"的民间艺人来完成。唱书前先要举行请神、供神的简单仪式。艺人将可唱的书目段子一一写在纸条上，捻作纸捻子，放在碗里，供在神前。主家烧香、叩头请神之后，从碗里抓出三只纸捻子，艺人即唱这三段书，可唱一下午，结束时也要送神。

> 主人家把空王佛像供在房间正中的方桌上，点烛，焚香，叩头念卷者净手拜佛后即开始念卷。在《空王宝卷》卷首"开卷仪式"中也有说明："先净坛场，离杂谈，净手，漱口吃素，整衣，燃灯，焚好香，供养佛前。礼佛三拜，正身端坐，合掌念阿弥陀佛（十声），以净三业。"

---

① 《八美图》，载尤红主编：《中国靖江宝卷》上册，江苏文艺出版社，2007 年，第 1155 页。

② 方步和：《河西宝卷真本校注研究》，兰州大学出版社，1992 年，导言第 2 页。现存河西宝卷多为手抄本。部分宝卷为毛笔抄写，格式工整，字体隽秀。这批宝卷故事大都很长，最短的五六千字，最长的甚至八九万字之多。据当地一些年龄较长的农民讲：过去抄卷一直是他们村里的一种习俗，即便不识字的农家也要请人抄上几本放在家中。在人们的传统观念上，都认为抄卷是一种积功德、积善事的好事。抄得越多，功德越大，罪过越少。

接着开卷、缘起、香赞、请佛一结束时，另焚香送神佛归位这种开卷和结卷的形式，同江浙一带的宣卷相似。不过一般人家念卷都较简单，只要念卷人净手、燃香供佛即可，每次念卷开始先念《空王宝卷》，然后再念其他宝卷。一般连念数天，夜间休息。[1]

山西介休尼姑宣卷仪式之由来及其宝卷的宣唱源自变文和讲经文。从敦煌文献中记载的《温室经》《维摩经》等的俗讲仪式，据现存讲经文文本归纳，大体有以下一些过程：（1）鸣钟集众；（2）讲师上堂升座；（3）唱梵（念偈）；（4）焚香；（5）念菩萨名；（6）说押座文；（7）唱释经题；（8）念佛名；（9）开赞（开经）；（10）开经发愿；（11）念佛名；（12）说经文（都讲念讲，法师释经并唱经，重复至经文末）；（13）结束赞呗；（14）回向发愿；（15）念佛名；（16）取散（解座文，散场辞）；（17）布施。

其主体部分，不论演释经义的"科仪"，还是说唱因缘的宝卷，都分为若干形态相同的演唱段落，每个段落除转读经文外，其他形式分五种：

（1）白文、散说、押韵的赋体（具有一定音乐性）；

（2）韵白：七言二句；

（3）流行民间曲调：七言上下句或三、三、四词格；

（4）古老的叹赞：词格，四、四、五、四、四、四、五（后发展为北曲）；

（5）五言四句偈赞，用念白的方式总结这一段的内容。[2]

宣卷正式开始时，师傅首先对着神把卷本放在经台，师傅居右敲钟和木鱼，徒弟居左敲磬，师徒二人都要跪在蒲团上宣卷，场面非常严肃。宣卷采用一问一答的形式，师傅为宣卷人，徒弟为答卷人。

介休的尼姑宣卷过程中，宣卷人和答卷人都用本地的方言来宣答，宣卷期间宣唱人员不得随意离开。听卷的人一般是村里的善男信女或是主家的亲戚，听卷人必须保持安静。宣卷的尼姑念唱结合，音调抑扬顿挫，唱时配有钟、磬、木鱼来进行伴奏，乐音声调古朴。听卷人的情绪

① 车锡伦：《山西介休"念卷"和宝卷》，《民俗研究》2003 年第 4 期。

② 《中国宝卷的形成及其演唱形态》，载车锡伦：《中国宝卷研究》，广西师范大学出版社，2009 年，第 83 页。

随宣卷人的声调变化，在无形中被灌输了因果报应、劝善惩恶的思想。宣卷时，尼姑们是面对"一佛二菩萨""龙牌"来宣卷的，听卷人只能看见尼姑的后背。

表 5-1　河西民间念卷与《金瓶梅》所载宣卷仪式对比表

序号	仪式程式	河西民间念卷仪式	《金瓶梅》宣卷仪式	仪式过程
1	打讲经钟	通知在谁家念卷，谁家扫地整炕，烧茶备香	要宣卷了，月娘吩咐把仪门关了	准备活动
2	大众上堂坐定	听众准时到，炕上炕下，围坐整肃	月娘把听卷者都集中到一个房里	
3	法师都讲上堂登高座	念卷先生入上座，挑选接佛人	二或三位姑子入座，接佛人站两侧	
4	作梵，都讲唱一偈，大众和一偈	念卷先生净手，上三炷香，三叩头	月娘净手，上三炷香	
5	说押座文	念卷头类似押座文的诗	姑子说类似押座文的序言	
6	法师唱释经题	念卷先生念卷，听卷人和佛。念卷先生中途不换	一姑子宣卷，另一姑子打子儿。一段宣完后，两姑子互换	讲唱活动
7	念佛一声了，说开经了	受教育者要跪着听	子非师徒，互换是表互敬	
8	说庄严了	赞要吟读	无	
9	释题经了	赞后唱词调或韵文	念偈（即赞词），唱佛曲（即词调）	
10	说经本文了	接佛人要接唱阿弥陀佛之类的菩萨名号	接佛人要接唱阿弥陀佛之类的菩萨名号	
11	说波罗密（讲佛故事叫宣）	念宝卷叫念卷或宣卷	念宝卷叫宣卷或宣念卷	
12	各施主发愿	无	无	结束活动
13	回向发愿取散	念卷先生不取钱物，累了可喝糖茶，可吃美食，听众暂歇	休息时，喝茶吃点心，姑子宣卷也为的布施，但不在宣卷现场	
14	讲讫大众同赞叹	念卷毕，无赞叹仪式，听众先走	无	
15	法师归房	本地念卷先生自回，外地先生有夜宵，住宿	姑子住下，受月娘的良好招待	

靖江讲经是与做会结合在一起的。靖江民间做的"会"是一种带有宗教性的信仰活动。按其组织形式有庙会、公会、私会之分；按其供奉的"菩萨"（靖江俗称各种神佛均为菩萨）有大圣会、三茅会、观音会、梓潼会、

地藏会、土地会、雷祖会、城隍会"等繁多的名目，统称"龙华盛会"或"太平盛会"。 光绪初年（1875）惜花主人《海上冶游备览》卷下"宣卷"对上海的宣卷是这样记录的：

> 一卷二卷，不知何书，聚五六人群坐而讽诵之，仿佛僧道之念经者。堂中亦供有佛马多尊，陈设供品。其人不僧不道，亦无服色。口中喃喃，自朝及夕，大嚼而散。谓可降福，亦不知其意之所在。此事妓家最盛行，或因家中寿诞，或因禳解疾病，无不宣卷也。此等左道可杀！ [①]

从目前存在的宣卷活动可以看出，河西、介休、无锡、靖江等地的宣卷前都有一定的仪式，只是随着社会历史的发展，无锡、靖江等地的专业宣卷团体，其组织程度更高，管理更为完善，商业气息浓厚，所以宣卷仪式相对复杂。河西等地的宣卷组织形式简单，商业化运营不明显，仪式也较为简单。河西人认为"家藏一宝卷，百事无禁忌"，家藏宝卷被视为镇宅之宝，能"降妖伏魔"。清代上海"或因家中寿诞，或因禳解疾病，无不宣卷也"。从宣卷功能这一个侧面，我们可以看出，和纯粹的文学故事宝卷相比，民间宗教信仰和禳灾仪式才是宝卷的核心内涵，无论是过渡礼仪还是禳解仪式，都是乡民生活中最为关切的重大事件。

三、藏卷、宣卷仪式之神圣空间

中国民间信仰中的神灵系统极为庞大，人与天庭、地府以及西天、龙宫都有联系。这一神灵系统是以玉皇大帝为最高主宰的"三界一统"这个大系统中的一个子系统。人们在将人神格化的同时，也将神人格化，仿照人间的朝廷、衙门，幻想出天庭、地府、西天佛国、水府龙宫，由此衍生出虚幻的神、佛、仙、鬼的世界，而且心存敬畏，顶礼膜拜，将生老病死、吉凶祸福、升官发财、生男育女等一切都归咎于神鬼的赐予或惩处。因而，通过各种仪

[①] 陈汝衡：《说书史话》，作家出版社，1958年，第128页。

式生活，礼敬神明、祈福禳灾便成为许多人的心理诉求和精神寄托。

对仪式行为的特点，彭兆荣做过这样一个总结：所谓仪式，它可以被看作一个社会特定的"公共空间"的浓缩。这个公共空间既指称一个确认的时间、地点、器具、规章、程序等，还指称由一个特定的人群所网络起来的人际关系：谁在哪个场合能做什么，都事先被那个社会所规范和框定。仪式既不是一种简单的物质范畴，也不是人头脑中玄幻的观念，而是一种特殊的非常态实践行为方式。仪式往往以象征的方式和手段表达权威、制造权威。[①]

前文已经述及，和其他世俗文学不同，宝卷作为一个物件，对"它"的传抄、收藏就是神圣的文化事件。传抄、收藏宝卷是神圣空间形成的基础。作为文化文本研究的起点，宝卷中的许多仪式与民俗宗教活动紧密相关，如请神、上香、奠酒、奠茶、点灯、献饭、送亡、度亡、送神等仪式。

《香山宝卷》其篇首"观音济度本愿真经叙"云："从来三教经典，垂训教人，字字隐义，句句藏玄，旁喻曲引，告诫不一。无非欲人明善复初，修性了命，以全其本来耳。言虽不同，理则一也！"[②]格尔兹把仪式称作是一种"文化表演"，并从仪式的表演解释仪式表现宗教和塑造信仰的实质。他说，对仪式参与者来说，仪式的宗教表演"是对宗教观点的展示、形象化和实现"，也就是说，它不仅是他们信仰内容的模型。格尔兹还认为，宗教调整人们的行动，使之适合头脑中的假想宇宙秩序（cosmic order），并把宇宙秩序的镜像投射到人类经验的层面上。[③]

举例来说，在《天仙宝卷》开头写到，唐朝年间，董员外家境殷实，妻冯氏，子董永。不知何故，遭了火灾，一份家业化为灰烬，董员外一气之下命归黄泉，宝卷一开始就紧紧牵动着听众的心思：

> 却说冯氏被大家劝住，有位老人说："董大娘，你家有钱没有？早些请人做个棺房，择个日子埋葬，大家好帮你料理发送。"冯氏说："家中并无钱财，只有个菜园，典出去弄些银钱做费用吧。"邻居说："既然

---

① 彭兆荣：《人类学仪式的理论与实践》，民族出版社，2007年，第194、62页。
② "观音古佛原叙"，西北师范大学古籍整理研究所编：《酒泉宝卷》上编，甘肃人民出版社，1991年，第5—6页。
③ 〔美〕克利福德·格尔兹：《文化的解释》，韩莉译，译林出版社，2014年，第129—130页。

如此，就备好足用木料，我们帮忙便了。"董永上前叫了一声："众位爷爷，我这里给您们叩头了，烦劳诸位费心，等我长大成人后答谢你们。"众乡亲急忙把他拉起说："这孩子真是个孝子。"便择了良辰吉日将董员外埋葬了，冯氏送走众亲邻后，怀抱董永失声痛哭。①

因为诸神需要"富有感性的人的心灵"，其中的人通过启悟会获得"灵感"。这种依靠生命顿悟式的经验获得"觉悟"（类知识和能力）的方式，应该被看作是与理性逻辑的思维方式并行不悖的东方"悟性"生产，它虽不属于理性知识，但它同样创造着对于这个世界的认识。在斋主自我，作为他者的空间或灵媒，以及审美式超越性神性存在三者之间瞬间建立起来一种切实可见的联系。② 而这种观察只有在人类学视野下才可能有收获。

（一）田野调查中的藏卷、宣卷神圣空间

在田野调查中，很多宝卷的叙述仪式都是在夜间进行。不过在人类学家看来，讲故事活动不在于表面的消磨时间，而是建立前文一再讨论的群体认同感，强化人际间的抱团行为，这样在危机时刻更容易同仇敌忾和守望相助。罗宾·邓巴认为夜话中"被激发的情感会促使安多芬的分泌，有益于群体感的建立"。

> 不管讲述是什么内容，围坐在火塘边，伴着跳跃的火光讲述着引人入胜的故事总能创造出温馨的氛围，在讲故事的人和听故事的人之间形成一种亲密的联接，也许，是因为被激发的情感会促使安多芬的分泌，有益于群体感的建立。……讲故事一般都在晚上进行，这应该不是偶然的安排。人们对黑夜有天然的恐惧，有经验的讲故事的人会利用这种情绪，从而加强刺激人们的情感反应。黑夜屏蔽了外面的世界，却能使人们产生更加亲密的感觉。③

---

① 徐永成等主编：《金张掖民间宝卷》，甘肃文化出版社，2007 年，第 163 页。
② 赵旭东：《"灵"、顿悟与理性：知识创造的两种途径》，《思想战线》2013 年第 1 期。
③ 〔英〕罗宾·邓巴：《人类的演化》，余彬译，上海文艺出版社，2016 年，第 274—275 页。

作为特殊的文化文本，宝卷宣卷做会经常彻夜举行。靖江经堂供奉的纸马，那是神的纸相。香几台上，佛居中央，各路神仙分列两侧，依次一字排开。上首：观音、天地、三茅、三官、大圣、梓潼、关帝、东厨、总圣、寿星；下首：地藏、东岳、丰都、十王、城隍、符使、土地、宅神、太岁、寿星。讲经台的龙牌前还靠着韦驮。上首第九张的"总圣"，代表家主贡奉所有神祇。可见，这二十二张纸马是信众心意的符号，象征着各方神圣，同时也是文化符号，蕴涵着深厚的历史文化积淀。韦驮是护法天尊，在庙里它是在如来佛像后面站着的。在经堂里，他同样肩负保护佛法的使命，故尔必须站在龙牌后面。笔者认为，供奉两个寿星兴许与讲经做会只做延生，不做往生有关。同时，几乎自觉自愿和佛的老头老太都相信和佛能消灾祛难。

甘肃临潭四季会做法事前，在正屋供桌后要挂三界十方全神图。这幅图据会内成员讲有百年的历史。图的下半部由于常年烟熏火燎，已经模糊不清。图的最上部是无生老母的画像，无生老母下面是八位圣母，八位圣母下面是四大菩萨。在图的周围密密麻麻地画满了多个神灵。据师傅们讲，这幅图代表着邀请各方神灵，包括过路的诸位神灵到现场，是明清以来民间秘密宗教信仰的十方三界全神图像，也形象地说明了宝卷的全神信仰特点。这诸多神灵，一方面反映了民间信仰的庞杂性，对各领域内的神一律加以膜拜和祈求，神是越多越好，也体现了民间信仰的实用性观念；另一方面，众多道教的、佛教的、民间宗教的神灵系统，反映出地方传统和大的宗教传统之间的融合，民间宗教信仰与正统宗教的互动。[①]

在社会学意义上，我们发现宝卷宣卷等特殊的神圣空间里，在说唱宝卷活动的叙事时间中，斋主的人生经验随着各类故事主角的命运在仪式空间中与信众一起潮起潮落，僵硬的空间被流动的时间演述，凝结在空间里的是某一群体的历史、神话、信仰的时间流动，这样的时间流逝也使空间结构化。

所谓神圣空间，是指在宗教研究与宗教经验中具有超越性精神属性的空间，它是相对于世俗空间而存在的。著名宗教学家伊利亚德认为："在最古老的文化阶段，这种对世俗超越的可能性是借助于各种各样通道的象征来表述的。因此在这个神圣的围垣之内，与诸神的沟通就变成了可能。因此也就

① 刘永红：《西北宝卷研究》，民族出版社，2013 年，第 119 页。

一定有一扇门能够通向上面的世界，正是通过这扇门，诸神才能从天国降临尘世，人类也能借此门在象征的意义上而升向大国"，"每一个神圣的空间都意味着一个显圣物，都意味着神圣对空间的切入。这种神圣的切入把一处土地从其周围的宇宙环境中分离出来，并使得它们有了质量上的不同"。①

仪式与音乐的结合，使宝卷念卷中创造出一种虚拟的文化空间和象征体系，从而形成一种庄重的、严肃的宗教氛围，在人们的心理上形成一种可以和神灵沟通的环境氛围。在音乐和仪式较为复杂的宝卷念卷中，如前面介绍的宣卷仪式中，仪式与音乐以及周围所挂的神像以及参与的群体，构成一个神、鬼、人共在的空间，这个象征的空间以宝卷及宝卷念卷为维系的纽带。②

宣卷活动营造了生活环境，人类许多行为都和群体维系有复杂的内在关联。《金瓶梅词话》第三十九回宣读《黄梅五祖宝卷》时便谈到："众人围定两个姑子，正在中间焚下香，秉着一对蜡烛。"第五十一回演颂《金刚科仪》时也提及："在明间内安放一张经桌儿，焚下香。"第七十三回宣读《五戒禅师宝卷》时，"月娘洗手，香炉中炷了香，听薛姑子讲说佛法"。第七十四回宣《黄氏女卷》，"月娘洗手炷了香"。几次下来，便可发现，在宣卷之前，焚香是必要功课，焚香净手，一是祛除污浊，回归本真；一是将有所求之人的心愿上诉法界，以祈成真，而在宣卷过程中高唱曲调，乐器伴奏。《型世言》中一路打鼓筛锣，宣卷念佛，可见宣卷过程之盛况。整个宣卷过程持续时间很久。《型世言》在宣卷念佛中不觉早已过了北新关，《金瓶梅词话》第三十九回描写宣卷时，从晚间直听到四更天鸡鸣，第七十三回也是"讲说了良久方罢"。

从前文述及的宝卷做会仪式看，仪式包括口头宣卷仪式、传抄仪式、做会仪式，这些仪式和地方文化语境相表里，比如仪式行为、民俗事象，包括口头传统、民间信仰、地方社会、信仰群体、仪式生活等。这些地方性的内部知识，无疑会拓展我们对宝卷文本的认识，即"宝卷不仅是字传的、语言

---

① 〔美〕米尔恰·伊利亚德：《神圣与世俗》，王建光译，华夏出版社，2002年，第4—5页。
② 四季会做法事时，正屋挂有三界十方全神图，主神为无生老母，门口为城隍的供案，门外西侧为地藏王菩萨及十殿阎君的挂像和供案，桌下是做法事的主人张姓祖先牌位。这个空间成为一个代表民间宗教思想中世界图式的完整象征：无生老母及三界十方全神图象征神界；城隍代表统治者——官府（人界）；地藏王菩萨及十殿阎君则代表地狱主管，桌下牌位象征着地狱中死去的亡灵。

层面的篇章，也是心理的、行为的、仪式的传承文本"①，其固定的模式是禳灾洁净模式，该模式概括表现为分离—过渡—结合，通过前阈限—阈限—后阈限仪式完成，象征性地完成了道格拉斯所谓的"洁净""赎罪"，达到了预防天谴降临等任务。

在民间，除了菩萨圣诞，诸如为父母做寿、祭祖求子、婚丧喜庆、新房落成、祛病消灾、家宅平安、拜佛了愿等，均可做会。②在江苏靖江的宝卷做会讲经中，专门有祈福消灾的仪式，如破血湖、度关、拜寿、拜本愿、安宅、醮殿、解结等。从仪式的重要性而言，官方的众神可粗略地分成三个层次。在这些层次之中，众神还要通过细小的仪式规则来保持他们各自的不同，比如他们祭坛的大小、在祭坛上他们牌位的位置以及走上祭坛的人数等。在一座庙宇或一次庆典上当存在不只一个神的时候，通过将他们置于殿堂前后，或者让他们接受供品"少牢"（这里不包括牛）或"太牢"（包括牛）来区分等级。祀典确定了由谁、在什么时间和地点来对某个神加以崇拜。

从文化大传统看，道士来选择做 斋醮的场所是一个中心，它由具有宇宙力的道教诸神以及当地庙宇中既有的诸神明和鬼组成。斋醮是对这一区域的净化。在做会阈限阶段，神被请出来对这一区域加以保护，并且扮演与天地神灵进行沟通的中介者角色，鬼得到馈食以使他们远离"醮"的场景。"释奠"是以等级来区分，而"醮"则是以地点来区分。二者都引发了一种宇宙感，但是在"醮"的仪式上，道士变成了一位圣人，并且每一次"醮"都代表着宏观的宇宙。③

民间的做会仪式则有求必应，"破血湖"又称"血湖会"，由儿女为母亲做会，唱《血湖卷》，即《目连救母卷》。卷中有目连喝掉血湖池地狱中"血水"解救母亲的情节。讲唱到这里时，要停下来，儿女们要为母亲喝"血

---

① 尹虎彬：《河北民间后土信仰与口头叙事传统》，北京师范大学 2003 年博士论文。

② 据 2010 年 12 月的调查记录，宣卷先生何宝宝（艺名）为当地一户村民新房落成做的法会，"敬神宣卷文书"中说："为敬谢神明，保全全家安康太平，宣唱一个《三包龙图宝卷》，前后三个六本十二回全集，诸做功德。"下文又重复"特发虔诚，特邀儒士四名，在新宅神前焚香秉烛设坛，宣唱一个《三包龙图》一天，上保风调雨顺，国泰民安，男增百福，女纳千祥"云云。注：1. 该地区宣卷先生现在自称"儒士"。2. 该地故事类民间宝卷，大都是上下两本、四回，与清末上海地区"四明宣卷"的宝卷相同。3. 做会（调查）时间，"文书"末签署。

③ 〔英〕王斯福：《帝国的隐喻：中国民间宗教》，赵旭东译，江苏人民出版社，2009 年，第 82 页。

水"。做完"破血湖"，一般是早上六点钟。接下来佛头"收卷"，即把没有讲完的圣卷结束。收卷完，进行"上茶""解结""念疏表""送佛"仪式。河阳宝卷中有《血湖经》：

太乙救苦天尊说拔罪酆都血湖妙经

尔是，救苦天尊遍满十方界，会集十方天尊大仙众，说诸因缘。时有妙音真人出班奏曰：臣今下观欲界，酆都罗山，血湖二十四狱，锋刃十八地穴。大铁围山无间地穴，三河四海九江泉曲地穴，孟津洪波流沙地穴，或者熔铜违门，或者利锯解形。抱铜柱以皮焦，卧以铁床而肌烂。遍体刀割，百节火燃。铁杖铜锤，纵横拷掠。如斯苦痛，无有休息。尔是妙音真人、十方仙众告。天尊曰：善哉善哉！皆缘前生今世，故作误为，悖逆败常。负命久则，堕胎损子。血湖产亡，夭横殒灭。冤仇不解，罪积丘山，沉于地穴之中。血湖血井，血池血峡，受诸痛苦，万劫难逃。今幸遇天尊，发大慈悲，开大法门，普十方一切神仙，宣扬妙法普救群生。救一切罪，度一切厄，出离长夜，得见光明。万罪荡除，冤仇和释。镬汤火炉，变作莲池。剑树刀山，翻成花圃。赦种种罪愆，从慈解脱；宥冥冥之长夜，俱获超升。而作颂曰：天尊大慈悲，普济诸幽冥。十方宣微妙，符命敕泉局。拯拔三度苦，出离血湖庭。泛魂滞魄众，男女总超升。太乙救苦天尊说拔罪酆都血湖经。血湖赦罪天尊。[1]

"度关"为婴幼儿做。婴儿的关煞（比如水关、火关等）由算命的人推算。度关时佛头念《度关科》，用米堆成道路，用制钱（现在用硬币）堆成桥。度关一般连做三年（三次）。

"拜寿"是给父母及长辈做，"拜本命"是给儿童做，均包含祈求健康、长寿的意思。

"安宅"是驱逐邪祟，祈求家宅平安的仪式。[2]

做会的场所称作"经堂"。经堂就设在中间的房间"明间"中。靠

---

① 《血湖经》，鹿苑奚浦村徐桂根抄本。参见《中国·河阳宝卷集》，上海文化出版社，2007年，第1361页。

② 《江苏靖江的做会讲经》，载车锡伦：《中国宝卷研究》，广西师范大学出版社，2009年，第289—290页。

北的墙上平时挂家堂和"圣轴"（菩萨像）。下面是一长条形"菩萨台"。做会时菩萨台上供"马纸"（即纸马，菩萨像）。这些马纸由佛头折成长条筒状，依次摆在圣轴下。靖江的马纸据说有一百零八种，做会时常用的有二十几种：释迦文佛、阿弥陀佛、观音、文殊、普贤、地藏、泗州大圣、韦驮、三茅、三官、关圣、丰都、十王、城隍、东岳、梓潼、天地三界、东厨（灶神）、家堂（总圣）、太岁、雷祖、门神、财神等，外加土地、寿星各两个。菩萨台亦做供桌，设对烛（大的每对重达三斤）、香炉、拜烛（小红烛）、供品（果品）等。菩萨台上右边另设斋主三代宗亲牌位和星斗牌位。星斗牌位是一个斗（或木桶），斗内插一杆秤，秤外边套着会标的牌位（红封套），上面挂一黑头巾，分别表示满天星斗和乌云。斗内还放一面镜子，点一盏油灯，表示月亮和太阳。菩萨台前设"拜垫"，拜菩萨用。①

经堂中央设经台（方桌）。经台有不同的摆法，一般是偏东或偏西放，佛头靠墙坐，其他三面坐和佛的人，这种摆法称作"小乘做"。另一种摆法是"大乘做"：两张方桌并放在经堂中央，佛头坐南朝北对圣轴讲经，称作"对圣宣言"。靖江西沙地区做会时还有一种摆法：两张方桌南北联结摆在经堂中央，圣轴朝南悬挂在经台上，佛头坐在北面，对圣轴的背面宣讲，故称"背圣宣言"。佛头讲经时，面前设"龙牌"。龙牌立放，正反面均绘有神像：释迦文佛、文殊、普贤、关圣、四大金刚、韦陀，边上分别是日月。经台前面也设香炉、对烛。

做会开始前，佛头和斋主、会众一起做些准备工作。佛头扎纸库，写疏表（用红黄纸写明斋主和会众的姓名、肖属、生辰，供在菩萨前）、设龙牌等。会众则折锡箔等。点燃香烛、灯火（做会过程中经堂内香火不断），佛头升座，做早功课，念《大悲咒》《十小咒》等。

做会开始：佛头升座，摇铃召集会众入座。首先是报愿清佛。佛头唱《请佛偈》，报出马纸上各位菩萨的名号、灵地，率领斋主在供桌前一一叩

---

① 常熟余鼎君先生解释说：秤代表满天星，是因为它满身星。满身星的还有尺。盛米的斗代表北斗星之斗，镜代表日月。"星斗"之整体代表日月星辰。如来佛留下天平秤，李老君留下斗和升，孔夫子留下丈和尺，天下百姓不相争。这就是星斗的象征意义。

请。然后焚化当方土地马纸，让当方土地去接菩萨。做私会时，请佛后还有报祖，告诉斋主的祖先，后代在此做会。斋主也要在菩萨前叩拜请迎。请佛后佛头即开始讲经。讲经是做会的主要组成部分。不同的祈求，拜不同的菩萨，都有相应的宝卷，如三茅会讲《三茅卷》，大圣会讲《大圣卷》，观音会讲《观音卷》，雷祖会讲《雷祖卷》等；为求子嗣和孩子健康成长，做梓潼会，讲《梓潼卷》；为求家宅平安，做土地会，讲《土地卷》等。与做会相应的宝卷称作"正卷"。正卷之外，应斋主会众之请，可加饶头，主要是饶小卷，也可讲其他宝卷中的精彩片断。时间多安排在晚饭后，这时听经的人多，佛头讲唱也起劲。

讲经结束，即上茶、念表、送佛。上茶又称"敬香茶"。斋主儿子（或孙子）头顶茶盘供品跪在菩萨台前，两边各有一人扶着茶盘。佛头一边唱《上茶偈》，一面将茶盘上的供品（盛在小茶碗内）一一放在每位菩萨的马纸前。《上茶偈》中对每一位菩萨的身世都略作说明，比如：

> 香茶一杯奉上献，释迦文佛请香茶。
>
> 释迦文佛本姓张，张家头上问玄关。
>
> 上有甲子正月半，四月初八是圣诞。
>
> 释迦佛落空不登王位，十九岁上雪山。
>
> 灌顶六年苦根留，生老病死到如今。

上完茶后接着由佛头念疏表，最后送佛。《送佛偈》与《请佛偈》相同，只是改"请"为"送"。送完佛，佛头带领斋主会众将马纸、疏表等拿到院子里焚化，做会就结束了。

做会讲经均日夜进行，只是在吃饭时和午夜稍事休息。一般会做一天一夜：上午开始，第二天清晨结束。会的长短和做会的正卷长短有关。《三茅卷》最长，三茅会可进行三天三夜。现在一般只简略讲唱，仍可一天一夜结束。因为做会中间插入一些仪式，或饶小卷，佛头们可根据时间情况增删正卷的内容。

按伊利亚德的说法，这个世界上存在神圣与世俗两种模式，也是在历史进程中被人类所接受的两种存在状况。对信仰行为而言，宝卷做会仪式是面向神灵的神圣空间，它是非均质性（non homogeneity）的，有秩序的、洁净的、成熟的空间。而脱离祭祀的世俗空间是均质的、中性的、夹生的空间。而神圣空间正是这样一种均质空间的断裂，并由此确立一个中轴线，建构起不同质的空间秩序。[①]

在荣格学派看来，神圣空间是忒墨诺斯（temenos），是受保护的、能够实现转换的区域。[②] 在神圣空间的做会仪式有助于缓解焦虑。被疾病、灾害折磨的受惊的人抓住了熟悉的事物宣卷做会，把焦虑投射寄托在做会上，在集体活动的相互依恋中缓解焦虑和紧张。

宝卷宣卷过程中的社会结构可谓"反结构"的"阈限期"。[③] 过渡礼仪过程，神圣得以回归，社会地位差异结构得以重塑。社会结构规定着人的社会关系和社会地位。社会结构与反结构在阈限阶段的过渡，人们相互之间的关系调整为特殊的关系。当仪式结束时，社会结构得以恢复，特殊的关系消弭了，日常的社会结构得以重建。

毋庸置疑，仪式是通过象征这样一个特殊的知识系统来释放符码，解读意义，比如仪式中的交换制度和形式符号就备受人类学家们的关注。莫斯认为："从外在形式上看，呈献差不多总是慷慨大度的馈赠，但其实，在与交易相伴的这些行为中，只有虚构、形式和社会欺骗；或者说穿了，只有义务或经济利益。"[④] 由于仪式性的社会实践活动决定了其中的交换不是以个人为单位，而是氏族、部落或家庭。所以，这种交换被称作"总体呈献体系"。从莫斯的交易体系看，民众抄卷宣卷行为背后，通过大量的时间精力的投入，就像是向银行"存款"，在遇到疾病或者社会劫难的时候，能摆脱无依无靠、失怙和无助状态。

---

① 〔美〕米尔恰·伊利亚德：《神圣与世俗》，王建光译，华夏出版社，2002 年，序言第 1—5 页。

② Helen Payne, *Dance Movement Therapy, Theory and Practice*, London: Routledge, 1992, p. 191.

③ 特纳把仪式过程的这一阶段称作"阈限期"。从萨满教的脉络来看，意识转换即是出神（ecstasy）状态，Mircea Eliade 认为，出神同死亡一样，暗示着转变（mutation），在这种转变的状态中，平常实在（ordinary reality）和超常实在（non-ordinary reality）之间出现桥梁。ecstasy 一字源于希腊字 ekstasis，字面意义为放在外面（to be placed outside）或被放置（to be placed），意谓外于或超越自身的状态，即超越平常实在，能够与超常实在沟通。在萨满教中，一般称这种意识转换状态的超常实在过程为萨满旅程（shamanic journey）。

④ 〔法〕马塞尔·莫斯：《礼物——古代社会中交换的形式与理由》，汲喆译，商务印书馆，2016 年，第 6 页。

前文已经说过，宣卷等各种仪式活动在节庆的时候进行，有选在恰当的天时以禳解灾害的意义在里面，在人生的重要过渡礼仪中，举行特定的宣卷或者讲经仪式，有人事禳灾的意义在里边。特纳在《仪式的过程》一书中针对仪式阈限的象征性这样讲到："仪式的阈限时常可以比作死亡、子宫、盲视、黑暗、两性、狂野和天蚀现象（an eclipse）。"①

请各路神仙降临，意味着进入阈限状态。"《红袍宝卷》始展开，诸菩佛萨降临来，在堂大众叙声和，能消八难免三灾"，这是清末民初的典型民间宝卷的开经偈，除了宝卷的题目以外，其余内容几乎相同。

第一，□□宝卷初展开。第二，神圣的降临。第三，请求向大众唱佛号。第四，增福免灾等祝福语。我们注意的是，如此简化的开经偈中均宣告了神圣的降临，如"诸菩佛萨降临来"或"四方神佛降临来"，与南宋时代的《金刚科仪》相同，保存着"恭请神圣""唱佛号"等部分，换言之，它依然遵守着宗教性礼仪的基本规则。由此可知，对基层民众来说，及至清代，演唱宝卷仍然是具有神圣性的宗教性礼仪。从书籍状态上来说，它为了阅读而发行，不太适于演唱，该部分的保留恰证明它与石印本《新编彩莲宝卷》一样，同被基层民众看作具有神圣性的读物。

《黄氏女宝卷》所述的是参加法会的众神之间发生的故事。《黄氏女宝卷》记载：盂兰盆斋当天，德全道人登坛讲法，十方神仙也到道场聆听他的讲法。"已到十五之期，四维上下，十方善信，无论远近，都来听经说法，西方达摩祖师，亦来听法，上界文昌帝君，也来听法，三教圣人，及终南山纯阳祖师，同徒柳树真人，下界地藏菩萨带同十殿阎君，都来听法，尔时德全道人登坛坐定。"②这里描写的神圣们降临的法会道场，对宝卷来说，就是宣卷场所。讲法的场所，达摩的金丝履被另一个神灵柳精偷走去，玉帝因此惩罚德全道人，令其为黄氏夫妻之女，即《黄氏女宝卷》主人公黄氏女前世就是德全道人。虽然德全道人讲法内容不是宝卷，但是我们从中知道，人们

---

① 〔英〕维克多·特纳：《仪式过程：结构与反结构》，黄剑波、柳博赟译，中国人民大学出版社，2006年，第95页。

② 道光二十七年（1847）昭庆寺慧空经坊刻《三世修行黄氏女宝卷》第7页。参见"中央研究院"历史语言研究所俗文学丛刊编辑小组：《俗文学丛刊》，台北新文丰出版公司，2004年，第356册，第257—258页。

的确相信神灵非常灵验地降临到了宣卷或法会的场所。

灵验乃是维持已有之信仰以及确立新信仰的重要标准。所谓灵验，具体说来就是人们的某种期待在特定时间地点被兑现，如疗疾、祈子、去灾、求福、预言等在信仰活动中得到满足。某一民俗仪式能否得到信奉，对信仰者而言取决于它是否灵验。显然，人的信仰并非无条件的、盲目而虔诚的，而是带有个人实际目的，不断地对信奉对象加以验证，因此他们的信奉对象是处于或潜在地处于动态变化中。

现实生活中，传统农妇的疾病治疗依赖于宣卷仪式坛场等驱魔的神圣空间，她们的精神疗愈，与她对超自然力量即"鬼魂缠身"和"大仙"的神力这类超自然事件的坚定信仰密切相关。或者说，不是神圣力量的介入而是对神圣力量信仰的心理能量的激活。用心理学的话说，通过向"神力"的移情，调节了她们的精神障碍。在宗教、巫术信仰的基础上，巫医通过象征仪式表演的心理情景剧，无论是弥漫的香烟，还是巫医模仿狐仙的咳嗽、语气以及发出的"驱鬼令"，这众多视、听觉信号输入病患的大脑，经过脑的加工构造出这样一种意识场景：神灵正在命令鬼魂离开，鬼魂也正在乖乖离开。于是，病患心理世界中那些朦胧混乱、躁动不安的神鬼精怪情绪转化为清晰的观鬼魂经验，从而恢复了精神的正常。[①]

可以说，"斋醮"是一种重新调整宇宙的仪式（the rite of cosmic readjustment），站在"醮"的中心的法师，其所展露的是一种由此登天去拜见玉皇大帝等神灵的技艺。随后他就会进入醮的一种核心性的神秘活动中去。做醮是将地域崇拜本身向外扩展并带入其中心的道教自己的神龛上，由此更进一步地将道士的初步知识引导到更玄奥的知识中去。一般是把在其中心的崇拜对象转移到祈求者的社区代表的位置上去，以及转移到一种洁净观念下宇宙等级中所含有的东西中去。[②]当斋主进入仪式状态之时，参与者此时就进入了一种神圣的渡关仪式存在状态。可以说，在仪式状态，神圣的抽象性质才成为可感的、显现的。人类学者认为，个人在从一种角色移入另一种角色的过程中，其经验必须由所有参加仪式活动的人在理智上铭记、从情感上感受之

---

① 高长江：《神圣与疯狂：宗教精神病学经验、理性与建构》，中国社会科学出版社，2017年，第363页。

② 〔英〕王斯福：《帝国的隐喻：中国民间宗教》，赵旭东译，江苏人民出版社，2009年，第179页。

后方能得以型塑。① 反过来也可以说，进入神圣，必须选择仪式的方式。一旦某人许下愿信，此人便在进入仪式的同时，也进入了神圣。神圣空间是与外部世界完全不同质的空间。而神圣空间的影响力往往亦是呈辐射状的，离中心愈近，神圣力量愈强烈，愈远则依次减弱。这种观念直接促成了同一神圣空间梯级结构秩序的形成。与此神圣空间秩序相应的，同时也会产生一系列不同意义层级的仪轨制度。

20 世纪关注东方哲学与宗教的最重要西方思想家伊利亚德在《圣与俗：宗教的本质》一书中提出神圣显象的概念，认为现代西方人很难体认到神圣显象了，而在原始人那里，当石块或树木受到膜拜，"并不是因为它们是石块或树木，而是因为它们是圣石与圣树。因为它们是神圣显象，它们显示出了不是石不是树的某种圣性"②。神圣只能借着世俗的事物来表现，它是被赋予躯体的神圣而显现的。人不会在宇宙中感到孤立，原因是他因着象征符号而迎向一个熟悉的世界。伊利亚德认为，前现代的人和原始人一样，都能直接从自然中领悟到神秘和神圣。"神圣时空体验总是与宇宙的生成和再生神话联系在一起。对这种体验的介入是通过巫术祭祀以及宗教节日的方式达到的。每一个宗教节日和宗教仪式都表示着对一个发生在神话中的过去，发生在'世界的开端'的神圣事件的再次现实化。"③

中国民间传统在某种意义上还保留了万物有灵的关联性思维模式。今天在宣卷等神圣空间觉悟的过程中，人们会理解那些看来是神话式的、非理性的、不可见的以及表面不合逻辑的暗示和判断，而这恰恰是在科学、理性以及逻辑推理中极为缺少的，同时也是我们真实生活场景中不可忽视的一部分。神圣空间的存在，岁时礼仪体制空间的恢复和重建世界一样，通过"复魅"，保持着对远去诸神的回忆，而这些恰恰是被理性所完全遗忘或有意忽略掉的东西。④ 这才是今天思考中国传统中神圣空间以及灵感的意义之一。

伊利亚德认为，即使那些自认为不信教的人也不能摆脱神话与宗教。因

---

① 〔美〕乔治·E. 马尔库斯、〔美〕米开尔·M. J. 费彻尔：《作为文化批评的人类学：一个人文学科的实验时代》，王铭铭、蓝达居译，生活·读书·新知三联书店，1998 年，第 93 页。

② Mircea Eliade, *The Sacred and the Profane*, Harcourt, Brace & World, Inc., 1959, pp. 11-12.

③ 〔美〕米尔恰·伊利亚德：《神圣与世俗》，华夏出版社，2002 年，第 32 页。

④ 赵旭东：《"灵"、顿悟与理性：知识创造的两种途径》，《思想战线》2013 年第 1 期。

为世俗之人也不可能抹去曾经是宗教生物的后代的历史。也就是说，他的祖先的巫术宗教活动产生的遗传基因，使他成为今天这样的人。在对神圣空间和神圣时间的体验中可以领悟到一种与原初状态合一的状态。诸神和神话祖先正是存在于这个原初的状态之中的，也就是说他们正是在这个状态中从事创造世界、组织世界的活动，或者在这个状态中向人类揭示出文明的基础。[1]

若把"圣"看成原始（原生）的型态，"俗"是现代性观念中的派生型态。今天以现代性矢量线性时间观念度量生命及其意义，完全悖反了生命的根本律动。在中国这样一个取法三代，以复古为革新的连续性文明体国家，这种悖反尤其显著，于是放弃世俗，追求初始状态之完美，成为现代性背景下的复魅。"以神圣空间为表现形式的复魅，对现当代中国人来说，还包括了抵抗感官经验主义和虚无主义的意义。"[2]

如果展开分析，返璞归真在历史上和现实中往往都以过渡仪式的形式实现。"人类渴望着恢复诸神生机盎然的存在状态，也渴望生活在一个像刚从造物主手中诞生出来的世界上——崭新、纯静和强壮。正是这种对起源时完美性的依恋，才从根本上解释了人们为什么要对那个完美状态的定期回归。"[3]这种千变万化"启悟"仪式的核心是象征式的"死亡—再生"的仪式空间。

伊利亚德在《神话、梦和神秘之谜》一书中论述道，无论在任何地方，当我们遇到启悟的神秘仪式，即无论在任何地方，即使是最古老的社会，我们总是看到死亡和新生的象征符号。[4]

韩德逊（Joseph L. Henderson）在《古代神话与现代人》一文中，讨论到启悟仪式时说：无论是出现于部落社群，抑或在比较复杂社会里的礼仪，总强调这死亡与再生的仪式。它给予接受启导者一过渡礼仪，使由生命的一阶段过渡到另一阶段。[5]

所以，象征性的死亡是人虫蛹化蝶式再生的必经阶段。通过死亡的阶段，才可获得新的生命，进入生存的另一境界。上古时代政教合一、巫医不

① 〔罗马尼亚〕米尔恰·伊利亚德：《神圣与世俗》，王建光译，华夏出版社，2002 年，第 47 页。
② 尤西林：《现代性与时间》，《学术月刊》2003 年第 8 期。
③ 〔罗马尼亚〕米尔恰·伊利亚德：《神圣与世俗》，王建光译，华夏出版社，2002 年，第 47 页。
④ Mircea Eliade, *Myths*, *Dreams of Mysteries*, trans., Philip Mairet, New York, 1975, p. 197.
⑤ Joseph L. Henderson, "Ancient Myth of Modern Man", in *Man and His Symbols*, ed. C. G. Jung, NewYork, 1968, p. 123.

分已经是众所周知的常识，语言叙事的神圣语境毫无例外均属于巫师—萨满类宗教领袖人物的专有职能。这种巫师兼为医师的重叠身份也就无疑说明了这样的现象：为什么偏偏是这些部落社会中的巫们主要行使着叙事治疗的医者功能。

根据人类学者哈利法克斯（Joan Halifax）的归纳，萨满—巫术的基本特征有如下几方面：

> 一种入社仪式的危机；一种对幻象的追求，考验，或者分解与复原的体验，圣树或宇宙柱，灵光，出入上中下三界的能力，进入出神状态的能力，医疗能力以及在社群与非常态的世界之间沟通的能力。①

伊利亚德解释说，古代的村落、庙宇甚或房屋都必须是一个小宇宙，也就是对整个世界的一种真实映像，就像这个世界最初由神圣的造物主创造出来的样子一样。在建造这些地方时，建筑过程与建筑结构同样重要。事物必须不仅是对神圣的反映，而且它们必须以神圣的方式出现。而这也是因为人类的建筑和活动必须勾画出神创世界的过程。因此，古代人非常重视宇宙起源的神话——世界最初是怎样产生的神话故事，是通过神的控制产生的，还是通过神克服混乱和击败某个妖魔的某场战争而产生的。

伊利亚德提供了来自古印度的一个模仿神的生动例子：在建造房屋前一个星相学家向砖瓦匠确切地指出必须把第一块石头放在哪里："这个地方被相信是在支撑世界的蛇身之上。泥瓦匠师父削尖一根树干并把它插入地下……以便固定住蛇头凸。"房屋的奠基石就放在那里，这个点现在已被视作世界的确切中心。刺向蛇头的举动相当神圣，因为它重现了圣书中所记载的因陀罗和苏摩（Soma）神的工作。他们是最先与蛇战斗的，后者"象征着混沌，象征着无序，象征着无可名状"。通过毁灭蛇，他们就在一度只有无形混沌的空间里创造了一个有序的世界。正如《黎俱吠陀》中所表达的，因陀罗"击中洞穴中的蛇"，并且闪电般地"砍掉了蛇的头"，蛇象征着混沌，象征着无序，象征着无可名状。砍去蛇的头意味着创造世界，意味着从虚假

---

① 叶舒宪：《叙事治疗论纲》，《西南民族大学学报（人文社科版）》2007 年第 7 期。

和无定形向有序的转变。[①]用伊利亚德的话说，古代人最独特的态度就是一种深刻的"对天堂的怀恋"，渴望被带到神的身旁，回到超自然的领域。

遗憾的是，后启蒙时代的世俗化使神圣空间遭遇祛魅。巫术和宗教在启蒙时代被驱逐出人类知识领域，丧失知识话语权。"对广大信众而言，丧失知识体系支撑的话语权力，也就丧失了信仰的话语权力。这也成了神圣空间精神源泉日趋衰竭的原因之一。"[②]问题是：现代科技的物质进步并不能替代对现代宗教信仰和人文意义的神圣空间的精神需求。在信仰主义衰微的时代，这个贬低过去、抛弃现在、轻视过程的未来就会抽空现代人的生存依托，产生现代性特有的压迫焦虑和虚无感。[③]人类真善美的逻辑和意义追求的最终归宿是美。这种美不是世俗计量的美，是先验的、神秘的、宗教意义上的美。真、善诸先验属性不能离开美，存在自身也不可能驱逐美，因为美是它内在之先验属性，"美的真正价值观就是对存在真理的本体价值的展开"[④]。

仪式的神圣空间在一定意义上和先验的美的结构性追求遥相呼应，极大地切合了现代人的心灵世界。事实也证明，现代人难以摆脱世俗的人文的神圣仪式空间，尽管他是世俗和解蔽的，但似乎没有思想家能依靠知识灌输解决精神家园的所有问题，就像一位高材生同样会被精神病疾病困扰一样，只有悬置知识，才不会挤占信仰的空间。所以我们发现，仪式性地追寻曾经的神圣空间的潜在冲动，和现代人的生活方式相始终。

（1）像新年聚会这样的时间性仪式事件，通过团圆和家族聚会，人们庆祝新的时间周期的开始，这不过是古代再生礼仪的一种还俗的形式。

（2）电影院中仍在表现古老的母题；诸如英雄与妖怪交战，入社仪式性考验与格斗，英雄的盾牌、战马、生与死、爱与恨的轮回、最后的审判、世界末日以及天堂与地狱的经验，等等。

（3）追逐伊甸园"香格里拉"等乌托邦运动与救赎少数人的末世论神话

---

① 〔罗马尼亚〕米尔恰·伊利亚德：《神圣与世俗》，王建光译，华夏出版社，2002 年，第 24 页。
② 张俊：《神圣空间与信仰》，《福建论坛（人文社会科学版）》2010 年第 7 期。
③ 尤西林：《现代性与时间》，《学术月刊》2003 年第 8 期。
④ Hans Urs von Balthasar, *The Glory of the Lord: A Theological Aesthetics*, Vol. I: Seeing the Form, T. & T. Clark, 1982, Foreword, p. 152.

以故事、新神话、谣言、游戏等形式长期存在。《达·芬奇密码》《不死国的生命树》《地狱温泉的诅咒》[①]等新神话主义方兴未艾，一直伴随着人类。

（4）裸体运动和性自由运动与人类堕落之前的天真状态的观念相联系，是对生活于神圣存在中一个完美无缺世界中的渴望，也可看作是一种对伊甸园状态的怀乡病。

在这里，传统的节日时间（巴赫金）、神圣时间（洛斯基）乃至游戏时间（伽达默尔），都具有了现代性批判的意义。神圣空间中的时间模型是象征性和向着过去的神圣本源逆溯的，而且每次的造访都会经历一个向原始时间的循环回归。而古代时间本身是与自然生命的周期循环同构的，所以在神圣空间中可以找到内心的安宁。这点在现代性焦虑背景中尤为凸显。神圣空间在现代已具有异化的精神疗养的作用，这成为其可以在现代社会继续延存的根本原因。由此，神圣空间信仰也被赋予了诊治现代性危机的现代性人文信仰的深刻内涵。[②]

把这一悖论式精神现象概括为一句话"人需要神"，需要与神同在的神圣空间，这是现代人乌托邦式追求中赖以存在的精神避难所。遗憾的是，由于身处现代性时间框架中，如今的神圣空间自然今非昔比，因此它对古代时间庇护也极其相对，并不断被现代性时间观念侵蚀而世俗化。在中国这样一个从巫术到宗教连续性的文明体国家，现代神学的启蒙远未完成，现代性的路途探索中的前现代否定和现代虚无，它可能提供的心灵安顿毕竟也只是暂时的、轮换式的，这就不难理解为什么科学技术的发达和一波一波的气功热、特异功能热相混杂，为什么胡万林、张悟本、张必清等大师得到各路社会名流的追捧这一特殊的社会景观，这依然是现代性的悖论决定的。

感受或寻找神圣领域是一回事，发现和描述它又完全是另一回事。虽然古代民族和其他任何民族一样，试图表达他们的渴望和信仰，但神圣事物完全不同于世俗事物的本质，似乎使这一事情变得不可能。一个人要怎样叙述那些完全不同于任何在正常经验范围内的事物？伊利亚德解释说，答案存在

---

① 雷欧幻象作品集：《查理九世：不死国的生命树》《查理九世：地狱温泉的诅咒》《查理九世：幽灵列车》等20册，浙江少年儿童出版社，2013年。

② 张俊：《神圣空间与信仰》，《福建论坛（人文社会科学版）》2010年第7期。

于间接的表达：在象征符号和神话里找到神圣事物的表达方式。①

在当代宝卷所涉及的民俗活动中，有些较为富裕的村民也请阴阳、道士或和尚来完成亡人超度、周年祭或家中不平安时的禳解仪式，但是这些宗教人士收费较高，相比之下，宝卷念卷不收费，又是同村的邻里，好请好说话，请念卷师傅来念唱宝卷还是村民们首选的宗教活动。

念宝卷活动之所以在洮岷地区的一些地方活跃，还与当地明清以来的民间宗教盛行有密切关系。同时，古朴的民风和乐善好施的社会风气也给宣宝卷念佛词等通俗宗教活动提供了社会基础。就念卷度化人心、提倡孝道、弘扬正义、劝善自律、节制物欲、规范行为、净化心灵等方面的功能而言，念宝卷不失为一种群众的自我教育方式，在维护生活秩序、形成尊老重孝风气上有一定作用。如能把它的娱乐消遣功能引导到健康的轨道，逐渐加入现代和当代的新人新事的内容，形成全新的教育内容和模式也是有可能的。确能如此，这一古老的民间说唱还可以在和谐社会的构建中发挥作用，产生积极意义。

总而言之，从清代以来，宝卷中的开经偈昭示着宝卷的本质面貌，即开经宣卷的场所，通过神圣降临，变成了富于神圣性的空间，人们可以在这里从神灵处获得某种报答，即免灾增福等。也就是说，神灵们的巨大力量发生了某种剩余（福气），降临到宣卷场所的信众。但是人们若要从神灵处领受福气，就需要倾听宝卷或唱佛号。行为（倾听或唱佛号）与报答（增福免灾）的模式，这就是"凡人的善行—神圣的报答"功德观念的内在逻辑。汤用彤先生云："佛教之传播民间，报应而外，必亦藉方术以推进，此大法之所以兴起于魏晋，原因一也。"②

神圣空间的社会功能，首先表现为宗教场域的精神康复功能，"圣地"的"神圣景观"所唤回的个体的神圣记忆——天堂、爱的共同体，与"神圣"的接近、拯救与永恒等。这一神圣记忆的浮现满足了信徒的"天乡"依恋感。

---

① 〔美〕包尔丹：《宗教的七种理论》，陶飞亚等译，上海古籍出版社，2005年，第223页。

② 汤用彤：《汉魏两晋南北朝佛教史》上册，北京大学出版社，1997年，第134页。

（二）禳解仪式：禁忌、区隔与神圣空间

除了转移和替代以外，为了消除“污染”，自古以来就有一套过渡礼仪，借以“隔离污染”，恢复神圣空间。笔者认为其核心就是通过禁忌和区隔象征性地通过特定阈限恢复神圣空间，消除污染。

古代所谓的“祓禳”仪式就是这类宗教性净化礼仪的一种。《左传・昭公十八年》：“祓禳于四方，振除火灾，礼也。”① 苏轼的元祐三年（1088）《端午帖子词夫人阁》诗之三有句云：“五彩萦筒秫稻香，千门结艾鬓髯张。旋开宝典寻风物，要及灵辰共祓禳。”除了端午节的祓禳，还有三月三日的上巳节的祓禳仪式，方式是在水滨洗濯。《后汉书・礼仪上》：“是月（三月）上巳，官民皆絜于流水上，洗濯祓除去宿垢疢为大絜。”刘昭注：“《韩诗》曰：郑国之俗，三月上巳，之溱洧两水之上，招魂续魄，秉兰草，祓除不祥。”②

光绪《重修常昭合志》介绍吴文化地区与宝卷相关的地方文化时说：

> 苏俗治病不事医药，妄用师巫，有看香、画水、叫喜、宣卷等事，惟师公师娘之命是听。或听烧香拜忏，或听借寿关亡，幸而获痊，酬谢之资视其家道贫富已，无定数。甚至捏称前世冤孽，以及神灵欲其舍身，则更化疏烧香，多生枝节。③

吴文化地区信奉师巫，民众生病时不用医药，而用看香、画水、叫喜、宣卷等民间信仰中的方法治疗，成为当时非常普遍的治疗办法，虽然官方并不认可。

《河阳宝卷》科仪卷中专门有“净科”，请神降临前要献酒三次，涤除污秽，祓禳凶秽，其中写道：

> 中山神咒，元始玉文。持诵一遍，却秽延年。按行五岳，北海知闻。魔王束手，侍卫我献。凶危消散，佛法无边。佛以清静道德之香，无远弗届；太虚寥廓之际，有感必通。今已焚香，虔诚供养天地水三

① 《春秋左传正义》卷四八，李学勤主编：《十三经注疏》，北京大学出版社，1999 年，第 1377 页。
② （南朝宋）范晔：《后汉书》，中华书局，1964 年，第 3110—3111 页。
③ 郑钟祥等：《光绪重修常昭合志》第五卷，清光绪三十三年（1907）刊本。

界，万灵十方干圣：满空真宰九天贞明大圣，应元雷声普化天尊，祖师北极佑圣真君，玄天仁威上帝，雷公电母，风伯雨师神君，天曹掌青苗刘猛将大神，敕封丁姑夫人，雷霆官将烈职吏兵，东岳上殿太子……悉仗清香，普洞供养，今有三献，幸希领纳。佛以福骈臻、福德宁、福星高照、福临门、福似天来、天降福、福如东海。浪盛盛，酒行丹中，酒行初献。

奉请当生本命星君降临；奉请月德解神星君；奉请金德星君；奉请南极长生星君；奉请三老星君；奉请森罗万象星君仙师治病星君；奉请星府天医星君给付延生享来给帖功德汪化仙师

正符上道

长生保命文佛

给帖功德①

（1）净口咒。在青海洮岷宝卷念卷中，念卷者有许多禁忌，念卷前要净口、净心，在念卷前不能吃荤，也不能吃葱、韭等有刺激性气味的"五荤"。在念卷前要念诵《净口咒》《净心神咒》等：

寂寂至吾尊，虚峙劫仞阿。豁落洞玄虚，谁测此幽避。一入大乘路，熟计年劫多。

不生亦不灭，欲生似莲花。超度三界途，慈心解世罗。真人无尚德，世世为仙家。

《净心咒》：

太上太星，应变无穷。驱邪缚魔，保命护身。智慧明心，维躬安宁。三魂永久，魄无丧倾。

---

① 《净科》，港口小山村虞关保抄本。中共张家港市委宣传部、张家港文学艺术界联合会、张家港市文化广播电视管理局编：《中国·河阳宝卷集》，上海文化出版社，2007年，第1347页。

《净口咒》：

> 丹味口神，吐秽出贪。舌神正伦，通命养神。罗千齿神，切邪卫真。喉神虎贲，计神灵应。心神丹元，合我薀真。恩神练液，道气长存。

同时在念卷时要举行安土地、祝香等仪式，因此要念诵《净土神咒》《祝香神咒》等。这些仪式通过禁忌来强化仪式的重要性，因此，神咒是一种用来与神沟通的古老、精致的神圣语言，念诵这些神咒的目的也是通过"语言的魔力"来实现仪式的神圣功能。在各种仪式场合针对普通信众还有诸多语言禁忌，不洁净的语言是不能使用的，因为污言秽语会玷污神圣的仪式，必须禁止。这种观念体现在仪式中唱诵《净土神咒》《净口神咒》《开经咒》《净心神咒》《天地神咒》《祝香神咒》《金光神咒》等仪式文。

（2）燃灯科。燃灯和熏香是在青海嘛呢会的念卷仪式中。一般情况下念诵宝卷，举行宗教活动时点三盏清油灯。但在为施主还愿、在重大的节日如清明、端午、中元节等特殊时刻，要点燃 108 盏油灯。民间说法里，每一盏灯敬一位神灵，共 108 盏灯，一百单八个神灵。灯盏为黄铜所铸，每个嘛呢会一般都有这样一套 108 个铜灯盏，个别嘛呢会成员，自己也拥有一套灯具，除了 108 个铜灯盏外，还备有一个灯架，为铁丝扭成。还愿时由施主家准备清油，一般一个法事须用清油五斤到十斤。施主可请嘛呢会成员到家中还愿，也可到附近的庙里还愿，请嘛呢会念卷为其做仪式。燃灯所用仪式卷一般统称为"灯科"（有时也误写为"登科"），有《灯科经》《大灯科经》《交灯经》《十王灯科经》等卷子。其中《十王灯科经》共约 1300 多字，是其中比较长的一部。这部经文从结构上来看，是《十王宝卷》的一部分和《灯科经》的一部分组合而成，如时间允许，在丧事中可念诵一个上午，是当地一本重要的荐亡经卷。短小的如乐都一地的《交灯经》：

> 诚心供献一口灯，只因四季保平安。今日今时灯点起，交与我佛受分明。一盏灯来天地灯，天地恩泽天下通。皇王有道家家乐，天地无私处处眷。二盏明灯日月灯，日月昼夜不停住。八方九州岛岛都照到，十二时辰轮流行。三盏明灯三官灯，三官世间长查巡。天官赐福地官

赦，水官解厄保灵应。四盏文灯四海灯，四海龙君行雨神。恶风暴雨九霄外，甘露清风困时霖。五盏交灯五帝灯，青龙朱雀玄武神。性有中央戊巳土，青黄赤白在池中。六盏交灯南斗灯，南斗六郎住寿星。人能持念南斗经，增福延寿万万春……十盏交灯十帝灯，十帝阎君阴曹中。人能持念嘛呢经，死后无罪再托生。[1]

《吴彦能摆灯宝卷》中讲述，宋仁宗那日三更天做了一梦，自思不妙，便许下了灯山大愿，"命丞相吴彦能高挂皇榜，招天下能工巧匠制作灯山"。摆灯山是传统社会祈求风调雨顺的祈福禳灾活动，它的仪式和盛况对今天的人来说已经相当陌生，尤其宝卷中所谓的"上摆三十三天，中摆人间花鸟走兽，下摆地府龙宫海藏"，今人更是闻所未闻。通过《吴彦能摆灯宝卷》，我们大致能窥见其中摆灯还愿的过程：

能工巧匠不得闲　一座灯山摆半年

灯山卷，才展开，诸神下界；李太白，摆灯山，巧夺天工。

头一层，摆列上，玉皇大帝；有三山，和五岳，四大金刚。

斗牛宫，蟠桃会，件件齐备；儒佛道，各样人，云露皆生。

再摆上，众神仙，都来赴会；牛郎星，织女星，天河两岸。

天宫灯，摆完了，灯光普照；又摆起，人间的，飞禽走兽。

百鸟灯，摆起来，凤凰为首；孔雀灯，鹦鹉灯，花样百出。

海鸥灯，能腾空，飞云驾雾；白马灯，驮三藏，西天取经。

喜鹊灯，连声叫，喜满人间；鸢子灯，爱富贵，不入贫门。

家鸡灯，到五更，报晓时辰；野鸡灯，只顾头，不顾其身。

鸭子灯，在水面，成双配对；鸳鸯灯，并对飞，排列成行。

百鸟灯，摆全了，分解明白；走兽灯，又摆齐，麒麟打头。

青龙灯，并白虎，两边排定；狮子灯，文殊坐，百劫不侵。

白豪灯，同站立，煞是好看；白猿灯，和梅鹿，偷桃祝寿。

狼虫灯，与虎豹，出入山中；牛马灯，在人间，耕种田地。

---

[1] 刘永红：《青海宝卷研究》，中国社会科学出版社，2013 年，第 169—170 页。

> 猪羊灯，天生下，祭神供奉；龙宫灯，五百盏，翻江倒海。
>
> 飞鱼灯，鳖鱼灯，不计其数；畔鱼灯，在水底，不敢翻身。
>
> 中鱼灯，青龙灯，共有三百；人鱼灯，走昆仑，四足如风。
>
> 天堂灯，地狱灯，摆得分明；各样灯，全摆齐，分毫不差。①

仪式是远古以来神话观念支配的重要禳解活动。《金枝》中大量的文本资料表明，原始人为春天以及生命律动仪式所浸润，这些生命、生长和生产的仪式成为后来神话学研究的滥觞和中心活动。今天过渡礼仪和再生仪式中还清楚地闪耀着弗雷泽的影子和原型的力量。过渡礼仪象征性地结束一个旧的时间循环，开启一个新的时间循环，以达到一种时间的彻底更新。在世界五大洲，这种季节性仪式戏剧的形态异常丰富。弗雷泽、温辛克、杜米兹等学者的研究揭示了这样一个秘密：一年的结束和新的一年的开始是由一系列仪式表示的：

（1）涤罪、洁净、认罪、赶鬼、将邪恶赶出村庄等；

（2）熄灭并重新点燃各种火苗；

（3）假面游行（面具代表死者的灵魂）；仪式性地接待死者，后者在节日结束后他们又返回大地、大海或者河流，或者别的什么地方的交界处；

（4）两组对抗的人互相打斗；

（5）穿插狂欢节、农神节、颠倒日常秩序的"狂欢"。②

这种消灭时间的期望，在新年庆典期间举行的不同程度的暴力行为"狂欢"中表现得更加清楚。一场狂欢也是向"黑暗"的回归，向原初混沌的复原，之后才有各种创造、各种有序形式的显现。对远古初民而言，真正的历史并非世俗时间的记忆，而是神话；一切真实的历史所记载的乃是诸神、祖

---

① 《吴彦能摆灯宝卷》，载徐永成等主编：《金张掖民间宝卷》（一），甘肃文化出版社，2007年，第183—184页。

② 〔美〕米尔恰·伊利亚德：《神圣的存在：比较宗教的范型》，晏可佳、姚蓓琴译，广西师范大学出版社，2008年，第373页。

先或者文化英雄在神话时代、在从前所展现的原初行为。在原始人看来，所有对原初的重复都发生在世俗时间以外。这就是说，这些行为一方面不是"罪行"，不是背离规范的行为，另一方面它们和日常的时间赓续、周期性被废除的"旧时间"毫无关系。驱赶魔鬼，精灵忏悔罪过，洁净，象征性地向原初混沌的回归，所有这些都表明要取消世俗时间、旧时间，一切毫无意义的事件、一切逾越常规的事件都是在这段时间里发生。①

埃及人在新年庆典期间还庆祝扎克姆克亦即"占卜节"，之所以有此称呼，在于为一年的每一个月占卜。换言之，根据其他许多传统都共同拥有的观念，他们正在创造以后的十二个月。整个一系列的仪式都与这些内容相关：马尔杜克下到地狱，羞辱国王，驱赶疾病，用替罪羊代替它们，最后是神和萨帕尼图姆结婚——这场婚姻由国王和神庙侍女在女神的圣所面前重演，这很有可能是集体放纵的一个临时信号。我们因此看到，世界复归于混沌，接着就是创造。在这个旧世界解体、成为原初的混沌的时刻，它们因此也消灭了旧的时间，现代人所称的"历史"循环终结了。②

古代爱尔兰国王只有严格实施禁忌，他在位期间才不会发生瘟疫或大规模死亡，并且风调雨顺，五谷丰收；反之，若国王不遵守禁忌，则国内将爆发瘟疫、饥荒、水旱之灾。所以国民的一举一动都要围绕对国王的礼仪展开，否则就会遭遇麻烦。③神圣空间的禁忌种类繁多，如饮食禁忌、语言禁忌、妇孺禁忌，等等，亦无一定规律。这些名目不一的禁忌，核心的观念表达只是一个字：敬。无论是崇敬，还是敬畏，或者二者兼而有之。空间禁忌作为一种巫术形态或思维模式，它基本上属于弗雷泽所讲的"接触巫术"

---

① 在"大纳吾鲁孜"，人人都要在一只罐子里种七种谷，"从它们生长的情况可以看出这年的收成好坏"。这个风俗类似于巴比伦新年的占卜，甚至在今天的曼德人和伊兹迪人的新年庆典中还保存有这样的风俗。此外，正是由于新年重复了世界的创造，因此在圣诞节和主显节之间的十二天被认为预示了一年的十二个月，全欧洲的农民都看着十二天里的"气象记号"来判断在未来十二个月里面将会出现的气温和雨水。每一个月的降雨也可以用同样方式按照圣幕节期间的降雨情况加以判断。吠陀时代的印度人认为，仲冬的十二天是全年的缩影和复制，这种一年浓缩为十二天的情况在中国传统中也保留着。参见〔美〕米尔恰·伊利亚德：《神圣的存在：比较宗教的范型》，晏可佳、姚蓓琴译，广西师范大学出版社，2008年，第376—378页。
② 〔美〕米尔恰·伊利亚德：《神圣的存在：比较宗教的范型》，晏可佳、姚蓓琴译，广西师范大学出版社，2008年，第375页。
③ 〔英〕J. G. 弗雷泽：《金枝：巫术与宗教之研究》，汪培基等译，商务印书馆，2012年，第289—292页。

（contagious magie），其依据的思想原则是"接触律"或"触染律"，即"物体一经相互接触，在中断实体接触后还会继续远距离的相互作用"的原则。[1]它背后的思维是"原逻辑思维"，属于综合性的思维模式，有先验的和不可分析的神学属性。[2]

根据民间信仰的原初逻辑，在禳解仪式中，禁忌和区隔的存在，能有效地消除污染，恢复神圣空间。在中国，未祭祀禳丧的凶鬼和受冤屈而死的鬼魂是危险性的存在，所谓"冤魂不散"的说法就源于此。古汉语中以"洗冤"来表示"昭雪冤屈"，其中的"洗"就包含着过渡仪式，净化"污染"，与旧我诀别，进入新生的文化意蕴。这些语词背后透露着人类对冤魂导致的攻击和伤害的深刻忧虑和恐惧心理。禳灾仪式有转移、祓除、禳解"天谴"灾异的功能，成为疏导冤魂攻击性的民间主渠道。其文化机制发挥作用的原理，和前面讨论的净化仪式相类似。元杂剧《感天动地窦娥冤》在民间反复上演，实际成为禳解灾异的过渡礼仪。剧作的命名已透露了天地神圣界与人间俗界的感应关系，其原始形态祭祀仪式剧的痕迹也较为明确。剧情中的灾异与禳解灾异的天人互动关系模式清晰明显。人间的冤情得不到现实的公平处理，唯有依靠超自然力量的"天谴"干预，最后昭雪洗冤，天降甘霖，楚州大旱得以禳解。人间冤情能够感动天地是窦娥临刑前三桩誓言应验的信仰基础。[3]

宝卷中很多仪式卷和部分故事卷是禳解灾异的书写。江苏河阳地区民间追悼亡灵做会禳灾，宣讲《花名散花荷花解结卷》，"解结"就是在神前解除一切冤结，具体含义为：其一，解除疾病（广义之疾病）；其二，解除一切灾厄或愁苦；其三，解除生人之愧疚或过错；其四，为新亡者削除生前所犯之罪过，赎罪，断绝死者的牵连。

---

① 〔英〕J. G. 弗雷泽：《金枝：巫术与宗教之研究》，汪培基等译，商务印书馆，2012年，第29—30页。
② 〔法〕列维·布留尔：《原始思维》，丁由译，商务印书馆，1997年，第69—72页。
③ （明）臧晋叔编：《元曲选》第四册，中华书局，1989年，第1515页。剧情所示，三年不雨的旱灾异象不是关汉卿的发明，而是他沿用的古老原型情节，正像索福克勒斯搬用的禳灾叙事原型模式一样。昔日汉代有一孝妇。"其姑自缢身死，其姑女告孝妇杀姑。东鲈太守将孝妇斩首。因妇含冤，致令当地三年不雨。后于公治狱，仿佛见孝妇哭于厅前。于公将文卷改正，亲祭孝妇之墓。天乃大雨。今日你楚州大旱，岂不正与此事相类。"

炉内焚宝香，真经广宣扬。斋主弥陀念，四季免灾殃。

南无解结会上佛菩萨，阿弥陀佛立春雨水梅花开，梅花朵朵上佛坛。

福禄寿星到斋坛，天官赐福一同来。

今替□□□解结来，今解□□□第一个结。

解开出门常抱风雨灾。

惊蛰春分杏花开，杏花含蕊上佛坛。老寿星身穿万寿衣，手执拐杖到佛坛。

今替□□□解结来，今解□□□第二个结。解开生灾作难灾。

清明谷雨桃花开，桃花朵朵上佛坛。彭祖老王腾云到，陈抟老祖一同来。

今替□□□解结来，今解□□□第三个结。解开桃花散五谷灾。

立夏小满蔷薇开，蔷薇花也要上佛坛。梨山老姥到斋坛，无字天书随身带。

百般法宝除妖魔，东方朔老腾云到。

今替□□□解结来，今解□□□第四个结。解开打大骂小灾。

芒种交时石榴开，石榴花也要上佛坛。汉钟离念咒腾云到，手执芭扇扫尽妖。

吕纯阳肩背葫芦来到坛，悠悠唱出仙曲来。

今替□□□解结来，今解□□□第五个结。解开日光晒罪灾。

小暑过只大暑来，六月荷花透水开。池里荷花节节高，倒骑驴子张果老。

曹国舅手执云扬板，驾雾腾云到斋坛。

今替□□□解结来，今解□□□第六个结。解开血光畏罪灾。

立秋处处凤仙开，凤仙花也要上佛坛。凤仙花开随地红，今日修行有劳功。

铁拐李手拿拐杖到佛坛，张仙送子一同来。

今替□□□解结来，今解□□□第七个结。解开远年病势灾。

七月过只八月里来，白露秋分桂花开。何仙姑手提花篮到佛坛，诸佛菩萨解结来。

今解□□□第八个结，解得清来解得明。一生冤孽尽解清。

九月霜降是重阳，菊花也要上佛坛。菊花开来黄如金，诚心念佛有功名。

鬼谷仙师到坛前，手拿刘海洒金钱。太平二字大门挂，太平安乐万万年。

太平念佛增福寿，解得清来解得明。

今替□□□解第九个结，合家老小寿长年。在生病势尽解清。

立冬小雪拾月天，芙蓉花带雪色新鲜。

韩湘子横吹玉笛到斋坛，笛声吹得妖魔尽逃开。

今替□□□解结来，今解□□□第十个结。拾结拾难尽解开。

小雪过只大雪来，十一月里瑞香花也要上佛坛。

五路财神来进宝，财源滚滚送进来。招财利市一同来，今替□□□解结开。

今解□□□十一个结，消灾降福免灾殃。

小寒大寒十二月里来，天寒地冻花不开。斋主佛前求解结，一对金花上佛坛。

纯阳仙师到斋坛，欢欢喜喜笑颜开。

也替□□□解结来，今解□□□十二个结。解得清来解得明，远年灾难尽解清。

花名解结解脱哉，谢谢玉皇赦下赦书来。

太平二字大门挂，太平安乐万万年。太平念佛增福寿，合家老少保安宁。

为上良因解结会上，诸增花名解结，南无解结会上佛菩萨阿弥陀佛。①

中国讲求的是与自然和谐共处，强调天、地、人"三才之道"并行不悖，并肩而立而不相害，且成就了一个人与宇宙的大系统。也就是说天、地、人不是各自独立、相互对峙的，它们彼此之间有着不可分割的联系，同

---

① 港口清水村钱筱彦壬申年抄本：《花名散花荷花解结卷》，参见张家港文联：《河阳宝卷集》，上海文化出版社，2007年，第1328页。

处于一个生生不息的变化之流中。念完《解结科》，斋主和佛头还会进一步将解结意象具体化为"解结行动"，由佛头用红头绳打成活结，让合家老小跪拜菩萨、拉绳解结，交"解结钱"（喜钱）。每人解三个结，民间习俗，事不过三，意为消除一切宿怨业障。解结时佛头视不同的对象即兴编创意趣相异的解结偈，风趣地表达祝福之情。其实，所有这些仅仅是一种人生仪式，从而令信众由此得到精神慰藉、心理满足，并自觉地进行自我调适，但并不意味从此天下无结。真正解结在于"善"，对此，《解结科》开篇便讲得清楚明白："一善能解百恶愆。"

宝卷的韵文句式以十字句最多，七言句次之，还有五言句、四言句，句子有一定的平仄韵律。宝卷大量使用的是当地民间曲调。据初步统计有20多种，常见的有《莲花落》《打宫调》《浪淘沙》哭五更等，这些曲调的使用，没有严格的规定和限制，念卷人可以根据情节的发展灵活安排，内容的不同随时转化。常常给宝卷注入新鲜血液，使唱调常青不老，娓娓动听。这样，使整个宝卷从头到尾，唱唱念念说说，说说念念唱唱，生动活泼。所有这一切与相应的神圣空间一道不露声色地完成女性为自己"立法"的目的，而这一切，从社会效果看，实现了社会秩序的守阈。

第六章　功德修炼与苦修救助：宣卷禳灾与社会秩序守阈

一、宣卷、抄卷、助刻：祈愿、分享与修炼救助仪式

和作家创作形成的文学观念相反，以口头传统为主的宝卷，它的编创过程和民族的、地方的文化传统形成复杂的互文关系，随着年代的推移，越靠后，故事表达中的程式化、故事主题的类同越发明显。克里斯蒂瓦说，无论一个文本的意义是什么，它作为表意的实践的条件，就是以其他话语存在为前提的，有一个文本，"从一开始就处于其他话语的管辖之下，那些话语把一个宇宙加在这个文本之上"[①]。这种在多维文化空间中不断孳乳的在场的文本生产模式，形成了民间口头文本。程式化的特点，它表现为"故事范型"或"叙述范型"。这种相对固定的叙述结构，符合民众的欣赏习惯和审美期待，与地方的文化传统相表里，被一代代地继承下来，因此相对稳定，这使得宝卷编创呈现出雷同倾向。

在今天文本—作者的文艺理论观念中，这种程式化和雷同倾向是致命的。但是思考这种故事范型或叙述范型及地区文化中的群体，编创、传抄、助刻雷同的故事，形成共同认知水平和价值取向，我们认为这正是社会秩序守阈的重要环节。

（一）传抄、藏卷、助刻与分享救助仪式

一般认为，雕版印刷术发明于隋唐时期，因其与大乘佛教的伴生关系，

---

① 王瑾：《互文性》，广西师范大学出版社，2005年，第29页。

捐资刻印经卷、造像、抄经、印像等都是做功德的事情。受抄经影响的宝卷传抄和疗救仪式便有了自己内在宗教动力和发展逻辑。这也是对于村落各个家族之间的社会生活与精神空间的一次仪式性勘定与确认。随着岁月的流逝，在村民的意识中，历次的刻印经卷、造像、抄经强化了家族之间的生活空间与精神空间的界限，因此这种仪式行为也是家族的一种空间建构，而这种建构强化了地缘、血缘纽带。[①] 仪式不仅是信仰内容的模型，而且是为宗教观点的信仰建立的模型，在仪式的表演中进一步坚定了道德信仰。[②]

不仅如此，宝卷故事所结构的场景、宝卷仪式的展演场域，这些构成了乡土记忆的组成部分，我们自己的记忆脱离不了客观给定的社会历史框架，正是这种框架，才使得我们的全部感知和回忆具有了某种形式；过去的许多方面，一直到今天都还在影响着我们的情感和决定；审美经验是可以跨代传递的，这种传递一直延续到儿孙们的神经处理过程；过去未能如愿的希望，可能会出人意外地具有行为指导作用和历史威力。一方面，生活导向、意愿和希望这三类东西的跨代传递和不同时性，各种各样没有清算的账，构成了回忆结构的主观方面；另一方面，宝卷中展示的民间信仰、民俗活动、各路神灵表演仪式中的情景、声响、气味和触觉印象等等，它们本身就承载着历史和回忆，人们在日常生活中跟他们打交道的实践，构成了回忆结构的客观方面。[③]

收藏、传抄、宣卷是宝卷传播并得以保存下来的最普遍的方式。由于受佛教功德说的影响，人们就把抄、赠、藏宝卷当成了积功行德的自觉行动。有的人认为"家藏一部卷，平安又吉祥"。于是把家藏宝卷视为镇宅之宝，进行"避邪驱妖"。宝卷传抄的另一种形式就是互借互换、竞相传抄。河西当地认为宝卷抄卷可以来世修福，放在家里可以"镇妖辟邪"。由于宝卷的种类很多，为了使自家藏有的宝卷数量最多，就得找到更多的宝卷来抄，要是想抄卷，就得向有卷的人去借，以"我有换我无""互惠互利""有借有还"为前提，形成集体分享抵抗风险的强凝聚力。

---

① 刘晓春：《仪式与象征秩序：一个客家村落的历史、权力与记忆》，商务印书馆，2003年，第152页。
② 〔美〕克利福德·格尔茨：《文化的解释》，韩莉译，译林出版社，1999年，第139—140页。
③ 〔德〕哈拉尔德·韦尔策：《社会记忆》（代序），《社会记忆历史、会议、传承》，北京大学出版社，2007年，第4页。

如民国七年（1918）上海文益书局石印本《回郎宝卷》附《七七宝卷》末言：

> 今劝善男并信女，吃素念佛做善良。为善之人光明现，不落地狱返故乡。七宝台前成正果，龙华会上结善良。童男童女来引路，堂堂大路往西方。阎罗天子来拱手，判官小鬼皆送往。灵山会上点名字，轮回簿上点名忙。有人宣得七七卷，十王殿上放毫光。在堂大众增福寿，过去爹娘往西方。为人要免轮回苦，早做好人好心肠。佛在云头多看见，要救好人上天堂。①

这些人在藏卷、念卷、抄卷和做会仪式中受到宝卷的感染，能够结善缘、成正道。而宣扬、传布宝卷之人，犹如济世之良医，授人玫瑰，手有余香，自然也积累了无限功德，得成善报，可以"十王殿上放毫光"，甚至当场的听众也因为宝卷的神圣，可获得福报。宝卷的劝善之意可谓殷切。这是众多宝卷反复强调的内容，也是其标榜的主要宗旨之一。

甘肃临潭的"四季会"，主要收藏和使用《佛说八十一劫法华宝忏》（十卷本）、《佛说大乘通玄法华真经》（十卷本）两部经典，当地民众称之为"十经"和"十忏"。在当地老百姓的心目中，收藏"十经十忏"的功能非常强大："留一份家书《通玄法华真经》十卷消灾解厄；十忏脱度三灵，消灭诸障；十咒句句超拨亡灵之苦，经经而度脱亡灵，忏忏而消灭诸障，咒咒而解脱众生。""佛言此经与晚生后辈超度现世父母先亡，拨荐过去九祖灵魂。……普静如来赞叹阎浮世界身遭十种恶业重罪，无有解厄之方，亲口出《大乘通玄法华真经》一部十咒十忏，共是一昼一夜水陆大会，忏悔十种恶业。"②

宝卷抄写、收藏与做会仪式紧密相关，除了"十经"和"十忏"以外，甘肃临潭、青海洮岷等第四季会的度亡仪式中需诵唱《佛说八十一劫法华宝忏》《佛说大乘通玄法华真经》两部宝卷即"十经十忏"。中间再加入十忏、

---

① "中央研究院"历史语言研究所俗文学丛刊编辑小组：《俗文学丛刊》，台北新文丰出版公司，2004年，第357册，第134—135页。

② 《佛说大乘通玄法华真经》卷一。

过金桥、破城、放食、放焰口等仪式。刘永红调查发现仪式还用到《古佛遗留召请正课全终》《佛说消食三宝超度亡灵施食经》《南无太上皇极妙道真经》《佛说普静如来钥匙焰口真经》《开方破狱破血湖渡桥经全卷》《佛说消灾解厄法华神咒》《十佛接引原人升天宝卷》《古佛传流受戒经》《古佛传留忏罪消衍解真经》《十佛申文表奏涅槃经》等宝卷，参加的四季会成员一般为十人，不算前期准备，道场短的有一天一夜，长的有三天三夜，可谓道场宏大。①

《佛说消食三宝超度亡灵施食经》卷末记有抄写日期及抄卷人信息。"中华民国三十三年岁次甲申中秋望日告竣　发心众生姜遇文　渭臣拙□□录。"该宝卷在卷末著有"《超亡设馔涅槃真经》终"，这说明该宝卷原名为《超亡设馔涅槃真经》。四季会在"做七"等宗教活动中，都有给亡灵施食的仪式。这部宝卷主要用在这些施食的仪式中。②

从目前的资料看，《十王经》的制作在很多方面有着仪式的特征，在这方面，中国宗教文本的抄写和印制还没有完全脱离仪式写本时代很多道教经典的制作仪式，还保持着神秘性，它们的传播也受到清规戒律的阻碍。而佛教与道教经典的印制，往往是资助者与私人在捐资助刻做功德。③

收藏和抄写宝卷主要是受中古以来佛教写经传统影响形成的。与收藏相比，抄写获得的功德更大。在《道行般若经》中，帝释天（也就是因陀罗）问佛陀：假设有两人，两人中一人，善男子或善女人，写下这般若波罗蜜，作一抄本；然后贮存起来，尊敬、礼拜、敬仰，以名花、奇香、花环、膏油、香粉、缯彩、华盖、旗幡、钟铃，以及成行的灯，来做种种供养。另一人将已涅槃的世尊之舍利存放于塔中，他将受持它们，保全它们，他将以天花、奇香等来尊敬、礼拜、敬仰世尊，两人中谁的功德更大？佛陀回答道：抄写般若波罗蜜，并敬仰它的善男子、善女人，功德更大。因为敬仰般若波罗蜜，即敬仰遍知。书本优于身体 —— 明确地形成于偏爱未读经文超过病逝的佛陀 —— 对于文本的实践有着重要的暗示。但是注意复制文本并不意味着

① 刘永红：《西北宝卷研究》，民族出版社，2013年，第206—207页。
② 刘永红：《西北宝卷研究》，民族出版社，2013年，第201页。
③ 〔美〕太史文：《〈十王经〉与中国中世纪佛教冥界的形成》，张煜译，上海古籍出版社，2016年，第153页。

有义务去阅读。识文断字只是对抄写者的要求，而不是委托者。①

《岁时广记》载李筌在嵩山虎口岩石洞得到内蕴"天机"之奇书《黄帝阴符经》，一般人不能传写，违反的折寿：

> 一名黄帝天机之书，非奇人不以妄传，违者夺纪二十。每年七月七日，写一本藏之名山，可以加算。出三尸，下九虫，秘而重之，当传同好耳。此书至人学之得其道，贤人学之得其法，凡人学之得其殃，职分不同也。②

《摩诃般若波罗蜜经·不可思议品第十》，也强调普通信众书写和诵读的重要：

> 若善男子善女人，能受持读诵般若波罗蜜乃至书写，当知是人佛眼所见，舍利弗。若求佛道善男子善女人，受持读诵般若波罗蜜，则近阿耨多罗三藐三菩提。乃至自书若使人书，书已受持读诵，以是因缘其福甚多，舍利弗。如来灭后般若波罗蜜，当流布南方。从南方流布西方，从西方流布北方，舍利弗。我法盛时无有灭相，北方若有乃至书写受持供养般若波罗蜜者，是人亦为佛眼所见所知所念。③

古代中国还流传一种写经延寿祈命的文化传统，这种传统直接影响到宝卷。变文《唐太宗入冥记》中有一种抄写佛经祈求长命的风俗表现，那是佛经认为凡欲长寿者都要写的。所以崔子玉要求唐太宗"陛下自出己分钱，抄写《大云经》"，唐太宗自己也"命取纸一依前功德数抄写一本（《大云经》）"，其目的在于求长寿。④ 在敦煌小说《黄仕强传》中也同样，阴间守文案的鬼要求他"汝还家可访写《证明经》三卷，得寿一百二十岁"。"仕强依

---

① 〔美〕太史文：《〈十王经〉与中国中世纪佛教冥界的形成》，张煜译，上海古籍出版社，2016 年，第 154 页。

② （南宋）陈元靓：《岁时广记》，许逸民点校，中华书局，2020 年，第 563 页。

③ 《摩诃般若波罗蜜经·不可思议品第十》，鸠摩罗什译。

④ 项楚：《敦煌变文选注》（增订本），中华书局，2006 年，第 1986 页。

此目录上往彼寻觅，遂得《证明经》本，写三卷竟。从今以后，仕强先患疬癖并悉除损，身体肥健，非复常日。"[1] 仕强写经，果得长寿。这说明敦煌写经风俗之所以流行，是由于百姓笃信写经后可以去病体健，延年益寿。写经风俗不只敦煌一地流行，唐宋之际已流传民间，各地流行（图6-1 西安西郊出土的唐代手写经咒绢画）。宋洪迈《夷坚志》甲志卷七《周世亨写经》就记载的是宋代江西鄱阳写经风俗：

> 鄱阳主使周世亨，谢役之后，奉事观世音甚谨。庆元初，发愿手写经二百卷，施人持诵。因循过期，遂感疾，乃祷菩萨祈救护。既小安，即以钱三千、米一石，付造纸江匠，使抄经纸。江用所得别作纸入城贩鬻，周见而责之。江以贫告，复增畀其直。及售纸于此，每幅皆断为六七，惧而亟还家，悉力缉制，纳于周。周请一僧折成册，斋戒缮写，方及二十卷，正昼握笔，群鸦数十鸣噪屋上，逐之不退。起祷像前，迫出视，盖一鸦中箭流血，众鸦为拔之不能得，故至悲哄。周连诵宝胜如来、救苦观世音二佛，以笔指之，箭脱然自拔，鸦飞入空中。周赞叹之际，箭从天井内掷落于佛龛，灵感如此。[2]

图6-1 地藏十王图中的写经

美国汉学家太史文发现了这样一个案例：晚唐有一位叫翟奉达（902—

---

① 张涌泉主编：《敦煌小说合集》，窦怀永、张涌泉汇辑、校注，浙江文艺出版社，2010年，第256页。
② （宋）洪迈：《夷坚志》第一册，中华书局，1981年，第61页。

966）的敦煌地方官，在他妻子亡故后十个斋日，每次都会请人抄写一部佛经，以悼念亡妻马氏。翟奉达施舍的每部经文后面都写有祈愿文。第一篇题记写道：

> 显德五年，岁次戊午，三月一日夜（958 年 3 月 23 日），家母阿婆马氏身故。至七日是开七斋（958 年 3 月 29 日），夫检校尚书、工部员外郎翟奉达忆念敬写《无常经》一卷，敬画宝髻如来一铺。每七至三周年，每斋写经一卷追福。愿阿娘托影神游，往生好处，勿落三涂之灾。永充供养。

愿文记录下了翟奉达的妻子去世的日子，以及为了她的福祉而抄写下八部经文的日子，时间都很精确。每一篇经文都正好在马氏经过十王中的一个王时被题献。[①]

翟奉达的《十王经》抄本以其特殊的方式告诉我们，在中世纪抄写《十王经》的动机和抄写其他佛经基本属于同一类：治病、为自己积累功德、为他人求福、修行无私等（图 6-2《十王经》局部）。[②]

图 6-2 《十王经》局部

还有刺血和墨书写经书的传统。一位八十三岁老翁所抄《金刚经》中的

---

① 〔美〕太史文：《〈十王经〉与中国中世纪佛教冥界的形成》，张煜译，上海古籍出版社，2016 年，第 100—104 页。

② 〔美〕太史文：《〈十王经〉与中国中世纪佛教冥界的形成》，张煜译，上海古籍出版社，2016 年，第 9 页。

献词，以特别的长度很好地显示出他对标准佛教道德的实行。他写道："天祐三年岁次丙寅四月五日（906 年 3 月 30 日），八十三老翁刺血和墨，手写此经，流布沙州。一切信士，国土安宁，法轮常转。以死写之，乞早过世，余无所愿。"[1]

鸠摩罗什在《大智度论》中认为用鲜血写经，更能考验人的虔诚："若实爱法，当以汝皮为纸，以身骨为笔，以血书之。"一位法名叫作增忍的僧人，据说曾刺血和墨，在一生五十九年多的时间里，抄写佛经二百八十三卷，绘毗卢遮那佛像，尤其是绘制密教经典中的观音菩萨。[2]

薛延为了治愈母亲的疾病，抄写《十王经》，在第一篇题记写道：

> 清信弟子布衣薛延唱发心敬写此妙经，奉为过往慈父作福，莫落三途之苦。次为患母，令愿疾病速差。所有怨家之鬼，受领写经功德，更莫相饶（娆）。兼及己身，万病不侵，延年益寿。所有读诵此经三卷之人，传之信士，同霑斯福。永充供养，信心二时受持。……清泰三年（937）丙申十二月……[3]

民众发愿抄写宝卷，或为祈愿、修功德、求平安、求子女，或求丰收、求富贵、求健康等原因。《报恩宝卷》卷末的题记将骆驼巷吴顺成之妻刘氏因病焚香念卷，疾病痊愈，为感谢神恩，发愿造卷，请人抄卷，喜拾凌财的过程仔细描述了出来。这给我们研究提供了一个"彼后世有灾发愿者"而抄写、复制宝卷的典型个案。

《消灾延寿阎王经》（又名《吕祖师降谕遵信玉历钞传阎王经》）[4]，卷首和卷尾都强调传抄的禳灾延寿功能。秀才胡迪因秦桧残害忠良未得报应，激愤之下捣毁神像，大骂神明。玉帝命他游历地狱以观善恶果报。他还阳之后向

---

[1]　黄永武：《敦煌宝藏》124 册，台北新文丰出版公司，1985 年，第 622a 页。
[2]　参见《宋高僧传》，赞宁（919—1001），《大正藏》经号 2061，50：877a-b。
[3]　太史文认为可能完成于清泰三年十二月二十九日（937 年 2 月 12 日）。参见〔美〕太史文：《〈十王经〉与中国中世纪佛教冥界的形成》，张煜译，上海古籍出版社，2016 年，第 129 页。
[4]　《消灾延寿阎王经》，共七种版本，均为刊本，其中清同治十三年（1874），苏州得见斋庄刊本一册为最早。陕西师范大学图书馆藏《消灾延寿阎王卷》宣统二年（1910）舒云抄本。《中国宝卷总目》编号 1306，第 313 页。

世人讲述地狱之状，警醒世人不要做恶。以这一情节为引，写尽恶行恶报，塑造十王赏罚分明的形象，图文并茂，详尽地呈现了地狱状貌。全卷贯穿着六道轮回、善恶有报的佛教思想。

以树德堂洪道果印刻本为例。卷首强调此卷是神降天书，目的是为劝世人改过从善："近时世人根行愈薄，动辄作恶。上天慈悲，准菩萨诸神议奏。凡遵信改悔者，格外加恩抵免。颁发玉历晓谕，欲使世人忏其前非，悔不再犯。"又言刻印此卷能够消灾延生，逢凶化吉：

> 捐财重刊广传者，上天准奏世世荣显报。遇灾难印传者，逢凶化吉。病者印传，愈病疾而得长生。夫妇至戚不相和睦，子孙不肖，肯印传者，均能亲爱改过。……非仅超度亡灵阴司，灭免自身罪过，且能获福于阳世，得种种之善报。[1]

该刊本后面绘有《圣经垂训图》，净口真言，二十幅地狱图。《圣经垂训图》中，左右题有："诸恶莫作祸因恶积，众善奉行福缘善庆。"中间题有："积善之家必有余庆，不善之家必有余殃。"其后二十幅地狱图中，前三幅依次为玉皇大帝殿（图中玉皇大帝居中，侍从持掌扇分立两侧，下方有七位小神，或跪或立。上方题"玉皇大帝"，中间题"世间善恶表章，注定富贵贫贱"，左右分题"神明暗察""天地无私"）、东岳大帝殿（中间为东岳大帝，侍从持掌扇分立两侧，下方九位小神，其中两位立于案前，正在查看人间善恶的记录。左右分题"行恶如磨刀之石""行善如春园之草"）、独善轩（图中一老者病卧床上，儿女分侍左右，家中供奉有东厨司灶君的神位，老人的灵魂正在参拜前来接引他去西方极乐世界的众神）；后十七幅依次描绘十王殿及其所辖地狱的景象。绘图精美细致，生动形象。（图6-3《消灾延寿阎王经》中的十王殿图）

清末民初有人总结的八种宝卷流传途径，登载在民国九年（1920）盐城济仁堂刊行的《针心宝卷》卷尾。同时刊有助刻表及"家存此券，永无水火之灾；舟存此卷，不遇风波之险；诵此卷一遍能免一月之灾；诵此卷十遍，

---

[1] 光绪二十二年（1896）玛瑙经坊刊本《消灾延寿阎王经》，第1页。

能邀一年之福；刷此卷百部，能保一家安宁；刷此卷百部，能消一方灾厄"这样的保证，从中我们也可以看出宝卷抄写、助刻流通背后功德、祈福、忏悔观念。

1. 乐善流通：积善之家，必有余庆。人之好善，莫过于我。此书条理分明，感人至深。有资力者，若独立印刷、分发一万部，则功德无量；资力较差者，只要印刷并分发数部，或劝人出资合作，亦有无量功德。

2. 祈福流通：太上曰："祸福无门，惟人自召。"凡生而为人，都有父母，也都有子孙。既有父母、子孙，便会求福、求寿，此乃人情之常。若广印此书，并尽己之力，广布流传，则其神通天，所祈愿者，皆可实现。

3. 忏悔流通：子曰："过责勿惮改。"既非圣人，必皆有过，但若知过能改，则罪可消弭。至于改过之法，先广印本书，劝化世人，救其恶业，则可减轻己罪，消灾延寿。

4. 吉庆流通：无门凡遇喜事，如婚姻、生诞或贺寿等，皆打开喜筵，盛大庆祝，因既有资力，始能如此。若能省此浪费，印刷此书，或是少花点钱，即可得无量功德，此乃最佳消费。

5. 赞赏流通：此书所言至为纯粹，其语平易，凡学者有识之士，公余利用此书劝化他人，当可大获时效，使人向上，不必求功，自然得福。

6. 劝诵流通：农村的人或家庭主妇平常有较多的时间，但都喜欢歌谣、戏剧等娱乐，若能将此书广泛劝诵，或自己演说，或转送他人，以教化之，使之悔过迁善，则功德无量。

7. 馈送流通：目前的馈赠，皆以财帛、糖果、食物或香烟等类为主，与其说是无益，不如说是有害。若印此书，赠送亲朋，互勉遵守忠孝节义，那才真的符合馈赠的意义。

8. 传播流通：凡有向上之心，但却贫穷而无资力，无法印送者，可径向盐城北大街仁济堂联络，求得此书，广为传播，或写于纸上，张贴街头，借以广布佳篇，其功德等于印刷之后，广布于市。（图 6-4 盐城济仁堂刊行的《针心宝卷》"流通八法"）①

---

① 盐城济仁堂刊《针心宝卷》下卷尾页"流通八法"。

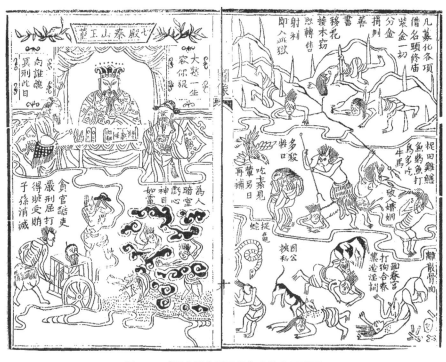

图 6-3 《消灾延寿阎王经》中的十王殿图

图 6-4 盐城济仁堂刊行的《针心宝卷》"流通八法"

今天在河西地区，有些地方文化人士乐于抄卷，将抄卷和藏卷作为毕生的信仰。在《护国佑民伏魔宝卷》中有一序言"重造伏魔宝卷叙"，作者为咸丰年间伭伭散人。序言记载了抄卷人一生寻找宝卷、抄写宝卷的经历：

> 余鄙人也，自有生来，赋性迟钝，故方襁褓时，呕哑亦甚谰。当其匍匐将行，锘亲而号，声嗌竟若嘎，甫及羊角，即不逊弟。娇养亦习为性成，未几而舞勺舞象，以至弱冠。肄业于儒，观之者咸訾其不才。长而适游颁宫时，将种种邪僻，悉皆嗜为。至若高堂之侍，未尽承欢。不幸家慈早逝，时犹流荡而忘返，未知光阴之足惜。迫年逾三旬，严考亦辞去。不获，己而始执家政，懂不明，兼之有弟弗恭，不久亦各分爨，农事女红，尽都废失，箕裘之绍，亦几乎殆哉。日者，偶检古籍，得圣训累编，习阅而知因果之说，不时与人讲报施。适有客来，向余而言曰：盍造诸卷？余遂欣然乐举邀集同志，广募善缘，偏采乡区秘藏，虔录各卷数十部。因置善坛，取号曰：三福堂。[1]

抄卷人虔诚抄写宝卷数十部，并置下"善坛"，称之为"三福堂"。抄卷的原因是将宝卷作为信仰，"知因果之说"并"不时与人讲报施"。抄卷者"邀集同志"，说明当地有一群和作者志趣相投，通过"广募善缘""偏采乡区秘藏"的方式收录宝卷的人。

普罗大众消除天谴，禳解灾异必须从身心修炼开始。可以说修身、修炼、修行是人类学意义上世界各民族最重要的消除盲目和无知的赎罪行为。从社会功能角度划分，宝卷应该划分为故事卷和仪式卷两种。故事卷通过做会宣卷、抄卷、藏卷、助刻等社会参与活动，与"天"对话，修炼净化环境。仪式卷则在特定的神圣空间里搬演仪式，通过搜寻替罪羊，斩妖伏魔，象征性地达成厌胜邪魔、净化生活空间的目的。

中国北方的河北高洛、山西介休、甘肃河西、青海洮岷以及江南吴方言区的做会宣卷（讲经、念卷）活动都有禳灾、救助的文化治疗意味。其中，吴方言区的做会有"三茅会""观音会""大圣会""梓潼会""土地会""地藏

会""雷祖会""城隍会"等。民众在人生重要关口举办范热内普所谓的"过渡礼仪"，"度关""安宅""破血湖""禳顺星"等，象征性地进入神圣场域，勾销过错、洗心革面、修禊"污秽"，搬演新我的再生。

从历史上看，中古时期，受佛教影响，抄经祛病就广为流行。宝卷的抄写、收藏，赓续了中世纪以来的写经传统。据笔者不完全统计，著名的藏书家、戏曲研究专家傅惜华所藏宝卷中，汝南（今属河南驻马店）人周景贤，从宣统二年（1910）至民国二十二年（1933）24 年间，先后抄写了《沉香宝卷》《西瓜宝卷》《何文秀宝卷》《卖花宝卷》《黄糠宝卷》等宝卷多次。其中抄写的三种《沉香宝卷》，两种卷末都题有"听卷此功德，普及于一切，宣卷已完成，消灾增福寿"。类似的著名抄卷人还有黄秋田、陆增魁、周益庭、许瑞兴、华柄坤等，不胜枚举。据车锡伦《中国宝卷总目》，笔者统计发现，10 种故事卷《百花台宝卷》《何文秀宝卷》《红罗宝卷》《黄糠宝卷》《洛阳桥宝卷》《刘香女宝卷》《天仙宝卷》《西瓜宝卷》《延寿宝卷》《妙英宝卷》，抄本的版本都在 30 种以上，具体抄写数量难以计数。

和上古献神灵牺牲以获取护佑不同，斋主通过宣卷、抄写和收藏宝卷等朝圣与修炼（修行）仪式，献祭的是身心与时间。宣卷、抄写、收藏过程中，修炼中的个体自身身心一体，个体之间守望相助，与"天神"潜在对话，通过主体皈依得到救赎，强化认同和护佑感。最早以宝卷命名的《目连救母出离地狱生天宝卷》，其中观世音菩萨化身为妙善公主，以身体献祭，化度王室与国民皈依佛法，以禳解灾异、解民倒悬。

除抄写、收藏以外，助刻也是重要的积功德的修行活动。古人认为助刻印造宝卷能"万劫不踏地狱门"，故"众姓士女捐资重刊，愿祈天下太平，风调雨顺，君民如意，各家咸宁"。清光绪十八年（1892），杭州玛瑙经房印造的《护国佑民伏魔宝卷》，卷末附录的助刻表显示助刻者多达 13 人。助刻是修炼"归真""还乡"的唯一途径，因此助刻《皇极金丹九莲归真宝卷》者多达 304 人。

吴方言区的仪式卷保存最为完整。其中常熟地区的仪式卷有《禳星科》《晚朝灯课》《散花解结仪》《延生星忏》《朝真礼斗玄科》《血湖忏》《庚申真经》《香山超度宝卷》《地狱五献》《莲船宝卷》《上寿宝卷》《星宿宝卷》《莲船偈》《拜十王》等 35 种。

常熟宝卷仪式卷中有《莲船宝卷》《莲船偈》，讲述观音请各路神来打造白莲船，渡众生脱离苦海，到极乐净土。封面由右至左分行署"钧藏""莲船偈"，押两方"三宝证盟"朱印。此卷旧时在香船上、公众佛会上必讲。现在在"香车"上、公众佛会上有时会讲，在庚申佛会上必讲。

　　船头上放起三声炮，金锣敲得闹喧天。观音就把莲船开，大众乘船一齐来。

　　大众齐到莲船边，要乘莲船上西天。新打莲船头向西，看见之时笑眯眯。

　　达摩祖师瞄龙凤，鲁班制造古来传。香袋装在前后舱，两边披水是沉香。

　　四大金刚来赴水，十八罗汉背纤绳。平几尽是沉香做，搓门扇扇是檀香。

　　船旁周围金镶嵌，前后栏杆玉装成。珊瑚玛瑙铺舱底，八宝明珠嵌两旁。

　　描就三十三天界，画成星斗焕文章。①

图6-5　靖江纸活"宝莲船"（靖江黄靖先生拍摄）

吴方言区，在《庚申宝卷》卷末有《造莲船》一则，民国时期有"化莲

① 常熟文化广电新闻出版局编：《中国常熟宝卷》概况，古吴轩出版社，2015年，第2365页。

船"①民俗活动的记载。民间宗教中有金船普渡出苦海的象征性描述。《佛说皇极结果宝卷》第四品《四时香火真诚》中，有"贤良上法船"之语。《销释收圆行觉宝卷》中也说到"无生老母当阳坐，驾定一支大法船，单渡失乡儿和女，赴命归根早还乡"。黄天道宝卷《佛说利生了义宝卷》有几个章节都宣传法船渡人，其中"多宝佛接引众黄胎同座莲心分第十三"，偈中唱道："药师化现道将兴，普明如来了三乘。……九十二亿收元果，连泥带水一船成。又化多宝来接引，接引原人上船灯。"明弘阳教经卷《销释混元无上拔罪救苦经》第十八品中亦有"古弥陀，度众生，金船普渡"。大乘圆顿教之《古佛天真考证龙华宝经》和金丹道的《皇极金丹九莲正信皈真还乡宝卷》都有对"法船"的叙述，倡导"有缘人，上金船，同出苦海"。"苦海拦路"主题主要是说娘娘在归山修行途中路逢汪洋苦海被拦住去路。玉帝差金星，慈航渡缘人。《法船经》中有句"只船老母中央坐，把栀梢公是普贤"，法船的信仰来自佛教。佛教把人世间视为苦海，佛菩萨发大慈悲救渡众生出离苦海，称为慈航。

喻松青将《龙华科仪》《回郎宝卷》《皇极金丹九莲正信皈真还乡宝卷》中的《法船经》进行对比，发现宝卷文献中民间宗教的"法船"说，涉及黄天道、大乘圆顿教、金丹道、一贯道、白莲教、先天教等诸多民间宗教。②

靖江做会，需要请各路神灵，张挂"圣轴"，供"马纸"（即纸马，菩萨像）。从角色功能上讲，佛头是斋主和神灵之间的代理人，他代斋主象征性搬演"朝圣"，参与并协助斋主，与各路神灵沟通，达成斋主的美好愿景。在搬演仪式卷的阈限阶段，他代表斋主将污秽嫁祸于"替罪羊"，使人免遭灾害或瘟疫。仪式后，乡民将代表瘟神的纸人放置在马或船上，运到村边或海边，烧毁或让其飘走，以此来实现驱逐瘟疫、禳解灾害的目的。

英国人类学家玛丽·道格拉斯研究表明："污染意味着秩序被破坏。消除污染不是一种消极的运动，而是一个积极组建环境的努力。"为了祈福纳吉，禳解"毒月"（端午节）的疾病与瘟疫，改善自身的生存环境，从张天

---

① 《民国嘉定县续志》卷五《风土志》记载："每逢朔望或神佛诞辰，各具香烛纸繠，入寺庙内膜拜，……遇三月十九、四月初八、九月十九等日，往往在社庙诵经，有焚纸繠之船者，谓之化莲船，又称做佛会。"

② 喻松青：《民间秘密宗教经卷研究》，台北联经出版事业公司，1994年，第326、328—329页。

师"斩五毒"版画、吃"五毒饼"的民俗，再到清代宫廷搬演《斩五毒》（又名《混元盒》）的应节戏，人类与瘟疫的斗争整体性进入历史、民俗、宗教、仪式、演剧赛会表演和故事叙述，形成形形色色的文化文本。其中参与文化文本搬演的人类，他的心灵和肉体通过祈祷、沉思、颂唱、斋戒或舞蹈达到内在的净化。关公、包公、张天师、钟馗、真武、城隍因此具备对疾病、妖灾隐喻性的"斩妖""伏魔"的神威，发挥着重要的禳解疫病的作用。以关公为主角的驱邪仪式剧《五关斩将》《关云长大破蚩尤》几乎流布中国各民族。可以说，各种禳解因素，长期连续地整合进入"仪式剧"（ritual drama）。宝卷仪式卷名称中有"禳星""解结""散花""延生""超度"等表述，其仪式搬演自然少不了社会功能和文化传统——禳灾与治疗机制。

全部以封建迷信和愚昧落后看待宣卷仪式中的修行禳灾和文化治疗活动，是面对科学主义、理性化等西方现代话语体系，中国文化传统被重构的结果。与单纯杀死病毒、细菌的西医治疗不同，做会、宣卷、抄卷、助刻乃至搬演，通过共享仪式，社会群体启动了一套文化治疗仪式。这一套仪式是人类长期与瘟疫、灾害互动博弈诸策略中的帕累托最优（从长远看，族群之间选择彼此"友好"策略，比选择欺诈、攻击、甩锅策略更容易成功），同时是文化治疗传统中的"整体知识"。用今天的话说，它从宇宙论、天人关联与命运共同体中来思考人类灾害、瘟疫的产生以及治疗。从整体知识出发，调整天人关系、人人关系，调动群体内部同仇敌忾、守望相助的精神能量，不仅注重疗救生理疾病，还注重凝聚、禳解、疗救与之相应的生活空间和社会心理，提高社会的免疫力，对灾异和瘟疫起到整体的"灭活"作用。[①]

（二）宣卷、唱和（和佛）的共享、逐疫、驱邪大传统

"和佛"，又称"搭佛"或"接佛"，是听卷者参与宝卷演唱的一种形式，其具体的表演方式是在唱词尾，由宣卷人将末字拖腔做提示，听卷者齐声接唱并和唱佛号。读卷时，念者与听者都必须宁静专心，不得喧哗，不准走动，一直到活动结束。读卷时，听众中都"接语应声"，"接语应声"者通常都称之

---

① 李永平：《挖掘宝卷中的文化禳灾智慧》，《中国社会科学报》2020 年 7 月 31 日。

为"接佛人"或"接卷人"。接佛是等念卷人念完宝卷中的一段韵文或诗文之后，重复最后一句时缀尾而念"阿弥陀佛"或"阿弥陀佛，陀佛"，或六字真言"唵嘛呢叭咪吽"。岷州地区的和佛与河西地区相同，念唱"阿弥陀佛"或"阿弥陀佛，陀佛"，或"南无阿弥陀佛"，有些唱诵"喇嘛佛阿弥陀佛、南无阿弥叭咪吽呀"等。

　　青海嘛呢经和佛一般是藏传佛教六字真言，是密教重要咒语，又称观世音菩萨心咒，音译有"唵嘛呢叭咪吽""嗡嘛呢呗咪吽""唵摩尼钵头迷吽"等多种，意为"归命莲华上之宝珠"。依密教所传，此六字系阿弥陀佛见观世音菩萨而叹称之语，被视为一切福德、智慧及诸行的根本，为西藏地区家喻户晓之真言，在汉族佛教地区也相当盛行。和佛在整个宝卷念卷过程中穿插进行，一般按说（散文）—唱（韵文）—和（和佛）的结构进行。从历史渊源来看，和佛与唐俗讲《敦煌遗书·俗讲仪式》一文中出现的"念佛一声""念佛一两声"的记载传统有关。敦煌卷子 P.3849 纸背便记了一段俗讲仪式：

　　　　夫为俗讲：先作梵了，次念菩萨两声，说"押座"了（素旧《温室经》）；法师唱释经题了，念佛一声了，便说"开经"了，便说"庄严"了，念佛一声，便一一说其经题字了，便说经本文了，便说"十波罗蜜"等了；念"佛赞"了，便"发愿"了，便又念佛一会了，回（向）、发愿、取散，云云。[1]

　　"念佛一声了"、"念佛一声"、念"佛赞"了、"便又念佛一会了"即为俗讲中的和佛。变文中韵散相间的"菩萨佛子"记载，大约也是这种接佛声。只是由于地区差异与地域文化的影响，青海嘛呢经受藏传佛教的影响，和佛用六字真言。另外和佛的曲调不尽相同，不同地区借用该地区流行的民间小调音乐来和佛，像青海嘛呢经的和佛曲调部分就与当地民歌《花儿》的韵律和节奏相似。

　　从《文心雕龙》情采第三十一"故立文之道，其理有三：一曰形文，五

---

[1]　田青：《有关唐代"俗讲"的两份资料》，《中国音乐学》1995 年第 2 期。

色是也；二曰声文，五音是也；三曰情文，五性是也。五色杂而成黼黻，五音比而成韶夏，五性发而为辞章，神理之数也"①，可知，中国文学观念是大文学观。除形文之外，还有"声文"，它们一起构成了"神理之数"，这些"神理之数"在笔者看来主要是逐疫禳灾的文化传统。

从大传统看，宝卷说唱仪式中都有声文——宣卷与和佛。尚丽新从和佛的音乐效果和"积福""保家""保太平"的社会功能角度做了研究。并从唐代变文中的和声推断，有了宝卷就有了和佛。现存的早期佛教宝卷中都不标和佛。明中叶的宝卷文本开始注明和佛，但它们标注的是小曲中的和佛，如明刻本《普明如来无为了义宝卷》、明刻本《佛说杨氏鬼绣红罗化仙哥宝卷》、清康熙刻本《平天仙姑宝卷》中的"哭五更"曲牌都有"我的佛"或"我的佛爷"之类衬字。②

今存最早和佛的记录见于《金瓶梅词话》。《金瓶梅词话》第三十九回宣《五祖黄梅宝卷》时有这样的和佛描述："大师父说了一回，该王姑子接偈。月娘、李娇儿、孟玉楼、潘金莲、孙雪娥、李瓶儿、西门大姐并玉箫，多齐声接佛。"③

和佛的来源不明，但念唱佛名由来已久。念唱佛名既是信众表达信仰的一种方式，也是修行的一种方式。正如北魏昙鸾在《略论安乐净土义》中所云："若念佛名字，若念佛相好，若念佛光明，若念佛神力，若念佛功德，若念佛智慧，若念佛本愿。无他心间杂，心心相次，乃至十念，名为十念相续。"④念唱佛名被广泛地使用在佛教法事之中。宝卷源出于佛教，和佛与佛教法事中的念唱佛名有一定的关系。南朝梁慧皎的《高僧传》云：

> 至如八关初夕，旋绕行周，烟盖停氛，灯惟靖耀。四众专心，义指缄默。尔时导师则擎炉慷慨，含吐抑扬，辩出无穷，言应无尽，谈无常，

---

① 刘勰著，周振甫注：《文心雕龙注释》，人民文学出版社，1981 年，第 346 页。
② 尚丽新：《宝卷中的"和佛"研究》，收入 2018 年广州《中国俗文学学会年会论文集》，2018 年。该文发表于《民族文学研究》2020 年第 3 期。
③ （明）兰陵笑笑生：《金瓶梅词话》，人民文学出版社，1992 年，第 345 页。
④ （北魏）昙鸾：《略论安乐净土义》，《大正新秀大藏经》，日本大藏出版株式会社，1932 年，第 47 册，第 3 页。

则令心形战栗；语地狱，则使怖泪交零。征昔因，则如见往业；核当果，则已示来报。谈怡乐，则情抱畅悦；叙哀戚，则洒泪含酸。于是阖众倾心，举堂侧怆。五体输席，碎首陈哀。各各弹指，人人唱佛。[①]

清代的部分刻本宝卷标有简单的和佛，例如清乾隆三十八年（1773）杭州昭庆大字经房刊本《香山宝卷》、清光绪二年（1876）杭州玛瑙明台经房刊本《雪山宝卷》、清光绪己卯（1879）常郡培本堂善书局刊本《杏花宝卷》都有和佛的标注，三者的和佛分别为《香山宝卷》是"南无观世音菩萨"、《雪山宝卷》是"和佛"、《杏花宝卷》是"南无观世音菩萨"或"南无阿弥陀佛"。今存的宝卷宣卷仪式中，和佛依然存在。

笔者梳理从《后汉书》到《朝鲜王朝实录》的资料，认为和佛是唱和传统与佛经讲唱仪轨结合的产物，而唱和与驱赶恶鬼和恶疾威胁的文化传统关系密切。韩国郑元祉教授认为："唱和就是通过众人的嘴驱赶疫鬼和恶鬼的方法。"[②]

"相和"是一种非常古老的演唱方式，《诗经·郑风》中载："萚兮萚兮，风其吹女；叔兮伯兮，唱予和女。"沈约《宋书》中记载："《但歌》四曲，出自汉世，无弦节作伎，最先一人唱，三人和。"唐人元稹说："始尧舜时，君臣以赓歌相和。"宋人黄鉴也说："唱和联句之起，其来久矣，自舜作歌，皋陶赓载。"这是不错的。从战国时期宋玉《对楚王问》中关于《下里》《巴人》"国中属而和者数千人"[③]的记载来看，在战国时的楚国相和的歌唱方式已经非常流行了。相和歌是汉代的流行歌曲，所谓"汉世街陌讴谣"，被采入宫廷之后经过乐官的加工整理上升为宫廷俗乐的代表，在魏晋时又被升格雅化为"清商正声，相和五调伎"的清商乐。[④]晋室南渡之后，统治阶层

---

① （梁）慧皎：《高僧传》，汤用彤校，中华书局，1992年，第521页。

② 参见〔韩〕郑元祉：《中韩傩礼逐疫机制的生成与运作》，朱恒夫、聂圣哲主编：《中华艺术论丛》第21辑《戏曲学术前沿动态专辑》，上海大学出版社，2018年，第227页。这部分请参考"新罗33代圣德王时，纯贞公为江陵太守，带着家人赴任途中吃午饭，突然海中恶龙出现，带走了纯贞公美丽的夫人。当大家都悲叹之时，老人出现安慰他们并教给他们一首歌，大家大声唱出这首歌，就连铁也会掉泪的那样，海怪也会害怕的。按照老人说的他们拿着柳枝伴随着节奏到水边的小坡上，海龙果真带着夫人回来了。"

③ （梁）萧统编，（唐）李善注：《昭明文选》卷四五，上海古籍出版社，1986年，第5册，第1999页。

④ （宋）郭茂倩：《乐府诗集》卷二六，中华书局，1996年，第376页。

沉迷于吴声、西曲为代表的江南民间音乐，清商乐迅速衰落。但相和的表演方式却长盛不衰，从战国时期的"属而和"的人声相和到汉代的"丝竹更相和，执节者歌"的人声与器乐相和，[①] 再到六朝清商新声和送声的高度艺术化，历代对相和的酷爱是热烈而又持久的，相和的艺术水平也在不断提高。

民间流行的属而和之的相和方式与清商新声中艺术化了的和声在唐五代均极为流行，而且和声被广泛地使用在各种场合。不仅使用在声诗之类的齐言歌辞中，而且戏弄之中亦有和声。唐崔令钦《教坊记》所载小戏《踏谣娘》中亦有"旁人齐声和之"的"踏谣，和来！踏谣娘苦，和来"的和声。[②]

通过对古老场合传统的分类，笔者认为整体上分为两类：一类是世俗的人与人之间相互酬唱、支持应答的一种方式。唐代元稹、白居易的通江唱和是酬唱应答的变体。另一方式是在集体场合，由一人领唱，其他人跟唱、联唱的方式。笔者认为后一种场合类型更为古老，前一种类型是后一种类型的世俗形态。在巫术仪式和宗教活动中，领唱、联唱、跟唱这一唱和形式具有唤起群体能量，守望相助的逐疫禳灾社会动员功能。

追溯在巫术仪式和宗教活动中的唱和，笔者发现，在古俗之中，打鬼、逐疫、开路的方相氏领唱，振子（侲子）们跟着和唱，是这类唱和的原初形态，其中包含着唱和仪式的原初形态，伴随驱逐疫鬼的十二神和呼叫着鬼的名字。驱赶恶鬼的十二神分别为甲作、胇胃、雄伯、腾简、览诸、伯奇、强梁、祖明、委随、错断、穷奇、腾根，被十二神抓住的恶鬼分别为凶疫、魅、不祥、咎、梦、磔死、寄生、观、巨、蛊等。可以看出，在驱赶恶鬼时，神与所驱赶的疫鬼比例大致接近。

从《后汉书》《新唐书》，宋代《政和五礼新仪》《高丽史》等史书中的相关内容，可以看出历时性的延续，一成不变的逐疫禳解办法：以集体有节奏地唱和，调动机体能量守望相助、分担压力，或者威胁性的话语和歌唱驱除鬼神。以集体合唱、集体唱和（和佛）与话语威胁的方式赶走疫鬼和恶鬼，可以看出疫鬼与恶鬼的恐怖心理与人类的恐怖心理是相似的。

---

① （宋）郭茂倩：《乐府诗集》卷二六，中华书局，1996年，第376页。

② （唐）崔令钦撰，任半塘笺订：《教坊记笺订》，中华书局，1962年，第175页。

按照传统分类，唱和分为（1）歌唱时此唱彼和。[1]（2）指音律相合。（3）互相呼应、配合，以诗词相酬答。学术界对唱和的研究多集中在唱和的抒情作用上，[2] 相当一部分学者从诗歌本身的艺术角度评判，认为唱和诗形式大于内容，艺术水平不高。[3] 但是，从唱和传统的渊源上看，唱和传统有着独特的社会功能。

中国逐疫禳解唱和文化大传统是佛教讲唱、和佛传统的原初形态。对宝卷中的和佛，尚丽新分析了和佛的形制、分类、效果，认为"听卷者齐声接唱并和唱佛号"，从技术层面上来说，和佛调和了声辞关系，是促成曲牌体板腔化的重要手段。从信仰传统和功能上来说，宝卷和佛沿袭的是佛教讲经唱和佛名的传统，浸润着浓烈的信仰色彩，信众由于参与其中，很容易就达到"个个弹指，人人唱佛"的群情激动的效果。[4] 田野调查中，车锡伦先生发现：和佛除了让听众密切配合说唱，精神处于兴奋状态，还让听卷人的心灵同宝卷故事人物的悲欢离合融为一体，身心得到充分愉悦。在靖江讲经中一次"打唱莲花"，那是醮殿仪式宣唱《十王宝卷》中的"七殿攻文"。当时大众群情振奋一起合唱，伴随着双句、四句、再接双句的和佛，"唱到最后，群情振奋，节奏加快，双句和佛，歌词妙趣横生"[5]。靖江讲经讲到最后，佛头会说："和佛保延生，谢谢众善人。"追根溯源，和佛源于佛教一宗——净土宗。这个教派倡导一种最简便易行的修行之法，即"只要口称'阿弥陀

---

[1] 唱和有两种不同的方式：一种是甲方赠乙方的诗词，乙方根据甲方内外交赠诗词的原韵写来回答，唐代白居易、元稹二人这种依韵唱和的诗颇多。另一种是乙方回答甲方所赠的诗词，只根据原作的意思而另自用韵，唐代柳宗元与刘禹锡之间的唱和诗就属这一类。包括以下几种类型：一个人做了诗或词，别的人和诗，只作诗酬，不用被和诗原韵；依韵，亦称同韵，和诗与被和诗同属一韵，但不必用其原字；用韵，即用原诗韵的字而不必顺其次序；次序，亦称步韵，即用其原韵原字，且先后次序都须相同。唱和本是指唱歌时此唱彼和，互相呼应，后来"唱和"也作为彼此以诗词赠答的代词。

[2] 田安、刘杰、卞东波认为："诗歌唱和与联句是中唐文人之间重要的友谊表现形式，他们之间的诗歌唱和与联句超越了工具性用途，不仅被用来逞才竞能，而且还充作智性与审美的对话。除了友朋欢聚常常会激发诗歌创作（与竞争）之外，以文会友的特定期待也会形塑诗歌。联句诗和酬答诗也挑战了中古抒情诗中的主体观念，呈现出新的诗学特征。"《同声相应：中唐文人友谊与诗歌酬唱》，《新国学》2019 年第 2 期。

[3] 马东瑶：《苏门酬唱与宋调的发展》，《文学遗产》2005 年第 1 期。

[4] 尚丽新：《宝卷中的"和佛"研究》，收入 2018 年广州《中国俗文学学会年会论文集》，2018 年。该文见刊于《民族文学研究》2020 年第 3 期。

[5] 车锡伦：《中国宝卷研究》，广西师范大学出版社，2009 年，第 23—24 页。

佛'或'南无阿弥陀佛'，即可灭八十亿劫生死大罪，死后弥陀接引往生极乐"，至明清时期形成"家家阿弥陀，户户观世音"的局面。靖江讲经虽属民俗信仰，但毕竟源于佛教，或许受其影响，为迎合广大信众的心理需要，借鉴、移植其修行之法，将和佛视同"称念阿弥陀佛名号"，"从中获得精神慰藉，振奋起光大佛法的雄心，坚定了谋求解脱的决心"。但是和佛除了凝聚人心、增加娱乐效果之外，如果把和佛这一形制放在唱和、应答等讲唱文化大传统中理解，和佛的禳灾意味就会豁然开朗。

宝卷宣卷中的集体和佛是文学的微观社会层面的互动，社会学家柯林斯认为社会结构的基础是"互动仪式链"。这一互动链在时间上经由具体情境中的人之间的不断接触而延伸，从而形成了互动的结构。当越来越多的人参与社会互动，高度相互关注，社会结构就变得更为宏观了。"宏观过程来自于互动网络关系的发展，来自于局部际遇所形成的链条关系——互动仪式链"，"在人类社会中存在着各种各样的仪式，仪式的类型反映了社会关系的类型。在传统社会，人们的活动是高度仪式性的，但在现代社会，则是低度仪式性的"。[1] 我们以互动仪式链来思考宝卷的"和佛"诗学机制，对"和佛"传统的理解有重要的参考价值。

1. 声音诗学场域的治疗与禳灾机制

宝卷在长期编创和宣卷仪式中保留了丰富的文化传统和在场信息。宝卷音声空间的仪式场域更是一个复合空间，有文字符号（宝卷卷本）、声音符号（念卷者的念卷声及听卷者的和佛声）、音乐符号（念唱宝卷时，乐器伴奏产生的疗愈音乐，以及念卷者所用曲牌曲调）、动作隐喻符号（念卷者的念卷仪式展演及听卷者的身体动作）、原型意象符号（符箓、画像、灯光、蜡烛、香、纸钱）等多种符号系统，这些不同符号系统之间的转换，调动社会空间、当事人从精神上疗救"得病的身体"。

作为包含大量口头程式的说唱形式，宝卷的口头程式非常明显。[2] 对于口头说唱中的声音程式的功能，洛德在《故事歌手》中的论述可供参考：

---

①　林聚任：《互动仪式链》译者前言，〔美〕兰德尔·科林斯：《互动仪式链》，林聚任、王鹏、宋丽君译，商务印书馆，2009年，第2—3页。

②　李永平：《禳灾与记忆：宝卷的社会功能研究》，中国社会科学出版社，第201页。

这些程式是由于其声学模式（这种模式是由重复一个有力的词或意义来强调的）而进入诗中的。在程式所象征的独特效力失去之后，也有人认为程式仍然具有这种效力。因此，那些重复的词语，因为反复的使用而开始失去其精确性，这些重复词语是一种驱动力量，它使得故事中所赋予的面对神灵的祷告得以实现。[①]

要真正理解声音诗学场域的治疗与禳灾机制，我们对宝卷在场的集体和佛仪式及宝卷伴生的副文本要做深入的跨学科理解。晚清的宝卷很多是集体扶乩产生的，集体传抄、集体收藏、集体助刻、群体和佛，都属于群体的仪式行为。受迫害的想象导致的焦虑和危机，让科技力量不发达的年代，个体更趋向抱团取暖，群体切换到信息、心理、智慧、时间空间的集体共享模式，参与群体守望相助的氛围，能克服社会孤独与心理恐惧，能体会到集体感和力量感，从而进入精神禳灾度劫的模式。由此，人类叙述言说的文类偏好及社会分层背后，耐人寻味地侧漏出人类这个庞大群体自我调节、自我疗救的集体无意识选择机制。[②]

"南无观世音菩萨"或"南无阿弥陀佛"，在和佛中反复重复的几个词、表达句式或者表述结构就是我们所说的声学模式，也就是前文中所讲到的"声文"。"声文"自古以来影响深远，长期受"视觉中心"（ocularcentrism）为本位的书写文化桎梏至深的我们，已经很难深入领悟声音的文化疗愈（禳灾）机制。对净土宗倡导的修行之法——口诵"阿弥陀佛"或"南无阿弥陀佛"及背后的说辞——"可灭八十亿劫生死大罪"，仅仅视为一种善良的愿望，其中的"听觉文化"传统已经断裂。

英国人类学家玛丽·道格拉斯研究表明：失序、危机、灾异意味着污染，袚禊（去除污垢）"不是一种消极的运动，而是一个积极组建环境的努力"[③]。为了祈福纳吉，禳解疾病与瘟疫，可以说各种禳解因素长期连续地整

---

① 〔美〕阿尔伯特·贝茨·洛德：《故事歌手》，尹虎彬译，中华书局，2004 年，第 92 页。

② 精通文字群体的集体言说意愿较低，文盲或者粗通文墨者更倾向于集体言说活动。李永平：《文化大传统的文学人类学视野》，陕西师范大学出版社，2019 年，第 59 页。

③ 〔英〕玛丽·道格拉斯：《洁净与危险》导言，黄剑波、柳博赟、卢忱译，商务印书馆，2018 年，第 14 页。

合进入祓禊仪式表演之中。

前文提及戏曲中的帮腔"啰哩嗹"，其功能可分为有宗教祀神意味的"啰哩嗹"和作为衬字帮腔的"啰哩嗹"等。[①] 作为衬字、帮腔使用的和声"啰哩嗹"虽无实义，但往往可以起到烘托气氛的作用。在不同的场合，配以"啰哩嗹"的演唱，可以把观众带到作者（演员）所设定的场景之中，让人认同、分享，甚至参与某种情感。

有宗教、祀神作用的"啰哩嗹"的具体含义当然是禳灾驱邪。美国汉学家白之（C. Birch）在谈到成化本《白兔记》开场时的"啰哩嗹"时说："末角开场，用'白舌赤口'这样的强硬语言把他的警告送上天送下地，以驱祟逐邪。""这支歌是唱给神仙听的，只有神仙明白这支歌是什么意思，因为全歌45字全是'哩''罗''嗹'三个音节，毫无意义地颠来倒去。"[②] 今福建梨园戏、傀儡戏开场曲，用"啰哩嗹"净棚或"戏神田元帅踏棚"，泉州傀儡戏艺人当然也是为了驱邪。[③]

民间口头说唱传统超越文字记载，还原了文学演进中的帮腔谱系，是对口语诗学与声音诗学的复归。其意义如美国学者弗里所言，让长期沉浸在书写和文本中的人们"重新发现那最纵深也最持久的人类表达之根"，"为开启口头传承中长期隐藏的秘密，提供至为关键的一把钥匙"。[④] 即使是在文字产生以后，史诗、宝卷、"蟒古思故事"的念唱，民俗仪式的叙事文本与歌咏、藏戏的演述等民间口头大传统中的文类，依旧具有强大声音生命力，而这正是"声音诗学"的研究领域。

"声音诗学"功能的发挥离不开仪式场域，仪式经常扮演着现实生活向艺术转换的桥梁的作用。[⑤] 宝卷宣卷中的三三四"十言"是七言程式的变体。白川静认为，献给神灵的颂词是有韵律的语言，是神圣韵文的起源之一。[⑥]

---

① 康保成：《傩戏艺术源流》，广东高等教育出版社，2005年，第82、89页。

② 白之：《一个戏剧题材的演化——〈白兔记〉诸异本比较》，《文艺研究》1987年第4期。

③ 康保成：《梵曲"啰哩嗹"与中国戏曲的传播》，《中山大学学报（社会科学版）》1999年第6期。

④ 《口头诗学：帕里-洛德理论》作者中译本前言，〔美〕约翰·迈尔斯·弗里：《口头诗学：帕里-洛德理论》，朝戈金译，社会科学文献出版社，2000年，第5页。

⑤ 〔英〕简·艾伦·哈里森：《古代艺术与仪式》，刘宗迪译，生活·读书·新知三联书店，2008年，第119页。

⑥ 〔日〕白川静：《中国古代民俗》，陕西人民美术出版社，1988年，第107页。

古老的"三三四"板腔体"七言"，其声韵源于商周铭文的"祝祷"仪式说唱。古老的"七言"镜铭与商周铭文"祝祷"的情感诉求相近，其渊源或可追溯至商周时期神祇祭祷仪式中的祝语或祝嘏辞（神回答的语言）。[①]"祝"本为"告神之辞"，"嘏"则为"祝传神意之语"，其内容和形式都包含"祈"或"禳"两个方面。

2. 集体参与中的"群体激荡与裹挟效应"

宝卷唱和从群体互动性、交际性或群体性状态，到彼此酬唱一对一，作者创作出版一对多，其在场感的消失，本身具有人类学的意义。这意味着社会需要文学启动集体动员能力和机会走向式微。从这个意义上，群唱、联唱、集体和佛，是群体生存文化大传统的孑遗，是一种不同于作家文学范式的新的古老"美学范式"，它向我们展示了瞬间共有的现实，即形成群体团结和群体成员性的"拟群体"效果。

敦煌出土的许多世俗和宗教作品的口语体，如"说""颂""赞""大曲""变文"等，是中古以后文类分化的母胎，令人神往地回到这类文学产生的口头环境。但就像"颂"是本土的文学类型，敦煌发现了类似于墓志铭的"颂"一样，敦煌发现的俗讲和佛，同样有本土文化类型。[②]法国国家图书馆收藏的敦煌卷子 P. 3849 中有关于俗讲仪式，其中的"念菩萨两声""念佛一声""念佛赞""又念佛一声""念观世音菩萨三两声""念佛一两声"等，都是继讲唱之后大众齐声相和的内容。[③]正是在和佛仪式中，"展开真经广无边，大众同共结良缘"。清代上海"或因家中寿诞，或因禳解疾病，无不宣卷"，从宣卷这一个侧面告诉我们，和纯粹的文学故事相比，民间信仰和禳灾仪式才是宝卷的核心，无论是过渡礼仪还是禳解仪式，都是乡民生活中最为关切的重大事件。接卷、和佛是宝卷念唱过渡仪式中最具禳解功能的部分。当某人开始口头唱和时，他们应对困难的技能和知识将使大家产生积极的"群体共鸣"，这个词曾被维克多·特纳（Victor Turner）用来形容一个

---

① 李立：《七言镜歌：七言诗形成的重要环节》，《中国社会科学报》2014 年 7 月 25 日。
② 〔美〕梅维恒主编：《哥伦比亚中国文学史》第 2 卷，马小悟等译，新星出版社，2016 年，第 1071、1083 页。
③ 向达：《唐代俗讲考》，《敦煌变文论文录》，上海古籍出版社，1982 年，第 50 页。

人分享群体成员相同经验时的感觉。[①]

　　美国社会学家柯林斯用"互动仪式链"（interaction ritual chains）理论，架通宏观和微观领域。柯林斯认为，民众基于共同的心理和关注，产生共同的情感冲动，当人们以同样的符号来表示他们共同的关注和情绪时，产生了互动仪式。互动仪式理论的核心是："高度相互关注，即高度互为主体，跟高度的情感连带 —— 通过身体协调一致、相互激起/唤起参加者的神经系统 —— 结合一起，从而导致形成了与认知符号相关联的成员身份感；同时也为每个参加者带来了情感能量，使他们感到有信心、热情和愿望去从事他们认为道德上容许的活动。"[②] 过去笔者一直为一个问题困扰：为什么人类早期的文学简单划分为韵文和散文。韵文要么押韵，要么和声。经过思考，笔者认为通过韵律吟诵的整饬美，强化诗文内容的感染力，激发集体意识，形成"社会宪章"作用。"正是通过发出相同的喊叫，说同样的词语，或对某些对象表现相同的姿态，他们才成为和感觉自己是处于一体中。"个人的想法只有超出自己才可能相互有接触和沟通；他们只有通过活动才能这样去做。是这些活动的同质性赋予了群体以自我意识，激发参与者的情感表达，形成共同的情感走向，而"共有情感反过来会进一步增强集体活动和互为主体性的感受"[③]。一般来说，民众个体对于自身情感、思想的确认，往往是不自信和怀疑的，只有通过他人、群体的认同，才能够得到确证。个人或群体的焦虑状态与仪式的奇妙象征结盟，双方开始遵循相互利用的规则，建立一种象征性的交换关系。而他人、群体亦会对个体的情感、思想观念进行直接或间接的规训裹挟，让人不假思索，更适于集体接纳。其原理是个体一旦融入集体，就会重返早期群体合作生存的模式，因为集体的情感而感到温暖、幸福，又因为个体主体得到确认而获得自尊、自信，并产生积极的力量和主动精神。

　　从《后汉书》看，"黄门唱，侲子和"，唱和的侲子数量多达120人。宝卷念唱仪式中，通常有数人至数十人参与集体和佛。笔者2015年在张掖调

[①]　转引自〔澳〕大卫·登伯勒（David Denborough）：《集体叙事实践：以叙事的方式回应创伤》，冰舒译，机械工业出版社，2015年，第39页。

[②]　〔美〕兰德尔·科林斯：《互动仪式链》，林聚任、王鹏、宋丽君译，商务印书馆，2009年，第79页。

[③]　〔美〕兰德尔·科林斯：《互动仪式链》，林聚任、王鹏、宋丽君译，商务印书馆，2009年，第70—71页。

查宝卷念唱时发现，河西宝卷一般一人主唱，其他人和佛（河西地区称之为"接声""接音""接卷"或"接后音子"）。活动刚开始时只有半时几个熟悉的人接音，待气氛缓和后所有人均接音，人数不定。首先，集体和佛形成一个共情的场域，由参与者共同承担病人的痛苦。声音诗学中，通过声音和佛，声音在意识层次底部"自我意象"与外界环境一体化，"自我与非我融合成一个和谐整体"。个人感觉他与宇宙一体化，真实自我不仅是他有机生命整体，而且是所有天地万物。[①] 其次，形成一种"众声喧哗"的亢奋热闹场景，将仪式现场焐热，实现报团取暖、抵御外邪的治疗效果。三是通过集体力量的激荡增加疗愈的功效，从而使病人感觉到他人的助力，象征性地共克时艰，借助象征性的集体力量渡过阈限阶段，进行"伏魔"治疗。[②] 在场的声音互动共振，延续了彼此的依赖感，叠加了彼此的情感能量。整个社会可以看作是一个长的"互动仪式链"，宏观的社会结构就是通过这种互动仪式链建立起来的。

而彼此独处的文人唱和更倾向一种"拟群体"的效应。人类从远古抵御恶劣环境，危机时刻报团取暖形成的从众心理，在生产力提高后隐蔽而不彰，如果士人双方的思想政治观念、性格情感、文学主张以及审美爱好等都很接近，那就不管是同处还是异居，同朝还是异代，都能构成跨时空唱和，所谓"同其声气则有唱和"[③]，这就构成了"拟群体"的效应。从"以文会友，同气相求"的一般文人交游唱和，到"歌功颂德，粉饰太平"的君臣属僚唱和，其原始形态是个体皈依群体，在受挫之后内心收获守望相助的集体归属感。

表 6-1　相和、唱和、和佛文化文本的社会功能一览表

社会交往方式	唱和方式	生理特点	空间	社会功能
非特定交往（独处、散居）	闲聊	多巴胺低	世俗空间	心理治疗
特定交往（散居）	唱和、帮腔	多巴胺中等	世俗空间 / 神圣空间	治疗 / 禳灾
群体激荡（聚居）	和佛	在一定范围内多巴胺先上升，带动群体上升	神圣空间，常熟做会不许外人进入	禳灾

---

① 〔美〕肯·威尔伯（Ken Wilber）：《没有疆界》，许金声等译，中国人民大学出版社，2012 年，第 7—9 页。
② 李永平：《"大闹"与"伏魔"：〈张四姐大闹东京宝卷〉的禳灾结构》，《民俗研究》2018 年第 3 期。
③ 权德舆：《唐使君盛山唱和集序》，（清）董诰编：《全唐文》卷四九〇，中华书局，1983 年，第 5001 页。

二、宗教的循环时间与修身归正的秩序守阈

在人类学家基于当代行为（最重要的是仪式行为）为中国宗教建立模型之时，历史学家则倾向于根据主导祭祀传统的三教，即道教、佛教、儒教对宗教进行分类。每种宗教传统都拥有独特的神学体系、数量不等的经典、关于日常生活行为的仪式和戒律，以及历久不衰的机构和对教义阐释再生的群体。同时把民间信仰看作区别于道教、佛教、儒教三教的第四种宗教传统。并将民间信仰定义为来自社会各阶层的非神职信众的信仰与实践，它与由经文传统和寺庙权威构成的宗教世界形成鲜明对比，而不是区分民间信仰与庄严肃穆的精英宗教（elite religion）。这种民间信仰观本质上复述了杨庆堃在关于中国宗教的研究中提出的二元结构，主要指佛道两教和弥散性宗教（diffused religion）。他认为弥散性宗教由中国远古时期的古典宗教演化而来，对于加强世俗制度（家庭、世系、公会、村落、兄弟会及其他组织）的社会经济内聚力，以及证明帝制国家规范性政治秩序的正当性，都具有十分关键的作用。[①]

弥散性宗教的广泛传播，有重要的社会原因。众所周知，社会的活力和演进依赖于增熵，中国古代社会的演化缓慢，唐宋以后，内卷化现象突出，社会危机重重。现代性线性时间观念尚未建立，明清社会依旧笼罩在传统宗教的循环时间观念之中。"末世"恐慌蔓延既是文化传统注定的循环时间观的体现，也是社会情绪的真实表达。

宝卷通过宣卷等仪式活动，把佛教中的至上神消解，把道教好生的特点落到实处，在民间自觉地扮演了人文宗教的角色。这主要体现在宣卷活动，按照天时进入民众社会生活的人事安排，对个人提出了劝善、修行的道德主张；对家庭提出德孝的伦理主张；对神灵提出了祭祀禳灾的主张，最终以善和德性回应了"三期末劫"的神话信仰和民间恐慌情绪，表达了社会现实关怀。

"三期末劫"观念是针对末世的一种救世神话信仰。这一信仰认为，世界由成到坏要经历三小劫、中劫和三大劫，即三小灾（一刀兵，二饥饿，三

---

① 〔美〕万志英（Richard von Glahn）：《左道——中国宗教文化中的神与魔》导言，廖涵缤译，社会科学文献出版社，2018年，第8页。

疾病）和三大灾（火灾、水灾、风灾）。《法苑珠林·劫量》篇说："大则水、火、风而为灾，小则刀兵、饥馑、疫疠以成害。"清初《龙华宝经》又有"草芽劫""胡麻劫""芥子劫"（或"辘辘劫"）之说。"草芽劫"时，人民有灾，望世不晌："胡麻劫"时，天地混沌，有刀兵、蝗虫、旱涝、饥馑之灾，黎民涂炭："芥子劫"时，天降群魔，水火风齐动，刀兵、蝗虫、旱涝、饥馑等灾害次第出现，黎民业苦。明清民间教派如白莲教、罗教、弘阳教、龙天教、八卦教、闻香教等在其教义中宣传末世说，圆顿教有"三期末劫"说，认为宇宙经历了青阳世、红阳世、白阳世（过去世、现在世到未来世）"三期"，每一期都要经历无数"劫"，在红阳世与白阳世之间的劫即为"三期末劫"，在末劫期，刀、兵、水、火、风疾等天灾人祸并行，人类无处躲藏。清初《定劫宝卷》《末法灵文》《末劫法宝》等经卷都宣扬"末劫"。

中国的社会运作含有理想的儒家观点，在现实世界中通过重农的政权、家庭制度、仪式执行以及各种人际礼仪将这些标准规范付诸实行。即便是在18世纪的"盛世"，儒家规范在本质上仍作为处理肆意骚乱的底层社会的机制，尽管该领域充满着盗匪、秘密兄弟组织、千禧宗教以及叛乱者各式离经叛道之行径。从18世纪末到20世纪，清政府没有及时呼应社会变革的各种诉求，社会治理僵化内卷，这让强盗、叛乱者及宗派教徒及民间信仰成为主要"受惠者"。[①]

这首先表现在佛教、道教"末劫""救劫"思想在晚清社会"末世"的现实社会土壤中，得到广泛的传播机会。左宗棠在《景州石牧元善禀审讯威字团乡勇误戕官弁由》中指出直东一带擅杀之案层见迭出，杀机不止，乃是"劫运将临"，以至于百姓实受其害。大劫来临，无人可逃。《聊斋志异·鬼隶》鬼隶言"济南大劫"，果然北兵大至，屠济南，罹于难者百万之数。《豆棚闲话·空青石蔚子开盲》借神人之口言道："当今世时，乃是五百年天道循环轮着的大劫，就是上八洞神仙也难逃遁。"宝卷言"劫"更多。道光年间《众喜宝卷》卷二："大三灾，火烧水淹风刮：小三灾，刀兵疫痢饥。"嘉庆年间《家谱宝卷》、嘉道之际《佛说弥勒古佛尊经》等，皆承袭前人"末劫"观，并对"末劫"导致的原因及惨状有具体描绘。这些与"末劫""救

---

① 〔美〕罗威廉：《最后的中华帝国：大清》，李仁渊、张远译，中信出版社，2016年，第156页。

劫"思想一起，在客观效果上，对底层民众起到了"精神恫吓"的作用。

明清时期民间宗教的谶纬经书《五公经》在某种程度上反映了封建社会后期人们隐约感到的社会危机。① 该经假借唐公、朗公、宝公、化公、志公五位佛菩萨之口，预言天下劫变："下元甲子，轮回末劫，宜早避之。若逢末劫之时，东南天上有孛星出现，长一丈，如龙之相，后有二星相随，昼夜驰奔，东出西落……即是末劫来到。……若此年岁，天下大荒，人民饥馑，十日无食，刀兵竞起，斗战相争，干戈不停。善者可逃，教恶者难以回避。……白骨堆山……遍地流血。"该经又有十愁歌诀，书尽人间妻离子散、人烟灭绝，以及黑风黑雨、雷电交加、毒蛇猛兽吞食人命的世界末日之惨景。②

清中叶理教入教称为"在理"，主要信奉圣宗古佛，即观音菩萨。教义为崇尚五伦，实践八德，以"忠君爱国，孝顺双亲，尊敬长上，和睦乡邻"十六字为基本信条，戒"淫、盗、烟、妄、酒"；入教时由师傅口传心授"无字真经"，又名"五字真言"，乃"观世音菩萨"五字，据称如遇灾难，诚心出声念诵三遍，圣宗古佛即能闻声救难逢凶化吉。③ 在末世思想的弥漫氛围之中，出现了一些圣谕宣讲，可以理解为是一种神圣信仰为体的救劫行动。

渡劫、免灾，使自己成为被神光顾乃至捡选的特定对象，是清代后期一部分宝卷的思想落脚点，免灾的办法主要是自我斋戒和服从教化。古代祭祀礼制把斋戒看成一个追求身心洁净的神圣化过程，而把疾病、死丧和刑杀等看成不洁或秽恶之事。许慎《说文》卷一称："斋，戒，洁也。"因此，斋戒必须远离这些事项。又据《礼记·曲礼上》称："斋者不乐不吊。"郑玄注云："为哀乐则失正，散其思也。"④ 祭祀斋戒期间之所以要避免吊丧和乐舞，

---

① 该卷版本颇多，如清光绪二十九年（1903）重刻本《五公末劫经》（又名《五公传》《五公经》），民国二十二年（1933）翻印本《五公尊经》（又名《天台山五佛菩萨尊经》），民国二十八年（1939）重刻本《五公末劫真经》、《五菩萨宝卷》、《五公末劫真经》（又名《大圣五公菩萨救度众生末劫歌符经卷》）、《天台山五佛菩萨真经》（又名《救难五公经》《天图经》《佛说转天经图》《五公救劫经》）、《大圣五公转天救劫氋经》（又名《大圣五公演说转天图形首妙经》）、《五公新说宝忏》《五公新说救劫宝忏》（又名《大圣五公经》《五公救劫经》）等。
② 濮文起主编：《新编中国民间宗教辞典》，福建人民出版社，2015 年，第 600 页。
③ 《中国民间信仰、民间文化资料汇编》图录大要，载王见川等主编：《中国民间信仰、民间文化资料汇编》第一辑第 34 册，台北博扬文化事业有限公司，2011 年，第 6 页。
④ 《礼记正义》卷三，《十三经注疏》整理委员会：《十三经注疏》，北京大学出版社，2000 年，第 86 页。

是因为无论是哀伤还是享乐都会使斋戒者失去清正之心，使其意志被扰乱和分散，因而也就无法达到斋戒的效果。《周礼·秋官·司寇》规定："凡国之大祭祀，令州里除不蠲，禁刑者、任人及凶服者，以及郊野，大师、大宾客亦如之。若有死于道路者，则令埋而置楬焉。"郑玄注称："此所禁除者，皆为不欲见，人所秽恶也。"①

从精神层面看，很多秘密团体遵循末世或救世主的信仰。从社会及宇宙层面来看，那是一个新秩序、更美好的未来预言。这尤其展现在弥勒佛教、摩尼教或白莲教思想的团体中，这些信仰认为世界历经日渐腐化的各个时代，间或通过千禧年介入进行汰换更新，且通常由素食或禁欲的严格戒律所界定的真正信仰者在其中领导。这种信仰在功能上与西方的犹太教、基督教和伊斯兰教信仰系统中兴起的千禧教派类似。但这种末日预言的推动力不仅来自佛教或其他传入宗教的信徒，亦包括自古即普遍存在于中国本土的民间信仰。清代长期且普遍相信恶灵，使原本看似正统的团体中，迅速地衍生出以救世主自居的除妖、净化世界之典范。②

道教斋堂、静室等斋戒活动，在某种意义上是对末世信仰的另一种应对。范热内普和维克多·特纳认为人生或者社会的转型阶段都要进入一个过渡礼仪，经过阈限前、阈限和阈限后阶段，而阈限阶段要斋戒内省等。这样做一方面免除灾祸惩罚，另一方面便于保持通灵状态。中国传统社会的修身文化是过渡礼仪中阈限阶段的泛化。由中国早期文化传统经典化形成的儒教和道教继承了这一文化传统。先秦至两汉儒家祭祀礼制中专门进行斋戒活动的场所斋宫、斋室和静室等，功能逐渐演变为汉晋道教的静室。而儒家祭祀斋戒制度所具有的人神交通性质以及相关斋戒规范等，则直接影响了汉晋天师道以及其他道派斋戒制度的形成。③ 西晋葛洪《抱朴子内篇·金丹》"有《五灵丹经》一卷，有五法也。用丹砂、雄黄、雌黄、石硫黄、曾青、矾石、慈石、戎盐、太乙余粮，亦用六一泥，及神室祭醮合之，三十六日成"④。葛

① （汉）郑玄注，（唐）贾公彦疏：《周礼注疏》卷三六，《十三经注疏》整理委员会：《十三经注疏》，北京大学出版社，2000年，第1139页。
② 〔美〕罗威廉：《最后的中华帝国：大清》，李仁渊、张远译，中信出版社，2016年，第160—164页。
③ 王承文：《汉晋道教仪式与古灵宝经研究》，中国社会科学出版社，2017年，第4页。
④ 葛洪：《抱朴子内篇》，王明卷四《金丹》，中华书局，1985年，第78页。

洪认为烧炼丹药需要祭醮天神，而用于祭醮和合成丹药的"神室"，实际上就是斋戒所用的"静室"。

早期印度佛教中"斋"的梵文为"uposadha"，巴利文为"uposatha"。法国汉学家谢和耐指出，佛教的"斋"译自梵文"uposadha"，作为一个印度字，它的最早含义仅仅是"净化性的禁食"①。"斋"在道教产生之前已经存在，是中国宗教信仰的习惯性规则。道教中的"斋"除了保留其原本的含义外，还逐渐演化成一种特殊形态的仪式和节庆。②

我们认为，汉晋道教静室和斋堂既是道教斋戒的场所，又是道教与神灵交接并最终超凡入圣的通道，因而就是道教最重要的神圣空间或仪式空间。而其最直接的来源就是古代国家祭祀制度。道教神圣空间的起源与其斋戒仪式的构建既是同步进行的，也是相辅相成的。

苏德朴（Stephen Eskilden）亦强调："道教禁欲主义的诸多基本形式早在道教产生之前就已经存在。从现在已知的情况来看，追寻长生的先行者们早在公元前 4 世纪就已经或多或少地实行禁欲。"③

如果说斋戒是内在禁欲修炼的话，那么宋元以后敕撰的训谕或训诫宣讲，则是为了教化的目的而敕撰刊行的训谕、道德书具，其内容大都是从《皇明实录》《明史·艺文志》及各种书目等抄列出来，从教化角度重新编写的。④

明洪武帝颁示《大诰》三编的意图，从实录、《大诰》内容本身可以明确地知道。自即位以来，"制礼乐、定法制、改衣冠、别章服、正纲常、明上下，尽复先王之旧，使民晓然，知有礼义，莫敢犯分而挠法。万机之暇，著为《大诰》，以昭示天下。且曰：忠君孝亲，治人修己，尽在此矣。能者养之以福，不能者败以取祸。颁之臣民，永以为训。"

清康熙九年（1670），礼部正式颁布《圣谕十六条》，组织宣讲，促进民风淳厚。后来乡约、六谕、家训、敕撰劝戒书、功过格、阴骘文、《同善录》、《太上感应篇图说》、《宣讲要集》等不同文类都扮演过劝善惩恶的善书

---

① 〔法〕谢和耐：《中国 5—10 世纪的寺院经济》，耿升译，上海古籍出版社，2004 年，第 256 页。
② 王承文：《汉晋道教仪式与古灵宝经研究》，中国社会科学出版社，2017 年，第 77 页。
③ Stephen Eskilden, *Asceticism in Early Taoist Religion*, p.1.
④ 〔日〕酒井忠夫：《中国善书研究》（增补版），刘岳兵、孙雪梅、何英莺译，江苏人民出版社，2010 年，第 23 页。

的功能。①

联系历史背景，宝卷可以说是社会舆情的晴雨表。在封建社会后期，救世主义呼声甚嚣尘上，《定劫宝卷》②为此专门教导人们如何躲避劫难。用《定劫宝卷》中的话说："此经谈说天地，讲论阴阳，破地狱，躲三灾，免八难，明人王，辨妖邪，识其真假，安身立命，无价之宝，大众奉行。"因此，《定劫宝卷》开篇就告诫人们："天上古佛说末劫，改换世界兴朝代。下元甲子他以尽，三灾八难要来侵。五魔出世乱天下，凡人那里去逃生。若要为人躲末劫，坚心实意快修行。"

那么，什么是末劫之年？末劫之年又有何灾难？请看《定劫宝卷》卷上中的描述：

> 今北极紫微星现在下方，将二十八宿、九曜星官落在秦州地上占胡人争天下不定。……如今末劫年，多三灾八难，下方世界，苦死人民。以后，胡人争世界，夺江山社稷，四十年不定，干戈乱起。……天地变换，别立乾坤，九女一夫，白牛耕地，开山倒底，修城补塞，……折磨众生，国家不正，父杀子，子杀父，君不君，臣不臣，正是末劫之年。
>
> 妖魔混世，草边掳粮，古月兴兵，狐狸成精，野犴作耕，飞虎伤人，……群鱼聚浪，黄河水漫，妖风日盛，鬼气遮天，黑风照世，怪雨伤人，……鬼火满地，黄沙埋人，怪气缠身，神霜鬼雨，……末劫灾难，一言难尽。③

---

① 所谓善书就是这样一种书籍，即在儒、佛、道之三教合一的或者是混合了民众宗教的意识下，劝说民众力行实践那些不仅超越了贵贱贫富，而且在普遍庶民的公共社会中广泛流传的道德规范。参见〔日〕酒井忠夫：《中国善书研究》（增补版），刘岳兵、孙雪梅、何英莺译，江苏人民出版社，2010 年，第 445 页。

② 《定劫宝卷》又名《佛说定劫照宝卷》，亦名《当来弥勒定劫照宝卷》《佛说开天立地度化金经定劫宝卷》，上下两卷，不分品，主要由白文、五言诗和七言诗和七言韵文、十言韵文三种形式组成。在叙述方法上，《定劫宝卷》卷上以一问一答，即菩萨、弥勒问，古佛、玉帝答的方式展开，而卷下则主要以弥勒佛、无生老母、亲娘祖、文王、老君的名义铺陈。此外，在文字上，比较通畅流利，错字、衍字、漏字亦较少。上海图书馆藏有民国三十年（1941）手抄本。

③ 《定劫宝卷》，收入濮文起主编：《民间宝卷》第 4 册，黄山书社，2005 年，第 116—120 页。

《家谱宝卷》又是一部救劫免灾的救世书。① 按照民间信仰中的"三期末劫"说，凡天下大乱在即，必先有天变地动等各种怪异事件发生，认为这是上天示警。《家谱宝卷》在这方面作了极其详尽的渲染：

> 甲午年，白龙口，毒龙出头；正定府，三海眼，滚滚波津。有苍（沧）洲（州），铁狮子，口中吐火；景洲（州）塔，神风起，到处无情。上通天，太皇宫，娑罗树下；尘世上，花红景，无影无踪。怕的是，水火风，三灾下界；他三人，无情意，折害众生。②

> 妖魔出现，混乱世人。白草成精，泥神出庙，鬼毫（嚎）呼叫一切火烧。毒蝎、阳龙吐雾，飞虎入室，神狼、恶虎猜豹，这些各（个）怪物都要丧（伤）人。③

在这种阴森恐怖的"末劫"世界中，黎民百姓如何才能躲劫避祸，进入云城呢？《家谱宝卷》告诉人们，道路只有一条，那就是"访知识"，投明师，遇《家谱》，入龙天。"有缘人，男共女，找寻《家谱》；放（访）知识，呈牒表，进表升文。"④"有福的，遇《家谱》，不落苦海；缘分浅，遇不着，准有灾星。信《家谱》，准到了，云城内里；不信的，无下落，末劫遭风。"⑤

在明清时期的救世主义传说和驱除疫疾仪式当中，出现了一些神话意象，"船"和"桥"在神话宗教仪式中是阈限或边界的区隔意象，是穿越各种界限的重要工具。荷兰汉学家田海论述道："前面我已经提到了1835年的一则救世主义事件，其中，首领曹顺以非常类似的细节，描述了将把人们运

---

① 一些宗教教派宣扬，加入该教可以免灾避祸。如清初流行于山西定州一带的黄天道九祖郑光祖支派，宣扬加入该教方可免除劫难，并可达到"乐土"。念诵的主要经卷有《黄婆经》《拯世破迷宝诰》。教主李福声称其子李俊能"呼风唤雨"，做起法来，可以"咒倒大树"。李福熟悉兵法和武功，为了起事造反，他在家中藏有许多刀枪器械。清雍正十二年（1734），李福准备举兵造反，以陈蛮子为军师，由教内左文泽画符，请举人王忠替他打点衙门，免遭破获。是年七八月间，该教在龙天庙做会，陈蛮子与举人王忠曾到李福家中观其演习，为举兵做准备，后事泄被捕。参见《新编中国民间宗教辞典》，福建人民出版社，2015年，第192页。

② 李世瑜：《宝卷论集》，台北兰台出版社，2007年，第166—168页。

③ 李世瑜：《宝卷论集》，台北兰台出版社，2007年，第198—199页。

④ 李世瑜：《宝卷论集》，台北兰台出版社，2007年，第191页。

⑤ 陆仲伟藏本《家谱宝卷》卷下，第十二品。李世瑜：《宝卷论集》，台北兰台出版社，2007年，第60页。

往预定地点的船，包括船上装载的沉香木、船的巨大尺寸、谁掌船桅、哪些神灵随船而行，等等。"在立会根由中，桥连接了人世和上天，提供了越过水域界限摆脱死亡的关键通道（图6-6 救世宗教前往"弥勒世界"的经卷《救生船》）。① 进一步考察就能发现，在新成员入会或者度亡仪程中，桥意味着人从一种状态过渡到另外一种状态的通道。

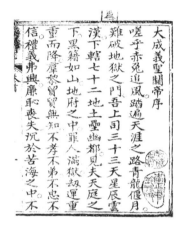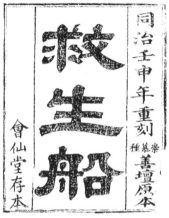

图6-6　救世宗教前往"弥勒世界"的经卷《救生船》

除了教派宝卷中的末世神话观念的传播与可能的社会动员之外，最重要的是不断抄写、刊刻的故事宝卷，从故事人类学、故事现象学角度看，不管是基于真实的历史，还是从历史的蛛丝马迹中抽绎出来的，有情节、人物、引人入胜的故事话语，它都超出了口头书面、文学与非文学，在个体层面上，都对激发人的同理心，放松人的精神紧张，转移人的痛苦和寂寞，指点人的迷茫和困惑，获得生存的意义，起到了难以替代的疗愈作用。这一点，是不熟悉中国文学传统的西方文论"讲故事的人"（本雅明）中的"故事"概念所不能涵盖的。② 了解中国文化大传统，熟悉《美洲与亚洲文化的

---

① 〔荷〕田海：《天地会的仪式与神话：创造认同》，李恭忠译，商务印书馆，2018年，第106页。

② 人文科学内部某领域或者范畴，需要不断提出新问题。新问题的发现与提出有其内在机制，敏锐发现和尊重其内在机制与研究者主观准备及选择的相互激荡，乃为研究范畴深度问题汇合并转换为新问题的理路和逻辑。刘俐俐：《人类学大视野中的故事变异与永恒问题——基于张爱玲与俄国作家尼古拉·列斯科夫的比较》，《文艺理论研究》2014年第1期。刘俐俐：《人文科学内部深度问题汇合转换研究范式的原理与意义——以文学经典、故事和方法论等深度问题的汇合转换为中心》，《文艺理论研究》2016年第3期。

远古关联：印第安人的诵歌》①和约翰·伯格《讲故事的人》②，就会明白，为什么宝卷中，报应、罪己、修行、赎罪、免灾、救劫的叙述以雷同化的故事、程式化的表达反复出现，却让人乐此不疲。究其根本是要引起叙述性移情作用，移情是让同一文化传统中的人产生共同的代表性的想法，他是可以尽可能多地唤起人们共享道德常识，赢得人们认同感的一种方式。宝卷中不断重复攸关社会长治久安，攸关个人福祉的叙述，让叙述性的想象唤起人们回归共同的伦理关切，共同的文化记忆，共同的心灵愿景。这样我们自身的记忆，无论是个人的还是群体的，都能与来自不同时空的人交流。

受现代文艺创作观念的影响，批评家对历史故事的因线叙述、故事中的程式化情节、表述中的程式化语词、道德化的结尾以及救赎式的补偿倍加指责，但是从叙述的道德建构和集体催眠的角度来看，只有毫无悬念的故事叙述才能在民众中形成集体场域，尽快让文化水平有限③的宝卷宣卷人进入集体催眠状态，叙述中的价值建构才成为可能，才能实现价值守阈的社会效果。

笔者认为所谓秘密宗教宝卷，如同过渡仪式中的"过渡"与"边缘"阈限一样，在这样一个仪式性的环节，作为群体的人类和面对疾病灾难无助迷茫的个体，才真正敞开心扉，诉说着攸关生死的人类情怀：对污染与瘟疫的焦虑，对末世降临的担心，寻找着过渡礼仪、斋戒、自我约束与道德重建规避灾异的路数。④所以从这个意义上说，笔者认为民间宗教经卷更好地体现了宝卷的核心观念和普罗大众的深层关切，而这种关切与远古以来的人类关切都是文化大传统的一部分。

世界所有的宗教几乎都异口同声地针对世界末世发出了如何拯救和如何规避的呼声，只是拯救的方式不同。由此产生寻找救世主和替罪羊的不同声道的呼声。中国民间宗教宝卷认为，现世的贫穷困苦、疾病伤残等归因于前世的孽缘，通过今世的修炼向善，成为道德模范，获得 无生老母、弓长祖、

---

① 乔健编著：《印第安人的诵歌：中国人类学家对拿瓦侯、祖尼、玛雅等北美原住民族的研究》，广西师范大学出版社，2004 年。

② 〔英〕约翰·伯格：《讲故事的人》，翁海贞译，广西师范大学出版社，2009 年。

③ 在劝服理论中，对文化水平较低的人，劝服的方式是不需要正反两方面辩证地讲复杂道理的，只需诉诸情感，不断简单、正面地重复诉说生动形象的故事即可。

④ 《无生老母救世血书宝卷》，以"无生老母"信仰、"天盘三副"说建构了信仰体系和基本教义。和以往的劝善救世不同，"无生老母"出现后，秘密宗教与以往异端教派的"弥勒救世说"和"末劫说"相融合而形成"天盘三副"说或"龙华三会"说。民国年间又发展为会道门的"三期末劫"说。

大明使"等救世主的庇护，实现个人救赎。这些教主有创世、普渡的能力，能神授仪式、经卷解民于"末日"（末日神话信仰）威胁。其中的信仰认为，宝卷的演唱仪式有保护和拯救功能。宝卷教义的劝善说教，最重要的社会效果是实现维系社会自发运转，其社会机制是个体修行，修炼，反省罪孽和过错，进行道德化生存，顺应天时、天意，避免天谴惩罚，同时修行修炼中的定期阈限仪式活动，能消除世俗生活的污染，避免亵渎神灵。该信仰聚集了广大信众群体，所谓"有一教名，便有一教主，愚夫愚妇转相煽惑。宁怯于公赋而乐有于私会；宁薄于骨肉而厚于伙党，宁骈首以死而不敢违其教主之令"①，岂不知有远古信仰背景的民间宗教，借不同形式搜索禳解灾异，消除瘟疫的"替罪羊"。

在这个层面上，统治者借助于神秘中介者寻找罪过并承担禳灾责任，这绝不是希腊的文学人物俄狄浦斯的一种特殊行为，而是人类社会为克服危机不约而同获得的共识。"替罪羊"机制的存在，不是哪个远古圣贤的发明创造，而是前现代社会面对危机的自我保护、自我治疗、自我复原的文化机制。综上所述，以搜寻确认罪过的方式来诊断疾病和灾祸的起因，是人类禳灾行为得以发生的神话观念基础，也是形形色色禳灾文学问世的思想史大背景。

三、记忆共同体、宝卷的功德信仰与集体禳灾仪式

在中国汉族传统文化中，在儒、道、佛三教为主干的大传统之下，还有一个以信仰因素为主导的民间宗教文化小传统。这一民间宗教文化，包括信仰体系、仪式体系和象征体系，影响着社会上大多数民众的思维方式、生产实践、社会关系和政治行为。②

---

① 《明神宗实录》卷五三三，万历四十三年六月。

② 关于汉族民间是否存在一个与儒道佛三教不同的宗教这一问题，国外学者也有很大的争议。从民间文化的层面来观察，汉民族民众的信仰表现形态确实不同于世界三大宗教，也不同于儒、道、佛三教，但从这一信仰对民众生活的影响和功能来看，民间信仰所起的作用与三大宗教所差无几，所以我们可以把民间信仰看作汉民族主要的一种宗教样式。明清以来的民间宗教，可以分为两种形态：一为民间秘密宗教，这种宗教由于有着强烈的反叛特点，对历朝统治者都构成很大的威胁，历来受官方的控制与镇压，但其如野草一般，一直若隐若现，到新中国成立以后，才趋于消失。另一种是遍布于各地的民间信仰，这种宗教呈现散漫的存在特点，遍布于民间乡村社会的角角落落，成为民众主要的宗教生活形式。

　　宝卷是明清以来民间宗教信仰的主要载体，目前海内外公私藏元末明初以来的宝卷约 1500 多种，版本 8000 种以上，其中专讲民间宗教教义思想的宝卷有百余种，其余多为讲述佛道故事、民间传说，其中也透露出民间的宗教思想。宝卷的念卷活动，今天在许多地方还可以看到。例如以念卷为中心的宗教活动，是西北民间宗教的主要形式之一。这种宗教活动，与女性有紧密联系。下面主要从女性信仰的角度，来讨论宝卷与社会生活中女性宗教信仰的集体人格养成的关系。

（一）宝卷中的女性原型

　　在宝卷中，最为崇高的女性大神是无生老母。无生老母才是创世造人之祖，如《古佛天真考证龙华宝经》："古佛出现安天地，无生老母立先天。""无生母，产阴阳，先天有孕"；"生一阳，生一阴，婴儿姹女"；"李伏羲，张女娲，人根老祖"。又认为无生老母是拯就世界的上帝和伟大崇高的象征，如《销释授记无相宝卷》："无生老母，度化众生，到安善极乐国，同归家乡，不入地狱"；《佛说无为金丹拣要科仪宝卷》："无生母，度化众生，同上天堂"；《护国威灵西王母宝卷》还认为无生老母是"考察儒、释、道三圣人"的最高权威。《普度新声宝卷》则认为无生老母是凌驾一切神灵之上的神中之王："诸神满天，圣贤神祇，惟有无生老母为尊。"与此同时，许多宝卷还把无生老母说成是一位凡情未了的人类母亲，时时向人间流露出慈母般的爱抚与关怀："老母悲切，珠泪长倾"（《修真宝卷》），并多次派遣神佛临凡，"跟找原人，同进天宫"（《佛说都斗立天后会收圆宝卷》）。除无生老母之外，宝卷还塑造了观音菩萨、泰山娘娘等众多女性神灵。这些女性神灵的原型来自中国古代文化，与民众有着先天的亲和力。更为重要的是，在以男性为中心的传统社会里，这些宝卷所洋溢的对女性的关怀，以及在此基础上产生的女性崇拜，代表了下层女性的心声与愿望，得到了她们的热诚拥护，成为她们挣脱封建礼教枷锁，走上社会，与男人一起从事宗教活动与政治斗争的思想源泉和精神武器。

　　这些女性神灵的修行叙事，也让众多具有出世思想的妇女心生向往。例如观音信仰的宗教叙事。在《香山宝卷》《观音济度本愿真经》中，妙庄王之女妙善公主施手眼疗亲，不从父命，不从婚姻，拒婚修道，历尽艰难最终成佛的故事。以及各种观音的形象与事迹：贞洁的处女妙善公主（《香山宝卷》），以身饲淫棍而救世的艳妇（《鱼篮宝卷》），鼓舞和指引着众多妇女的慈祥老母（《观者济度本愿真经》）。郑振铎认为"像《香山宝卷》《刘香女宝卷》《妙音宝卷》等都是同类的东西，描写一个女子坚心向道，历经苦难，百折不回，具有殉教的精神。虽然文字写的不怎么高明，但是这样的题材，在我们的文学里却是很罕见的"[①]。从《香山宝卷》之后，陆续就有关于女性修行的宝卷出现，诸如《妙音宝卷》《惜谷宝卷》《杏花宝卷》《黄氏女宝卷》等，故事的女主角都和妙善公主相似，发下善心，立志修行，整体上表现为一种对世俗的对抗和对正统伦理的背叛。因此，早期宝卷的女神修行故事和女神崇拜对女性修行产生很大影响，这些女神不仅成为女性修行的指引者，而且从女神身上得到的精神动力，成为女性反抗男权社会，重塑自我的精神力量。

中国封建社会传统的女性，深受神权、皇权、族权、夫权桎梏，集中表现为男尊女卑的价值观和束缚女性的道德礼教观。到了明清时代，更因理学的张扬而使女性处于社会的最底层，在男性主宰的社会里，无平等地位可言，这极大地摧残了女性心灵，也严重地扼杀了女性的人格。对自身命运的反思，在其他的文献中很难看到，却在宝卷中表现得相当真切。如《刘香宝卷》（图 6-7 光绪二十四年［1898］《刘香宝卷》）中，提到刘香女至福田庵听真空尼师谈男女的不同：

图 6-7　光绪二十四年（1898）《刘香宝卷》

① 郑振铎：《中国俗文学史》，商务印书馆，1938 年，第 327 页。

你道男女都一样，谁知贵贱有差分。男子怀胎十个月，双手抱定母娘身。娘亲行动多安稳，出生娘胎尽欢心。四邻八舍多庆贺，诸亲家眷喜欢心。爹娘爱惜如珍宝，及其长大读书文。倘若发达身荣耀，一举成名天下闻。出去前呼并后拥，回去妻妾甚殷勤。丈夫得志光荣祖，男儿显达耀门厅。女在娘胎十个月，背娘朝外不相亲。娘若行走胎先动，娘胎落地尽嫌憎。合家老小都不喜，嫌我女子累娘身。爹娘无奈将身养，长大之时嫁与人。一尺三寸非容易，梳头绕脚苦娘身。养成女子方得力，抛撤爹娘嫁与人。①

尽管如此，多数宝卷却表现出对女性的热情关怀与同情，如《销释孟姜忠烈贞节贤良宝卷》《佛说黄氏看经宝卷》《佛说离山老母宝卷》《目连三世宝卷》《黄氏女宝卷》《地藏菩萨执掌幽冥宝卷》等，都通过生动亲切的语言，表现出对女性婚姻家庭诸问题的关怀与拯救女性于苦难的胸襟。如《十二圆觉》中说：

男人罪业还容易，女人罪业似海深。抹粉搽胭都是罪，生男育女罪非轻。洗屎洗尿倾下水，污秽三光水府神。不如早觅修行路，免受阴司受苦辛。夫妻恩爱如鱼水，大限来时不由人。儿女恩情顾不得，家园田产归别人。不如各觅修行路，得见如来上天庭。②

这不仅体现了女性是社会秩序守阈的群体，还是维护群体生存、承担"替罪羊"角色的群体。所以，《家谱宝卷》等体现了重视女性地位、尊重女性的思想。该卷以规戒的形式约束教徒不要欺侮女性："你是行善之人，一不许杀人，二不可放火，三不许欺骗女人。"

与男子相比，女性修行与传统文化抵触更大。女性修行者自幼吃斋念佛，成人后不愿成亲，与中国传统宗法社会"男大当婚，女大当嫁"的理念发生严重冲突。女性背负着传宗接代的重大责任，女子不婚意味着大不孝，

---

① 《刘香宝卷》，光绪二十四年（1898）玛瑙经坊善书局刻本，第4—5页。
② 《观音十二圆觉》，清刻本，第7页。

女子修行就更得不到家人和社会的认可，外人更认为是旁门左道，所以女性修行和宗教信仰就背负着更曲折的经历和沉重的压力。《游冥宝传》中庞女回顾自己得道的经历说："我亦受父母哥嫂埋怨，我亦被家门骂得可怜，我亦曾遭亲戚说得伤惨，我亦被愚夫诽谤难言，他说女儿家邪行偏见，又道我学旁门攻乎异端。"正因为女性修行者践行宗教信仰困难重重，不被社会和家庭认可，所以在获得正果后，这些女性修行者能够引渡父母和九族往生西天。

（二）宝卷的女性信仰主体

宝卷形成时间和流传区域，文献中没有记载。明代前期的民间佛教宝卷，有些也可能产生于宋元时期，因为没有留存文本，或者留存到今天的文本已经发生了很大的改动。从《金刚科仪》产生于江西，《目连宝卷》流传于北方来看，宝卷传播的区域是很大的。从传世宝卷的情况来看，明清时期宝卷信仰流布比较广泛，遍及全国。当时宝卷信仰群体人数众多，在这些宗教信仰者中，女性占有很大分量。[①]

明代世情小说《金瓶梅词话》第五十一回演唱《金刚科仪》中有和佛的说明："月娘因西门庆不在，要听薛姑子讲说佛法，演颂《金刚科仪》，正在明间安放一张经桌儿，焚下香。薛姑子和王姑子两个一对坐，妙趣、妙凤两个徒弟立在两边，接念佛号。"[②]《金瓶梅词话》中共记录了五种宝卷，它们是《五祖黄梅宝卷》《金刚科仪》《黄氏女宝卷》《红罗宝卷》和一部不知名的宝卷。"薛姑子宣卷毕，已有二更天气"，"桌上蜡烛，已点尽了"，"已是四更天气，鸡鸣叫"。明中叶以后，宣卷活动在家庭和社会中流行，女性参与其中，主要宣讲果报地狱、前世来世、戒杀行善或一些生离死别、苦难折磨，最后团圆幸福的故事。据崇祯十一年（1638）刊行的《乌程县志》记载，县内村庄流行佛经劝世文，名为宣卷，群集唱和，以村妪为主。[③]

明清时期秘密宗教中的女性教徒人数众多。她们无论是平日传教或是当激烈的阶级斗争爆发时，都是教团内不可忽视的一支活跃力量。在各个教派

① 车锡伦：《中国宝卷的形成及其演唱形态》，《敦煌研究》2003 年第 2 期。
② （明）兰陵笑笑生：《金瓶梅词话》，人民文学出版社，1992 年，第 659—660 页。
③ 转引自喻松青：《明清时期民间秘密宗教中的女性》，载马西沙主编：《当代中国宗教研究精选丛书·民间宗教卷》，民族出版社，2008 年，第 326 页。

中，弘阳教的教徒尤多。清嘉庆时那彦成在河北束鹿县查抄弘阳教时，发现入教之人全部为女性。[①] 民间宗教女性信徒不仅数量众多，而且涌现了许多女教首。如永乐年间自称佛母的唐赛儿和嘉庆年间川楚白莲教大起义的首领王聪儿，她们勇敢善战，不让须眉。嘉庆时天理教首领李文成的妻子张氏也是一位女中豪杰。乾隆四年（1739），河南伏牛山查获白莲教女教主一枝花。当地民谣说："一枝花，十七八，能敌千万马。"明清期间，还有许多这样的女教首，她们有深厚的群众基础和过人的胆识，深受教徒的信赖，是民间宗教女性信仰者中的佼佼者。

对于宝卷中记载的刘香、妙善、黄氏女等女性修行者，以及现实中参与吃斋、拜佛、念卷的女性修炼者，笔者认为在中国封建社会后期，长期治乱兴衰的反复内卷，社会现实中的男女权利对比局面让女性结构其中，成为体制板结、内化的"替罪羊"，她们自觉地沦为"修炼者"。《香山宝卷》故事鼓励女性效仿妙善，笃志修行，其中披露对无助女性的身体折磨 —— 后园幽禁、脱光游街、火烧、刀砍等。妙善拒绝服从父亲的招驸马命令，徒保守贞洁，立志成为殉道者，笃志作佛法修行者（殉道者）。按照"替罪羊"理论，在瘟疫解除以后"替罪羊"最终会成为"圣徒"。世界范围内都有殉道者的故事，法国诗人对"以裸露、折磨、变装、肉身转变为故事主线的女圣徒传说最是偏爱"[②]。《香山宝卷》里妙善"抽下竹签，口中刺血，含血一口，向空一喷"的举动，可以看作是以血献祭的象征行为。[③] 历史结构的影响，让女性不能很好地出场，而且不断地在宋明理学体系中自我驯化。

从宝卷信仰的整个历史过程来看，宝卷和民间宗教的关系非常紧密。从女性宗教信仰的角度，我们更加清晰地看到这种关系的脉络。从明清时期一直传承到当今社会的宝卷，成功地塑造了女性神祇系统，这些女性神祇成佛得道的经历，指引着一些妇女为改变自身的命运而虔诚地参与民间宗教活动。

另外，地方知识就是宝卷的语境。尹虎彬认为，地方性层次上的后土神

① 《那文毅公奏议》卷四十二，转引自马西沙主编：《当代中国宗教研究精选丛书·民间宗教卷》，民族出版社，2008 年，第 326 页。

② Brigitte Cazelles, *The Lady as Saint: A Collection of French Hagiographic Romance of the Thirteenth Century*, Philadelphia: University of Pennsylvania Press, 1991, pp.34-35.

③ 〔日〕吉冈义丰：《吉冈义丰著作集》第四卷，五月书房，1989 年，第 335 页。

祇祭祀，对宝卷、民间叙事传统的影响很重要。对后土的祭奠在季节性的重复中处于中心地位，民间社会对神灵的祭奠具有循环的特性，即使一年一度的民间宝卷的表演无一例外地分为不同村落或不同区域中的不同群体。当我们考察现在的活形态的口头传统材料时，应当强调后土崇拜仪式与洪崖山民间叙事（神话、传说）的交互作用。宝卷及其演唱是被包括在民间神灵与祭祀现场活动中的，此时此刻请诸神降临，就好像有神在监督演唱。[1]

　　一个由念卷而结成的集体，就是一个在一起聆听同一个故事的人群，通常宝卷的讲述者和听者属于同一种信仰支配下的群体。我们可以换一种表述：任何民族或族群的历史其实是同一个人群根据他们所处特定情境的利益需要，到他们所具有的"历史积淀"当中去策略性地选择"记忆"和"讲述"强化某些事情和事件。这样，历史叙事与族群记忆便逻辑性地同构出了一个相关的、外延重叠的部分族群记忆，它属于"集体记忆"，它的一个基本功能就是将"我群"与"他群"区分开来。这就像如果没有"个人记忆"，人们就无法将自己与他人区分开来一样。因此，在"族性"的研究中，宝卷及宝卷活动记忆、社会记忆等常被诊断是凝聚族群认同这一根本情感的纽带。对人类社会认同的讨论，宝卷及宣卷活动都被理解为一种被选择、想象或书写的社会记忆。

---

[1]　尹虎彬：《河北民间后土信仰与口头叙事传统》，北京师范大学 2003 年博士论文，第 40—41 页。

参考文献

一、中文著作

曹本冶：《中国民间仪式音乐研究》，上海音乐学院出版社，2007年。

车锡伦：《民间信仰与民间文学——车锡伦自选集》，台北博扬文化事业有限公司，2009年。

车锡伦：《信仰·教化·娱乐：中国宝卷研究及其他》，台北学生书局，2002年。

车锡伦：《中国宝卷研究》，广西师范大学出版社，2009年。

车锡伦：《中国宝卷研究论集》，学海出版社，1997年。

车锡伦编著：《中国宝卷总目》，北京燕山出版社，2000年。

陈国符：《道藏源流考》，中华书局，1963年。

陈进国：《救劫：当代济度宗教的田野研究》，社会科学文献出版社，2017年。

陈伟强主编：《道教修炼与科仪的文学体验》，凤凰出版社，2018年。

段平：《河西宝卷的调查研究》，兰州大学出版社，1992年。

段平编：《河西宝卷选》，台北新文丰出版公司，1992年。

范丽珠、〔美〕欧大年：《中国北方农村社会的民间信仰》，上海人民出版社，2013年。

方步和：《河西宝卷真本校注研究》，兰州大学出版社，1992年。

费孝通：《乡土中国》，上海人民出版社，2007年。

傅惜华：《宝卷总录》，巴黎大学北京汉学研究所，1951年。

傅修延：《先秦叙事研究：关于中国叙事传统的形成》，东方出版社，1999年。

葛兆光：《中国思想史》，复旦大学出版社，1997 年。

何登焕：《永昌宝卷》，永昌县文化局印，甘出准 016 字，总 0156 号，2003 年。

侯冲：《中国佛教仪式研究——以斋供仪式为中心》，上海古籍出版社，2018 年。

侯冲主编：《经典、仪式与民间信仰》，上海古籍出版社，2018 年。

胡士莹：《弹词宝卷书目》，中华书局，1957 年。

胡士莹：《话本小说概论》，中华书局，1980 年。

胡适：《胡适古典文学研究论集》，上海古籍出版社，1988 年。

姜守诚：《中国近世道教送瘟仪式研究》，人民出版社，2017 年。

金泽：《宗教人类学学说史纲要》，中国社会科学出版社，2010 年。

李豫：《山西介休宝卷文学调查报告》，社会科学文献出版社，2010 年。

李丰楙：《仙境与游历：神仙世界的想象》，中华书局，2010 年。

李世瑜：《宝卷论集》，台北兰台出版社，2008 年。

李世瑜：《宝卷综录》，中华书局，1960 年。

李亦园：《李亦园自选集》，上海教育出版社，2002 年。

李亦园：《宗教与神话》，广西师范大学出版社，2004 年。

林富士：《巫者的世界》，广东人民出版社，2016 年。

林富士：《中国中古时期的宗教与医疗》，中华书局，2012 年。

林国平：《簽占与中国社会文化》，人民出版社，2014 年。

刘师培：《刘师培中古文学论集》，中国社会科学出版社，1997 年。

刘永红：《青海宝卷研究》，中国社会科学出版社，2013 年。

陆永峰、车锡伦：《靖江宝卷研究》，社会科学文献出版社，2008 年。

马西沙、韩秉方：《中国民间宗教史》，中国社会科学出版社，2004 年。

马西沙：《古代中国民众的精神世界及社会运动》，中国社会科学出版社，2013 年。

马西沙主编：《中华珍本宝卷》（第一辑），社会科学文献出版社，2012 年。

马西沙主编：《中华珍本宝卷》（第二辑），社会科学文献出版社，2014 年。

马西沙主编：《当代中国宗教研究精选丛书·民间宗教卷》，民族出版社，2008 年。

彭兆荣：《人类学仪式的理论与实践》，民族出版社，2007 年。

濮文起：《中国民间秘密宗教》，浙江人民出版社，1991 年。

濮文起：《中国宗教历史文献集成·民间宝卷》，黄山书社，2005 年。

濮文起主编：《新编中国民间宗教辞典》，福建人民出版社，2015 年。

齐如山：《中国剧之组织》，华北印刷局，1928 年。

屈万里：《尚书今注今译》，商务印书馆，1969 年。

《十三经注疏》整理委员会编：《十三经注疏》，北京大学出版社，2000 年。

史宗主编：《20 世纪西方宗教人类学文选》，金泽、宋立道、徐大建等译，上海三联书店，1995 年。

谭松林：《中国秘密社会》第二卷，福建人民出版社，2002 年。

汤用彤：《汉魏两晋南北朝佛教史》，北京大学出版社，1997 年。

王国维：《宋元戏曲史》，华东师范大学出版社，1995 年。

王国维：《王国维文学论著三种》，商务印书馆，2001 年。

王见川、车锡伦、宋军、李世伟、范纯武编：《明清民间宗教经卷文献》（续编），台北新文丰出版公司，2006 年。

王见川、侯冲、杨净麟等主编：《中国民间信仰民间文化资料汇编》，台北博扬文化事业有限公司，2011 年。

王见川、林万传：《明清民间宗教经卷文献》，台北新文丰出版公司，1999 年。

王奎、赵旭峰：《凉州宝卷》，武威天梯山石窟管理处编印，2007 年。

王昆吾：《汉唐音乐文化论集》，台湾学艺出版社，1991 年。

王立：《宗教民俗文献与小说母题》，吉林人民出版社，2001 年。

王明珂：《华夏边缘：历史记忆与族群认同》，社会科学文献出版社，2006 年。

王铭铭：《想象的异邦：社会与文化人类学散论》，上海人民出版社，1998 年。

王霄冰：《文字、仪式与文化记忆》，民族出版社，2007 年。

王重民等：《敦煌变文集》，人民文学出版社，1984 年。

巫鸿：《礼仪中的美术：巫鸿中国古代美术史文编》，郑岩等译，生活·读书·新知三联书店，2005 年。

武雅士：《中国社会中的宗教与仪式》，江苏人民出版社，2014 年。

西北师范大学古籍整理研究所编：《酒泉宝卷》，甘肃人民出版社，2001 年。

西湖老人：《西湖老人繁盛录》，《东京梦华录》（外四种），中华书局，1962 年。

徐永成、崔德斌主编：《金张掖宝卷》，甘肃文化出版社，2007 年。

许地山：《扶箕迷信底研究》，东方出版社，2014 年。

薛艺兵：《神圣的娱乐中国民间祭祀仪式及其音乐的人类学研究》，宗教文化出版社，2003 年。

叶德均：《宋元明讲唱文学》，古典文学出版社，1958 年。

叶德均：《戏曲小说丛考》，中华书局，1979 年。

叶舒宪：《诗经的文化阐释：中国诗歌的发生研究》，湖北人民出版社，1994 年。

叶舒宪：《文化与文本》，中央编译出版社，1998 年。

叶舒宪：《文学人类学教程》，中国社会科学出版社，2010 年。

叶舒宪选编：《神话原型批评》，陕西师范大学出版社，2012 年。

尹虎彬：《古代经典与口头传统》，中国社会科学出版社，2002 年。

尤红：《中国靖江宝卷》，江苏文艺出版社，2007 年。

喻松青：《民间秘密宗教经卷研究》，台北联经出版事业有限公司，1994 年。

袁珂：《袁珂神话论集》，巴蜀书社，1988 年。

袁珂：《中国古代神话》，中华书局，1960 年。

张鸿勋：《敦煌俗文学研究》，甘肃教育出版社，2002 年。

张志刚：《宗教哲学研究：当代观念、关键环节及其方法论批判》，中国人民大学出版社，2009 年。

郑振铎：《中国俗文学史》，商务印书馆，1998 年。

中共张家港市委宣传部、张家港市文学艺术界联合会编、张家港市文化广播电视管理局：《中国·河阳宝卷集》，上海文化出版社，2007 年。

中国戏曲研究院编：《中国古典戏曲论著集成》，中国戏剧出版社，1959 年。

钟敬文：《民俗学概论》，上海文艺出版社，1998 年。

周星主编：《民俗学的历史、理论与方法》，商务印书馆，2006 年。

朱一玄点校：《明成化说唱词话丛刊》，中州古籍出版社，1997 年。

庄孔韶：《人类学概论》，中国人民大学出版社，2006 年。

二、译著

〔奥〕弗洛伊德：《图腾与禁忌》，中央编译出版社，2015 年。

〔德〕阿斯特莉特·埃尔、冯亚琳主编：《文化记忆理论读本》，北京大学出版社，2012 年。

〔德〕哈拉尔德·韦尔策编：《社会记忆：历史、回忆、传承》，季斌、王立君、白锡堃译，北京大学出版社，2007 年。

〔俄〕弗拉基米尔·雅可夫列维奇·普罗普：《故事形态学》，贾放译，中华书局，2006 年。

〔法〕阿诺尔德·范热内普：《过渡礼仪》，张举文译，商务印书馆，2010 年。

〔法〕埃马努埃尔·阿纳蒂：《艺术的起源》，刘建译，中国人民大学出版社，2007 年。

〔法〕爱弥尔·涂尔干、〔法〕马赛尔·莫斯：《原始分类》，汲哲译，上海人民出版社，2004 年。

〔法〕爱弥尔·涂尔干：《宗教生活的基本形式》，渠东、汲喆译，上海人民出版社，2006 年。

〔法〕弗朗索瓦丝·勒莫：《黑寡妇：谣言的示意及传播》，唐家龙译，商务印书馆，1999 年。

〔法〕葛兰言：《古代中国的节庆与歌谣》，赵丙祥、张宏明译，广西师范大学出版社，2005 年。

〔法〕卡普费雷：《谣言》，郑若麟、边芹译，上海人民出版社，1991 年。

〔法〕勒内·基拉尔：《双重束缚：文学、摹仿及人类学文集》，刘舒、陈明珠译，华夏出版社，2006 年。

〔法〕勒内·基拉尔：《浪漫的谎言与小说的真实》，罗芃译，北京大学出版社，2012 年。

〔法〕勒内·吉拉尔：《替罪羊》，冯寿农译，东方出版社，2002 年。

〔法〕列维·布留尔：《原始思维》，丁由译，商务印书馆，1997 年。

〔法〕列维·斯特劳斯：《忧郁的热带》，王志明译，生活·读书·新知三联书店，2005 年。

〔法〕莫里斯·哈布瓦赫：《论集体记忆》，毕然、郭金华译，上海人民出版社，2002 年。

〔法〕让-弗朗索瓦·利奥塔：《非人》，罗国祥译，商务印书馆，2000 年。

〔法〕涂尔干：《乱伦禁忌及其起源》，汲喆等译，上海人民出版社，2006 年。

〔荷〕高延：《中国的宗教系统及其古代形式、变迁、历史及现状》，林艾岑译，花城出版社，2018 年。

〔荷〕田海：《天地会的仪式与神话：创造认同》，李恭忠译，商务印书馆，2018 年。

〔荷〕田海：《讲故事：中国历史上的巫术与替罪》，赵凌云、周努鲁等译，中西书局，2017 年。

〔加〕麦克卢汉：《理解媒介》，何道宽译，商务印书馆，2000 年。

〔加〕诺思罗普·弗莱：《批评的解剖》，陈慧、袁宪军、吴伟仁译，百花文艺出版社，2006 年。

〔罗马利亚〕米尔恰·伊利亚德：《神圣与世俗》，王建光译，华夏出版社，2002 年。

〔美〕阿尔伯特·贝茨·洛德：《故事歌手》，尹虎彬译，中华书局，2004 年。

〔美〕阿兰·邓迪斯：《民俗解析》，户晓辉译，广西师范大学出版社，2005 年。

〔美〕阿兰·邓迪斯编：《西方神话学读本》，朝戈金等译，广西师范大学出版社，2006 年。

〔美〕安德森：《想象的共同体：民族主义的起源与散布》，吴叡人译，上海人民出版社，2003 年。

〔美〕奥尔波特等：《谣言心理学》，刘水平、梁元元、黄鹂译，辽宁教育出版社，2003 年。

〔美〕保罗·康纳顿：《社会如何记忆》，纳日碧力戈译，上海人民出版社，2000 年。

〔美〕本尼迪克特·安德森：《想象的共同体：民族主义的起源与散布》，上海世纪出版集团，2005 年。

〔美〕韩书瑞：《山东叛乱：1774 年王伦起义》，刘平、唐雁超译，江苏人民出版社，2008 年。

〔美〕韩书瑞：《千年末世之乱：1813 年八卦教起义》，陈仲丹译，江苏人民出版社，2011 年。

〔美〕克利福德·格尔茨：《地方知识：阐释人类学论文集》，杨德睿译，商务印书馆，2014 年。

〔美〕梅维恒：《绘画与表演：中国绘画叙事及其起源研究》，王邦维、荣新江、钱文忠合译，季羡林审校，中西书局，2011 年。

〔美〕梅维恒：《唐代变文：佛教对中国白话小说及戏曲产生的贡献之研究》，杨继东、陈引驰译，中西书局，2011 年。

〔美〕欧大年：《宝卷：16—17 世纪中国宗教经卷导论》，马睿译，中央编译出版社，2012 年。

〔美〕欧大年：《飞鸾：中国民间教派面面观》，周育民、宋光宇译，香港中文大学出版社，2005 年。

〔美〕欧大年：《中国民间宗教教派研究》，刘心勇、严耀中等译，上海古籍出版社，1993 年。

〔美〕萨义德：《东方学》，王宇根译，生活·读书·新知三联书店，2007 年。

〔美〕太史文：《〈十王经〉与中国中世纪佛教冥界的形成》，张煜译，上海古籍出版社，2016 年。

〔美〕太史文：《中国中世纪的鬼节》，侯旭东译，上海人民出版社，2016 年。

〔美〕威廉·詹姆士：《宗教经验之种种人性之研究》，唐钺译，商务印书馆，2002 年。

〔美〕维克多·特纳：《戏剧、场景及隐喻：人类社会的象征性行为》，刘珩、石毅译，民族出版社，2007 年。

〔美〕维克多·特纳：《象征之林》，赵玉燕等译，商务印书馆，2006 年。

〔美〕维克多·特纳：《仪式过程：结构与反结构》，黄剑波、柳博赟译，中国人民大学出版社，2006 年。

〔美〕沃尔特·翁：《口语文化与书面文化》，何道宽译，北京大学出版社，2008 年。

〔美〕西敏司：《甜与权力：糖在近代历史上的地位》，王超、朱健刚译，商务印书馆，2010 年。

〔美〕杨庆堃：《中国社会中的宗教：宗教的现代社会功能与其历史因素之研究》，范丽珠等译，上海人民出版社，2007 年。

〔美〕伊莱休·卡茨：《媒介研究经典文本解读》，常江译，北京大学出版社，2011 年。

〔美〕伊万·布莱迪：《人类学诗学》，徐鲁亚等译，中国人民大学出版社，2010 年。

〔美〕约翰·B.诺斯、戴维·S.诺斯：《人类的宗教》，江熙泰、刘泰星、吴福临、王志成、陈霞等译，四川人民出版社，2005 年。

〔美〕约翰·迈尔斯·弗里：《口头诗学：帕里-洛德理论》，朝戈金译，社会科学文献出版社，2000 年。

〔美〕詹姆斯·克利福德、乔治·E.马库斯：《写文化：民族志的诗学与政治学》，高丙中等译，商务印书馆，2006 年。

〔挪威〕弗雷德里克·巴斯：《族群与边界：文化差异下的社会组织》，李丽琴译，商务印书馆，2014 年。

〔日〕高楠顺次郎：《大正新修大藏经》，台北新文丰出版公司，1992 年。

〔日〕河竹登志夫：《戏剧概论》，陈秋峰、杨国华译，中国戏剧出版社，1983 年。

〔日〕吉冈义丰：《吉冈义丰著作集》第四册，东京五月书房，1990 年。

〔日〕藤野岩友：《巫系文学论》，韩基国编译，重庆出版社，2005 年。

〔日〕泽田瑞穗：《增补宝卷研究》，东京国书刊行会，1975 年。

〔新加坡〕容世诚：《戏曲人类学初探 —— 仪式、剧场与社群》，广西师范大学出版社，2003 年。

〔匈〕格雷戈里·纳吉：《荷马诸问题》，巴莫曲布嫫译，广西师范大学出版社，2008 年。

〔意〕贝奈戴托·克罗齐：《历史学的理论和实际》，〔英〕道格拉斯·安斯利英译，傅任敢译，商务印书馆，1982 年。

〔英〕E. E. 埃文思-普里乍得：《阿赞德人的巫术、神谕和魔法》，覃俐俐译，商务印书馆，2010 年。

〔英〕E. E. 埃文斯-普理查德：《原始宗教理论》，孙尚扬译，商务印书馆，2001 年。

〔英〕J. G. 弗雷泽：《金枝：巫术与宗教之研究》，汪培基、徐育新、张泽石译，商务印书馆，2012 年。

〔英〕埃德蒙·R. 利奇：《缅甸高地诸政治体系：对克钦社会结构的一项研究》，杨春宇、周歆红译，商务印书馆，2010 年。

〔英〕杜德桥：《妙善传说 —— 观音菩萨缘起考》，李文彬等译，台湾巨流图书公司，1990 年。

〔英〕弗雷德里克·C. 巴特莱特：《记忆：一个实验的与社会的心理学研究》，黎炜译，浙江教育出版社，1998 年。

〔英〕罗伯特·莱顿：《艺术人类学》，李东晔等译，广西师范大学出版社，2009 年。

〔英〕斯蒂芬·李特约翰：《人类传播理论》，史安斌译，清华大学出版社，2004 年。

〔英〕王斯福：《帝国的隐喻中国民间宗教》，赵旭东译，江苏人民出版社，2008 年。

三、外文著作

Alexander, Katherine, Virtues of the Vernacular: Moral Reconstruction in Late Qing Jiangnan and the Revitalization of Baojuan, Ph.D. dissertations, The University of Chicago, 2016.

Bcrezkin, Rostislav, The Development of the Mulian Story in Baojuan Texts (14th-19th Century) in Connection with the Evolution of the Genre, Ph.D. dissertations, The University of Pennsylvania, 2010.

Beata Grant and Wilt L. Idema, *Escape from Blood Pond Hell: The Tales of Mulian and Woman Huang*, Seattle: University of Washington Press, 2011.

Beaudoin, Crystal M., *Female Religious Practices, Agency, and Freedom in the Novel Jin Ping Mei*, Master Thesis, McMaster University, 2017.

Berezkin, Rostislav, *Many Faces of MuLian: The Precious Scrolls of Late Imperial China*, Seattle: University of Washington Press, 2017.

Chao, Shin-yi, The Precious Volume of Bodhisattva Zhenwu Attaining the Way: A Case Study of the Worship of Zhenwu in Ming-Qing Sectarian Groups, Ph.D. dissertations, University of British Columbia, 2009.

Chard, Robert, Master of the family: History and Development of the Chinese Cult to the Stove, Ph.D. dissertations, Berkeley: University of California, 1990.

Chu, Richard Yung deh, An Introductory Study of the White Lotus Sect in Chinese History with Special Reference to Peasant Movements, Ph.D. dissertations, Columbia University, 1967. Harvard University, 2017.

Kerr, Janet, Precious Scrolls in Chinese Popular Religion Culture, Ph.D. dissertations, The University of Chicago, 1994.

Nadeau, Randall L., Popular Sectarianism in the Ming: Lo Ch'ing and his Religion of NonAction, Ph.D. dissertations, University of British Columbia, 1990.

Naquin, Susan, Millenarian Rebellion in China: The Eight Trigrams Uprising of 1813, Ph.D. dissertations, Yale University, 1974.

Overmyer, Daniel L., *Folk Buddhist Religion: Dissenting Sects in Late Traditional China*, Cambridge, Mass: Harvard University Press, 1976.

Overmyer, Daniel L., *Precious Volumes: An Introduction to Chinese Sectarian Scriptures from the Sixteenth and Seventeenth Centuries*, Cambridge MA: Harvard University Asia Center, 1999.

Richard Von Glahn, *The Sinister Way: The Divine and the Demonic in Chinese Religious Culture*, Berkeley: University of California Press, 2004.

Shek, Richard, Religion and Society in late Ming: Sectarianism and Popular Thought in Sixteenth and Seventeenth Century China, Ph.D. dissertations, University of California, 1980.

Stephen F. Teiser, *The Ghost Festival in Medieval China*, Princeton: Princeton University Press, 1988.

Stephen F. Teiser, *The Scripture of the Ten Kings and the Making of Purgatory in Medieval Chinese Buddhism*, Honolulu: University of Hawaii Press, 1994.

Ter Haar, Barend, *Practicing Scripture: A Lay Buddhist Movement in Late Imperial China*, Honolulu: University of Hawaii Press, 2014.

后 记

　　本书是 2016 年出版的《禳灾与记忆：宝卷社会功能研究》一书的进一步拓展。

　　临近知命，对文学思考的渐次深入，我越发困惑中国文学到底是什么？

　　今天的古代文学史内容，先秦时，文学是诗、骚、诸子，是诰、命、誓、策、语录，两汉以后主要是赋、文章、说话、话本。

　　20 世纪的趋势是西方纯文学观影响变大，文学的范围日益集于诗歌、散文、小说、戏剧四大文体，这种文学观对中国文学史著述的面貌有很明显的影响。但我们发现，要讲清楚中国文学，特别是古典文学，不能不顾及中国古人的文学观，不能不注重中国文学观念的历史变迁，不能简单地用今人文学观去裁剪史料。用历史的眼光去观察中国古代文学，孔子的所谓"文学"是与他的"文教"相联系的，是指人文教化，包括礼乐文献典籍和礼乐文化制度等的学习和礼乐教化的实践。墨子的所谓"文学"则是为"出言谈"服务，包括《诗》《书》等历史文献，却不包括"礼""乐"文献和礼乐制度的内容。两汉以后"文学"则是与"文章"相区别的，主要指儒家经学而不指文章制作。

　　进入近现代以来，"文学"是建构的产物。1902 年，张百熙主持颁布的《钦定京师大学堂章程》改变了从前京师大学堂以《诗》《书》《礼》《易》《春秋》课士的传统做法，"略仿日本例"，文学成为与政治、格致、农业、工艺、商务、医术六科并列的独立学科。不过，这时的文学包括了经学、史学、理学、诸子学、掌故学、词章学、外国语言文字学七目，还是一个很宽泛的概念。直到 1913 年 1 月 12 日中华民国政府教育部公布《大学规程》，文学才与史学、哲学在学科上划清界限，文学观念也朝着更加西方化的方向演变。

反思我们的文学观念，我们发现，和神话一样，文学是一个"建构的传统"。在人类认识世界复杂且漫长的过程中，从博通的经书形式到分科研究仅有几百年的历史。分科仅是人类认识世界的阶段性范式。今天跨学科、交叉学科的产生恰恰显示了分科研究的局限，不是所有学问都能精准地纳入学科进行研究，未来将会依据实际需要产生更多的非学科研究。

分科式的研究仅能够适用于那些对象内容边界明确，规范性、系统性强的研究领域。作为一种独具特色的中国本土的书写——宝卷，按照文学人类学一派的概念，我们称之为"文化文本"。学者分别从文学、民俗学、宗教学、信仰学、文献学、音乐学、语言学、版本学等视角，在深耕文本、考镜源流、辩证义理、探究本真，以及剖析历史作用与深远影响等方面，做了大量文献与田野工作，从而激活了这个历史传承下来的文化文本，以令人信服的学术成果向世人昭示：宝卷是综合了语言、文学、音乐、信仰的文化文本，是中华民族非物质文化遗产之一，具有特殊的价值。

所谓文化文本，首先是基于中国传统的，是本土的知识。其次是"整体知识"。根据今天的情况，藏卷信仰、传抄、助刻活动、宣卷疗救仪式是整体的。最后是早期宝卷到今天吴方言区的曲艺化宝卷，宝卷有一个演变过程。对于宝卷来说，跨学科才是一种全新的研究方式，它将与所解决问题相关的知识化解为可通约的知识元素，并组建成新认知单元的过程。不再沿用交叉学科、边缘学科的学科范式，也不是不同学科之间相互交叉、融合、渗透，而是消解学科意识、壁垒与边界，将各门学科知识解码为可灵活选择与组织的信息元，并选择其中与所研究问题相关的知识元。以问题解决为导向进行全新且高密度的精细组合，以集成方式形成结构功能超强的认知单元，更为深刻、有效地认识问题、解决问题，实现研究者所设定的目标。

如果从今天的学科划分上看，宝卷是民间文学，在边缘；研究队伍小众，也在边缘。但是杨义先生在"重绘中国文学地图"中，强调与中心相对的文学的"边缘的活力"，边缘的创造性。研究同样也有"边缘活力""交叉的魅力"。今天大家熟知的《西游记》故事，从来不是纯粹的汉族故事，一方面是多地域、多民族的；另一方面，斋供仪式引入唐僧从西天请来西天西游故事，以佐证仪式的权威与神圣。这不仅让西游故事深入民生并大力传播，更让西游泛化成历经千难万险获得成功的修辞。

本研究是"远逝以自疏"，向后站，远观文学的产物。15 年前，我做博士论文时，选择了与民间民俗紧密相关的包公为研究对象，包公故事在说唱宝卷中有很多。宝卷这种说唱文学，今天我们把它归入曲艺或者民间文学，经过笔者仔细揣摩，认为宝卷这种社会参与度很高的、次生口头传统的编创，是禳解灾异的文化文本。它几乎和所有地区、不同时代的所有文艺形式、民俗活动、人生礼仪、节日庆典互文，完成民众祈福禳灾的愿望。

本研究以禳灾功能切入，以文化大传统中的问题为导向，在材料使用上打破了学科界限，有利于贯通宝卷口语文化、书写文化、搬演文化，寻找叙述传统背后的动力机制。

当然，本研究还有一些问题有待深入："替罪羊"机制的内在逻辑与当代社会如何摆脱"囚徒困境"。如何超越文学原型、社会民俗、分类仪式背后的集体动力机制，返回到"替罪羊"原型产生的社会情境之中，书写背后的文化文本须臾离不开人类生存的基本秩序，追寻社会发展演化的隐蔽秩序。只能留待之后的课题去完成。

书稿初稿完成于 2019 年

2020 年 9 月改定

2021 年 12 月再改